소방전기 시설론

김현우, 강윤진, 이영삼, 이정필, 유정현, 오소영 지음

BM (주)도서출판 성안당

■ 도서 A/S 안내

성안당에서 발행하는 모든 도서는 저자와 출판사, 그리고 독자가 함께 만들어 나갑니다.

좋은 책을 펴내기 위해 많은 노력을 기울이고 있습니다. 혹시라도 내용상의 오류나 오탈자 등이 발견되면 **"좋은 책은 나라의 보배"**로서 우리 모두가 함께 만들어 간다는 마음으로 연락주시기 바랍니다. 수정 보완하여 더 나은 책이 되도록 최선을 다하겠습니다.

성안당은 늘 독자 여러분들의 소중한 의견을 기다리고 있습니다. 좋은 의견을 보내주시는 분께는 성안당 쇼핑몰의 포인트(3,000포인트)를 적립해 드립니다.

잘못 만들어진 책이나 부록 등이 파손된 경우에는 교환해 드립니다.

본서 기획자 e-mail : coh@cyber.co.kr(최옥현)

홈페이지 : http://www.cyber.co.kr

전화 : 031) 950-6300

머리말

현대사회에 이르러 건축 및 IT 기술이 발전함에 따라 건축물이 더욱 대형화되고 지능화되고 있다. 우리나라는 물론 여러 선진국들도 건축물이 고층화 및 복잡화되고 있으며 이러한 추세와 더불어 가스, 전기, 유류 등 에너지 사용이 급증하고 인류 문화생활은 점점 더 편리해지고 있다.

그러나 이러한 발전과 편리함의 향상 속에 인간을 향한 여러 가지 위험들이 함께 증가하고 있음은 부인할 수 없는 상황이다. 이러한 건축물에서의 위험 중 화재 안전에 대한 문제는 다른 어떤 요인보다도 큰 비중을 차지하고 있다.

본 교재는 건축물의 화재 안전을 위한 적극적인 대책으로서 화재경보설비를 비롯한 피난유도설비, 소화활동설비 및 소화설비 등 소방전기설비와 관련된 전반적인 부분을 다루고 있다. 소방전기시설에 대한 설계 및 시공실무 분야의 전 부분을 다루고 있으며 소방설비기사 및 산업기사 그리고 소방시설관리사 등의 자격시험 대비가 가능한 내용들을 포함하고 있다.

소방설비와 관련된 기사 및 산업기사 등은 소방 관련 기업에서 반드시 필요한 자격증으로서 최근 인기가 점점 더 높아지고 있으며 소방분야에서도 필수불가결한 자격증으로서 자리 잡고 있다.

따라서 본 교재는 최근 개정된 법령과 최신 출제경향을 반영하였고 소방전기설비 분야의 기초부터 응용까지 이론을 자세히 정리하여 소방설비 관련 자격증을 공부하는 학생들은 물론 소방 관련 실무를 하는 분들에게 큰 도움이 될 수 있을 것이다. 아울러 현장에서 근무하는 실무자들이 본 교재를 참고할 수 있도록 충분히 다양한 내용을 포함하고 있으며 여러 가지 소방분야에 대한 수검서로서 충분히 활용할 수 있도록 정리하였다.

이에 소방설비 전기분야를 준비하는 모든 분들이 본 교재를 이용하여 성실히 준비한다면 소방전기설비 자격증 취득은 물론 공무원 시험 등 여러 가지 소방분야의 시험에 대비가 가능할 것으로 믿으며 이를 위하여 공부하는 여러분들의 성공을 기원한다.

끝으로 이 교재를 출판하기까지 도와준 성안당 출판사의 여러분들과 편찬에 함께해 주신 여러 교수님들께 감사를 드리는 바이다.

차 례

CHAPTER 01 경보설비

CHAPTER 02 피난유도설비

CHAPTER 03 소화활동설비

차 례

CHAPTER 04 소화설비

CHAPTER 05 비상전원설비 및 시퀀스제어

CHAPTER

01

경보설비

01 자동화재탐지설비

02 비상경보설비

03 비상방송설비

04 누전경보설비

05 자동화재속보설비

06 가스누설경보설비

01 경보설비

01 자동화재탐지설비

자동화재탐지설비란 특정 소방대상물에서 화재 발생 시 화재에 의한 열 또는 연기 등을 자동으로 감지하여 소방대상물 내의 사람이나 관계자에게 경종 또는 사이렌 등으로 화재 발생을 알리는 설비이며, 다른 소화설비와 연동으로 소화설비를 동작시킬 수 있는 설비를 말한다.

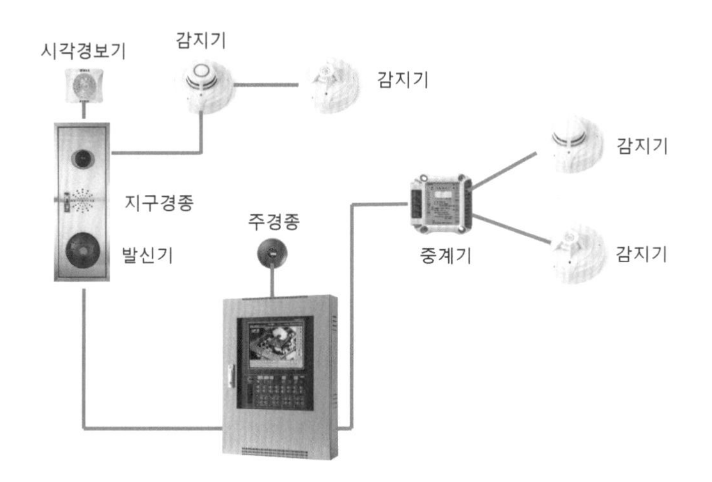

‖그림 1.1.1‖ 자동화재탐지설비의 구성

1 자동화재탐지설비의 용어 정의

(1) 용어의 정의

① '경계구역'이란 특정소방대상물 중 화재신호를 발신하고 그 신호를 수신 및 유효하게 제어할 수 있는 구역을 말한다.

② '수신기'란 감지기나 발신기에서 발하는 화재신호를 직접 수신하거나 중계기를 통하여 수신하여 화재의 발생을 표시 및 경보하여 주는 장치를 말한다.

③ '중계기'란 감지기·발신기 또는 전기적인 접점 등의 작동에 따른 신호를 받아 이를 수신기에 전송하는 장치를 말한다.

④ '감지기'란 화재 시 발생하는 열, 연기, 불꽃 또는 연소생성물을 자동적으로 감지하여 수신기에 화재신호 등을 발신하는 장치를 말한다.

⑤ '발신기'란 수동누름버튼 등의 작동으로 화재신호를 수신기에 발신하는 장치를 말한다.
⑥ '시각경보장치'란 자동화재탐지설비에서 발하는 화재신호를 시각경보기에 전달하여 청각장애인에게 점멸형태의 시각경보를 하는 것을 말한다.
⑦ '거실'이란 거주・집무・작업・집회・오락 그 밖에 이와 유사한 목적을 위하여 사용하는 실을 말한다.

(2) 자동화재탐지설비 신호처리방식

자동화재탐지설비의 화재신호 및 상태신호 등을 송・수신하는 방식은 다음과 같다.
① '유선식'은 화재신호 등을 배선으로 송・수신하는 방식
② '무선식'은 화재신호 등을 전파에 의해 송・수신하는 방식
③ '유・무선식'은 유선식과 무선식을 겸용으로 사용하는 방식

2 자동화재탐지설비 설치대상

자동화재탐지설비를 설치해야 하는 특정소방대상물은 다음의 어느 하나에 해당하는 것으로 한다.

(1) 공동주택 중 아파트 등・기숙사 및 숙박시설의 경우에는 모든 층

(2) 층수가 6층 이상인 건축물의 경우에는 모든 층

(3) 근린생활시설(목욕장은 제외), 의료시설(정신의료기관 및 요양병원은 제외), 위락시설, 장례시설 및 복합건축물로서 연면적 600m^2 이상인 경우에는 모든 층

(4) 근린생활시설 중 목욕장, 문화 및 집회시설, 종교시설, 판매시설, 운수시설, 운동시설, 업무시설, 공장, 창고시설, 위험물 저장 및 처리 시설, 항공기 및 자동차 관련 시설, 교정 및 군사시설 중 국방・군사시설, 방송통신시설, 발전시설, 관광 휴게시설, 지하가(터널은 제외)로서 연면적 1,000m^2 이상인 경우에는 모든 층

(5) 교육연구시설(교육시설 내에 있는 기숙사 및 합숙소를 포함), 수련시설(수련시설 내에 있는 기숙사 및 합숙소를 포함하며, 숙박시설이 있는 수련시설은 제외), 동물 및 식물 관련 시설(기둥과 지붕만으로 구성되어 외부와 기류가 통하는 장소는 제외), 자원순환 관련 시설, 교정 및 군사시설(국방・군사시설은 제외) 또는 묘지 관련 시설로서 연면적 2,000m^2 이상인 경우에는 모든 층

(6) 노유자 생활시설의 경우에는 모든 층

(7) (6)에 해당하지 않는 노유자시설로서 연면적 400m^2 이상인 노유자 시설 및 숙박시설이 있는 수련시설로서 수용인원 100명 이상인 경우에는 모든 층

(8) 의료시설 중 정신의료기관 또는 요양병원으로서 다음의 어느 하나에 해당하는 시설

① 요양병원(의료재활시설은 제외)
② 정신의료기관 또는 의료재활시설로 사용되는 바닥면적의 합계가 300m^2 이상인 시설
③ 정신의료기관 또는 의료재활시설로 사용되는 바닥면적의 합계가 300m^2 미만이고, 창살(철재·플라스틱 또는 목재 등으로 사람의 탈출 등을 막기 위하여 설치한 것을 말하며, 화재 시 자동으로 열리는 구조로 되어 있는 창살은 제외)이 설치된 시설

(9) 판매시설 중 전통시장

(10) 지하가 중 터널로서 길이가 1,000m 이상인 것

(11) 지하구

(12) (3)에 해당하지 않는 근린생활시설 중 조산원 및 산후조리원

(13) (4)에 해당하지 않는 공장 및 창고시설로서, 「화재의 예방 및 안전관리에 관한 법률 시행령」 [별표 2]에서 정하는 수량의 500배 이상의 특수가연물을 저장·취급하는 것

(14) (4)에 해당하지 않는 발전시설 중 전기저장시설

| 표 1.1.1 | 특수가연물 수량기준[별표 2]

품명		수량
제1종 가연물		200kg
면화류		200kg
목모 및 대팻밥		400kg
제2종 가연물		600kg
넝마 및 종이조각		1,000kg
사류		1,000kg
볏짚류		1,000kg
석탄 및 목탄		10,000kg
목재가공품 및 톱밥		10m^2
고무류·플라스틱류	발포시킨 것	20m^2
	그 밖의 것	3,000kg

※ 화재알림설비를 설치해야 하는 특정소방대상물은 판매시설 중 전통시장으로 한다. [별표 4]

Keypoint

시각경보기를 설치해야 하는 특정소방대상물은 자동화재탐지설비를 설치해야 하는 특정소방대상물 중 다음의 어느 하나에 해당하는 것으로 한다.
1. 근린생활시설, 문화 및 집회시설, 종교시설, 판매시설, 운수시설, 의료시설, 노유자시설
2. 운동시설, 업무시설, 숙박시설, 위락시설, 창고시설 중 물류터미널, 발전시설 및 장례시설
3. 교육연구시설 중 도서관, 방송통신시설 중 방송국
4. 지하가 중 지하상가

참고 지하구

지하구는 지하구 입구의 높이가 2m 이상, 가로폭 1.8m 이상, 길이 50m 이상일 경우를 의미한다.

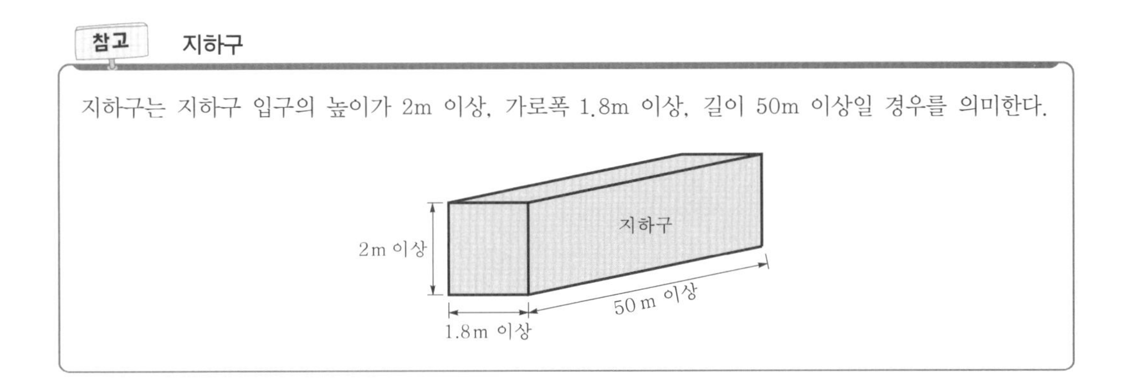

3 경계구역

경계구역은 화재를 감지하기 위하여 유효하고 효율적으로 구획하여야 한다.

경계구역이 세분화되면 화재발생구역을 정확하게 설정할 수 있는 장점이 있으나 많은 회로수와 많은 지구표시등이 필요하게 된다. 그러므로 보다 효율적으로 경계구역을 설정하기 위해서는 화재발생위치 파악이 용이하고 확인이 명확하게 될 수 있도록 경계구역을 설정하는 것이 바람직하다.

건물 내의 공간은 일반적으로 거실과 같은 수평적 공간과 계단 및 파이프 덕트 등과 같은 수직적 공간으로 구분할 수 있다.

경계구역을 수평적 공간과 수직적 공간으로 구분해서 설정하고 경계구역의 경계선은 복도, 통로, 방화벽 등으로 구획하여야 하며, 경계구역 번호는 아래층에서 위층으로 하고, 수신기와 가까운 장소에서 먼 장소의 순으로 정하는 것이 일반적이다.

(1) 경계구역의 정의

소방대상물에서 화재신호를 발신하고 그 신호를 수신 및 유효하게 제어할 수 있는 구역을 말하며, 자동화재탐지설비 1회로가 화재 발생을 유효하게 감지할 수 있는 구역이다. 화재 발생 시 자동화재탐지설비 수신기는 화재 지구표시등을 점등하고, LCD 표시창에는 화재 위치를 문자로 표시하는데 지구표시등 또는 문자 하나가 1개의 경계구역을 표시하게 된다.

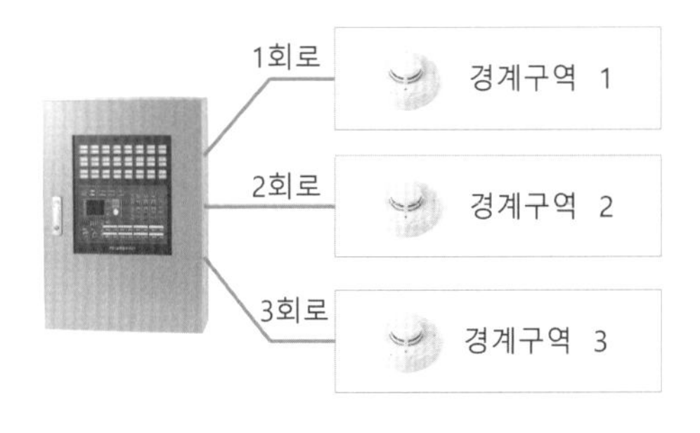

▌그림 1.1.2 ▌ **경계구역의 표시**

(2) 경계구역의 설정기준

① 자동화재탐지설비의 경계구역은 다음의 기준에 따라 설정해야 한다. 다만, 감지기의 형식승인 시 감지거리, 감지면적 등에 대한 성능을 별도로 인정받은 경우에는 그 성능인정 범위를 경계구역으로 할 수 있다.

② 하나의 경계구역이 2 이상의 건축물에 미치지 않도록 할 것

③ 하나의 경계구역이 2 이상의 층에 미치지 않도록 할 것. 다만, 500m^2 이하의 범위 안에서는 2개의 층을 하나의 경계구역으로 할 수 있다.

④ 하나의 경계구역의 면적은 600m^2 이하로 하고 한 변의 길이는 50m 이하로 할 것. 다만, 해당 특정소방대상물의 주된 출입구에서 그 내부 전체가 보이는 것에 있어서는 한 변의 길이가 50m의 범위 내에서 1,000m^2 이하로 할 수 있다.

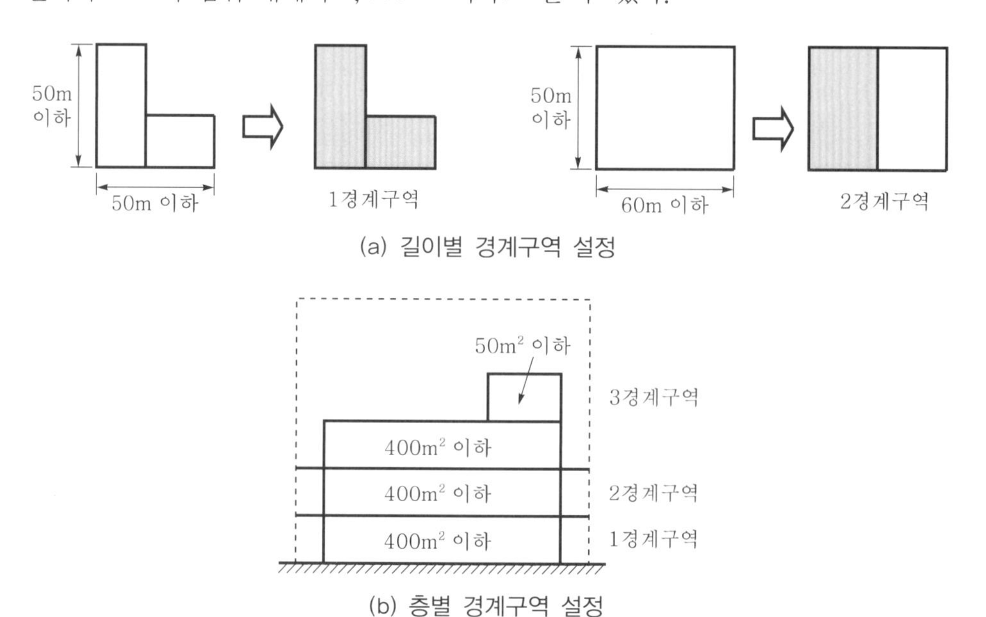

(a) 길이별 경계구역 설정

(b) 층별 경계구역 설정

▌그림 1.1.3▐ 경계구역 설정

(3) 계단의 경계구역

계단(직통계단 외의 것에 있어서는 떨어져 있는 상하 계단의 상호 간의 수평거리가 5m 이하로서 서로 간에 구획되지 아니한 것에 한함. 이하 같음)・경사로(에스컬레이터 경사로 포함)・엘리베이터 승강로(권상기실이 있는 경우에는 권상기실)・린넨슈트・파이프 피트 및 덕트, 기타 이와 유사한 부분에 대하여는 별도로 경계구역을 설정하되, 하나의 경계구역은 높이 45m 이하(계단 및 경사로에 한함)로 하고, 지하층의 계단 및 경사로(지하층의 층수가 한 개 층일 경우는 제외)는 별도로 하나의 경계구역으로 해야 한다.

(4) 경계구역 설정의 기타 기준

① 외기에 면하여 상시 개방된 부분이 있는 차고・주차장・창고 등에 있어서는 외기에 면

하는 각 부분으로부터 5m 미만의 범위 안에 있는 부분은 경계구역의 면적에 산입하지 않는다.

② 스프링클러설비・물분무 등 소화설비 또는 제연설비의 화재감지장치로서 화재감지기를 설치한 경우의 경계구역은 해당 소화설비의 방호구역 또는 제연구역과 동일하게 설정할 수 있다.

(5) 경계구역 설정 시 주의사항

① 경계구역 경계선은 복도, 통로, 방화벽으로 한다.

② 경계구역의 경계선 및 번호를 부여하는데 수신기에서 가까운 곳에서 먼 곳 순으로 한다.

③ **경계구역의 면적** : 감지기 설치 면제장소 포함(수도시설이 있는 화장실 또는 목욕탕 등)

④ 차고, 주차장, 창고 등 외기에 면하는 5m 미만의 범위 안에 있는 부분은 경계구역 면적에 포함시키지 않는다.

⑤ 원형인 경우 긴 변의 길이를 지름의 길이로 하고, 원형 안쪽 또는 바깥쪽에 방이 있는 경우 통로를 기준으로 바깥쪽 반 둘레를 한 변의 길이로 하며, 타원형인 경우 긴 변의 지름을 한 변으로 한다.

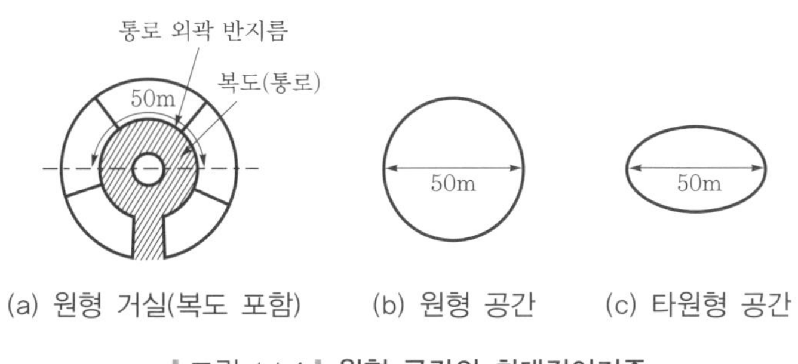

(a) 원형 거실(복도 포함)　(b) 원형 공간　(c) 타원형 공간

‖ 그림 1.1.4 ‖ **원형 공간의 최대길이기준**

4 수신기

자동화재탐지설비에서 수신기는 감지기나 발신기에서 발하는 화재신호를 직접 수신하거나 중계기를 통하여 화재신호를 수신하여 화재의 발생을 표시 및 경보하여 주는 장치를 말하며, 피난유도설비 및 소화설비 등의 기동 및 제어가 가능한 것도 있다.

(1) 수신기의 종류

자동화재탐지설비의 수신기 종류는 P형, R형으로 구분할 수 있으며, 가스누설 경보기능이 있는 것은 GP형, GR형으로 구분할 수 있다.

또한, 화재경보 기능 및 소화설비의 기동 등 여러 기능을 복합적으로 구성한 것은 P형 복합식, R형 복합식, GP형 복합식, GR형 복합식으로 나눌 수 있으며, 그 밖에 간이형 수신기와 방폭형과 방수형 및 무선식 등이 있다.

① P형(Proprietary type) 수신기, GP형(Gas & Proprietary type)

② R형(Record type) 수신기, GR형(Gas & Record type)

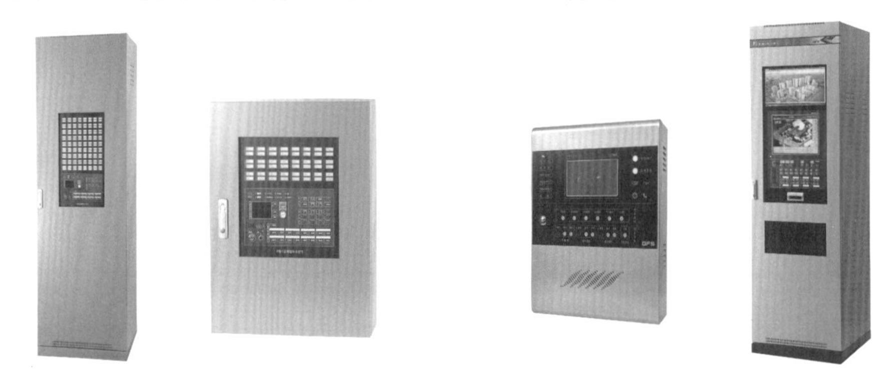

(a) P형 수신기　　　　(b) R형 수신기

▌그림 1.1.5▐ 수신기

(2) 수신기 용어의 정의

① **P형 수신기** : 감지기 또는 발신기로부터 발하여지는 신호를 직접 또는 중계기를 통하여 공통신호로서 수신하여 화재의 발생을 당해 소방대상물의 관계자에게 경보하여 주는 것을 말한다.

② **R형 수신기** : 감지기 또는 발신기로부터 발하여지는 신호를 직접 또는 중계기를 통하여 고유신호로서 수신하여 화재의 발생을 당해 소방대상물의 관계자에게 경보하여 주는 것을 말한다.

③ **GP형 수신기** : P형 수신기의 기능과 가스누설경보기의 수신부 기능을 겸한 것을 말한다. 다만, 가스누설경보기의 수신부의 기능 중 가스농도 감시장치는 설치하지 아니할 수 있다.

④ **GR형 수신기** : R형 수신기의 기능과 가스누설경보기의 수신부 기능을 겸한 것을 말한다. 다만, 가스누설경보기의 수신부의 기능 중 가스농도 감시장치는 설치하지 아니할 수 있다.

⑤ **P형 복합식 수신기** : 감지기 또는 발신기로부터 발하여지는 신호를 직접 또는 중계기를 통하여 공통신호로서 수신하여 화재의 발생을 당해 소방대상물의 관계자에게 경보하여 주고 자동 또는 수동으로 옥내·외 소화전설비, 스프링클러설비, 물분무소화설비, 포소화설비, 이산화탄소소화설비, 할로겐화물소화설비, 분말소화설비, 배연설비 등의 가압송수장치 또는 기동장치 등을 제어하는(이하 '제어기능'이라 함) 것을 말한다.

⑥ **R형 복합식 수신기** : 감지기 또는 발신기로부터 발하여지는 신호를 직접 또는 중계기를 통하여 고유신호로서 수신하여 화재의 발생을 당해 소방대상물의 관계자에게 경보하여 주고 제어기능을 수행하는 것을 말한다.

⑦ **GP형 복합식 수신기** : P형 복합식 수신기와 가스누설경보기의 수신부 기능을 겸한 것을 말한다.

⑧ **GR형 복합식 수신기** : R형 복합식 수신기와 가스누설경보기의 수신부 기능을 겸한 것을 말한다.

⑨ **기록장치** : 수신기의 화재신호, 고장신호 및 수신기에 접속된 타 기구에 대한 외부배선으로의 신호 등을 저장할 수 있는 것을 말한다.

⑩ **무선식** : 전파에 의해 신호를 송·수신하는 방식의 것을 말한다.

(3) 수신기의 기본기능

① **전력공급기능** : 수신기는 교류(AC) 상용전원을 공급받고 직류(DC)로 변환하여 감지기, 발신기, 표시등, 음향장치 등에 적합한 전력을 공급하는 기능을 갖는다.

② **화재신호 수신기능** : 감지기 또는 발신기, 중계기로부터 신호를 수신하여 수신기와 연결된 기기의 기동 등을 위하여 신호를 처리한다.

③ **기동기능** : 감지기 및 발신기로부터 화재신호를 수신하면 화재표시등과 지구표시등을 점등시키고 경보장치 및 소화설비의 기동 등의 기능을 수행한다.

④ **시험기능** : 자동화재탐지설비의 작동상태를 확인하기 위한 예비전원시험, 도통시험, 동작시험 등을 할 수 있다.

⑤ **복구기능** : 화재신호에 대한 원인제거 후 정상상태로 복구하는 기능을 갖는다.

⑥ 상용전원과 예비전원 자동절환장치

(4) 수신기 표시등

① 화재표시등　　② 지구표시등

③ 전압상태 표시등　　④ 예비전원 감시 및 표시등

⑤ 발신기등　　⑥ 스위치 주의등

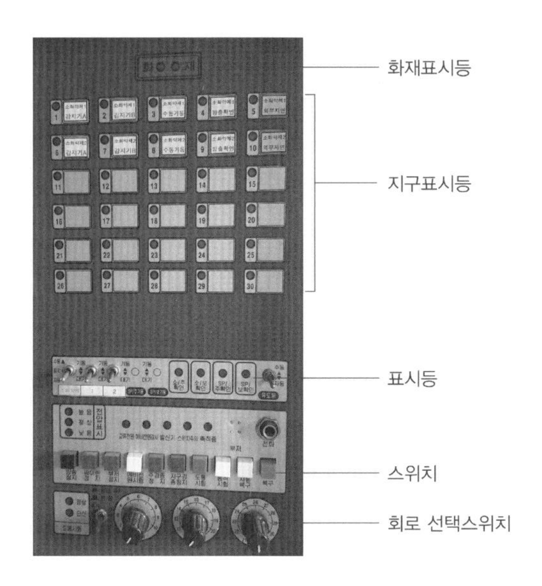

▌그림 1.1.6 ▌ **수신기 표시등(전면)**

(5) 수신기 스위치

① 주경종 정지 스위치
② 지구경종 정지 스위치
③ 예비전원 시험 스위치
④ 도통시험 스위치
⑤ 회로선택 스위치
⑥ 작동시험 스위치
⑦ 자동복구 스위치
⑧ 복구 스위치

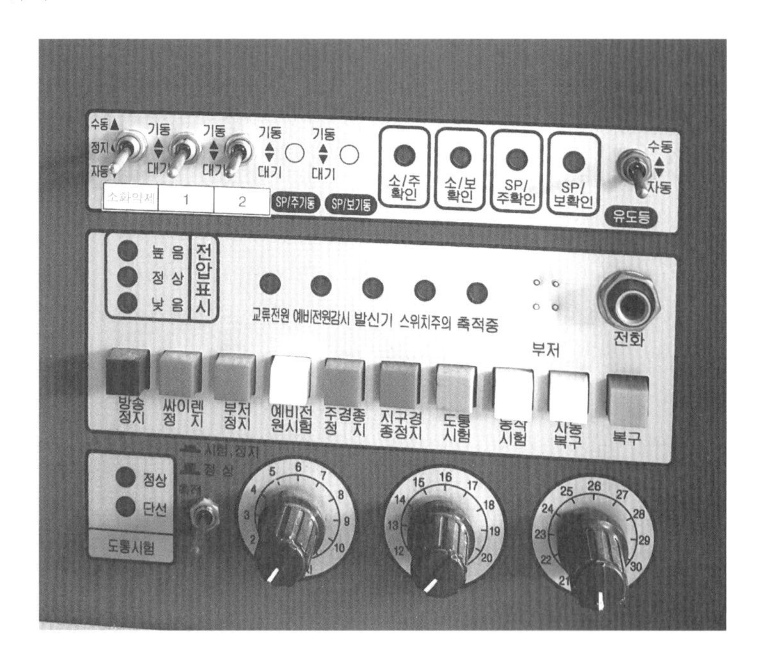

▌그림 1.1.7▐ **수신기 스위치**

(6) P형 수신기 동작원리

P형 수신기는 일반적으로 계전기에 의해 동작하게 되는데, P형 수신기 내의 각 회로와 연결된 계전기에 감지기 신호선이 연결되어 동작하는 원리로 동작한다. [그림 1.1.8]에서와 같이 계전기 여자코일에 연결된 전원과 스위치 기능을 하는 감지기 회로선이 연결되어 감지기가 동작할 경우 스위치가 'ON'되고 이때 계전기 여자코일이 여자(勵磁)되면 계전기 내의 a접점 및 b접점이 동작하는 원리로 각종 표시등 및 경종이 동작하게 된다.

그러므로 자동화재탐지설비 1회로에 계전기 1회로가 연결되는 방식이고 5회로인 경우 계전기 5회로가 연결되는 방식으로 이해할 수 있다. 그러나 최근에는 소형 마이크로프로세서가 많이 개발되어 계전기방식이 아닌 마이크로프로세서에 의해 동작하는 디지털 제어방식의 수신기도 개발되어 사용되고 있다.

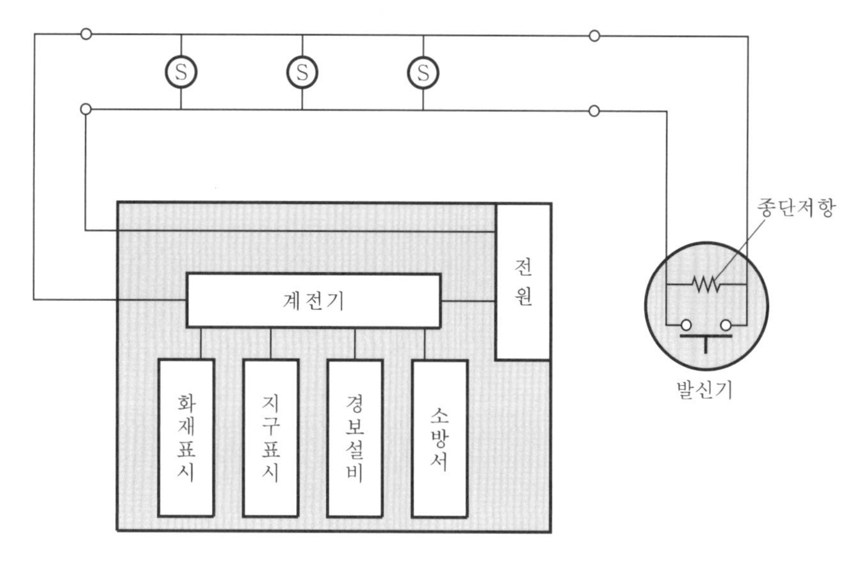

▎그림 1.1.8 ▎ **P형 수신기 동작원리**

(7) R형 수신기 동작원리

① R형 수신기는 감지기의 신호가 중계기를 통하여 수신기에 통신으로 전달되며, 수신기에 화재정보에 대한 데이터를 중계기를 통하여 고유신호방식(다중 전송방식, 다중 통신방식)으로 전달한다. 디지털방식의 감지기(아날로그식 감지기)의 경우는 중계기 없이 직접 수신기와 통신으로 데이터를 송·수신할 수 있다.

② P형 수신기의 경우는 경계구역 증가에 의해 회로수가 증가되어 수신기에 들어오는 회선수도 함께 증가하게 되므로 경계구역수 만큼 회로수가 많아지게 된다. 그러나 R형 수신기의 경우는 중계기를 이용하여 수신기에 통신선으로 감지기신호를 전달하므로 중계기와 수신기 간 연결된 통신선과 최소 필요 배선만으로 연결되므로 경계구역 증감에 따른 회로수 증감에 대한 문제가 없어 많은 회로를 수신기에 연결할 수 있는 장점이 있다.

③ [그림 1.1.8]은 R형 수신기와 중계기 및 감지기의 연결된 그림으로서, 그림과 같이 감지기 회로수 증가와 상관없이 중계기와 수신기 간 통신선만으로 연결될 수 있다.

④ R형 수신기의 특징

㉠ 수신기와 연결된 선로수가 적다.

㉡ 선로의 길이를 길게 할 수 있다.

㉢ 증설 및 이설이 용이하다.

㉣ 화재발생시구를 명확하게 표시할 수 있다.

㉤ 신호전달이 확실하다.

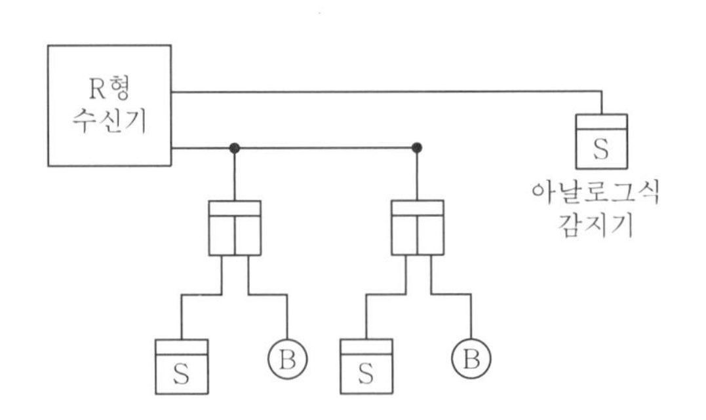

| 그림 1.1.9 | R형 수신기 결선구성

(8) P형과 R형 비교

구분	P형 수신기	R형 수신기
신호전송방식	1 : 1 접점방식	다중 전송방식
화재표시방식	LED 점등방식	LCD, CRT 표시장치
수신기 배선수	선로수가 많고 복잡	선로수가 적고 간단
유지관리 편리성	자기진단기능이 없고 유지관리가 어려움	자기진단기능으로 고장 발생 시 자동 경보 및 표시
수신기 기능 및 가격	기능이 단순하고 가격이 저가	기능이 다양하고 가격이 고가
배선·배관 공사	선로수가 많아 복잡함	선로수가 적어 간단함

(9) 수신기 설치 적합기준

① 특정소방대상물의 경계구역을 각각 표시할 수 있는 회선수 이상의 수신기를 설치할 것

② 해당 특정소방대상물에 가스누설탐지설비가 설치된 경우에는 가스누설탐지설비로부터 가스누설신호를 수신하여 가스누설경보를 할 수 있는 수신기를 설치할 것(가스누설탐지설비의 수신부를 별도로 설치한 경우에는 제외한다)

③ 자동화재탐지설비의 수신기는 특정소방대상물 또는 그 부분이 지하층·무창층 등으로서 환기가 잘 되지 아니하거나 **실내면적이 $40m^2$ 미만**인 장소, 감지기의 부착면과 실내 바닥과의 거리가 **2.3m 이하인 장소**로서 일시적으로 발생한 열·연기 또는 먼지 등으로 인하여 감지기가 화재신호를 발신할 우려가 있는 때에는 **축적기능 등이 있는 것**(축적형 감지기가 설치된 장소에는 감지기회로의 감시전류를 단속적으로 차단시켜 화재를 판단하는 방식 외의 것을 말한다)으로 설치해야 한다. 다만, 화재안전기준의 [단서에 따른 감지기]를 설치한 경우에는 그렇지 않다.

(10) 수신기의 설치기준

① 수위실 등 **상시 사람이 근무하는 장소에 설치**할 것. 다만, 사람이 상시 근무하는 장소가 없는 경우에는 관계인이 쉽게 접근할 수 있고 관리가 용이한 장소에 설치할 수 있다.

② 수신기가 설치된 장소에는 **경계구역 일람도를 비치**할 것. 다만, 모든 수신기와 연결되어 각 수신기의 상황을 감시하고 제어할 수 있는 수신기(이하 '주수신기'라 한다)를 설치하

는 경우에는 주수신기를 제외한 기타 수신기는 그렇지 않다.

③ 수신기의 음향기구는 그 **음량 및 음색이 다른 기기의 소음 등과 명확히 구별**될 수 있는 것으로 할 것

④ 수신기는 감지기·중계기 또는 발신기가 작동하는 경계구역을 표시할 수 있는 것으로 할 것

⑤ 화재·가스 전기등에 대한 종합방재반을 설치한 경우에는 해당 조작반에 수신기의 작동과 연동하여 감지기·중계기 또는 발신기가 작동하는 경계구역을 표시할 수 있는 것으로 할 것

⑥ **하나의 경계구역은 하나의 표시등 또는 하나의 문자로 표시**되도록 할 것

⑦ 수신기의 **조작스위치는 바닥으로부터의 높이가 0.8m 이상 1.5m 이하인 장소에 설치**할 것

⑧ 하나의 특정소방대상물에 **2 이상의 수신기를 설치하는 경우**에는 수신기를 **상호 간 연동**하여 화재발생상황을 각 수신기마다 확인할 수 있도록 할 것

⑨ 화재로 인하여 하나의 층의 **지구음향장치 또는 배선이 단락되어도 다른 층의 화재통보에 지장이 없도록** 각 층 배선상에 유효한 조치를 할 것

(11) 수신기 화재표시

① 수신기는 화재신호를 수신하는 경우 적색의 화재표시등에 의하여 화재의 발생을 자동적으로 표시함과 동시에, 지구표시장치에 의하여 화재가 발생한 당해 경계구역을 자동적으로 표시하고 주음향장치 및 지구음향장치가 울리도록 되어야 하며, 주음향장치는 스위치에 의하여 주음향장치의 울림이 정지된 상태에서도 새로운 경계구역의 화재신호를 수신하는 경우에는 자동적으로 주음향장치의 울림정지기능을 해제하고 주음향장치가 울려야 한다.

② ①의 화재표시는 수동으로 복귀시키지 아니하는 한 그 화재의 표시를 계속 유지하는 것이어야 한다. 다만, 축적형, 다신호식 및 아날로그식인 수신기의 예비표시신호(화재표시를 할 때까지의 사이에 보조적으로 표시되는 지구표시등 및 주음향장치 등을 말한다)는 그러하지 아니하다.

③ 표시장치로서 기록장치를 설치한 것은 작동한 감지기, 중계기 및 P형 발신기 등을 포함한 경계구역을 자동적으로 쉽게 식별할 수 있는 것이어야 한다.

④ GP형, GP형 복합식, GR형 및 GR형 복합식의 수신기는 가스누설신호를 수신하는 경우 황색의 가스누설등 및 주음향장치에 의하여 가스누설의 발생을 자동적으로 표시하여야 하며, 지구표시장치에 의하여 가스누설이 발생한 당해 경계구역을 자동적으로 표시하여야 한다.

⑤ GP형, GP형 복합식, GR형 및 GR형 복합식의 수신기의 지구표시장치는 화재가 발생한 경계구역과 가스누설이 발생한 경계구역을 명확히 구분하여 식별할 수 있도록 표시하여야 한다.

⑥ 다신호식 수신기는 다음에 적합하여야 한다.

㉠ 감지기로부터 최초의 화재신호를 수신하는 경우 주음향장치 또는 부음향장치의 명동 및 지구표시장치에 의한 경계구역을 각각 자동적으로 표시하여야 한다.

㉡ 위의 표시 중에 동일 경계구역의 감지기로부터 두 번째 화재신호 이상을 수신하는 경우 ㉠의 상태를 계속함과 동시에 화재등 및 지구음향장치가 자동적으로 작동되어야 한다.

⑦ **축적형인 수신기**는 축적시간 동안 지구표시장치의 점등 및 주음향장치를 명동시킬 수 있으며 화재신호 축적시간은 **5초 이상 60초 이내**이어야 하고, 공칭축적시간은 **10초 이상 60초 이내에서 10초 간격**으로 한다.

⑧ 아날로그식인 수신기는 아날로그식 감지기로부터 출력된 신호를 수신한 경우 예비표시 및 화재표시를 표시함과 동시에 입력신호량을 표시할 수 있어야 하며 또한 작동레벨을 설정할 수 있는 조정장치가 있어야 한다.

(12) 수신기의 구조 및 일반기능

수신기의 구조 및 기능은 다음의 내용에 적합해야 한다.

외함은 불연성 또는 난연성 재질로 만들어져야 하고, 외함에 강판을 사용하는 경우에는 다음에 기재된 두께 이상의 강판을 사용하여야 한다. 다만, 합성수지를 사용하는 경우에는 강판의 2.5배 이상의 두께이어야 한다.

① 1회선용은 1.0mm 이상
1회선을 초과하는 것은 1.2mm 이상
직접 벽면에 접하며 벽 속에 매립되는 외함의 부분은 1.6mm 이상

② 정격전압이 **60V를 넘는 기구**의 금속제 외함에는 **접지단자를 설치**하여야 한다.

③ **예비전원회로**에는 단락사고 등으로부터 보호하기 위한 **퓨즈 등 과전류 보호장치를 설치**하여야 한다.

④ 수신기(접속되는 회선수가 1회선인 것은 제외한다)는 발신기가 작동하는 경우 그 표시를 할 수 있어야 한다.

⑤ 수신기(1회선용은 제외한다)는 **2회선이 동시에 작동**하여도 **화재표시**가 되어야 하며, 감지기의 감지 또는 발신기의 발신 개시로부터 P형, P형 복합식, GP형, GP형 복합식, R형, R형 복합식, GR형 또는 GR형 복합식 수신기의 **수신완료까지의 소요시간은 5초**(축적형의 경우에는 60초) 이내이어야 한다.

⑥ 화재신호를 수신하는 경우 P형, P형 복합식, GP형, GP형 복합식, R형, R형 복합식, GR형 또는 GR형 복합식의 수신기에 있어서는 2 이상의 지구표시장치에 의하여 각각 화재를 표시할 수 있어야 한다.

⑦ 수신기는 발신기와 화재신호 전달에 지장이 없다면 상호 연락을 위한 **전화를 선택적으로 설치**할 수 있다.

⑧ 내부에 주전원의 **양극을 동시에 개폐할 수 있는 전원스위치**를 설치할 수 있다.

⑨ 전원입력 및 외부부하에 직접 전원을 송출하도록 구성된 회로에는 **퓨즈 또는 브레이커 등을 설치**하여야 한다.
⑩ 수신기의 외부배선 연결용 단자에 있어서 **공통신호선용 단자는 7개 회로마다 1개 이상 설치**하여야 한다.

(13) 수신기 예비전원

자동화재탐지설비 수신기에는 다음과 같은 내용으로 예비전원을 설치하여야 한다.

① 수신기의 예비전원은 원통밀폐형 니켈카드뮴 축전지 또는 무보수밀폐형 연축전지를 사용하며, 그 용량은 **감시상태를 60분간 계속한 후 다음에서 규정하는 부하에 견딜 수 있는 크기 이상**이어야 한다. 이 경우 지구음향장치의 작동을 위한 예비전원의 소비전류는 P형, P형 복합식, GP형 및 GP형 복합식의 수신기에 있어서는 **접속 가능한 회선수**(R형, R형 복합식, GR형 및 GR형 복합식의 수신기에 있어서는 접속 가능한 중계기의 회선수) **에 2를 곱하여 얻은 수의 지구음향장치가 울리는데 소비되는 전류**로 하고, **직상층 발화식**인 수신기로서 **경종 또는 중계기의 회선수가 20을 넘는 경우**에는 **20을 부하로 하는 전류**를 소비전류로 한다.
② 자동충전장치 및 전기적 기구에 의한 **자동 과충전방지장치**를 설치하여야 한다. 다만, 과충전상태가 되어도 성능 또는 구조에 이상이 생기지 아니하는 축전지를 설치하는 경우에는 **자동 과충전방지장치**를 설치하지 아니할 수 있다.
③ 전기적 기구에 의한 **자동 과방전방지장치를 설치**하여야 한다. 다만, 과방전의 우려가 없는 경우 또는 과방전의 상태가 되어도 성능이나 구조에 이상이 생기지 아니하는 축전지를 설치하는 경우에는 그러하지 아니하다.
④ **예비전원을 병렬로 접속하는 경우**는 **역충전 방지 등의 조치**를 강구하여야 한다.

(14) 수신기 기능 시험장치

① 수신기의 앞면에서 쉽게 시험을 할 수 있어야 한다.
② 외부배선(지구음향장치용의 배선, 확인장치용의 배선 및 전화장치용의 배선을 제외한다)의 **도통시험 및 회로저항 등의 측정**은 지시전기계기에 의하는 등 적합한 방법에 의하여 회로마다 할 수 있어야 하며, **도통상태를 확인할 수 있는 장치**가 있어야 한다. **무선식 수신기**는 중계기(감지기와 배선으로 연결되는 무선식 중계기만 해당된다)의 **배선회로 마다 도통상태를 확인**할 수 있는 장치를 설치하여야 한다.
③ 장치를 조작 중에 다른 회선으로부터 화재신호를 수신하는 경우 화재표시가 될 수 있어야 한다.
④ 화재등 및 주음향장치의 시험을 제외하고는 회선의 단락 및 단선 사고 중에도 다른 회선의 시험을 할 수 있어야 한다.
⑤ 정류기의 직류측에 **자동복귀형 스위치를 설치**하고 그 스위치의 조작에 의하여 전류가 흐르도록 부하를 가하는 경우 그 단자전압을 측정할 수 있는 장치를 설치하거나 예비전원의 저전압 상태를 자동적으로 확인할 수 있는 장치를 설치하여야 한다.

(15) 수신기 시험

① 절연저항 및 절연내력시험

㉠ **절연저항시험**

- 수신기의 절연된 충전부와 외함 간의 절연저항 : **직류 500V의 절연저항계**로 측정한 값이 **5MΩ(교류입력측과 외함 간 : 20MΩ) 이상**이어야 한다. 다만, P형, P형 복합식, GP형 및 GP형 복합식의 수신기로서 접속되는 회선수가 10 이상인 것 또는 R형, R형 복합식, GR형 및 GR형 복합식의 수신기로서 접속되는 중계기가 10 이상인 것은 교류입력측과 외함 간을 제외하고 1회선당 50MΩ 이상이어야 한다.
- 절연된 선로 간의 절연저항 : **직류 500V의 절연저항계**로 측정한 값이 **20MΩ 이상**이어야 한다.

㉡ 절연내력시험 : 60Hz의 정현파에 가까운 실효전압 500V(정격전압이 60V를 초과하고 150V 이하인 것은 1,000V, 정격전압이 150V를 초과하는 것은 그 정격전압에 2를 곱하여 1천을 더한 값)의 교류전압을 가하는 시험에서 1분간 견디는 것이어야 한다.

예 1. 정격전압 30V인 경우 : 교류실효전압 500V를 가하여 1분간 견딤
2. 정격전압 120V인 경우 : 교류실효전압 1,000V를 가하여 1분간 견딤
3. 정격전압 200V인 경우 : $(200 \times 2) + 1,000 = 1,400$V
교류실효전압 1,400V를 가하여 1분간 견딤

② 화재표시 작동시험

㉠ 시험방법 : 동작시험스위치를 조작하여 회로선택스위치를 차례로 회전시켜 각각의 회로마다 작동시험을 한다. 또한, 감지기 또는 발신기를 차례로 작동시켜 경계구역과 지구표시등과의 연동동작을 확인한다.

㉡ 양부판정 : 화재표시등, 지구표시등, 음향장치 연동, 감지기회로와 경계구역 간의 접속상태를 확인한다.

③ 회로도통시험

㉠ 시험방법

- 도통시험은 수신기단자와 감지기회로선의 접속상태, 감지기회로의 단선 유무를 점검하기 위한 시험으로서, 수동점검수신기와 자동점검수신기가 있다.
- 수동점검수신기 : 수동점검수신기의 회로도통시험은 다음과 같다.
  - 도통시험스위치를 누른다.
  - 회로선택스위치로 순차적으로 회로를 선택한다.
  - 전압계 눈금확인 확인 또는 정상 유무 표시등(LED)을 확인한다.
  - 종단저항값을 확인한다.

㉡ 양부판단기준 : 각 회로의 전압계 및 표시등(LED) 점등상태가 정상일 것

④ **공통선시험**

㉠ 시험방법 : 1선 공통선이 담당하는 경계구역수를 확인한다.

- **수신기 내의 단자에서 공통선 1선 제거**
- **수신기의 회로선택스위치를 차례로 돌려 회로 선택**
- **수신기에서 단선을 표시하는 회로수를 파악하고 단선수 확인**

㉡ **양부판정 : 공통선이 담당하고 있는 경계구역수가 7 이하가 되어야 한다.**

⑤ 예비전원시험

㉠ 시험방법 : 정전 및 단선인 경우 자동으로 예비전원으로 절환되고, 정전복구 시 자동으로 상용전원으로 복구되는지 확인한다.

- 예비전원 시험스위치를 누른다.
- 전압계의 전압이 정상인지 확인 또는 표시등(LED)이 정상을 표시하는지 확인한다.
- 교류전원을 개방하여 자동절환릴레이가 예비전원으로 투입되는지 확인한다.

㉡ 양부판정 : 예비전원의 전압, 용량, 자동절환 및 복구가 정상으로 동작하는지 확인한다.

⑥ 동시동작시험

㉠ 시험방법 : 여러 개의 경계회로가 동시에 동작되어도 수신기의 기능에 이상이 없는가를 확인한다.

- 각 회로를 복구시키지 않고 **5회선(5회선 미만은 전 회선)을 동작**시킨다.
- 주음향장치 및 지구음향장치를 모두 작동시킨다.
- 수신기 최대 부하전류를 넘지 않도록 주의하고 부수신기와 표시기를 함께 하는 것은 모두 작동상태로 유지하고 실시한다.

㉡ 양부판정기준 : 각 회선을 동시에 **5회로 작동**시킬 때 수신기, 부수신기, 표시기, 음향장치 등의 기능에 이상이 없고 화재작동을 표시할 수 있는 기능을 유지할 수 있어야 한다.

⑦ 회로저항시험

㉠ 시험방법 : 감지기회로의 배선저항값이 수신기의 기능에 어떤 영향이 있는가를 시험하는 것이다.

- 감지기회로의 공통선과 감지기 사이의 선로저항값을 측정한다.
- 회로 끝단은 도통상태를 유지하여 측정한다.

㉡ 양부판단기준 : 1개 회로의 합성저항값은 **50Ω 이하**로 한다.

⑧ **저전압 시험** : 자동화재탐지설비에 인가되는 전원전압이 저하되는 경우 성능이 유지되는지 확인하는 시험이다.

㉠ 시험방법

- 전압조정기를 이용하여 수신기에 인가되는 전압을 조정한다.
- 정격전압의 **80%로 전압**을 조정한다.
- 화재표시작동시험에 준하여 시험한다.

㉡ 양부판단기준 : 음향장치는 **최소 80% 전압에서 동작**해야 한다.

Key point

[경계구역, 수신기]

1. 자동화재탐지설비 설치대상
   ① 600m² 이상 : 근린생활시설(일반목욕장 제외), 위락시설, 숙박시설, 의료시설 및 복합건축물 등
   ② 1,000m² 이상 : 일반목욕장·문화집회 및 운동시설·지하가(터널 제외), 공동주택·공장 및 창고시설
   ③ 2,000m² 이상 : 교육연구시설, 동·식물 관련 시설, 위생시설 및 교정시설
   ④ 지하구 : 모두 설치
   ⑤ 터널 : 길이 1,000m 이상
   ⑥ 400m² 이상 : 노유자 생활시설 및 숙박시설이 있는 청소년수련시설, 수용인원 100인 이상인 곳
   ⑦ 공장·창고 : 공장 및 창고시설로 아래 표의 수량 500배 이상

품명		수량
제1종 가연물		200kg
면화류		200kg
목모 및 대팻밥		400kg
제2종 가연물		600kg
넝마 및 종이조각		1,000kg
사류		1,000kg
볏짚류		1,000kg
석탄 및 목탄		10,000kg
목재가공품 및 톱밥		10m²
합성수지류	발포시킨 것	20m²
	그 밖의 것	3,000kg

2. 경계구역
   ① 경계구역설정 기준 정리
      ㉠ 하나의 경계구역이 2개 이상의 건축물에 미치지 아니하도록 할 것
      ㉡ 하나의 경계구역이 2개 이상의 층에 미치지 아니하도록 할 것. 다만, 500m² 이하의 범위 안에서 2개의 층을 하나의 경계구역
      ㉢ 하나의 경계구역의 면적은 600m² 이하, 한 변의 길이를 50m 이하
      내부 전체가 보이는 것 - 50m의 범위 내에서 1,000m² 이하
      ㉣ 지하구의 경우 하나의 경계구역의 길이 700m 이하
   ② 계단·경사로·엘리베이터 권상기실·린넨슈트·파이프피트 및 덕트 등은 별도로 경계구역을 설정하고, 하나의 경계구역은 높이 45m 이하, 지하층의 계단 및 경사로는 별도로 한다.
   ③ 차고·주차장·창고 등은 외기에 면하는 부분으로부터 5m 미만의 범위 경계구역의 면적에 포함되지 않는다.
   ④ 감지기 설치가 면제된 장소도 경계구역 면적에 포함한다.

3. 수신기
   ① 수신기의 종류 : P형, R형, GP형, GR형
   ② 수신기 주요 기능 : 전력공급기능, 화재신호 수신기능, 기동기능, 시험기능, 복구기능
   ③ 수신기 표시등 : 화재표시등, 지구표시등, 전압상태 표시등, 예비전원 표시등, 예비전원감시등, 발신기등, 스위치주의등
   ④ 스위치류 : 예비전원시험 스위치, 주경종 정지스위치, 지구경종 정지스위치, 도통시험 스위치, 작동시험스위치, 자동복구스위치, 복구스위치, 회로선택스위치, 전압계

4. R형 수신기 특징
   ① 선로수가 적다.
   ② 선로의 길이연장이 용이하다.
   ③ 화재발생지구의 표시가 명확(문자, 숫자, 그림)하다.
   ④ 신호전달이 명확(디지털 신호전송방식)하다.
   ⑤ 증설 및 이설이 용이하다.

5. 수신기 설치기준
   ① 수신기 설치기준 정리
      ㉠ 수위실 등 상시 사람이 근무하는 장소에 설치
      ㉡ 수신기가 설치된 장소에는 경계구역 일람도를 비치
      ㉢ 음향기구는 그 음량 및 음색이 다른 기기의 소음 등과 명확히 구별
      ㉣ 감지기·중계기 또는 발신기가 작동하는 경계구역을 표시할 수 있는 것
      ㉤ 하나의 경계구역은 하나의 표시등 또는 하나의 문자로 표시
      ㉥ 수신기의 조작스위치는 바닥으로부터의 높이가 0.8m 이상 1.5m 이하
      ㉦ 2 이상의 수신기를 설치하는 경우 상호 간 연동, 각 수신기마다 확인
   ② 축적형 수신기 적용설치
      ㉠ 지하층, 무창층으로 환기가 잘 되지 않거나 실내면적 $40m^2$ 미만인 장소
      ㉡ 감지기의 부착면과 실내바닥과의 거리가 2.3m 이하인 장소

6. 수신기 시험의 종류
   ① 화재표시작동시험 : 화재가 발생한 층을 정확히 표시
   ② 회로도통시험 : 지구별 회로의 단선 유무 표시
   ③ 공통선시험 : 경계구역의 수가 7선 이하
   ④ 동시동작시험 : 동시에 5회선을 동작, 주음향장치 및 지구음향장치 모두 작동하고 화재작동을 표시
   ⑤ 회로저항시험 : 1개 회로의 합성저항 값 50Ω 이하

7. 일반기능
   ① 60V를 넘는 기구의 금속제 외함에 접지단자를 설치
   ② 예비전원회로에는 퓨즈 등 과전류 보호장치를 설치
   ③ 2회선이 동시에 작동하여도 화재표시, 감지기 또는 발신기의 발신개시로부터 수신완료까지의 소요시간은 5초(축적형의 경우 60초) 이내
   ④ 전원입력 및 외부부하에 직접 전원을 송출하도록 구성된 회로에는 퓨즈 또는 브레이커 등을 설치
   ⑤ 공통신호선용 단자는 7개 회로마다 1개 이상 설치
   ⑥ 축적시간 5초 이상 60초 이내, 공칭축적시간 10초 이상 60초 이내 – 10초 간격
   ⑦ 원통밀폐형 니켈카드뮴전지 : 감시상태를 60분간 계속한 후 부하에 견딜 수 있는 용량 이상
   ⑧ 자동충전장치 및 전기적 기구에 의한 자동 과충전방지장치 설치
   ⑨ 예비전원을 병렬로 접속하는 경우 역충전 방지 등 조치
   ⑩ 절연저항 : 직류 500V 절연저항계로 5MΩ(교류입력측과 외함 간 : 20MΩ) 이상
   ⑪ 동시동작시험 : 각 회선을 동시에 5회로 작동시킬 때 기능을 정상적으로 유지

8. P형과 R형 비교

구분	P형 수신기	R형 수신기
신호전송방식	1:1 접점방식	다중 전송방식
화재표시방식	LED 점등방식	LCD, CRT 표시장치
수신기 배선수	선로수가 많고 복잡	선로수가 적고 간단
유지관리 편리성	자기진단기능이 없고 유지관리가 어려움	자기진단기능으로 고장발생 시 자동 경보 및 표시
수신기 기능 및 가격	기능이 단순하고 가격이 저가	기능이 다양하고 가격이 고가
배선·배관 공사	선로수가 많아 복잡함	선로수가 적어 간단함

9. 절연저항시험

절연저항계	절연저항	대상기기
직류 250V	0.1MΩ 이상	감지기회로 및 부속회로의 전로와 대지 사이 및 배선 상호 간
직류 500V	5MΩ 이상	누전경보기, 가스누설경보기, 수신기, 자동화재속보설비, 비상경보설비, 유도등, 비상조명등
	20MΩ 이상	경종, 발신기, 중계기, 비상콘센트
	50MΩ 이상	감지기(정온식 감지선형 제외), 가스누설경보기(10회로 이상), 수신기(10회로 이상)
	1,000MΩ 이상	정온식 감지선형 감지기

5 중계기

중계기는 수신기와 감지기 사이에 설치하는 것으로서, 주로 R형 수신기와 일반 감지기 및 발신기 사이에 설치되어 화재신호와 경보신호 등을 송·수신하여 통신으로 수신기로 연결하는 기능을 하는 기기이며, 감지기·발신기 또는 전기적인 접점 등의 작동에 따른 신호를 받아 이 신호를 수신기에 전송하는 장치이다.

또한, 중계기는 감지기 또는 발신기 작동에 의한 신호나 가스누설경보기의 탐지부에서 발하여진 가스누설신호를 받아 이를 수신기, 가스누설경보기, 자동소화설비의 제어반에 발신하며, 소화설비·제연설비, 그밖의 방재설비에 제어신호를 발신하는 기기이다.

그리고 중계기는 화재신호, 화재표시신호, 화재정보신호, 가스누출신호 또는 설비작동신호 등을 수신하여 발신하며, 설비작동신호를 다른 중계기 또는 수신기에 발신한다. 아날로그식 중계기는 화재정보신호를 수신하는 것이며, 화재정보신호를 다른 중계기, 수신기 또는 소화설비 등에 발신하는 것을 말한다.

중계기의 자동시험기능은 화재경보설비와 관련되는 기능이 이상 없이 유지되고 있는 것을 자동으로 확인할 수 있는 기능을 말하고, 원격시험기능이란 감지기에 관련된 기능이 이상 없이 유지되고 있는 것을 해당 감지기의 설치장소에서 떨어진 위치에서 확인할 수 있는 장치의 시험기능을 말한다.

(1) 중계기의 종류

① **분산형 중계기** : 소형의 중계기로서, 1~2개 회로의 경계구역신호가 송·수신되며 각 경계구역별로 각각 설치된다.

② **집합형 중계기** : 여러 개의 중계기가 한 곳에 집중되어 설치되고, 소방대상물 내 몇 개의 경계구역을 모아 일정 구역에 나누어 배치되어 설치된다.

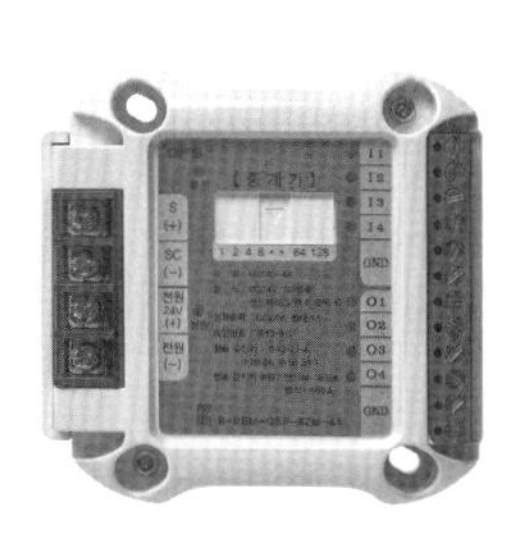

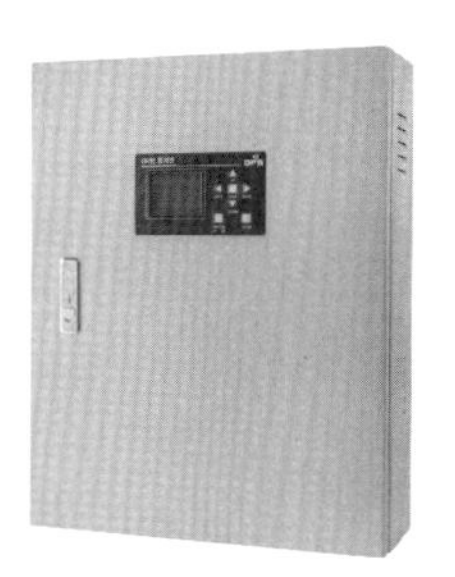

(a) 분산형 중계기 (b) 집합형 중계기

‖ 그림 1.1.10 ‖ **중계기**

(2) 중계기 결선

중계기는 수신기와 감지기 또는 발신기 사이에 설치되며, 감지기나 발신기에서 발신되는 신호를 수신하여 수신기로 신호를 전송하며 수신기에서 발신되는 신호를 받아 경종 및 기타 기기로 신호를 발신하는 기능을 한다.

중계기의 수신기측 배선수는 제조회사별로 다를 수 있으나 기본적으로 통신선 및 전원선으로 이루어져 있으며, 입출력 배선으로는 감지기와 발신기 입력, 경종 및 기타 기기 신호발신 단자 등으로 구성된다.

[그림 1.1.11]은 수신기와 중계기 및 감지기, 지구경종 등의 결선 예를 보여준다.

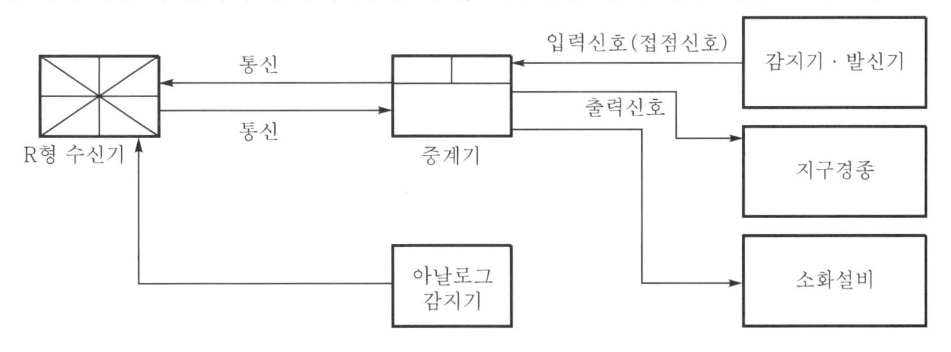

‖ 그림 1.1.11 ‖ **수신기와 중계기 결선 예**

[그림 1.1.12]는 중계기 입출력 연결방식을 설명한 것으로, 감지기와 발신기가 중계기 입력으로 연결되고 출력으로 지구경종 등이 연결되고 있으며, 수신기와 통신선 및 전원선이 연결되어 있다.

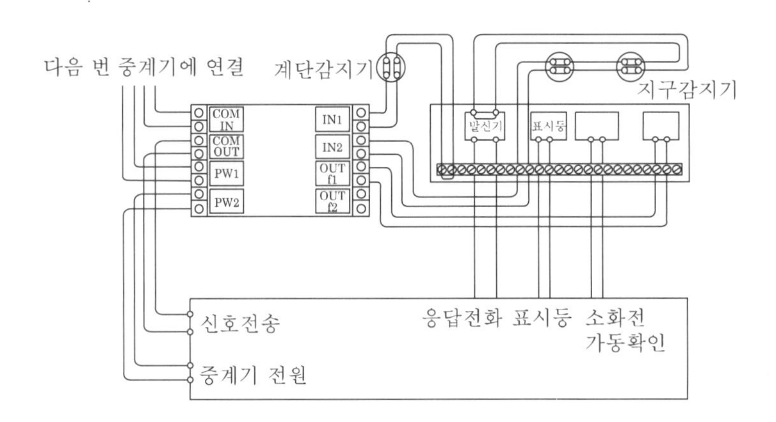

▌그림 1.1.12▌ **중계기 입출력 연결 예**

(3) 중계기 설치기준

자동화재탐지설비의 중계기는 다음의 기준에 따라 설치해야 한다.

① 수신기에서 직접 감지기회로의 도통시험을 하지 않는 것에 있어서는 **수신기와 감지기 사이에 설치**할 것

② **조작 및 점검에 편리**하고 화재 및 침수 등의 재해로 인한 피해를 받을 우려가 없는 장소에 설치할 것

③ 수신기에 따라 감시되지 않는 배선을 통하여 전력을 공급받는 것에 있어서는 전원입력측의 배선에 **과전류차단기를 설치**하고, 해당 전원의 **정전 즉시 수신기에 표시되는 것**으로 하며, 상용전원 및 예비전원의 시험을 할 수 있도록 할 것

(4) 중계기 구조 및 기능

① **작동이 확실하고, 취급 · 점검이 쉬워야** 하며, 현저한 잡음이나 장해전파를 발하지 아니하여야 한다. 또한, 먼지, 습기, 곤충 등에 의하여 기능에 영향을 받지 아니하여야 한다.

② **보수 및 부속품의 교체가 쉬워야 한다.** 다만, 방수형 및 방폭형은 그러하지 아니하다.

③ **부식에 의하여 기계적 기능에 영향을 초래**할 우려가 있는 부분은 칠, 도금 등으로 유효하게 **내식가공**을 하거나 **방청가공**을 하여야 하며, 전기적 기능에 영향이 있는 단자, 나사 및 와셔 등은 동합금이나 이와 동등 이상의 내식성능이 있는 재질을 사용하여야 한다.

④ 외함은 **불연성 또는 난연성 재질**로 만들어져야 하며 다음에 기재된 두께 이상이어야 한다.

㉠ 1회선용은 1.0mm 이상

㉡ 1회선용을 초과하는 것은 1.2mm 이상

㉢ 직접 벽면에 접하며 벽 속에 매립되는 외함의 부분은 1.6mm 이상

⑤ 정격전압이 **60V를 넘는 중계기의 강판 외함에는 접지단자를 설치**하여야 한다.

⑥ 예비전원회로에는 단락사고 등으로부터 보호하기 위한 퓨즈 등 과전류보호장치를 설치하여야 한다.

⑦ 수신기, 가스누설경보기의 탐지부, 가스누설경보기의 수신부, 자동소화설비의 제어반 또

는 다른 중계기로부터 전력을 공급받는 방식인 중계기는 다음에 적합하여야 한다.

㉠ 중계기로부터 **외부 부하에 직접 전력을 공급하는 회로**에는 **퓨즈 또는 브레이커 등을 설치**하여 퓨즈가 녹아 끊어지거나 브레이커 등이 차단되는 경우에는 자동적으로 수신기에 퓨즈의 끊어짐이나 브레이커의 차단 등에 대한 신호를 보낼 수 있어야 한다.

㉡ 지구음향장치를 울리게 하는 것은 수신기에서 조작하지 아니하는 한 **울림을 계속**할 수 있어야 한다.

㉢ 화재신호에 영향을 미칠 염려가 있는 조작부를 설치하지 아니하여야 한다.

⑧ 수신개시로부터 **발신개시까지의 시간이 5초 이내**이어야 한다.

⑨ 예비전원은 다음에 적합하게 설치하여야 한다.

㉠ 중계기의 주전원으로 사용하여서는 아니 된다.

㉡ 인출선은 적당한 색깔에 의하여 쉽게 구분할 수 있어야 한다.

㉢ 중계기의 예비전원은 **원통밀폐형 니켈카드뮴축전지 또는 무보수밀폐형 연축전지**로서 그 용량은 **감시상태를 60분간 계속한 후 자동화재탐지설비용은 최대 소비전류로 10분**간 계속 흘릴 수 있는 용량 가스누설경보기용은 가스누설경보기의 기준에 규정된 용량, GP형, GP형 복합식, GR형, GR형 복합식의 수신기에 사용되는 중계기는 각각 그 용량을 합한 용량이어야 한다.

㉣ 자동충전장치 및 전기적 기구에 의한 **자동 과충전방지장치**를 설치하여야 한다. 다만, 과충전상태가 되어도 성능 또는 구조에 이상이 생기지 아니하는 축전지를 설치하는 경우에는 자동 과충전방지장치를 설치하지 아니할 수 있다.

㉤ 전기적 기구에 의한 **자동 과방전방지장치**를 설치하여야 한다. 다만, 과방전의 우려가 없는 경우 또는 과방전의 상태가 되어도 성능이나 구조에 이상이 생기지 아니하는 축전지를 설치하는 경우에는 그러하지 아니하다.

㉥ 예비전원을 병렬로 접속하는 경우는 **역충전 방지 등의 조치**를 강구하여야 한다.

⑩ 무선식 중계기 중 배선에 의해 화재신호 또는 화재정보신호 등을 수신하여 수신기·다른 중계기 등에 해당 신호를 무선으로 발신하는 것은 **작동표시장치**를 설치하여야 한다. 감지기, 발신기에 의해 발신된 작동신호를 수신한 중계기는 화재신호를 수신기 또는 다른 중계기에 **60초 이내 주기마다 중계전송**하여야 한다.

(5) 중계기 기타 기준

① 표시등

전구는 **2개 이상을 병렬로 접속**하여야 한다. 다만, 방전등 또는 발광다이오드의 경우에는 그러하지 아니하다.

② 회로방식의 제한 : 중계기는 다음의 회로방식을 사용하지 않는다.

㉠ **접지전극에 직류전류를 통하는 회로방식**

㉡ 중계기에 접속되는 외부배선과 다른 설비의 **외부배선을 공용하는 회로방식**(다만, 화재신호, 가스누설신호 및 제어신호의 전달에 영향을 미치지 아니하는 것은 제외)

③ 중계기 시험

㉠ 반복시험 : 중계기는 정격전압에서 정격전류를 흘리고 **2,000회 작동을 반복하는 시험**을 하는 경우 그 구조 또는 기능에 이상이 생기지 아니하여야 한다.

㉡ 절연저항시험 : 중계기의 절연된 충전부와 외함 간 및 절연된 선로 간의 절연저항은 **직류 500V**의 절연저항계로 측정하는 경우 **20MΩ 이상**이어야 한다.

㉢ **절연내력시험** : 60Hz의 정현파에 가까운 **실효전압 500V**(정격전압이 60V를 초과하고 150V 이하인 것은 1,000V, 정격전압이 150V를 초과하는 것은 정격전압에 2를 곱하여 1,000V를 더한 값)의 교류전압을 가하는 시험에서 **1분간 견디는 것**이어야 한다.

Keypoint

[중계기]

1. 중계기의 종류
   ① 분산형 중계기, 집합형 중계기
   ② 비축적형 중계기, 축적형 중계기(5초~60초)
   ③ 축적형 감지기를 접속하는 경우 감지기, 중계기, 수신기에 설정된 축적시간의 합계는 60초를 넘지 않아야 하며, 축적형 감지기와 접속 시 중계기 및 수신기에 설정된 축적시간의 합계는 20초를 넘지 않아야 한다.
2. 중계기 설치기준
   ① 수신기와 감지기 사이에 설치
   ② 조작·점검에 편리, 화재·침수 등 재해로 인한 피해 우려 없는 장소
   ③ 전원 입력측의 배선에 **과전류차단기를 설치**, 정전 즉시 수신기에 표시되는 것
3. 중계기 기능
   ① **작동이 확실하고, 취급 · 점검이 쉬워야** 함
   ② **보수 및 부속품의 교체가 쉬워야 함**
   ③ **60V를 넘는 중계기의 강판 외함에는 접지단자를 설치**
   ④ 예비전원회로에 단락사고로부터 보호를 위한 **퓨즈 등 과전류 보호장치를 설치**
   ⑤ 수신개시로부터 **발신개시까지의 시간이 5초 이내**
4. 예비전원
   ① 중계기의 주전원으로 사용하여서는 안 됨
   ② 예비전원은 **원통밀폐형 니켈카드뮴축전지** 또는 **무보수밀폐형 연축전지**로서 그 용량은 **감시상태를 60분간 계속한 후 자동화재탐지설비용은 최대 소비전류로** 10분간 계속 흘릴 수 있는 용량
   ③ 자동충전장치 및 전기적 기구에 의한 자동 **과충전방지장치**를 설치
   ④ 전기적 기구에 의한 **자동 과방전방지장치**를 설치
   ⑤ 예비전원을 병렬로 접속하는 경우는 **역충전 방지 등의 조치**

6 발신기

발신기는 수신기나 중계기에 수동으로 화재신호를 보내는 것으로서, 수동누름버튼 등의 작동으로 화재신호를 발신하는 장치이다.

발신기는 일반적으로 발신기함에 지구경종 및 표시등과 함께 설치되며 수동조작 수동복귀형 누름버튼스위치로 작동한다.

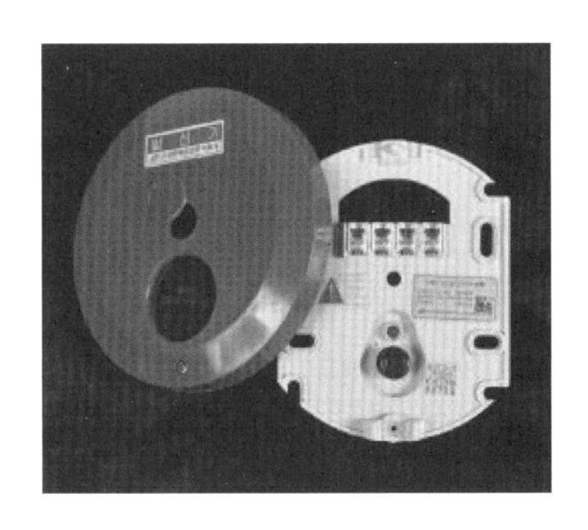

(a) 발신기

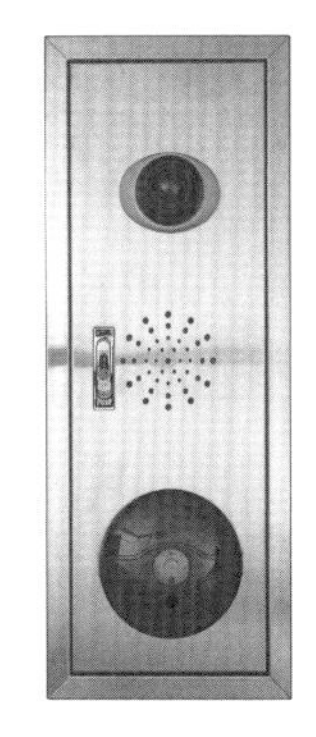

(b) 발신기함

‖ 그림 1.1.13 ‖ **발신기 및 발신기함**

(1) 발신기의 종류

① 설치장소에 따라 옥외형, 옥내형
② 방폭 유무에 따라 방폭형, 비방폭형
③ 방수 유무에 따라 방수형, 비방수형

(2) 발신기 구성요소

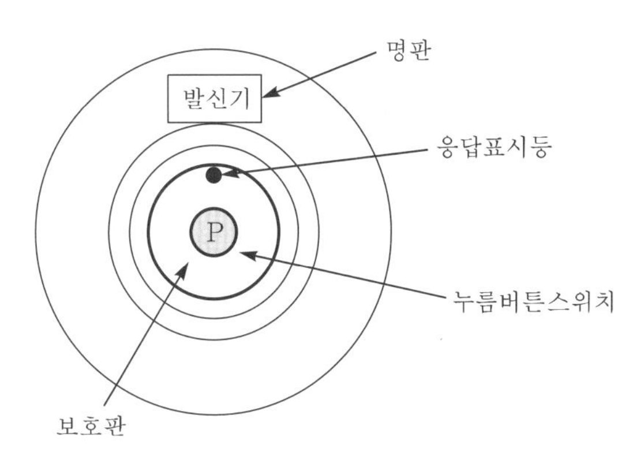

‖ 그림 1.1.14 ‖ **발신기 구성요소**

① **발신기 위치표시등** : 발신기의 위치를 표시하는 등으로서, 적색등으로 되어 있다. 발신기함의 상부에 위치하고 있으며 주위 밝기 300lx인 장소에서 측정하여 앞면으로부터 3m 떨어진 곳에서 위치표시등이 확실히 식별되어야 한다.

② **누름스위치** : 발신기의 누름스위치는 수동조작 수동복귀형 스위치로 되어 있다. 누름스위치는 화재발생을 알리기 위해 수동으로 누르고 화재상황이 끝나면 수동으로 복귀시키는 스위치를 말한다.

③ **발신기응답등** : 발신기의 조작에 의해 발신된 신호가 수신기에 전달되었는지 발신기조작자가 확인할 수 있도록 점등되는 등으로서, 수신기에 신호가 전달되면 발신기 발광다이오드가 점등된다. 이때, 수신기 전면부 발신기표시등에도 발신기동작에 따라 표시등이 점등된다.

(3) 발신기의 설치기준

① 자동화재탐지설비의 발신기는 다음의 기준에 따라 설치해야 한다.

㉠ 조작이 쉬운 장소에 설치하고, 스위치는 **바닥으로부터 0.8m 이상 1.5m 이하의 높이에 설치**한다.

㉡ 특정소방대상물의 **층마다 설치**하되, 해당 특정소방대상물의 각 부분으로부터 하나의 발신기까지의 **수평거리가 25m 이하**가 되도록 한다. 다만, 복도 또는 별도로 구획된 실로서 **보행거리가 40m 이상일 경우에는 추가**로 설치한다.

㉢ 기준을 초과하는 경우로서 기둥 또는 벽이 설치되지 아니한 대형공간의 경우 발신기는 설치대상장소의 가장 가까운 장소의 **벽 또는 기둥 등에 설치**한다.

② 발신기의 위치를 표시하는 표시등은 함의 상부에 설치하되, 그 불빛은 부착면으로부터 **15도 이상의 범위** 안에서 부착지점으로부터 10m **이내의 어느 곳에서도 쉽게 식별**할 수 있는 **적색등**으로 하여야 한다.

(4) 발신기의 작동기능

① 발신기는 조작부의 작동스위치가 작동되는 경우 화재신호를 전송하여야 하며, 발신기는 발신기의 확인장치에 **화재신호가 전송되었음을 표기**하여야 한다.

② 발신기는 **수신기와 통화가 가능한 장치를 설치할 수 있다.** 이 경우 화재신호의 전송에 지장을 주지 아니하여야 한다.

(5) 발신기표시등의 기준

① 전구는 **2개 이상을 병렬로 접속**하여야 한다. 다만, 방전등 또는 발광다이오드의 경우에는 그러하지 아니하다.

② 전구에는 적당한 **보호커버를 설치**하여야 한다. 다만, 발광다이오드의 경우에는 그러하지 아니하다.

③ 발신기의 **작동표시등**은 등이 켜질 때 **적색으로 표시**되어야 한다.

④ 주위의 밝기가 300lx**인 장소**에서 측정하여 앞면으로부터 3m **떨어진 곳에서 켜진 등이 확실히 식별**되어야 한다.

(6) 발신기와 수신기 간 결선

발신기와 수신기 간 결선은 감지기 회로선과 공통선이 연결되며 발신기응답선이 수신기로 연결된다. 또한, 경종 및 표시등 선 중 (−)선은 경종·표시등 공통선으로 묶고 나머지 경종선 및 표시등선이 수신기로 연결된다.

발신기와 수신기 간 연결배선명칭은 다음과 같이 7선으로 연결된다. 즉, **감지기선(회로선), 공통선, 발신기응답선, 경종선, 표시등선, 경종 · 표시등 공통선** 등 6선이다.

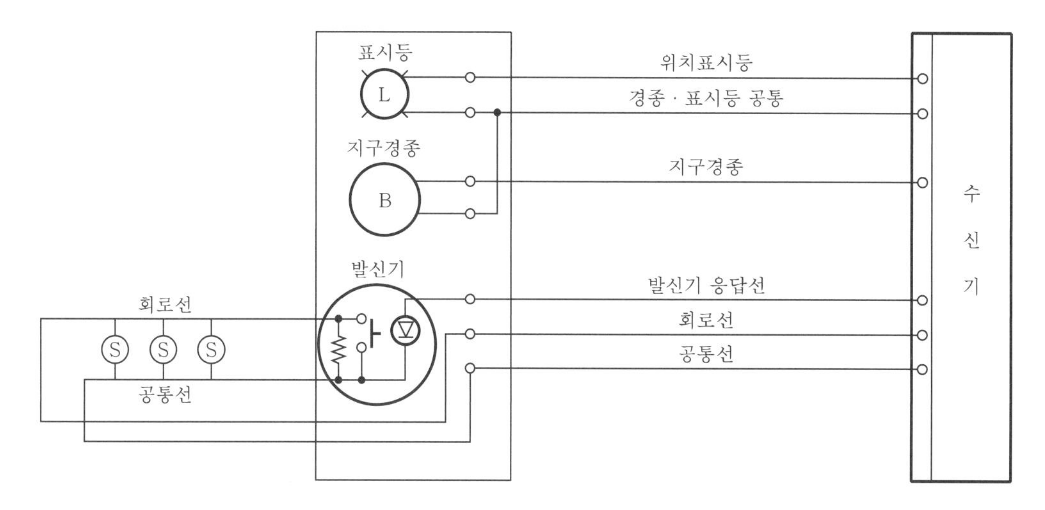

▌그림 1.1.15 ▌ **발신기와 수신기 결선**

(7) 발신기 및 표시등 설치

발신기는 설치기준에 따라 [그림 1.1.16]과 같이 수평거리 25m마다 하나 이상씩 설치하고, 발신기의 위치를 표시하는 표시등은 부착면으로부터 **15도 이상의 범위** 안에서 부착지점으로부터 **10m 이내의 곳에서도 쉽게 식별**할 수 있는 **적색등**으로 한다.

발신기표시등 전구는 **2개 이상을 병렬로 접속**하여야 하며 방전등 또는 발광다이오드의 경우에는 그렇지 않아도 된다.

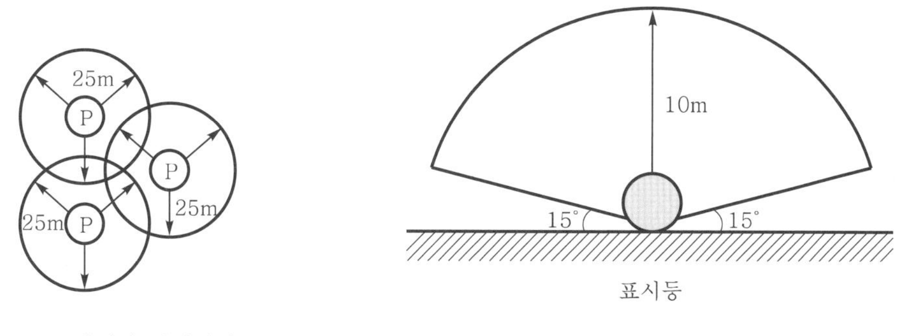

(a) 발신기 설치거리 (b) 발신기 위치표시등

▌그림 1.1.16 ▌ **발신기의 설치 및 표시등**

(8) 발신기의 기타 기준

① 반복시험 : 5,000회

발신기는 정격전압에서 정격전류를 흘려 **5,000회의 작동반복시험**을 하는 경우 그 구조기능에 이상이 생기지 아니하여야 한다.

② **절연저항시험** : 발신기의 **절연된 단자 간**의 절연저항 및 **단자와 외함 간은 직류 500V의 절연저항계로 20MΩ 이상**으로 한다.

③ **절연내력시험** : 발신기의 단자와 외함 간의 절연내력은 60Hz의 정현파에 가까운 실효전압 500V의 교류전압을 가하는 시험에서 1분간 견디는 것이다(정격전압이 60V를 초과하고 150V 이하인 것은 1,000V, 정격전압이 150V를 초과하는 것은 그 정격전압에 2를 곱하여 얻은 값에 1,000V를 더한 값).

Keypoint

[발신기]

1. 구성요소
   ① 누름스위치 : 화재 시 수동 발신
   ② 발신기응답등 : 발신기 동작 시 수신기에 대한 수신 응답표시
   ③ 기타 : 발신기 위치표시등, 보호판
2. 발신기 설치기준
   ① 스위치는 **바닥으로부터 0.8m 이상 1.5m 이하의 높이에 설치**
   ② 특정소방대상물의 **층마다 설치, 수평거리가 25m 이하, 보행거리가 40m 이상일 경우에는 추가로 설치**
   ③ 대형공간의 경우 가장 가까운 장소의 **벽 또는 기둥 등에 설치**
   ④ 표시등은 부착면으로부터 **15도 이상의 범위 10m 이내의 곳에서 식별**
3. 발신기와 수신기 간 결선
   감지기선(회로선), 공통선, 발신기응답선, 경종선, 표시등선, 경종·표시등 공통선 등 6선
4. 발신기표시등 전구는 **2개 이상을 병렬로 접속**하여야 하며 방전등 또는 발광다이오드의 경우에는 그렇지 않아도 된다.
5. 반복시험
   정격전압에서 정격전류를 흘려 **5,000회의 작동 반복시험**
6. 절연저항시험
   절연된 단자 간의 절연저항 및 단자와 외함 간 – **직류 500V의 절연저항계로 20MΩ 이상**

7 음향장치

소방설비에서 음향장치는 경종과 사이렌이 많이 사용되며 자동화재탐지설비의 음향장치는 경종이 주로 사용되고 소화설비 등의 경보용으로는 사이렌이 음향장치로 이용되고 있다.

(1) 음향장치 경보방식

주음향장치는 수신기의 내부 또는 그 직근에 설치하고, 층수가 11층(공동주택의 경우에는 16층) 이상의 특정소방대상물은 다음의 기준에 따라 경보를 발해야 한다.

① **2층 이상의 층에서 발화한 때에는 발화층 및 그 직상 4개 층에 경보할 것**

② **1층에서 발화한 때에는 발화층·그 직상 4개 층 및 지하층에 경보할 것**

③ **지하층에서 발화한 때에는 발화층·그 직상층 및 기타의 지하층에 경보할 것**

(2) 음향장치의 설치기준

자동화재탐지설비의 음향장치는 다음의 기준에 따라 설치해야 한다.

① **지구음향장치**는 특정소방대상물의 **층마다 설치**하되, [그림 1.1.17]과 같이 해당 층의 각 부분으로부터 하나의 음향장치까지의 **수평거리가 25m 이하**가 되도록 하고, 해당 층의 각 부분에 유효하게 경보를 발할 수 있도록 설치한다. 다만, 비상방송설비를 화재안전기준에 따라 자동화재탐지설비의 감지기와 연동하여 작동하도록 설치한 경우에는 지구음향장치를 설치하지 않을 수 있다.

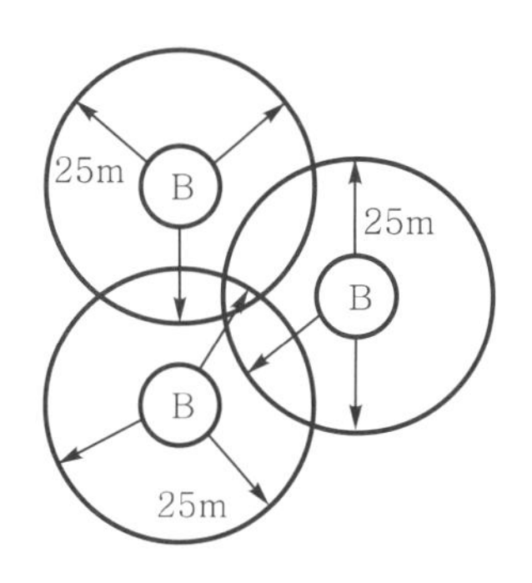

▮ 그림 1.1.17 ▮ **음향장치 설치**

② 음향장치는 다음의 기준에 따른 구조 및 성능의 것으로 한다.

㉠ 정격전압의 80% **전압에서 음향**을 발할 수 있는 것으로 한다. 다만, 건전지를 주전원으로 사용하는 음향장치는 그렇지 않다.

㉡ 음향의 크기는 부착된 음향장치의 중심으로부터 1m **떨어진 위치에서** 90dB 이상이 되는 것으로 할 것

㉢ 감지기 및 발신기의 작동과 연동하여 작동할 수 있는 것으로 할 것

㉣ 기둥 또는 벽이 설치되지 아니한 대형공간의 경우 지구음향장치는 설치대상장소의 가장 가까운 장소의 **벽 또는 기둥 등에 설치**할 것

③ 하나의 특정소방대상물에 2 이상의 수신기가 설치된 경우 어느 수신기에서도 지구음향장치 및 시각경보장치를 작동할 수 있도록 해야 한다.

(3) 시각경보장치

▮ 그림 1.1.18 ▮ **시각경보기**

① 시각경보장치는 자동화재탐지설비의 지구경종과 함께 동작하는 것으로서, 청각장애인이 경종소리를 듣지 못해 대피하지 못하는 것을 방지하기 위하여 경종과 함께 점멸방식의 경보램프를 설치하는 것이다.

② 시각경보장치의 설치대상

㉠ 근린생활시설, 문화 및 집회시설, 종교시설, 판매시설, 운수시설, 의료시설, 노유자시설

㉡ 운동시설, 업무시설, 숙박시설, 위락시설, 창고시설 중 물류터미널, 발전시설 및 장례시설

㉢ 교육연구시설 중 도서관, 방송통신시설 중 방송국

㉣ 지하가 중 지하상가

③ 시각경보장치의 설치기준

㉠ **복도·통로·청각장애인용 객실 및 공용으로 사용하는 거실**(로비, 회의실, 강의실, 식당, 휴게실, 오락실, 대기실, 체력단련실, 접객실, 안내실, 전시실, 기타 이와 유사한 장소를 말한다)에 설치하며, 각 부분으로부터 **유효하게 경보를 발할 수 있는 위치에 설치**할 것

㉡ 공연장·집회장·관람장 또는 이와 유사한 장소에 설치하는 경우에는 **시선이 집중되는 무대부**부분 등에 설치할 것

㉢ 설치높이는 바닥으로부터 **2m 이상 2.5m 이하**의 장소에 설치할 것. 다만, 천장의 높이가 **2m 이하인 경우**에는 **천장으로부터 0.15m 이내**의 장소에 설치해야 한다.

㉣ 시각경보장치의 광원은 전용의 **축전지설비 또는 전기저장장치**(외부 전기에너지를 저장해 두었다가 필요한 때 전기를 공급하는 장치)에 의하여 점등되도록 할 것. 다만, 시각경보기에 작동전원을 공급할 수 있도록 형식승인을 얻은 수신기를 설치한 경우에는 그렇지 않다.

(4) 지구음향장치(지구경종)의 결선

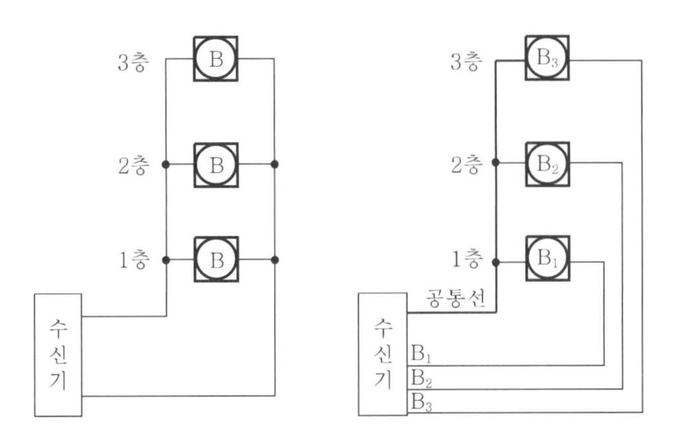

▎그림 1.1.19▎ 지구음향장치의 결선

Key point

[음향장치]

1. **경보방식**

   11층(공동주택의 경우에는 16층) 이상

   ① 2층 이상의 층에서 발화한 때에는 발화층 및 그 직상 4개 층에 경보할 것
   ② 1층에서 발화한 때에는 발화층, 그 직상 4개 층 및 지하층에 경보할 것
   ③ 지하층에서 발화한 때에는 발화층, 그 직상층 및 기타의 지하층에 경보할 것

2. **음향장치 설치기준**

   ① **지구음향장치**는 특정소방대상물의 **층마다 설치**, **수평거리가 25m 이하**
   ② 음향장치 구조 및 성능
   ㉠ 정격전압의 **80% 전압에서 음향**을 발할 수 있는 것
   ㉡ 음향장치의 중심으로부터 **1m 떨어진 위치에서 90dB** 이상
   ㉢ 대형공간의 경우 설치장소의 가장 가까운 장소의 **벽 또는 기둥에 설치**

3. **시각경보장치 설치기준**

   ① **복도·통로·청각장애인용 객실 및 공용으로 사용하는 거실**에 설치
   ② 공연장·집회장·관람장의 경우 **시선이 집중되는 무대부** 부분 등에 설치
   ③ 설치높이는 바닥으로부터 **2m 이상 2.5m 이하**의 장소에 설치, 천장의 높이가 **2m 이하인 경우 천장으로부터 0.15m 이내**의 장소에 설치
   ④ 시각경보장치의 광원은 전용의 **축전지설비 또는 전기저장장치**에 의해 점등

8 감지기

(1) 감지기의 분류

① 감지방식에 의한 분류

㉠ 열감지기 : 차동식, 정온식, 보상식

㉡ 연기감지기 : 광전식, 이온화식, 공기흡입형

㉢ 불꽃감지기 : 자외선식, 적외선식, 자외선·적외선 겸용식, 불꽃영상분석식

② 출력방식에 의한 분류

㉠ 단신호방식 : 화재감지 후 한 개의 접점신호를 발신하는 것으로, 일반감지기에 해당한다.

㉡ 다신호방식 : 화재감지 후 단계별로 여러 개의 신호를 발신한다.

㉢ 아날로그방식 : 주위의 온도 또는 연기의 양의 변화에 따라 각각 다른 전류치 또는 전압치 등의 출력을 발하는 방식의 감지기를 말하며, 화재감지 후 실시간으로 화재 정도에 대한 정보를 데이터로 전송하며 각 신호데이터에 해당 감지기의 어드레스를 함께 통신으로 전송한다.

㉣ 연동식 : 단독경보형 감지기가 작동할 때 화재를 경보하며 유·무선으로 주위의 다른 감지기에 신호를 발신하고 신호를 수신한 감지기도 화재를 경보하며 다른 감지기에 신호를 발신하는 방식의 것이다.

㉤ 무선식 : 전파에 의해 신호를 송·수신하는 방식의 것이다.

③ 축적 여부에 의한 분류

㉠ 축적형 : 일정농도 이상의 연기가 일정시간(공칭축적시간) 연속하는 것을 전기적으로 검출함으로써 작동하는 감지기(다만, 단순히 작동시간만을 지연시키는 것은 제외한다)를 말한다. 5초에서 60초까지 축적시간을 정하며 공칭축적시간은 10초 간격으로 60초까지 정할 수 있다.

㉡ 비축적형 : 일반적인 감지기는 비축적형으로 동작한다.

④ 기타 분류

㉠ 방폭형, 비방폭형

㉡ 방수형, 비방수형

㉢ 재용형, 비재용형

(2) 감지기의 종류

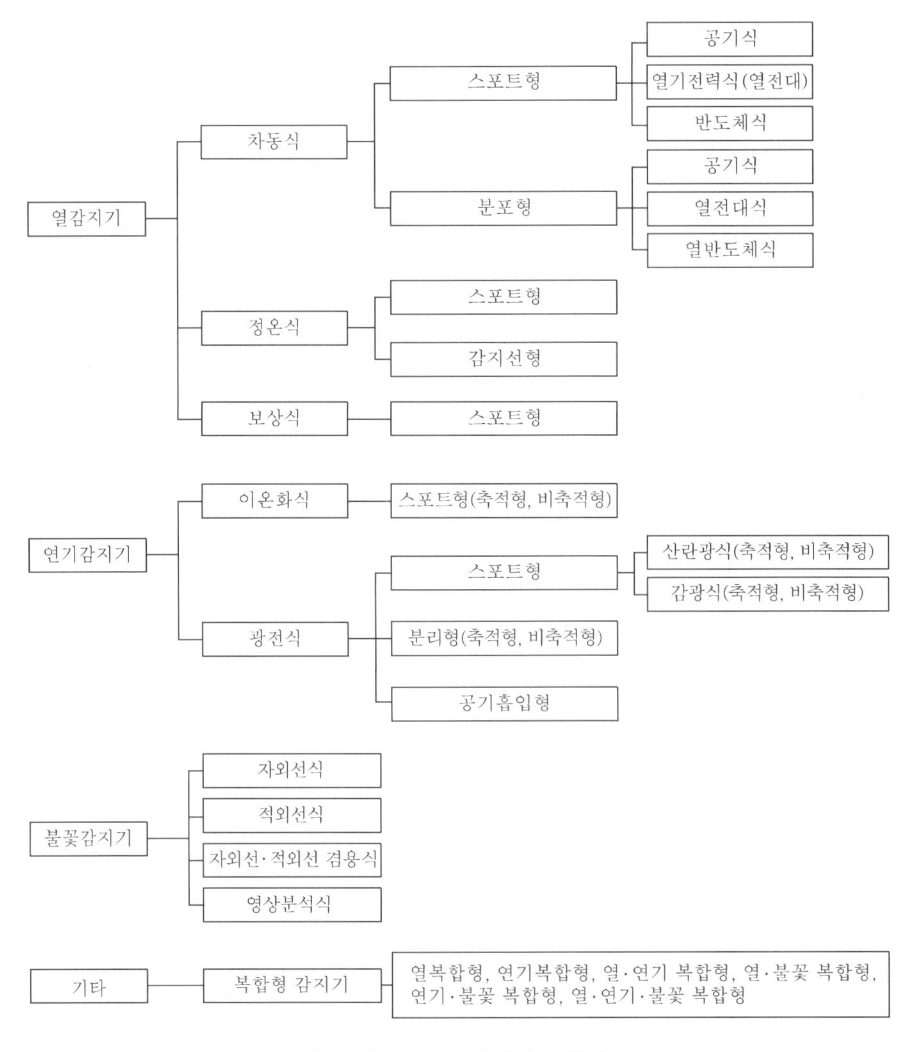

▍그림 1.1.20▍ 감지기의 종류

① 열감지기

㉠ 차동식 스포트형 : 주위온도가 일정 상승률 이상이 되는 경우에 작동하는 것으로서, 일국소에서의 열효과에 의하여 작동되는 것이다.

㉡ 차동식 분포형 : 주위온도가 일정 상승률 이상이 되는 경우에 작동하는 것으로서, 넓은 범위 내에서의 열효과의 누적에 의하여 작동되는 것을 말한다.

㉢ 정온식 감지선형 : 일국소의 주위온도가 일정한 온도 이상이 되는 경우에 작동하는 것으로서, 외관이 전선으로 되어 있는 것이다.

㉣ 정온식 스포트형 : 일국소의 주위온도가 일정한 온도 이상이 되는 경우에 작동하는 것으로서, 외관이 전선으로 되어 있지 않은 것이다.

㉤ 보상식 스포트형 : 차동식과 정온식 성능을 겸한 것으로서, 둘 중 어느 한 기능이 작동되면 작동신호를 발하는 것이다.

② 연기감지기

㉠ 이온화식 스포트형 : 주위의 공기가 일정한 농도의 연기를 포함하게 되는 경우에 작동하는 것으로서, 일국소의 연기에 의하여 이온전류가 변화하여 작동하는 것이다.

㉡ 광전식 스포트형 : 주위의 공기가 일정한 농도의 연기를 포함하게 되는 경우에 작동하는 것으로서, 일국소의 연기에 의하여 광전소자에 접하는 광량의 변화로 작동하는 것이다.

㉢ 광전식 분리형 : 발광부와 수광부로 구성된 구조로, 발광부와 수광부 사이의 공간에 일정한 농도의 연기를 포함하게 되는 경우에 작동하는 것이다.

㉣ 공기흡입형 : 감지기 내부에 장착된 공기흡입장치로 감지하고자 하는 위치의 공기를 흡입하고 흡입된 공기에 일정한 농도의 연기가 포함된 경우 작동하는 것이다.

③ 불꽃감지기

㉠ 불꽃 자외선식 : 불꽃에서 방사되는 자외선의 변화가 일정량 이상 되었을 때 작동하는 것으로서, 일국소의 자외선에 의하여 수광소자의 수광량 변화에 의해 작동하는 것이다.

㉡ 불꽃 적외선식 : 불꽃에서 방사되는 적외선의 변화가 일정량 이상 되었을 때 작동하는 것으로서, 일국소의 적외선에 의하여 수광소자의 수광량 변화에 의해 작동하는 것을 말한다.

㉢ 불꽃 자외선·적외선 겸용식 : 불꽃에서 방사되는 불꽃의 변화가 일정량 이상 되었을 때 작동하는 것으로서, 자외선 또는 적외선에 의한 수광소자의 수광량 변화에 의하여 1개의 화재신호를 발신하는 것을 말한다.

㉣ 불꽃 영상분석식 : 불꽃의 실시간 영상이미지를 자동분석하여 화재신호를 발신하는 것이다.

④ 복합형 감지기

㉠ 열복합형 : 차동식과 정온식 성능이 있는 것으로서, 두 가지 성능의 감지기능이 함께

작동될 때 화재신호를 발신하거나 또는 두 개의 화재신호를 각각 발신하는 것이다.

㉡ 연복합형 : 이온화식과 광전식 성능이 있는 것으로서, 두 가지 성능의 감지기능이 함께 작동될 때 화재신호를 발신하거나 또는 두 개의 화재신호를 각각 발신하는 것이다.

㉢ 불꽃복합형 : 자외선식 및 적외선 성능 중 두 가지 이상 성능을 가진 것으로서, 두 가지 이상의 감지기능이 함께 작동될 때 화재신호를 발신하거나 또는 두 개의 화재신호를 각각 발신하는 것을 말한다.

㉣ 열·연기 복합형 : 열감지 및 연기감지 성능이 있는 것으로, 두 가지 성능의 감지기능이 함께 작동될 때 화재신호를 발신하거나 또는 두 개의 화재신호를 각각 발신하는 것이다.

㉤ 연기·불꽃 복합형 : 연기감지 및 불꽃감지 성능이 있는 것으로, 두 가지 성능의 감지기능이 함께 작동될 때 화재신호를 발신하거나 또는 두 개의 화재신호를 각각 발신하는 것이다.

㉥ 열·불꽃 복합형 : 열감지 및 불꽃감지 성능이 있는 것으로, 두 가지 성능의 감지기능이 함께 작동될 때 화재신호를 발신하거나 또는 두 개의 화재신호를 각각 발신하는 것이다.

㉦ 열·연기·불꽃 복합형 : 열, 연기, 불꽃 감지 성능이 있는 것으로, 세 가지 성능의 감지기능이 함께 작동될 때 화재신호를 발신하거나 또는 세 개의 화재신호를 각각 발신하는 것을 말한다.

(3) 감지기의 설치

자동화재탐지설비의 감지기는 부착높이에 따라 다음 표에 따른 감지기를 설치해야 한다. 다만, 지하층·무창층 등으로서 환기가 잘 되지 아니하거나 실내면적이 40m^2 미만인 장소, 감지기의 부착면과 실내 바닥과의 거리가 2.3m 이하인 곳으로서 일시적으로 발생한 열·연기 또는 먼지 등으로 인하여 화재신호를 발신할 우려가 있는 장소에 따라 수신기를 설치한 장소를 제외)에는 다음의 기준에서 정한 감지기 중 적응성이 있는 감지기를 설치해야 한다.

참고

자동화재탐지설비의 수신기는 특정소방대상물 또는 그 부분이 지하층·무창층 등으로서 환기가 잘 되지 아니하거나 실내면적이 40m^2 미만인 장소, 감지기의 부착면과 실내 바닥과의 거리가 2.3m 이하인 장소로서 일시적으로 발생한 열·연기 또는 먼지 등으로 인하여 감지기가 화재신호를 발신할 우려가 있는 때에는 축적기능 등이 있는 것(축적형 감지기가 설치된 장소에는 감지기회로의 감시전류를 단속적으로 차단시켜 화재를 판단하는 방식 외의 것을 말한다)으로 설치해야 한다.

① 불꽃감지기
② 정온식 감지선형 감지기
③ 분포형 감지기
④ 복합형 감지기
⑤ 광전식 분리형 감지기
⑥ 아날로그방식의 감지기

⑦ 다신호방식의 감지기

⑧ 축적방식의 감지기

‖ 표 1.1.2 ‖ 부착높이에 따른 감지기의 종류

부착높이	감지기의 종류
4m 미만	• 차동식(스포트형, 분포형) • 보상식 스포트형 • 정온식(스포트형, 감지선형) • 이온화식 또는 광전식(스포트형, 분리형, 공기흡입형) • 열복합형 • 연기복합형 • 열·연기 복합형 • 불꽃감지기
4m 이상 8m 미만	• 차동식(스포트형, 분포형) • 보상식 스포트형 • 정온식(스포트형, 감지선형) 특종 또는 1종 • 이온화식 1종 또는 2종 • 광전식(스포트형, 분리형, 공기흡입형) 1종 또는 2종 • 열복합형 • 연기복합형 • 열·연기 복합형 • 불꽃감지기
8m 이상 15m 미만	• 차동식 분포형 • 이온화식 1종 또는 2종 • 광전식(스포트형, 분리형, 공기흡입형) 1종 또는 2종 • 연기복합형 • 불꽃감지기
15m 이상 20m 미만	• 이온화식 1종 • 광전식(스포트형, 분리형, 공기흡입형) 1종 • 연기복합형 • 불꽃감지기
20m 이상	• 불꽃감지기 • 광전식(분리형, 공기흡입형) 중 아날로그방식

[비고] 1. 감지기별 부착높이 등에 대하여 별도로 형식승인을 받은 경우에는 그 성능인정범위 내에서 사용할 수 있다.
2. 부착높이 20m 이상에 설치되는 광전식 중 아날로그방식의 감지기는 공칭감지농도 하한값이 감광률 5%/m 미만인 것으로 한다.

(4) 열감지기

① **차동식 스포트형 열감지기** : 차동식 스포트형 열감지기는 일국소의 열누적효과에 의해 일정한 온도상승률 이상이 되었을 때 동작하는 감지기를 말한다. 이때, 차동식이란 급격한 온도상승에는 동작하고 완만한 온도상승에는 동작하지 않는 기능을 말하며, 스포트형은 좁은 지역에서의 열효과를 감지하는 것을 말한다.

이 감지기는 차동식의 기능구현을 위한 원리에 따라 공기팽창식, 열기전력식(열전대), 반도체식 등으로 구분된다.

㉠ 차동식 스포트형 공기팽창식 열감지기의 동작원리

- 차동식 공기팽창식은 열에 의해 팽창하는 공기를 이용하는 것으로서, 화재 시 발생하는 열이 감지기의 감열실 내의 공기를 팽창시켜 동작하는 것이다.
- 차동식 공기팽창식 열감지기는 [그림 1.1.21]과 같이 감열실, 다이아프램(diaphram), 리크홀(leak hole), 접점 등으로 구성된다.
- 이 감지기는 일반적으로 많이 사용되는 감지기로서, 감열실 내의 공기가 화재열에 의해 팽창하여 감열실에 이어져 있는 다이아프램을 밀어올려 접점을 접촉시켜 감지기를 동작시키고 신호를 전송하는 원리이다. 그러나 난방 등을 하는 경우 실내온도가 천천히 상승하는 경우에는 차동식 감지기 내부에 있는 리크홀로 팽창된 공기가 빠져나가게 되어 접점이 연결된 다이아프램을 밀어 올릴 수가 없게 되어 감지기신호를 발신하지 못하게 된다.

참고 **차동식 스포트형 공기팽창식 열감지기의 주요 구조**

- 감열실 : 0.8mm 정도의 황동판
- 다이아프램(diaphram) : 황동판 또는 인청동판(직경 35~45mm)
- 접점 : PGS 합금(금, 은, 백금의 합금)
- 리크홀(leak hole) : 완만한 온도상승 시 공기유출 - 차동식의 기능

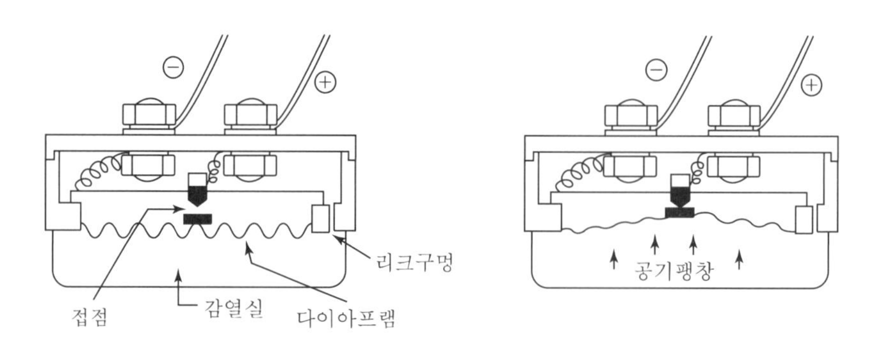

| 그림 1.1.21 | 차동식 스포트형 공기팽창식 열감지기

㉡ 차동식 스포트형 열기전력식 열감지기

- **열기전력식은** 화재에 의해 발생된 고온의 열에 의해 **열전대에서 발생된 열기전력을 이용한 방식**이다. 반도체 열전대는 P형 반도체와 N형 반도체가 결합된 것으로 발생된 열기전력이 감지기 내의 **미터릴레이를 동작**시켜 감지기를 동작시킨다.
- 감열실 내의 급격한 온도상승이 있을 경우 감지센서와 보상센서 사이의 열기전력의 차이를 감지하여 화재신호를 발생시키며 완만한 온도상승에 대해서는 감지센서와 보상센서가 서로 균형을 유지하게 되어 비화재보를 방지한다.
- 감지센서와 보상센서는 온접점과 냉접점으로 이루어져 있으며, **온접점과 냉접점의 기전력의 차이를 이용하여 차동식의 기능**을 하게 된다.

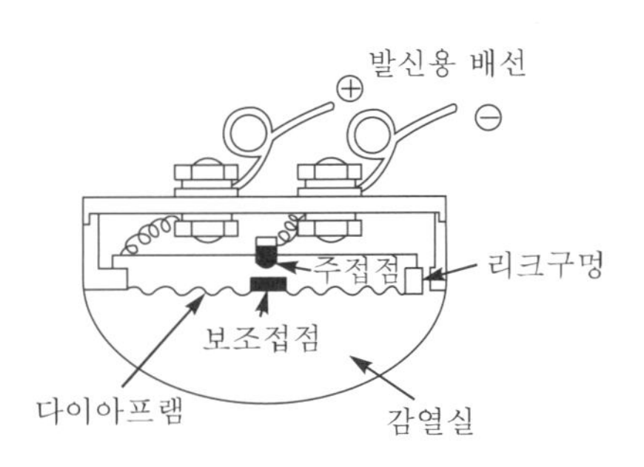

▎그림 1.1.22 ▎ **차동식 스포트형 열기전력식 감지기**

㉢ 차동식 스포트형 반도체식 열감지기

- 반도체식 감지기는 센서로서 서미스터(thermistor)를 주로 사용한다. 서미스터(thermistor)는 [그림 1.1.23]과 같이 온도상승에 따라 변화하는 저항값 변화에 따라 NTC, PTC, CTR 등이 있으며 이중 온도변화에 대한 선형성이 가장 좋은 NTC가 많이 쓰이고 있다.
- NTC 서미스터(thermistor)는 온도가 상승함에 따라 저항값이 감소하는 특성이 있으며 이 특성을 이용한 감지기가 반도체식 감지기이다.

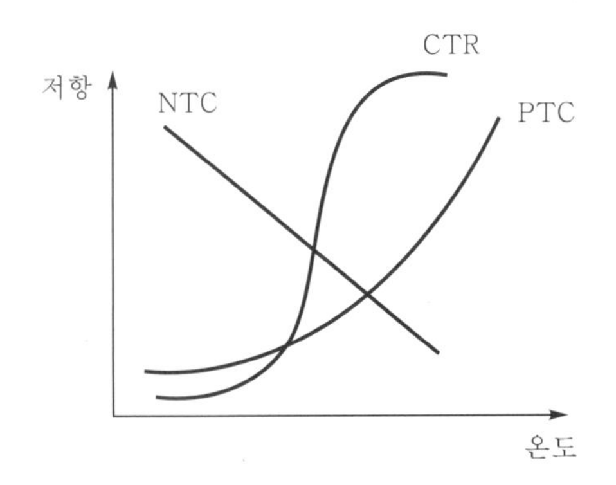

▎그림 1.1.23 ▎ **서미스터(thermistor)의 특성**

- [그림 1.1.24]는 일반적인 반도체식 감지기의 원리를 나타내는 회로로서, 열감지센서를 위한 회로부분이 두 개의 저항과 두 개의 서미스터(thermistor)가 브리지회로의 형태로 회로를 구성하고 있다. 평상시 이 브리지회로는 평형상태를 이루고 있으며 이때 비교증폭기의 입력은 '0'으로 유지되어 스위칭소자 SCR은 턴온되지 않고 감지기는 동작하지 않는다. 화재발생 시의 열이 외부 서미스터에 직접적으로 가해져 외부 서미스터의 온도가 급격히 상승하면 내부 서미스터와의 저항값이 급격한 차이가 발생되고 이때 **A점과 B점의 전위차가 발생하여 비교증폭기가 동작하고 이 출력이 스위칭소자 SCR을 턴온시켜 감지기가 동작**하게 된다. 또한, 난방 등 완만한 온도상승 시에는 **외부에 있는 서미스터와 내부에 있는 서미스터의 온도상승이 거의 동시에 발생함으로써 저항의 변화도 함께 발생하고 브리지회로의 평형이 깨지지 않**

게 된다. 따라서, 이러한 경우는 스위칭소자 SCR을 턴온시키지 못하고 감지기가 동작하지 않게 되어 완만한 온도상승에 대한 부동작조건을 만족시키고 차동식의 기능을 하게 되는 것이다.

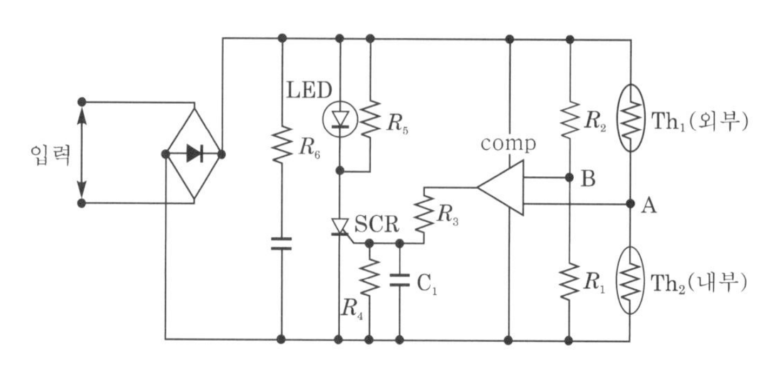

그림 1.1.24 **차동식 스포트형 반도체식 감지기 기본회로**

② **차동식 분포형 열감지기** : 차동식 분포형 감지기는 일국소의 화재열을 감지하는 스포트형 감지기와 달리 넓은 지역의 화재열을 감지한다. 분포형 감지기는 공기관을 이용한 공기관식 감지기와 열기전력을 이용한 열전대식 감지기 그리고 열반도체식 감지기가 있다.

㉠ 차동식 분포형 공기관식 열감지기

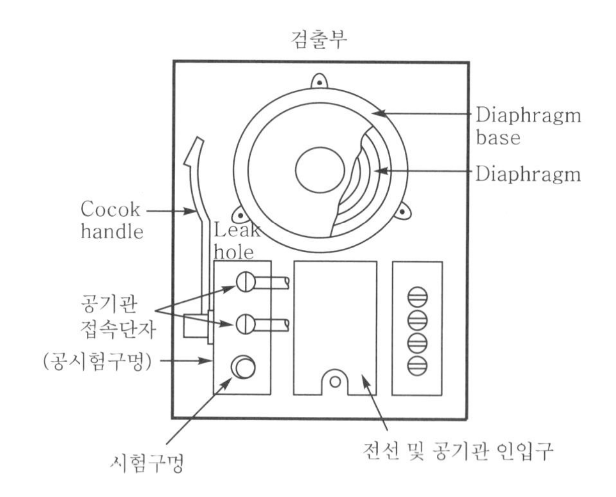

그림 1.1.25 **공기관식 감지기 검출부**

- 공기관식 감지기는 금속의 공기관을 천장에 넓게 분포하여 설치하고 공기관 끝에 검출부를 연결하여 설치한다. 공기관에 화재열이 가해지면 열에 의해 공기관이 가열되고, 공기관 내부의 공기가 팽창하여 검출부 내의 다이아프램을 밀어 올리면 접점이 붙어 감지기가 동작하는 원리이다. 이때, 검출부 내에 스포트형 공기팽창식 감지기와 마찬가지로 리크홀(leak hole)이 설치되어 있어 완만한 온도상승에 의해 팽창된 공기를 밖으로 배출함으로써 다이아프램을 밀어 올리지 못하고 급격한 온도

상승에만 다이아프램을 밀어 올려 감지기를 동작하게 한다. 이러한 기능이 차동식의 기능을 하게 하는 것이다. 따라서, 검출부의 주요 구조는 다이아프램, 리크홀, 공기관접속단자, 시험단지, 접점 등으로 구성된다.

- 차동식 분포형 공기관식 열감지기 공기관 설치기준 : 공기관식 차동식 분포형 감지기는 [그림 1.1.26]과 같이 다음의 기준에 따라 설치해야 한다.
  - 공기관의 노출부분은 감지구역마다 20m **이상**이 되도록 할 것
  - 공기관과 감지구역의 각 변과의 **수평거리는** 1.5m **이하**가 되도록 하고, 공기관 상호 간의 거리는 6m(주요 구조부가 내화구조로 된 특정소방대상물 또는 그 부분에 있어서는 9m) **이하**가 되도록 할 것
  - 공기관은 도중에서 분기하지 않도록 할 것
  - 하나의 검출부분에 접속하는 **공기관의 길이는** 100m **이하**로 할 것
  - **검출부는 5° 이상 경사되지 않도록** 부착할 것
  - 검출부는 바닥으로부터 0.8m **이상** 1.5m **이하**의 위치에 설치할 것

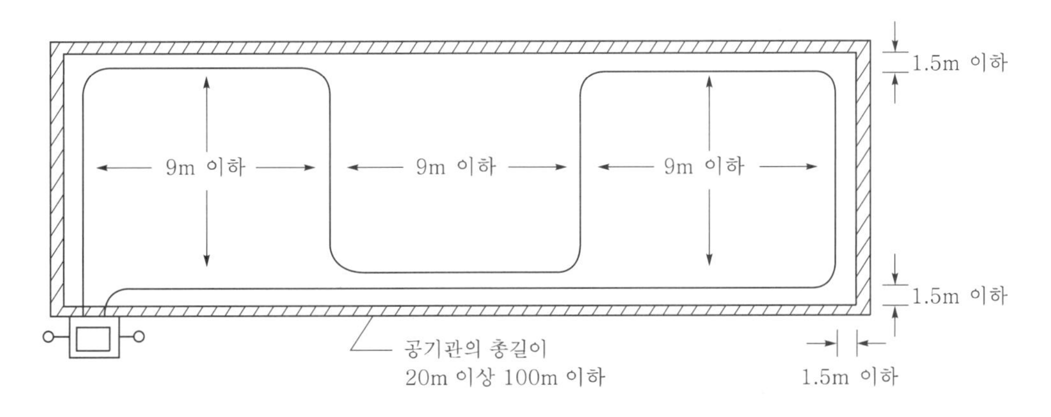

❙ 그림 1.1.26 ❙ **공기관 설치기준**

- 공기관 설치 적합기준 : 차동식 분포형 감지기로서 공기관식 또는 이와 유사한 것은 다음에 적합하여야 한다.
  - 리크저항 및 접점수고를 쉽게 시험할 수 있어야 한다.
  - 공기관의 누출 및 폐쇄 여부를 쉽게 시험할 수 있고, 시험 후 시험장치를 정위치에 쉽게 복귀할 수 있는 적당한 방법이 강구되어야 한다.
  - 공기관은 하나의 길이(이음매가 없는 것)가 20m 이상의 것으로 안지름 및 관의 두께가 일정하고 홈, 갈라짐 및 변형이 없어야 하며 부식되지 아니하여야 한다.
  - 공기관의 두께는 0.3mm 이상, 바깥지름은 1.9mm 이상이어야 한다.
- 공기관 고정방법
  - 직선부분 : 공기관의 지지금속기구의 간격은 35cm 이내로 한다.
  - 굴곡부 및 접속부분 : 굴곡부 및 접속부에서 5cm 이내로 고정한다.

- 굴곡부 반경 : 5mm 이상으로 한다.
- 공기관의 접속은 금속슬리브 양쪽으로 공기관을 끼우고 공기가 새지 않도록 접속부분에 납땜을 한다(슬리브 접속 후 납땜).

ⓛ 차동식 분포형 열전대식 감지기

- 차동식 분포형 열전대식 감지기는 열에 의해 발생된 열기전력을 이용하여 검출부 내의 미터릴레이를 동작시킴으로서 감지기가 동작하는 원리이다.
- 열전대에서 기전력을 발생하는 원리는 제베크효과에 의해 열이 발생되는 원리를 적용한 것인데 화재열에 의해 열감지 센서부에 열이 전달되면 열전대에서 기전력을 발생시키는 원리이다.
- 열전대식 감지기는 화재가 발생하여 주변온도가 상승하고 감열실 내의 온도가 상승하면 냉접점과 온접점으로 구성된 열전대 센서부에서 온도를 감지하게 된다.
- 이때 완만한 온도상승에 대하여는 외부에 노출된 온접점과 내부에 위치한 냉접점의 온도상승이 거의 동시에 이루어지므로 이에 대한 기전력의 차이가 거의 없게 되어 기전력이 상쇄되므로 검출부에 있는 미터릴레이를 동작시키지 못하고, 급격한 온도상승 시에만 온접점과 냉접점의 온도차이가 급격히 발생하고 이에 대한 기전력이 크게 발생하게 되어 이 기전력에 의해 검출부 내의 미터릴레이가 동작하게 되며 이로서 열전대식 분포형 감지기가 동작하게 된다.
- 열전대식 분포형 감지기의 열전대는 직렬로 연결되어 발생된 기전력이 상승되도록 연결되며, 하나의 검출부에 접속하는 열전대의 수는 4개 이상 20개 이하로 설치하게 된다.
- 하나의 열전대는 18m^2(주요 구조부가 내화구조는 22mm^2)마다 하나 이상씩 설치해야 하며 바닥면적 72m^2(주요 구조부가 내화구조는 88m^2) 이하는 4개 이상 설치해야 한다.

참고 **제베크효과와 펠티에효과**

- 제베크효과(Seebeck effect)

제베크효과는 [그림 1.1.27]과 같이 서로 다른 두 금속을 환상으로 결합하고, 양 끝점에 온도차를 두면 고온에서 저온으로 기전력을 발생시킨다. 이 효과를 이용하여 열전대를 만들고 이 열전대를 감지기의 감지센서로 이용한다.

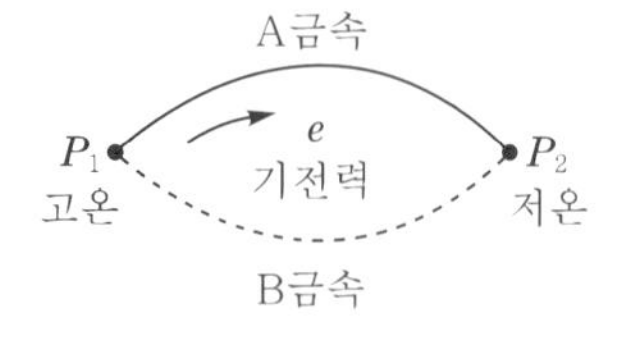

▌그림 1.1.27▐ **제베크효과**

• 펠티에효과(Pelter effect)
펠티에효과는 제베크효과와 반대로 [그림 1.1.28]과 같이 서로 다른 두 금속을 환상으로 결합하고 양 끝점에 전류를 흘리면 한쪽에서는 발열작용을 하고, 다른 한쪽에서는 흡열작용을 하게 되는 것을 말한다. 이 효과를 이용한 것이 펠티에소자라고 하며 이 소자를 이용하여 소형 냉장고(화장품 냉장고, 자동차용 냉장고 등)의 냉매장치로 이용하게 된다.

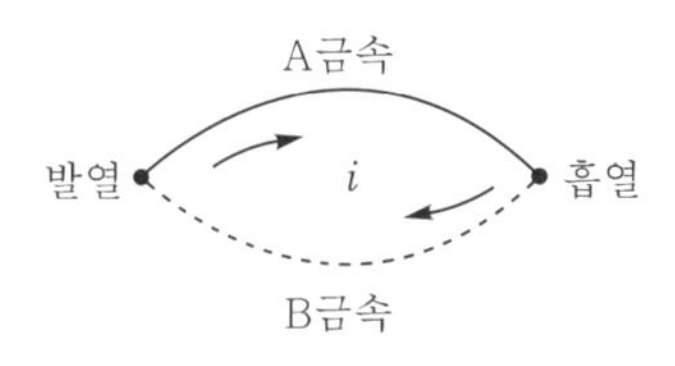

▌그림 1.1.28 ▌ **펠티에효과**

- 열전대식 감지기 설치기준 : 열전대식 차동식 분포형 감지기는 다음의 기준에 따른다.
  - 열전대부는 감지구역의 바닥면적 $18m^2$(주요 구조부가 **내화구조**로 된 특정소방대상물에 있어서는 $22m^2$)마다 1개 이상으로 할 것. 다만, 바닥면적이 $72m^2$(주요 구조부가 내화구조로 된 특정소방대상물에 있어서는 $88m^2$) 이하인 특정소방대상물에 있어서는 **4개 이상**으로 하여야 한다.
  - 하나의 검출부에 접속하는 열전대부는 **20개 이하**로 한다.

㉢ 차동식 분포형 열반도체식 감지기
- 열반도체식 감지기는 열에 의해 전기저항이 작아지며 열에너지를 전기에너지로 변환하는 열반도체의 특성을 이용하여 화재를 감지하는 방식이다. 열반도체는 열전대방식과 유사하게 열반도체 센서를 넓게 다수 분포하여 설치하는 것으로 열반도체의 전기에너지가 검출부의 고감도 릴레이스위치를 동작시킴으로서 감지기가 동작하는 원리이다.
- 감열부는 수열판과 열반도체 소자로 되어 있으며 화재에 의해 감열부 온도가 상승하면 열반도체 소자의 냉・온접점 간의 온도차에 의해 열기전력이 발생하며 이 기전력이 검출부 고감도 릴레이의 접점을 동작시켜 수신기에 화재신호를 보내는 방식이다.
- 열기전력을 발생시킬 때 단자와 열반도체는 동・니켈선에 의해 연결되는데 이 동・니켈선은 열반도체 기전력과 역방향의 기전력을 발생시킨다. 이 역기전력은 급격한 온도에서는 매우 큰 기전력을 발생시키고 완만한 온도에 대해서는 작은 기전력을 발생시키게 되어 완만한 온도상승 시에는 검출부 내의 고감도 미터릴레이스위치를 동작시키지 못하고 급격한 온도상승에 대해 발생되는 큰 기전력이 고감도 미터릴레이 스위치를 동작시키게 되며 이로서 차동식의 온도감지가 가능하게 되는 것이다.

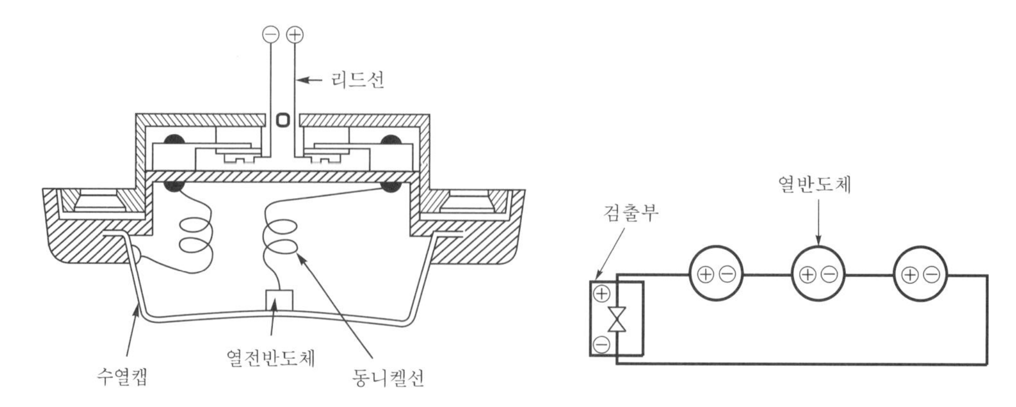

▌그림 1.1.29▐ **열반도체 감열부 및 열반도체 연결**

- 열반도체 설치기준 : 열반도체식 차동식 분포형 감지기는 다음의 기준에 따라 설치해야 한다.
  - 감지부는 그 부착높이 및 특정소방대상물에 따라 다음 표에 따른 바닥면적마다 1개 이상으로 할 것. 다만, 바닥면적이 다음 표에 따른 면적의 2배 이하인 경우에는 2개(부착높이가 8m 미만이고, 바닥면적이 다음 표에 따른 면적 이하인 경우에는 1개) 이상으로 하여야 한다.

▌표 1.1.3▐ **열반도체식 감지기의 설치기준**

(단위 : m^2)

부착높이 및 특정소방대상물의 구분		감지기의 종류	
		1종	2종
8m 미만	주요 구조부가 내화구조로 된 특정소방대상물 또는 그 부분	65	36
	기타 구조의 특정소방대상물 또는 그 부분	40	23
8m 이상 15m 미만	주요 구조부가 내화구조로 된 특정소방대상물 또는 그 부분	50	36
	기타 구조의 특정소방대상물 또는 그 부분	30	23

  - 하나의 검출기에 접속하는 감지부는 **2개 이상 15개 이하**가 되도록 할 것. 다만, 각각의 감지부에 대한 작동 여부를 검출기에서 표시할 수 있는 것(주소형)은 형식승인받은 성능인정범위 내의 수량으로 설치할 수 있다.

③ **정온식 열감지기기** : 정온식 열감지기는 화재 시 발생되는 열에 의한 온도를 감지하는 것 중 정해진 온도를 감지하는 감지기이다. 정온식 열감지기는 일국소의 열을 감지하는 스포트형과 넓은 지역의 온도를 감지하는 감지선형(분포형에 해당함) 감지기로 구분된다. 이 감지기는 감도별로 특종, 1종, 2종으로 구분된다.
정온식 감지기는 주방・보일러실 등으로서 다량의 화기를 취급하는 장소에 설치하되, 공칭작동온도가 최고 주위온도보다 20℃ 이상 높은 것으로 설치한다.

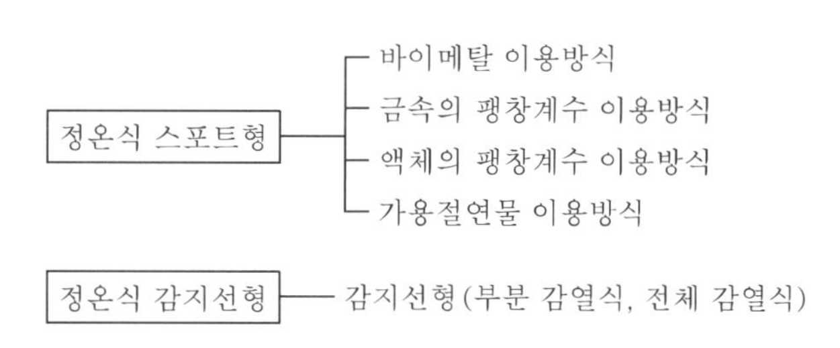

▎그림 1.1.30 ▎ **정온식 감지기의 종류**

㉠ 바이메탈을 이용한 정온식 스포트형 열감지기

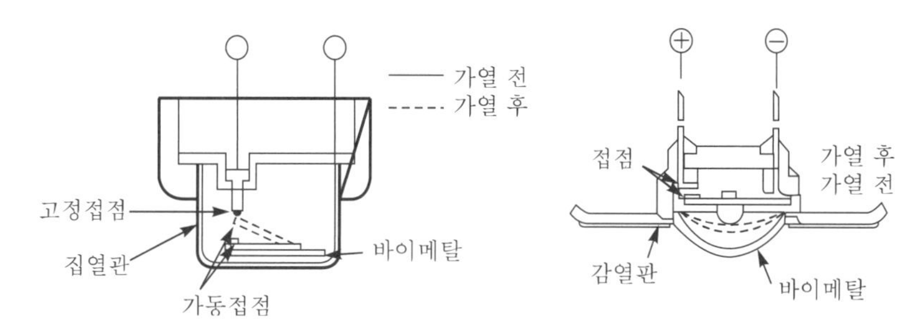

▎그림 1.1.31 ▎ **바이메탈식 열감지의 원리**

- 바이메탈(bimetal)을 이용한 정온식 열감지기는 바이메탈금속의 특성을 이용하여 정해진 온도의 열을 감지하는 것이다. 바이메탈은 서로 다른 두 금속의 열팽창계수의 특성을 이용하는 것으로, [그림 1.1.32]와 같이 두 금속 A와 B가 열에 의해 늘어나는 정도가 차이 있을 때 두 금속을 접합하여 놓고 열을 가하면 많이 늘어나는 금속과 적게 늘어나는 금속과의 차이 때문에 바이메탈금속이 휘어지는 특성을 이용하는 것이다.
- [그림 1.1.31]과 같이 감열실 내의 감열부에 열이 가해질 경우 평형 바이메탈이 또는 원형 바이메탈이 그림과 같이 휘어지며 접점이 붙고 감지기가 동작하는 원리이다.

(a) 동작 전　　(b) 동작 후

▎그림 1.1.32 ▎ **바이메탈의 원리**

㉡ 금속의 팽창계수를 이용한 정온식 스포트형 열감지기

- 금속의 팽창계수를 이용한 방식은 온도에 대한 팽창계수가 큰 물질과 낮은 물질을 결합하여 두 물질의 팽창 정도를 이용하여 감지기접점을 동작시키는 원리이다.

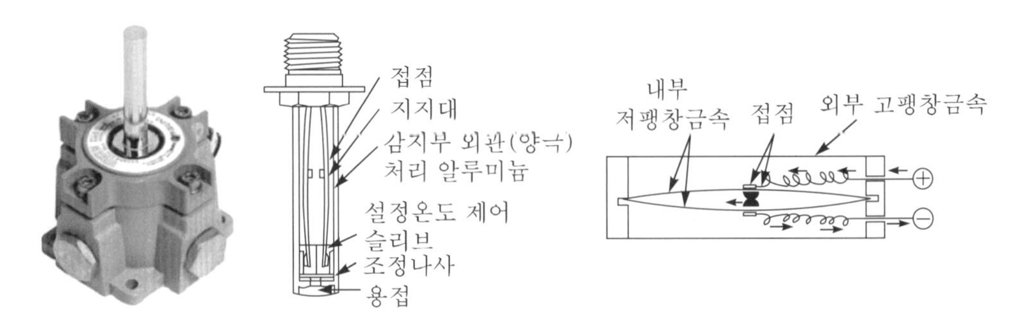

▮ 그림 1.1.33 ▮ **금속의 팽창계수를 이용한 방식**

- [그림 1.1.33]에서와 같이 외부 고팽창계수의 금속과 내부 저팽창계수의 금속이 함께 연결된 구조로 되어 있는 열감지부에 화재에 의한 열이 전달될 때 외부 고팽창계수에 의해 외부 금속이 늘어나 길이가 연장되면 내부의 접점이 붙게 되어 감지기가 동작하는 것이다. [그림 1.1.33]의 감지기는 금속의 팽창계수를 이용한 정온식 방폭형 열감지기이다.

㉢ 액체의 팽창계수를 이용한 정온식 스포트형 열감지기

- 액체의 팽창계수를 이용한 방식의 감지기는 알코올 등과 같은 액체가 열에 의해 기화될 때 발생되는 기체의 팽창을 이용한 방식이다.

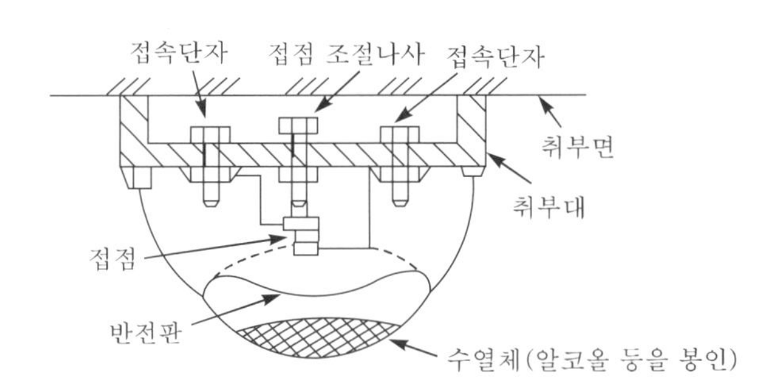

▮ 그림 1.1.34 ▮ **액체의 팽창계수를 이용한 방식**

- 이 감지기는 기화에 필요한 액체가 알코올 등과 같은 인화성 물질이 이용되는 경우가 많아 현재는 많이 사용되지 않고 있는 방식이다.
- 이 감지기는 [그림 1.1.34]와 같이 수열체가 기화되어 반전판에 의해 접점이 밀어 올려지는 원리로 동작한다.
- 액체의 팽창계수를 이용한 방식의 감지기는 수열체와 공기팽창실, 반전판, 접점, 접속단자 등의 구조로 이루어져 있다.

㉣ 반도체를 이용한 방식

- 반도체를 이용한 방식은 반도체로서 서미스터(thermistor)를 이용하여 열을 감지하는 원리이다. 서미스터는 외부 서미스터와 내부 서미스터로 나누어 설치되고 화재

시 두 서미스터에 의한 전압평형을 이용하여 내부회로의 스위칭소자를 턴온함으로써 감지기가 동작하는 원리이다.

• [그림 1.1.35]는 반도체식 감지기의 기본적인 내부회로이다. 그림에서 서미스터(Th)에 열이 가해지면 브리지회로로 구성된 R_1, R_2, R_3, Th 간의 전압평형이 불평형이 되어 비교증폭기(comp)의 출력이 스위칭소자인 SCR을 턴온시킴으로써 감지기가 동작하게 된다.

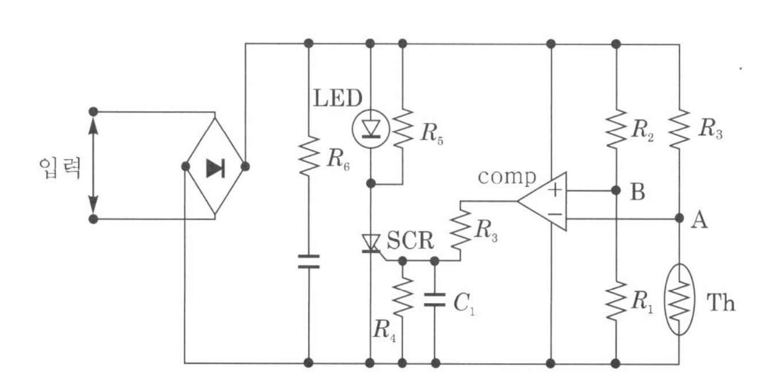

‖ 그림 1.1.35 ‖ **반도체를 이용한 방식의 기본회로도**

㉺ 정온식 감지선형(분포형) 열감지기

정온식 감지선형 감지기는 전선의 형태로 두 개의 전선형 도체가 내부에서 절연지로 절연되어 있고 전선 내부에서 서로 꼬여 있는 형태로 결합되어 있다. 이 두 절연도체는 외부 열에 의해 전선도체를 둘러싸고 있는 절연체가 녹아 꼬여 있는 형태의 전선도체가 접속되어 감지기가 동작하는 원리이다.

• [그림 1.1.36]은 감지선의 내부구조와 감지선형 감지기의 외형 그림이다.
그림에서와 같이 감지선형 감지기의 내부는 맨 안쪽에 액추에이터, 액추에이터를 싸고 있는 절연체 열센서 그리고 보호테이프와 외부 커버로 이루어져 있다.

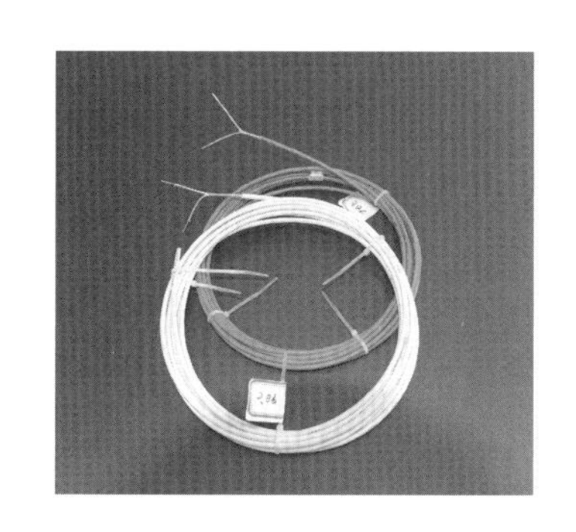

(a) 감지선 실제도

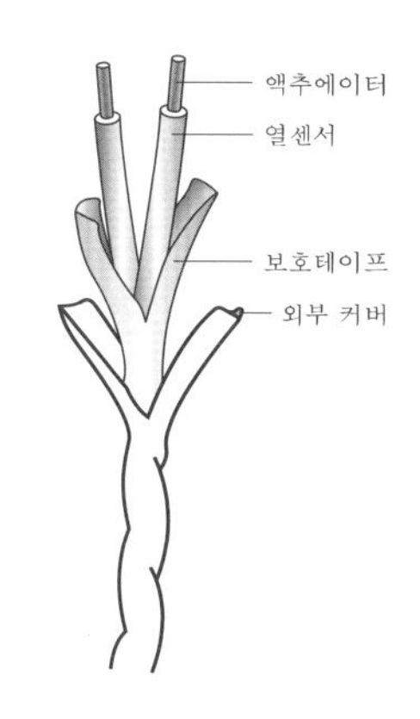

(b) 감지선 내부구조

‖ 그림 1.1.36 ‖ **정온식 감지선형 감지기의 구조**

ⓑ 가용절연물을 이용한 정온식 스포트형 열감지기

- 가용절연물을 이용한 방식은 감지선 내부에 감열 시 녹을 수 있는 가용절연물을 설치하고 그 안에 스프링접점을 설치한 구조의 감지기이다. 이 감지기는 한번 사용하고 재사용이 불가능한 비재용성 감지기이다.
- [그림 1.1.37]은 가용절연물을 이용한 방식의 감열부 동작원리를 그림으로 표현한 것으로서, [그림 1.1.37] (a)와 같이 정상상태일 때 스프링접점(+)이 가용절연물에 의해 외부 금속(−)과 접촉이 안 되어 있어 감지기가 동작되지 않는 경우이며, [그림 1.1.37] (b)는 가용절연물이 열에 의해 용해되어 스프링접점(+)이 외부 금속(−)이 접촉되어 감지기가 동작하는 경우의 그림이다.

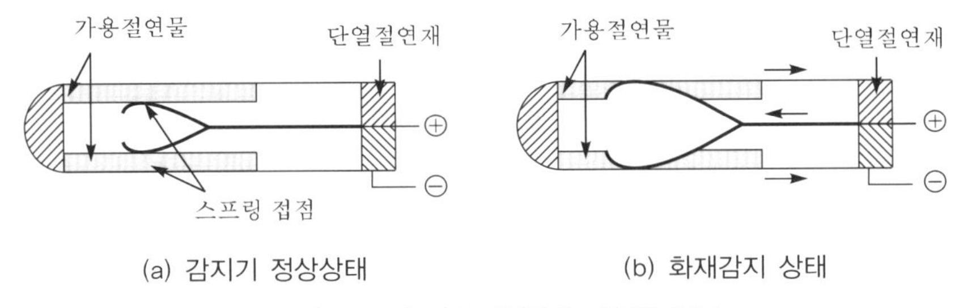

(a) 감지기 정상상태 (b) 화재감지 상태

| 그림 1.1.37 | 가용절연물을 이용한 방식

④ 감지기 설치기준 및 기능

㉠ 스포트형 열감지기 설치기준 : 스포트형 열감지기는 다음의 기준에 따라 설치해야 한다. 다만, 교차회로방식에 사용되는 감지기, 급속한 연소확대가 우려되는 장소에 사용되는 감지기 및 축적기능이 있는 수신기에 연결하여 사용하는 감지기는 축적기능이 없는 것으로 설치해야 한다.

- 감지기(차동식 분포형의 것을 제외한다)는 실내로의 공기유입구로부터 1.5m 이상 떨어진 위치에 설치할 것
- 감지기는 천장 또는 반자의 옥내에 면하는 부분에 설치할 것

㉡ 보상식 스포트형 감지기는 정온점이 감지기 주위의 평상시 최고 온도보다 20℃ 이상 높은 것으로 설치할 것

㉢ 정온식 감지기는 주방·보일러실 등으로서 다량의 화기를 취급하는 장소에 설치하되, 공칭작동온도가 최고 주위온도보다 20℃ 이상 높은 것으로 설치할 것

㉣ 차동식·보상식 및 정온식 스포트형 감지기는 그 부착높이 및 특정소방대상물에 따라 다음 [표 1.1.4]에 따른 바닥면적마다 1개 이상을 설치할 것

㉤ 스포트형 감지기는 45° 이상 경사되지 않도록 부착할 것

❙ 표 1.1.4 ❙ **부착높이 및 특정소방대상물의 구분에 따른 차동식 · 보상식 · 정온식 스포트형 감지기의 종류**

(단위 : m^2)

부착높이 및 특정소방대상물의 구분		감지기의 종류						
		차동식 스포트형		보상식 스포트형		정온식 스포트형		
		1종	2종	1종	2종	특종	1종	2종
4m 미만	주요 구조부가 내화구조로 된 특정소방대상물 또는 그 부분	90	70	90	70	70	60	20
	기타 구조의 특정소방대상물 또는 그 부분	50	40	50	40	40	30	15
4m 이상 8m 미만	주요 구조부가 내화구조로 된 특정소방대상물 또는 그 부분	45	35	45	35	35	30	–
	기타 구조의 특정소방대상물 또는 그 부분	30	25	30	25	25	15	–

⑤ 감지기 기타 기준 및 구조와 기능

㉠ 감지기의 접점은 KS C 2507 (통신기기용 접점재료)에 의한 **PGS 합금** 또는 이와 동등 이상의 효력이 있는 것으로 접촉면을 연마하여 사용하여야 한다.

㉡ **작동이 확실하고, 취급 · 점검이 쉬워야** 하며, 현저한 잡음이나 장해전파를 발하지 아니하여야 한다. 또한, 먼지 · 습기 · 곤충 등에 의하여 기능에 영향을 받지 아니하여야 한다.

㉢ 보수 및 부속품의 교체가 쉬워야 한다. 다만, 방수형 및 방폭형은 그러하지 아니하다.

㉣ 기기 내의 배선은 충분한 전류용량을 갖는 것으로 하여야 하며, 배선의 접속이 정확하고 확실하여야 한다.

㉤ 극성이 있는 경우에는 오접속을 방지하기 위하여 필요한 조치를 하여야 한다.

㉥ 차동식 분포형 감지기로서 공기관식 또는 이와 유사한 것은 다음에 적합하여야 한다.

- **리크저항 및 접점수고를 쉽게 시험**할 수 있어야 한다.
- 공기관의 누출 및 폐쇄 여부를 쉽게 시험할 수 있고, 시험 후 시험장치를 정위치에 쉽게 복귀할 수 있는 적당한 방법이 강구되어야 한다.
- **공기관은 하나의 길이(이음매가 없는 것)가 20m 이상의 것**으로 안지름 및 관의 두께가 일정하고 흠, 갈라짐 및 변형이 없어야 하며 부식되지 않아야 한다.
- 공기관의 두께는 **0.3mm 이상**, 바깥지름은 1.9mm 이상이어야 한다.

㉦ 감지기는 그 기판면을 부착한 **정위치로부터 45°(차동식 분포형 감지기는 5°)를 각각 경사시킨 경우** 그 기능에 이상이 생기지 아니하여야 한다.

㉧ 정온식 기능을 가진 감지기는 공칭작동온도, 보상식 감지기에는 정온점, 정온식 감지선형 감지기에는 외피에 다음의 구분에 의한 **공칭작동온도의 색상**을 표시한다.

Keypoint

1. 공칭작동온도가 80℃ 이하인 것은 **백색**
2. 공칭작동온도가 80℃ 이상 120℃ 이하인 것은 **청색**
3. 공칭작동온도가 120℃ 이상인 것은 **적색**

⑥ 감지기시험

㉠ 절연저항시험 : 감지기의 절연된 단자 간의 절연저항 및 단자와 외함 간의 절연저항은 직류 500V의 절연저항계로 측정한 값이 50MΩ(정온식 감지선형 감지기는 선간에서 1m당 1,000MΩ) 이상이어야 한다.

㉡ 절연내력시험 : 감지기의 단자와 외함 간의 절연내력은 60Hz의 정현파에 가까운 실효전압 500V(정격전압이 60V를 초과하고 150V 이하인 것은 1,000V, 정격전압이 150V를 초과하는 것은 그 정격전압에 2를 곱하여 1,000V를 더한 값)의 교류전압을 가하는 시험에서 1분간 견디는 것이어야 한다.

㉢ 감지기는 감지기가 작동하는 경우에 단자접점에 저항부하를 연결하고 정격전압과 전류를 가한 상태에서 1,000번 반복시험을 하는 경우 구조 및 기능에 이상이 없어야 한다.

(5) 보상식 스포트형 열감지기

① 보상식 스포트형 열감지기는 차동식 스포트형 감지기와 정온식 스포트형 열감지기의 성능을 겸한 것으로, 두 가지 성능 중 어느 한 기능이 작동되면 신호를 발하는 감지기이다.

② 차동식과 정온식 감지기는 화재 시 발생하는 열의 증가형태에 따라 감지시간이 달라질 수 있고, 차동식의 경우는 열에 의한 온도상승률을 감지하는 것이고 정온식은 정해진 일정 온도를 감지하는 것으로 되어 있어 서로의 장단점을 보완한 것으로 볼 수 있다.

③ 차동식의 경우는 온도가 빠르게 상승할 경우 효과적으로 화재를 감지할 수 있으나 온도가 빠르게 상승하지 않는 지연화재의 경우는 차동식 감지기가 동작하기 어려우므로 정온식 열감지기가 더 효과적으로 동작할 수 있다. 그러므로 두 방식의 열감지원리를 동시에 적용한 것이 보상식 감지기라 할 수 있다.

④ [그림 1.1.38]은 보상식 감지기의 구조 및 동작원리를 설명한 것으로 차동식 기능을 구현하기 위해 다이아프램과 리크홀 등을 설치하였고, 정온식의 기능을 구현하기 위하여 금속의 팽창계수를 이용한 방식을 적용하였다. 그러나 현재 시중에서 보상식 감지기를 적용한 경우는 그리 많지 않다.

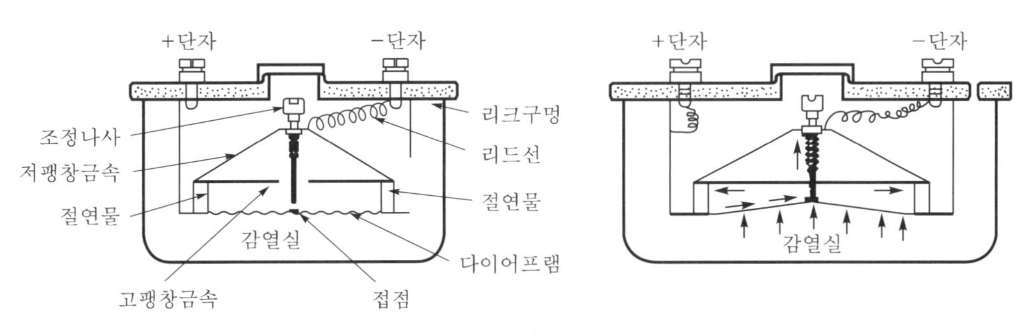

(a) 보상식 감지기의 구조 (b) 보상식 감지기의 작동

‖ 그림 1.1.38 ‖ **보상식 감지기의 구조 및 원리**

(6) 연기감지기

연기감지기는 물질이 연소할 때 단위시간당 일정량 이상의 연기양이 될 경우, 화재를 감지하는 기기이다. 그러므로 연기감지기는 화재 시 공기 중에 부유하고 있는 완전연소되지 않은 연기를 검출 및 탐지하여 그 신호를 통보할 수 있다.

연기감지기는 연기가 유입될 경우 즉시 감지신호를 보내는 비축적형 감지기와 연기감지 이후 일정 시간(5~60초)의 지연시간을 두고 그 시간 이후에도 계속 연기가 감지될 경우 신호를 발하는 축적형 연기감지기로 구분할 수 있다.

① 개념

㉠ 비축적형 연기감지기 : 일정농도의 연기가 감지기의 챔버 안으로 들어올 경우 30초 이내에 감지하여 화재신호를 발하게 된다.

㉡ 축적형 연기감지기 : 일정농도 이상의 연기가 일정시간 지속될 때 작동하는 감지기로서 일시적으로 발생하는 연기에 의해 감지기가 비화재보를 발하지 않도록 하기 위한 것이다. 이 감지기는 [그림 1.1.39]와 같이 연기가 유입될 경우 30초 이내에 감지한 후 5~60초의 축적시간이 경과 한 후 그 시간 이후에도 계속 연기가 유입되면 화재신호를 발한다. 공칭축적시간은 10초, 20초, 30초, 40초, 50초, 60초의 6가지가 있고 감도에 따라 1종, 2종, 3종으로 구분된다.

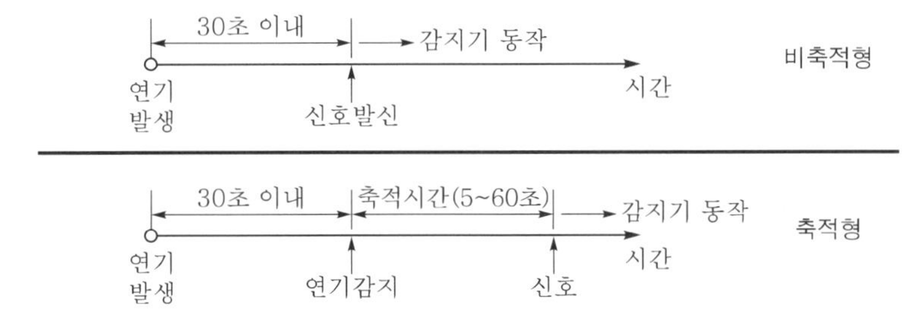

‖ 그림 1.1.39 ‖ **연기감지기의 축적시간**

② 이온화식 연기감지기

㉠ 이온화식 연기감지기는 충전전극 사이에 방사선물질(아메리슘 Am95, Am241)을 봉입하여 이온화된 공기에 의해 전류가 흐르도록 구성되어 있다. 이 물질은 방사능물질로서 방사선 중 α선을 방출하며, 이 α선은 공기를 이온화시키고 전도성을 갖게 된다.

㉡ 양 전극 사이에 α선을 조사하면 양극 간은 전리현상으로 전도성을 갖게 되고, (+), (-) 이온은 각각 상대전극으로 이동하는 이온전류가 발생되는 이온화 현상이 발생한다.

㉢ 화재발생 시 일정농도 이상의 연기가 충전전극 사이로 들어오고 이온화된 공기와 결합하면 평상시 진행되던 이온화 현상이 감소되고 이에 따라 이온전류가 감소하게 된다. 이러한 전류의 변화량에 의해 감지회로부의 릴레이스위치가 작동하여 수신기에 신호를 보내도록 구성된 것이 이온화식 감지기의 원리이다.

㉣ 이온화식 연기감지기의 동작원리는 공기 중의 이온화 현상에 의해 발생되는 이온전류의 범위 및 변화량을 이용한 감지기이다.

㉤ [그림 1.1.40]은 이온화식 연기감지기의 원리가 되는 이온화 현상을 설명하는 그림으로서, P_1, P_2 두 극판 사이에 α선을 조사하면, (+)이온과 (-)이온으로 분리되고 이 이온이 상대전극으로 이동하여 이온전류가 발생하는 것이다.

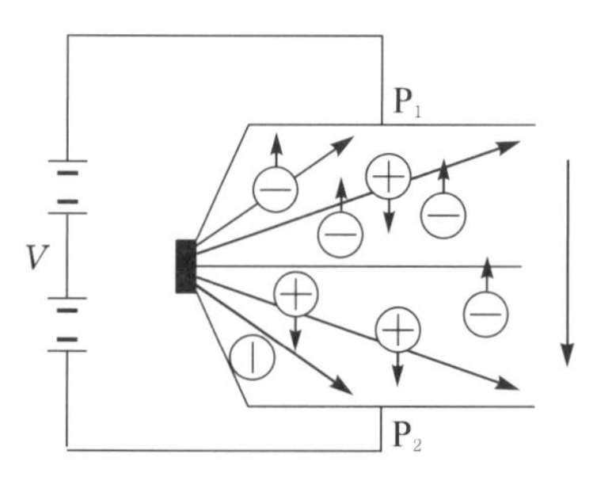

▌그림 1.1.40▌ **이온화 현상**

㉥ [그림 1.1.41]은 이온화식 연기감지기의 구조를 나타낸 그림으로서, 이온화식 연기감지기의 구조는 내부이온실과 외부이온실 그리고 방사선원(α선 - Am95, Am241 : 100μcurie), 비교증폭회로부와 스위칭부 등이 주요 구조가 될 수 있다.

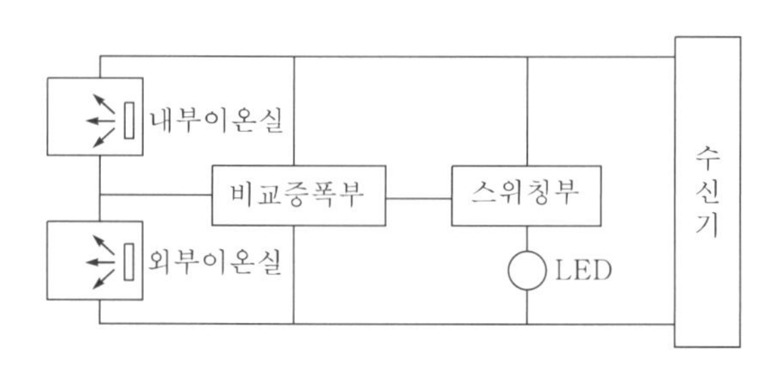

▌그림 1.1.41▌ **이온화식 감지기의 구조**

③ 광전식 연기감지기

㉠ 광전식 연기감지기는 빛을 이용하여 연기를 감지하는 것으로서, 발광다이오드(LED)와 수광다이오드(PhD)를 이용해 연기를 감지하는 방식이다.

㉡ 광전식 연기감지기는 빛의 산란현상을 이용하여 연기를 감지하는 산란광식과 빛의 감소 및 증가를 직접 감지하는 감광식 등 2종류로 구분할 수 있다.

㉢ 광전식 감지기는 외부의 빛에 영향을 받지 않는 암실형태의 챔버(chamber) 속에 연기가 빛을 차단하거나 반사하는 원리를 이용한 것으로서, 빛을 발산하는 발광소자(LED)와 빛을 전기신호를 전화시키는 수광소자(photo diode)를 기본 감지소자로 이용한다. 감지기의 구조에 따라 스포트형과 분리형, 공기흡입형 등으로 구분할 수 있다.

참고

- 산란광식 : 빛의 산란현상을 이용하여 발광다이오드의 빛이 산란되어 수광다이오드로 들어오는 양을 검출하여 연기 감지
- 감광식 : 발광다이오드에서 발산한 빛이 수광다이오드로 들어오는 양의 변화를 이용하여 연기 감지
- 일체형 : 발광다이오드와 수광다이오드가 하나의 감지기구조에 함께 설치되어 있는 감지기(스포트형)
- 분리형 : 발광다이오드와 수광다이오드가 서로 분리된 구조로서, 한쪽에서 발광다이오드가 빛을 보내고 다른 한쪽에서 수광다이오드가 빛을 받는 구조로 되어 있는 감지기

④ 광전식 스포트형 연기감지기

㉠ 광전식 산란광식 연기감지기

- 광전식 산란광식 스포트형 연기감지기는 발광소자와 수광소자를 감지기 내에 구성한 것으로, 감지기 주위의 공기가 일정한 농도의 연기를 포함하게 되는 경우에 동작하도록 되어 있는 감지기이다.
- 이 감지기는 빛의 산란현상을 이용한 것으로, [그림 1.1.42]와 같이 발광부와 수광부가 일직선 상에 있지 않고 발광부의 빛이 직접 전달되지 않는 구조로 되어 있다.

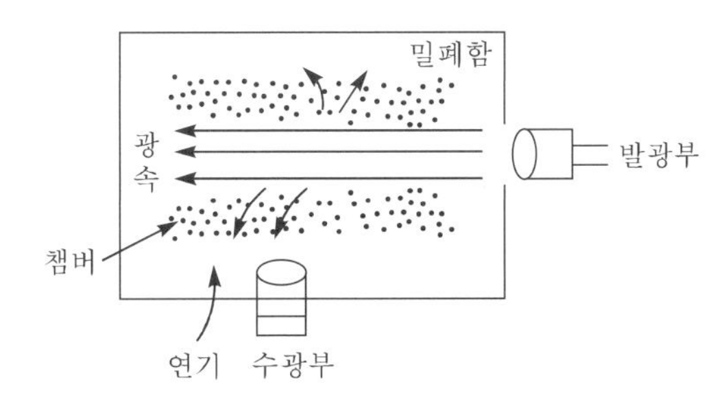

▎그림 1.1.42 ▎ **산란광식 감지기의 감지원리**

참고 **산란광식 연기감지기의 주요 구조**

- 주요 구조부 : 발광부, 수광부, 차광판
- 발광부 : LED를 이용하여 전기신호를 빛으로 변환
- 발광부신호 : 전기 신호를 빛으로 변환하여 80~100μs 시간 동안 발광
- 차광판 : 발광부의 빛이 수광부로 직접 전달되지 않도록 하는 것
- 라비린스 : 감지기 외부에서 빛을 차단하고 연기만 투입시키도록 되어 있는 구조

ⓛ 광전식 감광식 연기감지기

- 광전식 연기감지기 중 감광식의 원리는 평상시 발광부에서 발하는 빛이 수광부에 전달되어 감지전류로서 빛의 양을 검출하고 있으며, 화재 시 발생되는 연기에 의해 수광부에 전달되는 빛의 양이 감소될 경우 수광소자의 전류량이 감소하는 것을 검출하여 감지기가 동작하는 원리이다.
- 이 감지기는 특히 수광부와 발광부가 일체형인 경우와 수광부과 발광부가 분리되어 있는 분리형 감지기로 구분할 수 있다.
- [그림 1.1.43]은 감광식 연기감지기의 동작원리를 설명할 수 있는 그림으로서, 발광소자에서 수광소자로 빛이 전달되고 화재 시 연기입자가 감지기 챔버 내로 유입될 경우 수광소자로 전달되는 빛의 양이 감소되는 것을 검출하는 방식의 감지기이다.

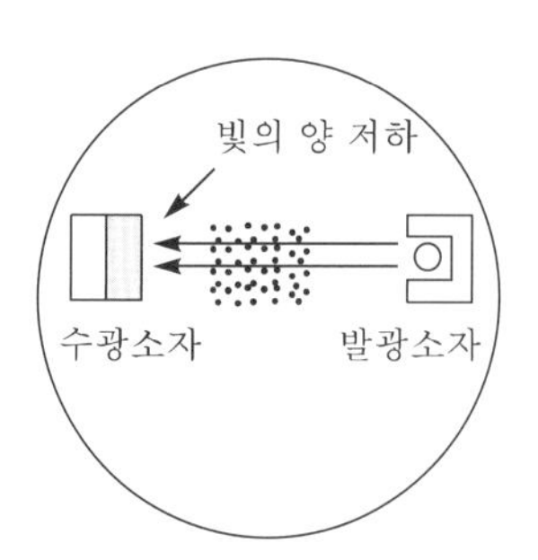

‖ 그림 1.1.43 ‖ **감광식 연기감지기의 감지원리**

ⓒ 광전식 분리형 연기감지기

- 광전식 분리형 연기감지기는 송광부와 수광부가 분리된 것으로, 연기에 의해 빛의 도달량의 감소를 측정하여 화재신호를 발하기 때문에 화재 발생 초기단계에서 천장 부분에 넓게 확산되는 연기가 검지부에 들어가면 광전소자의 수광량이 변화하는 것을 이용하여 작동하게 되는 원리이다. 또한, 감지농도를 스포트형 보다 높게 설정해도 화재감지성능이 떨어지지 않으며 일시적인 연기의 체류농도에는 동작하지 않는 등 많은 장점을 가지고 있는 감지기이다.
- 물체 등에 의해 전체가 차단되면 비화재보의 원인이라 판단하고 화재신호를 발신하지 않는 등 비화재보에 대한 대책이 강구된 감지기라 할 수 있으며, 최근에는 발광부

와 수광부가 분리되어 있으나 서로 마주보는 형태의 구조가 아니고 반사판에 의해 한쪽에 발광부와 수광부를 동시에 설치하는 구조의 감지기가 개발되어 설치 중이다.

- [그림 1.1.44]는 광전식 분리형 감지기와 구조를 나타낸 그림으로서, 송광부(발광부)와 수광부가 별도로 설치되고 검출부에서 연기에 의한 화재 유무를 판단하는 장치로 이루어져 있다.

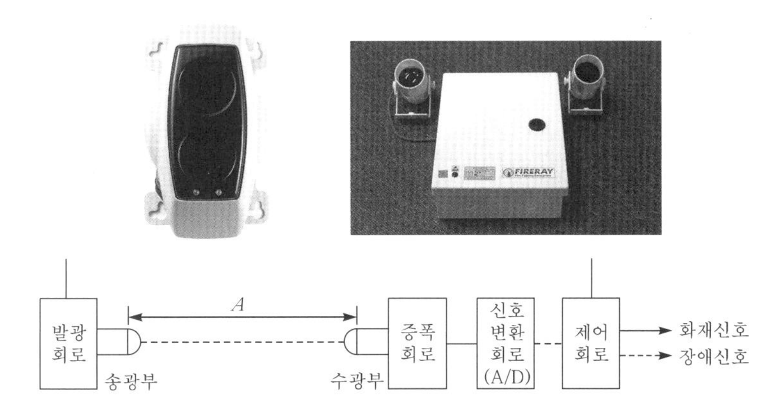

‖ 그림 1.1.44 ‖ **광전식 분리형 감지기의 구조**

참고 **광전식 분리형 감지기의 주요 구조**

- 구조 : 발광부(송광부)와 수광부를 분리한 구조
- 공칭감시거리 : 5m 이상 100m 이하
- 감지기 간격 : 5m(제조회사별로 차이가 있을 수 있음)

⑤ 연기감지기 설치기준

㉠ 연기감지기의 부착높이에 따라 다음 [표 1.1.5]에 따른 바닥면적마다 1개 이상으로 할 것

‖ 표 1.1.5 ‖ **부착높이에 따른 연기감지기의 종류**

(단위 : m^2)

부착높이	감지기의 종류	
	1종 및 2종	3종
4m 미만	150	50
4m 이상 20m 미만	75	–

㉡ 감지기는 복도 및 통로에 있어서는 보행거리 30m(3종에 있어서는 20m)마다, 계단 및 경사로에 있어서는 수직거리 15m(3종에 있어서는 10m)마다 1개 이상으로 할 것

㉢ 천장 또는 반자가 낮은 실내 또는 좁은 실내에 있어서는 출입구의 가까운 부분에 설치할 것

㉣ 천장 또는 반자 부근에 배기구가 있는 경우에는 그 부근에 설치할 것
㉤ 감지기는 벽 또는 보로부터 0.6m 이상 떨어진 곳에 설치할 것

⑥ **연기감지기 설치장소** : 다음의 장소에는 연기감지기를 설치해야 한다. 다만, 교차회로방식에 따른 감지기가 설치된 장소 또는 참고에 따른 감지기가 설치된 장소에는 그렇지 않다.
㉠ 계단·경사로 및 에스컬레이터 경사로
㉡ 복도(30m 미만의 것을 제외)
㉢ 엘리베이터 승강로(권상기실이 있는 경우에는 권상기실)·린넨슈트·파이프 피트 및 덕트, 기타 이와 유사한 장소
㉣ 천장 또는 반자의 높이가 15m 이상 20m 미만의 장소
㉤ 다음의 어느 하나에 해당하는 특정소방대상물의 취침·숙박·입원 등 이와 유사한 용도로 사용되는 거실
- 공동주택·오피스텔·숙박시설·노유자시설·수련시설
- 교육연구시설 중 합숙소
- 의료시설, 근린생활시설 중 입원실이 있는 의원·조산원
- 교정 및 군사시설
- 근린생활시설 중 고시원

참고

자동화재탐지설비의 감지기는 부착높이에 따라 표에 따른 감지기를 설치해야 한다. 다만, 지하층·무창층 등으로서 환기가 잘 되지 아니하거나 실내면적이 $40m^2$ 미만인 장소, 감지기의 부착면과 실내 바닥과의 거리가 2.3m 이하인 곳으로서 일시적으로 발생한 열·연기 또는 먼지 등으로 인하여 화재신호를 발신할 우려가 있는 장소 본문에 따른 수신기를 설치한 장소를 제외)에는 다음의 기준에서 정한 감지기 중 적응성이 있는 감지기를 설치해야 한다.

⑦ **연기감지기의 적합기준**
㉠ 광전식 감지기는 다음에 적합하여야 한다.
- 발광소자는 광속변화가 작고 장기간 사용에 충분히 견딜 수 있는 것
- 수광소자는 감도의 저하 및 피로현상이 작고 장기간 사용에 충분히 견딜 수 있는 것
- 반사판이 있는 구조의 광전식 분리형 감지기 반사판은 기능에 유해한 영향을 미칠 우려가 있는 흠, 부식, 변형 등이 없어야 한다.

㉡ 방사성 물질을 사용하는 감지기는 그 방사성 물질을 밀봉선원으로 하여 외부에서 직접 접촉할 수 없도록 하여야 하며, 화재 시 쉽게 파괴되지 아니하는 것
㉢ 다신호식 감지기는 감도시험 시에 적용하는 각 해당 감도별 온도 및 연기농도에서 규정시간 내에 각 신호를 발할 수 있어야 한다.

㉣ 규정에 의한 작동표시장치가 부착된 차동식 스포트형, 정온식 스포트형, 보상식 스포트형, 이온화식 스포트형, 광전식 스포트형은 작동 후 수동으로 복귀시키지 않는 한 작동표시가 지속되어야 한다. 다만, 단독경보형 감지기는 그러하지 아니하다.

㉤ 연기를 감지하는 감지기는 감시챔버로 (1.3±0.05)mm 크기의 물체가 침입할 수 없는 구조이어야 한다.

㉥ 아날로그식 분리형 광전식 감지기는 다음 시험에 적합하여야 한다.

- **공칭감시거리는 5m 이상 100m 이하**로 하여 **5m 간격**으로 한다.
- 송광부와 수광부 사이에 감광필터를 설치할 때 공칭감지농도범위(설계치)의 최저 농도값에 해당하는 감광률에서 최고 농도값에 해당하는 감광률에 도달할 때까지 공칭감시거리의 최댓값까지 분당 30퍼센트 이하로 일정하게 분할한 감광필터를 직선상승하도록 설치할 경우 각 감광필터값의 변화에 대응하는 화재정보신호를 발신하여야 한다.
- 공칭감지농도범위의 임의의 농도에서 규정에 준하는 시험을 실시하는 경우 30초 이내에 작동하여야 한다.

㉦ 공기흡입형 광전식 감지기의 공기흡입장치는 공기배관망에 설치된 가장 먼 샘플링지점에서 감지부분까지 120초 이내에 연기를 이송할 수 있어야 하며 아날로그식 이외의 것은 ㉡을, 아날로그식은 ㉤의 시험을 준용한다.

⑧ 감지기 설치제외 기준 : 다음의 장소에는 감지기를 설치하지 않을 수 있다.

㉠ 천장 또는 반자의 높이가 20m 이상인 장소. 다만, 앞 참고의 감지기로서 부착높이에 따라 적응성이 있는 장소는 제외한다.

㉡ 헛간 등 외부와 기류가 통하는 장소로서 감지기에 따라 화재발생을 유효하게 감지할 수 없는 장소

㉢ 부식성 가스가 체류하고 있는 장소

㉣ 고온도 및 저온도로서 감지기의 기능이 정지되기 쉽거나 감지기의 유지관리가 어려운 장소

㉤ 목욕실·욕조나 샤워시설이 있는 화장실, 기타 이와 유사한 장소

㉥ 파이프덕트 등 그 밖의 이와 비슷한 것으로서, 2개 층마다 방화구획된 것이나 수평단면적이 5㎡ 이하인 것

㉦ 먼지·가루 또는 수증기가 다량으로 체류하는 장소 또는 주방 등 평상시 연기가 발생하는 장소(연기감지기에 한한다)

㉧ 프레스공장·주조공장 등 화재발생의 위험이 작은 장소로서 감지기의 유지관리가 어려운 장소

㉨ 단서에도 불구하고 일시적으로 발생한 열·연기 또는 먼지 등으로 인하여 화재신호를 발신할 우려가 있는 장소에는 표 1.1.6(1) 및 표 1.1.6(2)에 따라 해당 장소에 적응성

있는 감지기를 설치할 수 있으며, 연기감지기를 설치할 수 없는 장소에는 표 1.1.6(1)을 적용하여 설치할 수 있다.

⑨ **감지기 적응성** : 감지기는 다음 표에 의한 적응성이 있는 것으로 설치하여야 한다.

| 표 1.1.6(1) | 설치장소별 감지기의 적응성(연기감지기를 설치할 수 없는 경우 적용)

설치장소		적응 열감지기									불꽃감지기	비고
		차동식 스포트형		차동식 분포형		보상식 스포트형		정온식		열아날로그식		
환경상태	적응장소	1종	2종	1종	2종	1종	2종	특종	1종			
먼지 또는 미분 등이 다량으로 체류하는 장소	쓰레기장, 하역장, 도장실, 섬유·목재·석재 등 가공공장	○	○	○	○	○	○	○	×	○	○	• 불꽃감지기에 따라 감시가 곤란한 장소는 적응성이 있는 열감지기를 설치할 것 • 차동식 분포형 감지기를 설치하는 경우에는 검출부에 먼지, 미분 등이 침입하지 않도록 조치할 것 • 차동식 스포트형 감지기 또는 보상식 스포트형 감지기를 설치하는 경우에는 검출부에 먼지, 미분 등이 침입하지 않도록 조치할 것 • 정온식 감지기를 설치하는 경우에는 특종으로 설치할 것 • 섬유, 목재가공 공장 등 화재확대가 급속하게 진행될 우려가 있는 장소에 설치하는 경우 정온식 감지기는 특종으로 설치할 것. 공칭작동온도 75℃ 이하, 열아날로그식 스포트형 감지기는 화재표시 설정은 80℃ 이하가 되도록 할 것
수증기가 다량으로 머무는 장소	증기 세정실, 탕비실, 소독실 등	×	×	×	○	×	○	○	○	○	○	• 차동식 분포형 감지기 또는 보상식 스포트형 감지기는 급격한 온도변화가 없는 장소에 한하여 사용할 것 • 차동식 분포형 감지기를 설치하는 경우에는 검출부에 수증기가 침입하지 않도록 조치할 것 • 보상식, 스포트형 감지기, 정온식 감지기 또는 열아날로그식 감지기를 설치하는 경우에는 방수형으로 설치할 것 • 불꽃감지기를 설치할 경우 방수형으로 할 것
부식성 가스가 발생할 우려가 있는 장소	도금공장, 축전지실, 오수처리장 등	×	×	○	○	○	○	○	×	○	○	• 차동식 분포형 감지기를 설치하는 경우에는 감지부가 피복되어 있고 검출부가 부식성 가스에 영향을 받지 않는 것 또는 검출부에 부식성 가스가 침입하지 않도록 조치할 것 • 보상식 스포트형 감지기, 정온식 감지기 또는 열아날로그식 스포트형 감지기를 설치하는 경우에는 부식성 가스의 성상에 반응하지 않는 내산형 또는 내알칼리형으로 설치할 것 • 정온식 감지기를 설치하는 경우에는 특종으로 설치할 것

<table>
<tr><th colspan="2">설치장소</th><th colspan="8">적응 열감지기</th><th rowspan="3">불꽃감지기</th><th rowspan="3">비고</th></tr>
<tr><th rowspan="2">환경상태</th><th rowspan="2">적응장소</th><th colspan="2">차동식 스포트형</th><th colspan="2">차동식 분포형</th><th colspan="2">보상식 스포트형</th><th colspan="2">정온식</th><th rowspan="2">열아날로그식</th></tr>
<tr><th>1종</th><th>2종</th><th>1종</th><th>2종</th><th>1종</th><th>2종</th><th>특종</th><th>1종</th></tr>
<tr><td>주방, 기타 평상시에 연기가 체류하는 장소</td><td>주방, 조리실, 용접작업장 등</td><td>×</td><td>×</td><td>×</td><td>×</td><td>×</td><td>×</td><td>○</td><td>○</td><td>○</td><td>○</td><td>• 주방, 조리실 등 습도가 많은 장소에는 방수형 감지기를 설치할 것
• 불꽃감지기는 UV/IR형을 설치할 것</td></tr>
<tr><td>현저하게 고온으로 되는 장소</td><td>건조실, 살균실, 보일러실, 주조실, 영사실, 스튜디오</td><td>×</td><td>×</td><td>×</td><td>×</td><td>×</td><td>×</td><td>○</td><td>○</td><td>○</td><td>×</td><td>–</td></tr>
<tr><td>배기가스가 다량으로 체류하는 장소</td><td>주차장, 차고, 화물취급소 차로, 자가발전실, 트럭 터미널, 엔진시험실</td><td>○</td><td>○</td><td>○</td><td>○</td><td>○</td><td>○</td><td>×</td><td>×</td><td>○</td><td>○</td><td>• 불꽃감지기에 따라 감시가 곤란한 장소는 적응성이 있는 열감지기를 설치할 것
• 열아날로그식 스포트형 감지기는 화재표시설정이 60℃ 이하가 되도록 할 것</td></tr>
<tr><td>연기가 다량으로 유입할 우려가 있는 장소</td><td>음식물배급실, 주방전실, 주방 내 식품저장실, 음식물운반용 엘리베이터, 주방주변의 복도 및 통로, 식당 등</td><td>○</td><td>○</td><td>○</td><td>○</td><td>○</td><td>○</td><td>○</td><td>○</td><td>○</td><td>×</td><td>• 고체연료 등 가연물이 수납되어 있는 음식물배급실, 주방전실에 설치하는 정온식 감지기는 특종으로 설치할 것
• 주방 주변의 복도 및 통로, 식당 등에는 정온식 감지기를 설치하지 않을 것
• 위의 장소에 열아날로그식 스포트형 감지기를 설치하는 경우에는 화재표시설정을 60℃ 이하로 할 것</td></tr>
<tr><td>물방울이 발생하는 장소</td><td>슬레이트 또는 철판으로 설치한 지붕 창고·공장, 패키지형 냉각기전용 수납실, 밀폐된 지하창고, 냉동실 주변 등</td><td>×</td><td>×</td><td>○</td><td>○</td><td>○</td><td>○</td><td>○</td><td>○</td><td>○</td><td>○</td><td>• 보상식 스포트형 감지기, 정온식 감지기 또는 열아날로그식 스포트형 감지기를 설치하는 경우에는 방수형으로 설치할 것
• 보상식 스포트형 감지기는 급격한 온도변화가 없는 장소에 한하여 설치할 것
• 불꽃감지기를 설치하는 경우에는 방수형으로 설치할 것</td></tr>
</table>

설치장소		적응 열감지기									불꽃감지기	비고
		차동식 스포트형		차동식 분포형		보상식 스포트형		정온식		열아날로그식		
환경상태	적응장소	1종	2종	1종	2종	1종	2종	특종	1종			
불을 사용하는 설비로서 불꽃이 노출되는 장소	유리공장, 용선로가 있는 장소, 용접실, 주방, 작업장, 주조실 등	×	×	×	×	×	×	○	○	○	×	-

[비고] 1. 'ㅇ'는 당해 설치장소에 적용하는 것을 표시, '×'는 당해 설치장소에 적응하지 않는 것을 표시
2. 차동식 스포트형, 차동식 분포형 및 보상식 스포트형 1종은 감도가 예민하기 때문에 비화재보 발생은 2종에 비해 불리한 조건이라는 것을 유의할 것
3. 차동식 분포형 3종 및 정온식 2종은 소화설비와 연동하는 경우에 한해서 사용할 것
4. 다신호식 감지기는 그 감지기가 가지고 있는 종별, 공칭작동온도별로 따르지 말고 상기 표에 따른 적응성이 있는 감지기로 할 것

❙ 표 1.1.6(2) ❙ 설치장소별 감지기의 적응성

설치장소		적응 열감지기					적응 연기감지기						불꽃감지기	비고
환경상태	적응장소	차동식 스포트형	차동식 분포형	보상식 스포트형	정온식	열아날로그식	이온화식 스포트형	광전식 스포트형	이온아날로그식 스포트형	광전아날로그식 스포트형	광전식 분리형	광전아날로그식 분리형		
흡연에 의해 연기가 체류하며 환기가 되지 않는 장소	회의실, 응접실, 휴게실, 노래연습실, 오락실, 다방, 음식점, 대합실, 카바레 등의 객실, 집회장, 연회장	○	○	○	-	-	-	◎	-	◎	○	○	-	-
취침시설로 사용하는 장소	호텔 객실, 여관, 수면실 등	-	-	-	-	-	◎	◎	◎	◎	○	○	-	-
연기 이외의 미분이 떠다니는 장소	복도, 통로 등	-	-	-	-	-	◎	◎	◎	◎	○	○	○	-

설치장소		적응 열감지기					적응 연기감지기						불꽃감지기	비고
환경상태	적응장소	차동식 스포트형	차동식 분포형	보상식 스포트형	정온식	열아날로그식	이온화식 스포트형	광전식 스포트형	이온아날로그식 스포트형	광전아날로그식 스포트형	광전식 분리형	광전아날로그식 분리형		
바람에 영향을 받기 쉬운 장소	로비, 교회, 관람장, 옥탑에 있는 기계실	–	○	–	–	–	–	◎	–	◎	○	○	○	–
연기가 멀리 이동해서 감지기에 도달하는 장소	계단, 경사로	–	–	–	–	–	–	○	–	○	○	○	–	광전식 스포트형 감지기 또는 광전아날로그식 스포트형 감지기를 설치하는 경우에는 당해 감지기회로에 축적기능을 갖지 않는 것으로 할 것
훈소화재의 우려가 있는 장소	전화기기실, 통신기기실, 전산실, 기계제어실	–	–	–	–	–	–	○	–	○	○	○	–	–
넓은 공간으로 천장이 높아 열 및 연기가 확산하는 장소	체육관, 항공기, 격납고 높은 천장의 창고·공장, 관람석 상부 등 감지기 부착 높이가 8m 이상의 장소	–	○	–	–	–	–	–	–	–	○	○	○	–

[비고] 1. '○'는 당해 설치장소에 적응하는 것을 표시
2. '◎' 당해 설치장소에 연기감지기를 설치하는 경우에는 당해 감지회로에 축적기능을 갖는 것을 표시
3. 차동식 스포트형, 차동식 분포형, 보상식 스포트형 및 연기식(당해 감지기회로에 축적기능을 갖지 않는 것) 1종은 감도가 예민하기 때문에 비화재보 발생은 2종에 비해 불리한 조건이라는 것을 유의할 것
4. 차동식 분포형 3종 및 정온식 2종은 소화설비와 연동하는 경우에 한해서 사용할 것
5. 광전식 분리형 감지기는 평상시 연기가 발생하는 장소 또는 공간이 협소한 경우에는 적응성이 있음
6. 넓은 공간으로 천장이 높아 열 및 연기가 확산하는 장소로서, 차동식 분포형 또는 광전식 분리형 2종을 설치하는 경우에는 제조사의 사양에 따를 것
7. 다신호식 감지기는 그 감지기가 가지고 있는 종별, 공칭작동온도별로 따르고 표에 따른 적응성이 있는 감지기로 할 것
8. 축적형 감지기 또는 축적형 중계기 혹은 축적형 수신기를 설치하는 경우 감지기 설치기준에 따를 것

(7) 복합형 감지기

화재발생 시 건축물 또는 소방대상물의 특성에 따라 열을 많이 발생시키고 연기가 발생되지 않거나 연기를 많이 발생시키고 열을 많이 발생시키지 않는 경우가 있다. 이러한 경우에 적당한 열 또는 연기 감지기를 설치해야 하는데 구분이 명확하지 않은 경우도 많이 있을 수 있다. 따라서, 화재에 의한 열과 연기를 모두 감지할 수 있는 감지기를 적용하면 화재발생 시 신속한 감지가 가능하고 비화재보의 우려 또한 감소할 수 있을 것이다. 이러한 조건을 만족시키기 위한 감지기로서 복합형 감지기가 있는 것이다. 이 감지기는 화재를 감지하기 위하여 열과 연기를 모두 감지할 수 있는 것으로, 하나의 감지기에 두 가지 감지원리를 조합하여 화재를 감지하도록 한 것이며, 감지원리에 따라 1개 또는 2개 이상의 신호를 출력할 수 있는 감지기이다. 복합형 감지기는 열복합형, 연기복합형, 불꽃복합형, 열・연기 복합형, 열・불꽃 복합형 등 다양한 감지원리를 적용하여 복합형으로 할 수 있다.

① **열복합형 감지기** : 열복합형은 차동식과 정온식의 기능을 동시에 적용하거나 감도가 서로 다른 감지원리를 동시에 적용할 수도 있다. 복합형 감지기는 감지기능별로 감지한 신호를 1개 또는 2개 등으로 신호를 구분하여 출력할 수 있다.

② **연기복합형 감지기**

㉠ 연기복합형은 이온화식과 광전식 또는 감도가 서로 다른 감지기 종별로 구성할 수 있으며 열복합형과 마찬가지로 감지한 신호별로 1개 또는 그 이상의 신호로 출력할 수 있는 감지기이다.

㉡ [그림 1.1.45]와 같이 열복합형과 연기복합형은 감지원리나 종별로 구분하여 복합형으로 구성할 수 있어 화재발생 시 신속한 화재감지와 비화재보를 감소시킬 수 있는 장점을 가질 수 있다.

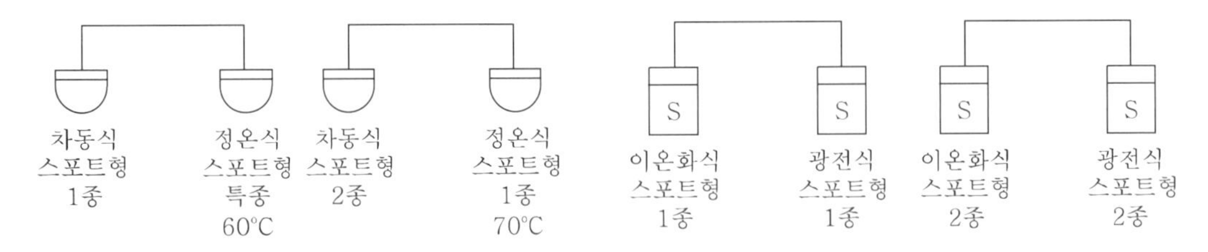

▌그림 1.1.45 ▌ 복합형 감지기(열・연기)

③ **열・연기 복합형 감지기**

㉠ 열・연기 복합형 감지기는 열과 연기를 동시에 감지할 수 있도록 감지원리를 적용한 것으로, 각각의 감지원리를 효과적으로 보완하여 적용한 감지기를 말한다.

㉡ [그림 1.1.46]에서와 같이 차동식 열감지기능과 이온화식 연기감지기능 또는 차동식 열감지기능과 광전식 연기감지기능 등 몇 가지의 감지기능을 조합하여 구성할 수 있으며 제조회사별로 각각 특징을 가지고 구성할 수 있다.

㉢ 최근에는 불꽃감지기의 기능도 복합형 기능에 포함할 수 있어서 불꽃과 열 또는 불꽃

과 연기를 동시에 감지하고 신호출력을 각각 발신하거나 동시에 하나로도 발신할 수 있는 감지기이다.

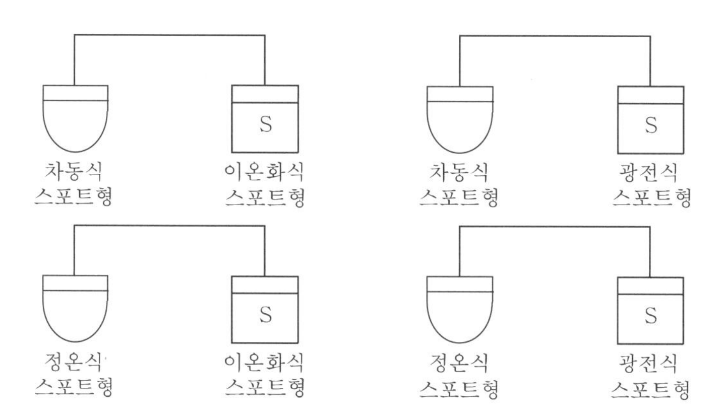

▌그림 1.1.46 ▌ **열 · 연기 복합형 감지기의 구성**

④ **복합형 감지기의 설치기준 :** 열복합형 감지기 및 연기복합형 감지기 그리고 열 · 연기 복합형 감지기의 설치에 관하여는 각각의 설치기준을 준용하여 설치한다.

(8) 불꽃감지기

불꽃감지기는 화재 시 발생되는 불꽃에 의해 동작하는 것으로 가시광선을 제외한 자외선, 적외선 등을 검출하는 감지기이다.

빛은 전자파의 일종으로 가시광선영역(380∼760nm) 파장의 빛을 인간의 눈으로 감지할 수 있다. 그러나 가시광선영역을 벗어난 자외선 또는 적외선 영역은 사람의 눈으로 보이지 않는 빛이다. 화재 시 발생되는 불꽃은 가시광선뿐 아니라 자외선 및 적외선 파장을 방사하는데 이 영역을 검출할 수 있는 감지기가 불꽃감지기이다. 즉, 사람의 눈에 보이지 않는 불꽃에 의한 방사에너지에 대하여 응답하는 감지가 불꽃감지인 것이다.

광선검출소자는 빛에 의한 방사에너지를 전기에너지로 변환할 수 있는 특성을 갖춘 반도체 소자(photo transistor, photo diode)를 이용한다.

① **자외선식 감지기**

㉠ 불꽃 자외선식이란 불꽃에서 방사되는 자외선의 변화가 일정량 이상 되었을 때 작동하는 것으로서, 일국소의 자외선에 의하여 수광소자의 수광량변화에 의해 작동하는 것을 말한다. 화염 속에서 포함된 자외선을 감지하는데 자외선의 변화가 어느 한계 이상 되었을 때 동작한다.

㉡ 자외선 수광량 변화에 따라 작동하지만 형광등, 태양광에서도 자외선이 발생되어 오동작 가능성이 있다. PbS(황산납), PbSe(셀렌화납), SPD(실리콘태양전지) 등을 이용하여 검출한다.

㉢ 자외선 감지원리 : 화재감지기에 응용되는 검출소자는 아래와 같은 원리를 통하여 빛에서 방사되는 에너지를 전기에너지로 변환하여 화재를 감지할 수 있다.

- 광기전력 효과 : PN 접합다이오드에 빛이 조사되면 전극 간에 기전력이 발생하는 것을 이용한 것으로, 광다이오드, Photo Tr, 실리콘 태양전지(SPD : Silicon Photo Diode)가 있다.
- 광도전효과 : 반도체에 빛이 조사되면 전기저항이 변화되어 광량에 비례하는 전류가 흐른다. 검출소자로는 PbS(황산납), PbSe(셀렌화납) 등을 사용한다.
- 광전자 방출효과
  - 빛이 광전음극에 입사되면 광전음극에서 10^5배 이상의 많은 2차 전자가 방출되는 효과를 이용한 방식이다.
  - 감지소자 : UV tron 소자로서, 광전효과를 이용하여 자외선을 검출한다.
  - 200～300V의 전압을 인가하여 방사에너지의 입력이 발생되면 펄스파의 신호를 카운터로 연산하여 그 양을 검출한다.

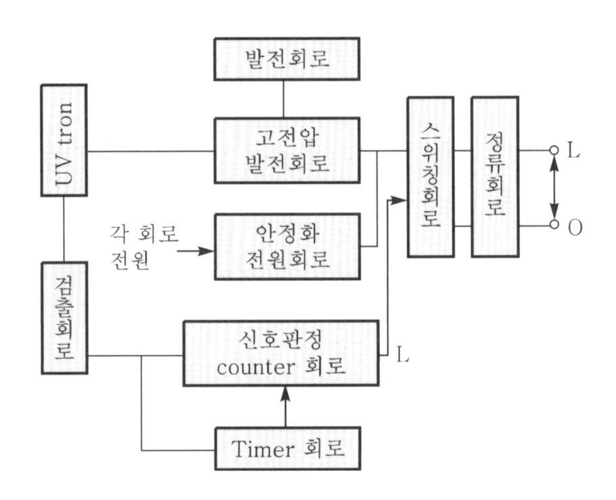

▌그림 1.1.47▌ **자외선식 불꽃감지기의 동작원리**

② 적외선식 감지기

㉠ 불꽃 적외선식이란 불꽃에서 방사되는 적외선의 변화가 일정량 이상 되었을 때 작동하는 것으로서, 일국소의 자외선에 의하여 수광소자의 수광량 변화에 의해 작동하는 것을 말한다. 화염 속에 포함된 적외선의 변화가 어느 한계 이상 되었을 때 동작하는 것으로 PZT(큐리온도 200～270℃) 등을 이용하여 불꽃을 검출한다.

㉡ 적외선 감지원리 : 탄산가스 공명방식

적외선파장 중 약 4.4μm의 적외선영역에 CO_2에 의한 공명방사가 발생한다. 공명방사란 물체연소 시 화염의 연소열에 의해 CO_2가 뜨거워져 생기는 특유의 CO_2 파장이다. 따라서, 검출소자는 장파장영역에도 검출할 수 있는 PbSe를 이용한다.

㉢ 플리커방식

- 화염에서 발생되는 적외선의 깜빡거림을 감지하는 방식으로, CO_2 공명방식과는 차이가 있다.

- 태양광이나 조명 등에서 발생되는 적외선은 시간에 따라 변화가 거의 없으나 화재 시 연소물질에서 발생되는 깜빡거림(플리커)은 크게 나타난다.
- 적외선센서를 사용하여 불꽃의 흔들림을 검출한다.

㉣ 정방사 검출방식
- 자연광이나 조명 등의 영향을 방지하기 위해 760nm 이하의 가시광선을 차단하고 적외선파장 내의 불꽃방사량만을 검출하는 방식이다.
- SPD, Photo Tr 등의 소자를 이용하여 검출하고 가솔린 화재에 적합하다.

㉤ 다파장 검출방식
- 불꽃에서 발생하는 파장은 2μm와 4.4μm 부근에서 나타나는데 이 두 파장을 동시에 검출하는 방식이다.
- 2파장 검출방식은 태양광이나 조명 등에 영향을 받지 않아 신뢰도가 높다.

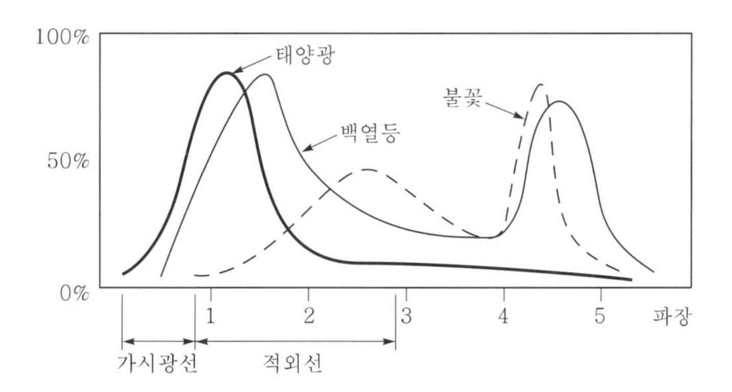

▌그림 1.1.48 ▌ **2파장 검출방식**

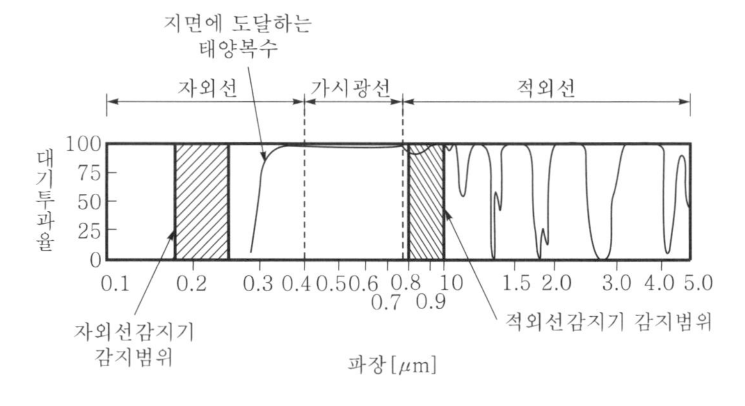

▌그림 1.1.49 ▌ **자외선과 적외선 감지기 영역**

③ 자외선·적외선 겸용식 불꽃감지기

㉠ 자외선·적외선 겸용식 불꽃에서 방사되는 불꽃의 변화가 일정량 이상 되었을 때 작동하는 것으로, 자외선 또는 적외선에 의한 수광소자의 수광량 변화에 의하여 1개의

화재신호를 발신하는 것을 말한다.

㉡ 자외선·적외선 두 성능을 동시에 갖는 서로 다른 파장대의 적외선을 감지하는 복합형 감지기가 있다.

㉢ 자외선 감지기는 파장이 짧은 자외선을 사용하기 때문에 연기 등의 부유물에 의해서 자외선이 흡수되기 때문에 감도가 많이 떨어진다. 또한, 형광등이나 기타 광선에서 발생되는 자외선에 의해서도 동작되기 때문에 오보가 많은 편이다.

㉣ 적외선은 파장이 길기 때문에 연기나 기타 부유물에 흡수되지 않아서 먼지나 연기의 영향을 작게 받는다. 그러므로 자외선감지기는 개발된 장소에, 적외선감지기는 폐쇄된 장소에 설치하면 감지기의 신뢰성을 높일 수 있다.

㉤ 자외선을 방사하는 물체의 파장에서는 4.3μm의 적외선을 방사하는 양이 적고 그와 반대로 4.3μm의 적외선을 방사하는 물체에서는 자외선이 방사되지 않는다.

㉥ 이러한 특성을 이용하여 자외선과 적외선이 동시에 존재하는 경우에만 화재로 통보하도록 하면 신뢰성을 증가시킬 수 있다. 이러한 감지기를 자외선·적외선 겸용 복합형 감지기라 한다.

④ 적외선 복합방식

㉠ 화염에서 방사되는 파장은 4.3μm 영역에서 강한 방사가 있고 3.8μm 영역에서는 방사가 거의 없다. 그러므로 4.3μm와 3.8μm에서의 방사량의 차이로 화재를 판단할 수 있다.

㉡ 자연광에서는 4.3μm와 3.8μm 파장 간에 방사량이 거의 같아 화재를 탐지하지 못한다.

㉢ 적외선 복합방식은 현재 가장 우수한 성능을 발휘하고 있으나 화염의 탄산가스파장을 흡수하기 때문에 장거리 화염감지가 곤란하여 50~100m 정도로 제한되고 검지소자로 사용되는 PbSe의 제조가 쉽지 않은 편이다.

▌그림 1.1.50▐ **불꽃감지기**

⑤ 불꽃감지기의 설치기준

㉠ 공칭감시거리 및 공칭시야각은 형식승인내용에 따를 것

㉡ 감지기는 공칭감시거리와 공칭시야각을 기준으로 감시구역이 모두 포용될 수 있도록 설치할 것

㉢ 감지기는 화재감지를 유효하게 감지할 수 있는 모서리 또는 벽 등에 설치할 것

㉣ 감지기를 천장에 설치하는 경우에는 바닥을 향하여 설치할 것

ⓜ 수분이 많이 발생할 우려가 있는 장소에는 방수형으로 설치할 것

ⓑ 그 밖의 설치기준은 형식승인내용에 따르며 형식승인사항이 아닌 것은 제조사의 시방서에 따라 설치할 것

⑥ 불꽃감지기의 유효감지거리의 구분 및 시야각

㉠ 유효감지거리의 범위는 20m 미만은 1m 간격으로, 20m 이상은 5m 간격으로 설정하여야 하며, 단일 유효감시거리, 복수 유효감지거리, 단일 유효감지거리 범위 또는 복수 유효감시거리 범위로 설정할 수 있다.

㉡ 복수의 유효감지거리 및 유효감지거리 범위는 다수의 단계로 분할하여 설정할 수 있다. 다만, 유효감지거리를 범위로 설정한 경우에는 각 단계별 유효감지거리 세부범위는 연속되도록 설정하여야 한다.

㉢ 시야각은 5° 간격으로 설정한다.

(9) 다신호식 감지기

① 다신호식 감지기는 감지기의 출력방식이 단신호식과 달리 여러 개의 출력을 발신하는 감지기이다.

② 다신호식 감지기는 1개의 감지기 내에 서로 다른 종별 또는 감도 등의 기능을 갖춘 것으로서, 일정 시간간격을 두고 2회 이상의 화재신호를 발하는 감지기를 말한다. 즉, 감도, 동작온도, 축적시간 등이 다른 감지방식의 감지기 2개를 하나의 감지기로 하여 2가지 이상의 신호를 발생시키는 감지기를 말한다. 예를 들면 공칭작동온도가 60℃와 70℃를 구성한 정온식 다신호식 감지기는 60℃와 70℃에서 신호를 2회 발신하게 된다. 첫 번째 신호에서 관리자가 현장을 확인하거나 모니터를 통하여 화재 여부를 확인함으로서 비화재보에 의한 시스템신뢰도 저하를 방지할 수 있다.

③ 복합형 감지기는 확실한 화재감지를 목적으로 하나 다신호식 감지기는 비화재보를 방지하기 위한 목적이 우선이라 할 수 있다.

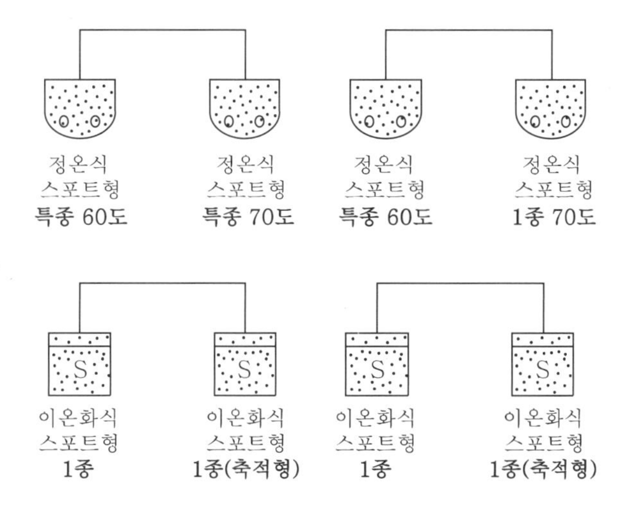

▎그림 1.1.51 ▎ **다신호식 감지기의 구성 예**

▎표 1.1.7▎ **복합형 감지기와 다신호식 감지기의 비교**

구분	복합형 감지기	다신호식 감지기
감지소자	감지원리가 다른 감지소자의 조합	감지원리는 같으나 종별, 감도, 축적 여부 등이 다른 감지소자의 조합
화재신호발신	두 기능이 모두 작동되는 때 또는 각 기능이 작동되는 때	각 감지소자가 작동하는 때

(10) 아날로그식 감지기

① 아날로그식 감지기는 온도 또는 연기의 변화에 따라 일정량의 연기농도를 표시할 수 있는 디지털데이터로 출력을 발하는 감지기를 말한다. 이 감지기는 일반감지기와 같이 감지기 자신이 화재 여부를 판단하여 발신하는 것이 아니라 검출된 온도 또는 연기의 농도에 대한 변화정보만을 수신기에 송출하고 화재 여부의 판단은 수신기가 하도록 하는 것이다.

② 일반감지기는 화재신호 여부의 상태를 알리지만 아날로그식 감지기는 변화하고 있는 온도 또는 연기의 농도값을 디지털데이터로 수신기에 통신으로 전송한다.

③ 다신호식 감지기는 열 또는 연기가 검출되고 정해진 값을 초과하면 순차적으로 신호를 발신하지만 아날로그식 감지기는 설정된 값이 없고 연속적으로 수신기에 온도 또는 연기의 변화정보를 송신하는 것이다.

④ 아날로그감지기의 신호를 수신할 수 있는 수신기는 고유의 신호데이터로 통신하므로 서로 송·수신이 가능한 수신기와 아날로그식 감지기를 설치해야 하며 온도 및 연기의 데이터변화에 따라 예비경보, 화재경보, 연동설비 동작 등을 수신기가 할 수 있도록 프로그램되어 있다.

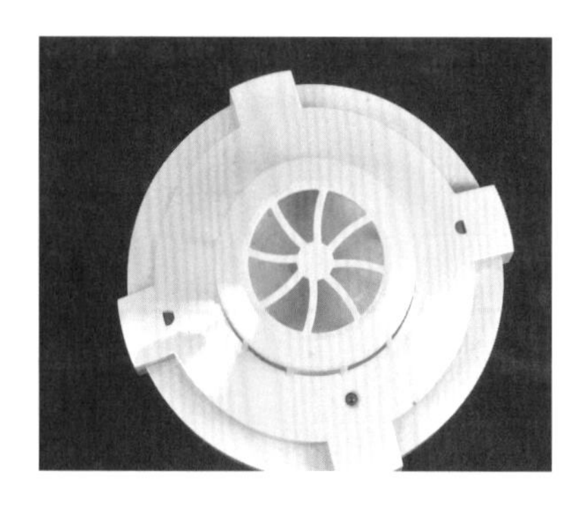

(a) 열식 아날로그 감지기

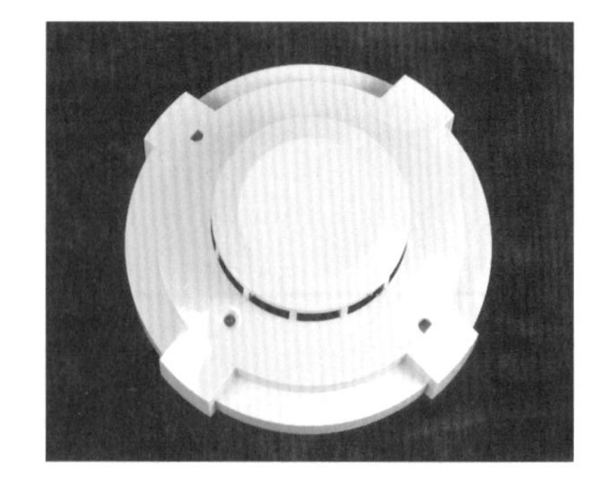

(b) 연기식 아날로그 감지기

▎그림 1.1.52▎ **아날로그식 감지기**

(11) 차동식 분포형 감지기시험

① 화재작동시험 : 펌프시험, 작동계속시험, 유통시험, 접점수고시험

㉠ 펌프시험 : 작동공기압을 테스트펌프로 불어 넣어 작동 때까지 시간을 확인하는 시험

㉡ 작동계속시험 : 감지기 작동 개시부터 정지까지 시간을 측정하여 정상인가 확인하는 시험

② **유통시험** : 공기관이 새거나 깨지거나 줄어들었는지와 공기관 길이 확인

㉠ 유통시험 사용기구 : 공기주입기(테스트펌프), 고무관, 유리관, 마노미터, 초시계

- 마노미터 : 유통시험 및 접점수고시험, 연소시험 등을 위한 공기관 누설측정기구
- 테스트펌프 : 유통시험 및 접점수고시험을 하기 위하여 공기를 주입하는 기구

㉡ 유통시험방법

- 공기관 한쪽 끝에 테스트펌프를 연결하고 다른 한쪽에 마노미터를 연결한다.
- 테스트펌프로 공기를 불어 넣어 마노미터의 수위를 100mm까지 상승시킨다. 이때, 마노미터의 수위가 정지하지 않고 내려가면 공기관이 새는 것이다.
- 송기구를 열고 수위가 50mm까지 내려가는 시간을 측정하여 공기관의 길이를 산출한다.

③ **접점수고시험** : 접점수고값이 적정 값인지를 확인한다(규정값 이상이면 감지기 작동이 지연됨).

(12) 감지기 기타 시험

① **절연저항시험**

㉠ 직류 500V의 절연저항계로 측정하여 50MΩ 이상이면 적합하다.

㉡ 측정위치 : 절연된 단자 간, 단자와 외함 간

② **절연내력시험** : 감지기의 단자와 외함 간의 절연내력은 60Hz의 정현파에 가까운 실효전압 500V(정격전압이 60V를 초과하고 150V 이하인 것은 1,000V, 정격전압이 150V를 초과하는 것은 그 정격전압에 2를 곱하여 1,000V를 더한 값)의 교류전압을 가하는 시험에서 1분간 견디는 것이어야 한다.

(13) 비화재보 방지기준

① 감지기는 다음에 대하여 시험하는 경우 작동하지 않아야 한다.

㉠ 주위온도 (23±2)℃인 조건을 유지하며 상대습도 (20±5)%에서 (90±5)%인 상태로 급격하게 3회 변경투입을 반복하는 경우

㉡ 감지기를 분당 6회의 비율로 순간적인 감지기 공급전원의 차단을 반복하는 경우

② 광전식 기능을 가진 감지기는 ① 및 다음에 노출되는 경우에 작동하지 않아야 한다.

㉠ 백열램프

㉡ 크세논램프

③ 이온화식 기능을 가진 감지기는 ① 및 기류를 가하는 경우에 작동하지 않아야 한다.

④ 불꽃식 기능을 가진 감지기는 ① 및 다음에 노출 및 인가되는 경우에 작동하지 않아야 한다.

㉠ 형광램프

㉡ 할로겐램프

㉢ 직사 및 반사된 태양광

㉣ 아크용접 불꽃

㉤ 충격파전압

㉥ 그 밖의 외광
㉦ 흔들리는 주황색의 천(영상분석실에 한함)

(14) 감지기 고장

감지기는 다음에 해당하는 고장이 발생하는 경우 고장신호를 발신하여야 하며, 고장으로 인한 화재신호는 발신하지 아니하여야 한다. 다만, ①의 고장이 수신기에서 확인되는 경우에는 고장신호를 발신하지 아니할 수 있다.

① 감지기 선로의 고장
　㉠ 감지기 연결배선의 단선 및 단락
　㉡ 감지기 전원회로의 전원공급 차단
　㉢ 감지기 헤드의 베이스이탈(베이스 일체형의 경우 감지기의 선로이탈)
② LED 광원을 사용하는 감지기의 경우 광원의 개방, 단락 또는 50% 이상의 광출력 감쇄
③ 연기감시챔버를 사용하는 감지기의 경우 감시챔버 내 작동연기농도 50% 이상의 오염

(15) 감지기회로의 해석

① 정상상태 동작전류

$$I = \frac{\text{회로 전압}(E)}{\text{릴레이저항}(R_r) + \text{배선회로저항}(R_l) + \text{종단저항}(R_e)} \text{[A]}$$

② 화재 시 동작전류

$$I = \frac{\text{회로 전압}(E)}{\text{릴레이저항}(R_r) + \text{배선회로저항}(R_l)} \text{[A]}$$

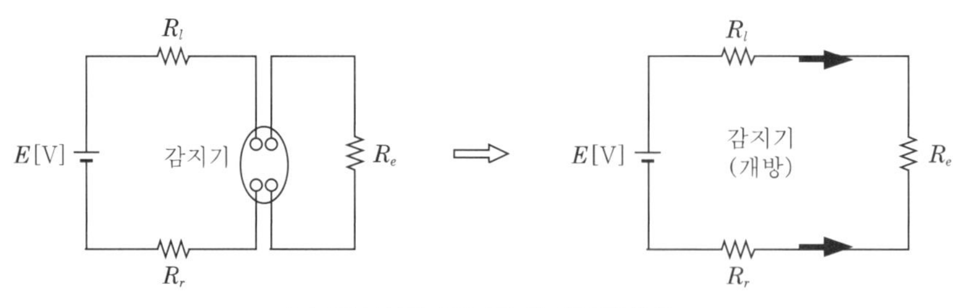

(a) 정상상태 감지기 배선등가회로

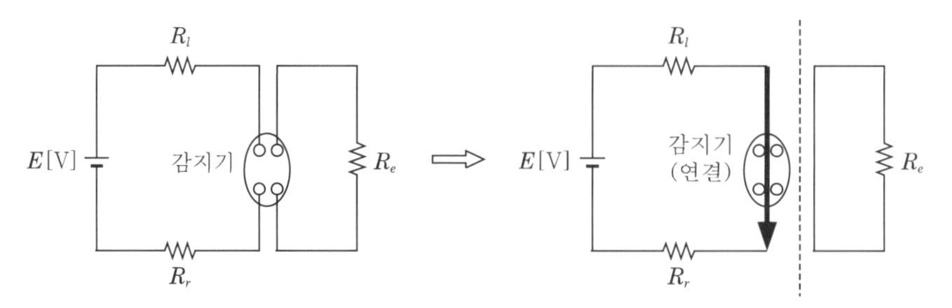

(b) 화재감지 시 동작등가회로

| 그림 1.1.53 | 정상상태와 화재감지 시 등가회로

9 자동화재탐지설비의 전원 및 배선

(1) 자동화재탐지설비의 전원

자동화재탐지설비의 상용전원은 다음의 기준에 따라 설치해야 한다.

① 상용전원은 전기가 정상적으로 공급되는 축전지설비, 전기저장장치(외부 전기에너지를 저장해 두었다가 필요한 때 전기를 공급하는 장치) 또는 교류전압의 옥내 간선으로 하고, 전원까지의 배선은 전용으로 할 것

② 개폐기에는 '자동화재탐지설비용'이라고 표시한 표지를 할 것

③ 자동화재탐지설비에는 그 설비에 대한 감시상태를 60분간 지속한 후 유효하게 10분(감시상태 유지를 포함한다) 이상 경보할 수 있는 비상전원으로서 축전지설비(수신기에 내장하는 경우를 포함한다) 또는 전기저장장치(외부 전기에너지를 저장해 두었다가 필요한 때 전기를 공급하는 장치)를 설치해야 한다. 다만, 상용전원이 축전지설비인 경우 또는 건전지를 주전원으로 사용하는 무선식 설비인 경우에는 그렇지 않다.

(2) 자동화재탐지설비의 배선

자동화재탐지설비의 배선은 **「전기사업법」 제67조**에 따른 **「전기설비기술기준」**에서 정한 것 외에 다음의 기준에 따라 설치해야 한다.

① **전원회로의 배선**은 「옥내소화전설비의 화재안전기술기준(NFTC 102)」 2.7.2의 표 2.7.2(1)에 따른 **내화배선**에 따르고, **그 밖의 배선**(감지기 상호 간 또는 감지기로부터 수신기에 이르는 **감지기회로의 배선을 제외**한다)은 「옥내소화전설비의 화재안전기술기준(NFTC 102)」 2.7.2의 표 2.7.2(1) 또는 표 2.7.2(2)에 따른 **내화배선 또는 내열배선**에 따를 것

② **감지기 상호 간 또는 감지기로부터 수신기에 이르는 감지기회로의 배선**은 다음의 기준에 따라 설치한다.

㉠ **아날로그식, 다신호식 감지기나 R형 수신기용으로 사용되는 것**은 **전자파방해를 받지 않는 실드선 등을 사용**해야 하며, **광케이블의 경우**에는 전자파방해를 받지 아니하고 **내열성능이 있는 경우** 사용할 것. 다만, 전자파방해를 받지 않는 방식의 경우에는 그렇지 않다.

㉡ **일반배선을 사용할 때**는 「옥내소화전설비의 화재안전기술기준(NFTC 102)」 2.7.2의 표 2.7.2(1) 또는 표 2.7.2(2)에 따른 **내화배선 또는 내열배선**으로 사용할 것

③ 감지기 사이의 **회로배선은 송배선식**으로 할 것

④ 전원회로의 전로와 대지 사이 및 배선 상호 간의 절연저항은 다음과 같이 한다.
감지기회로 및 부속회로의 **전로와 대지 사이 및 배선 상호 간**의 절연저항은 1경계구역마다 직류 **250V의 절연저항측정기**를 사용하여 측정한 절연저항이 **0.1MΩ** 이상이 되도록 할 것

⑤ 자동화재탐지설비의 배선은 다른 전선과 별도의 관・덕트(절연효력이 있는 것으로 구획한 때에는 그 구획된 부분은 별개의 덕트로 본다)・몰드 또는 풀박스 등에 설치할 것

다만, 60V 미만의 약전류회로에 사용하는 전선으로서 각각의 전압이 같을 때에는 그렇지 않다.

⑥ P형 수신기 및 GP형 수신기의 감지기회로의 배선에 있어서 **하나의 공통선**에 접속할 수 있는 **경계구역은 7개 이하**로 할 것

⑦ 자동화재탐지설비의 **감지기회로의 전로저항은** 50Ω **이하**가 되도록 해야 하며, 수신기의 각 회로별 종단에 설치되는 감지기에 접속되는 **배선의 전압**은 감지기 **정격전압의 80% 이상**이어야 할 것

(3) 종단저항 설치

감지기회로의 도통시험을 위한 종단저항은 다음의 기준에 따른다.

① 점검 및 관리가 쉬운 장소에 설치할 것

② 전용함을 설치하는 경우 그 설치높이는 바닥으로부터 1.5m 이내로 할 것

③ **감지기회로의 끝부분에 설치**하며, 종단감지기에 설치할 경우에는 구별이 쉽도록 해당 **감지기의 기판 및 감지기 외부 등에 별도의 표시**를 할 것

10 자동화재탐지설비의 결선법

(1) 자동화재탐지설비 발신기함과 수신기 간 결선

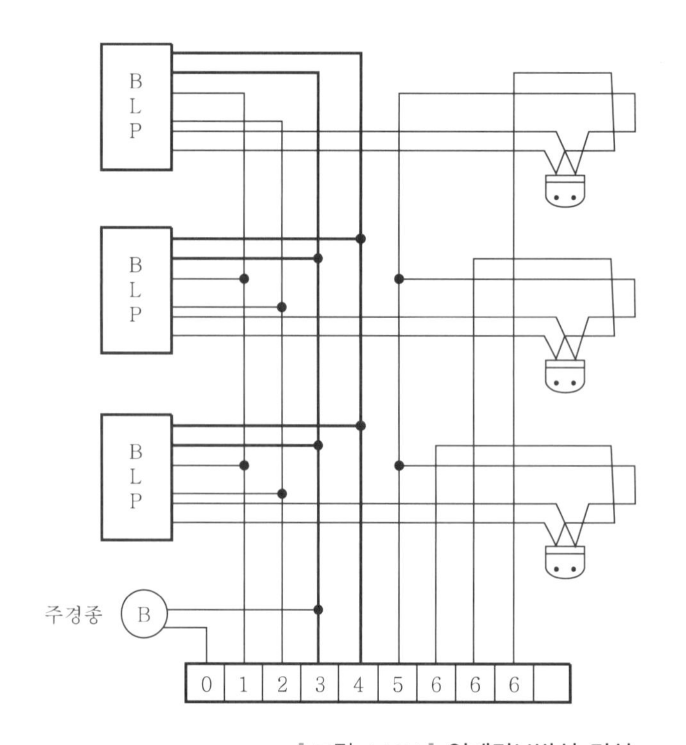

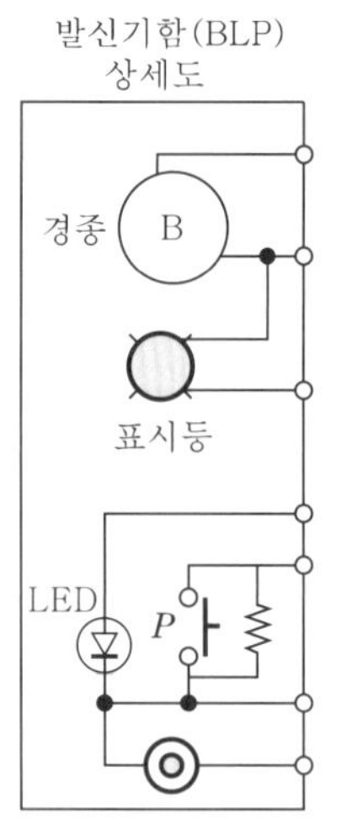

0. 주경종
1. 표시등
2. 발신기응답등
3. 벨, 표시등 공통
4. 지구경종
5. 감지회로공통
6. 감지회로(지구)

▌그림 1.1.54▌ 일제경보방식 결선

(2) 직상발화 우선경보방식의 결선법

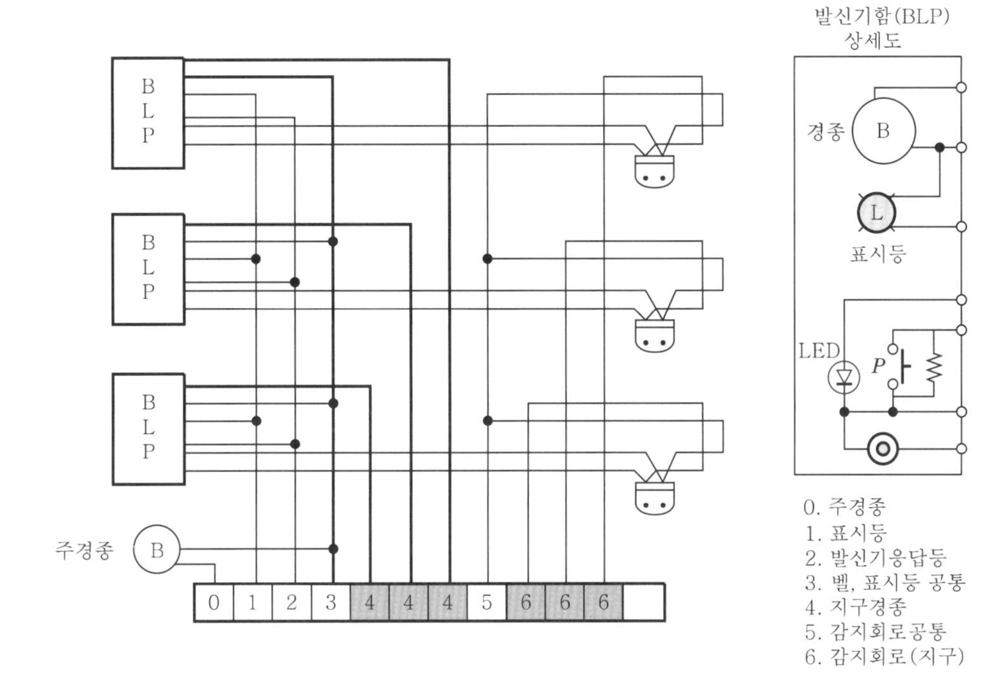

▌그림 1.1.55 ▌ **직상발화 우선경보방식 결선**

(3) 3회로 계통도

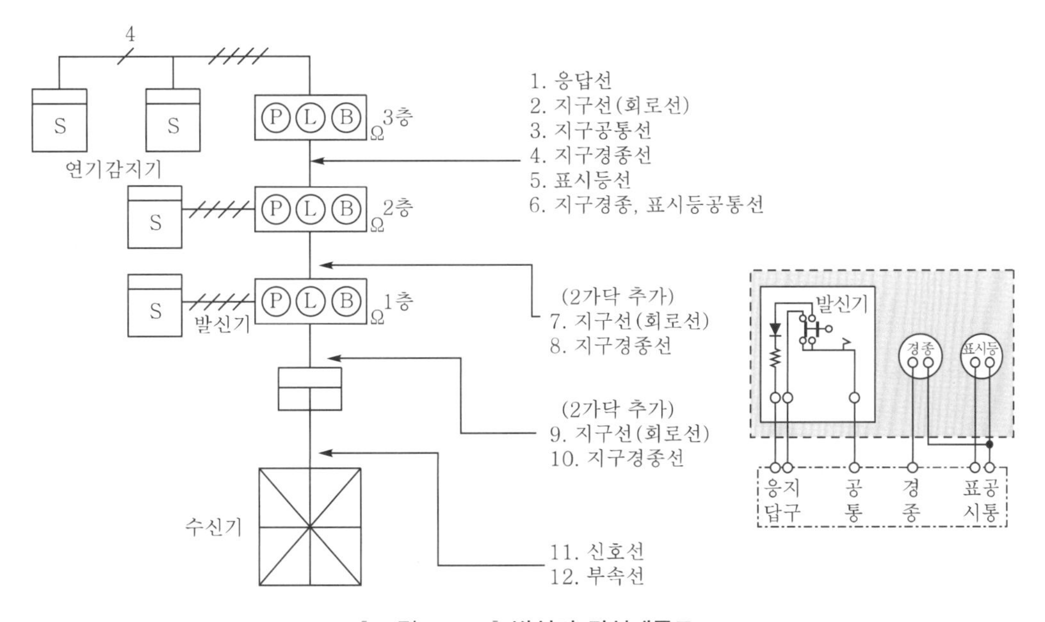

▌그림 1.1.56 ▌ **발신기 간선계통도**

(4) 자동화재탐지설비 계통도 I

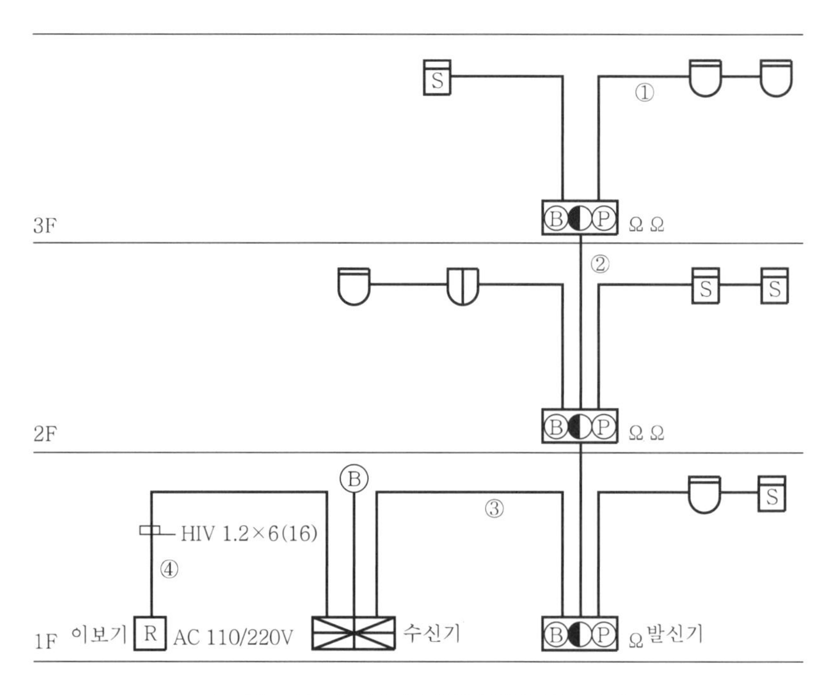

▌그림 1.1.57 ▌ 자동화재탐지설비 계통도 I

기호	가닥수	배선용도
①	4	회로 2, 공통 2
②	8	회로 2, 공통 1, 경종 2, 표시등선 2, 응답선 1
③	11	회로 5, 공통 1, 경종 2, 표시등선 2, 응답선 1
④	6	전원 +, −, 소화전 2, 기동선 2

(5) 자동화재탐지설비 계통도 Ⅱ

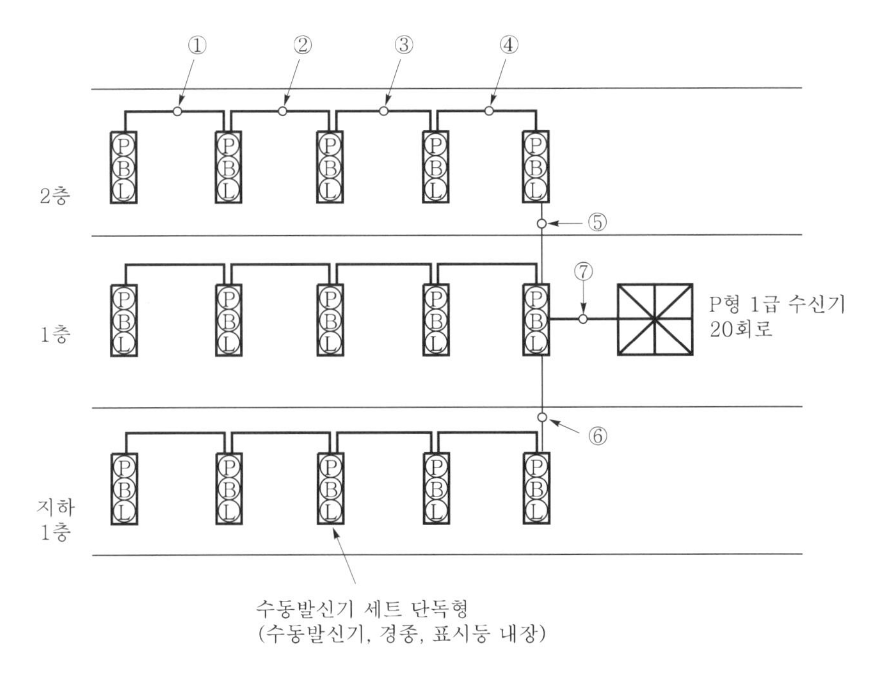

‖ 그림 1.1.58 ‖ **자동화재탐지설비 계통도 Ⅱ**

① 선로의 수는 최소로 하고 발신기 공통선은 1선, 경종・표시등공통선은 1선으로 하고 7경계구역이 넘을 때 발신기 간 공통선 및 경종・표시등공통선은 각각 1선씩 추가하는 것으로 한다.

② 건물의 규모는 지하 1층 지상 2층이며 연면적은 9,000m^{2}인 공장이다.

기호	가닥수	용도
①	6	회로선 1, 공통선 1, 경종선 1, 경종・표시등공통선 1, 응답선 1, 표시등선 1
②	7	회로선 2, 공통선 1, 경종선 1, 경종・표시등공통선 1, 응답선 1, 표시등선 1
③	8	회로선 3, 공통선 1, 경종선 1, 경종・표시등공통선 1, 응답선 1, 표시등선 1
④	9	회로선 4, 공통선 1, 경종선 1, 경종・표시등공통선 1, 응답선 1, 표시등선 1
⑤	10	회로선 5, 공통선 1, 경종선 1, 경종・표시등공통선 1, 응답선 1, 표시등선 1
⑥	10	회로선 5, 공통선 1, 경종선 1, 경종・표시등공통선 1, 응답선 1, 표시등선 1
⑦	24	회로선 15, 공통선 3, 경종선 1, 경종・표시등공통선 3, 응답선 1, 표시등선 1

③ 지상 2층, 연면적 9,000m^{2}이므로 일제경보방식으로 한다. 배선은 HFIX 1.5mm 내열선으로 한다.

(6) 자동화재탐지설비 계통도 Ⅲ

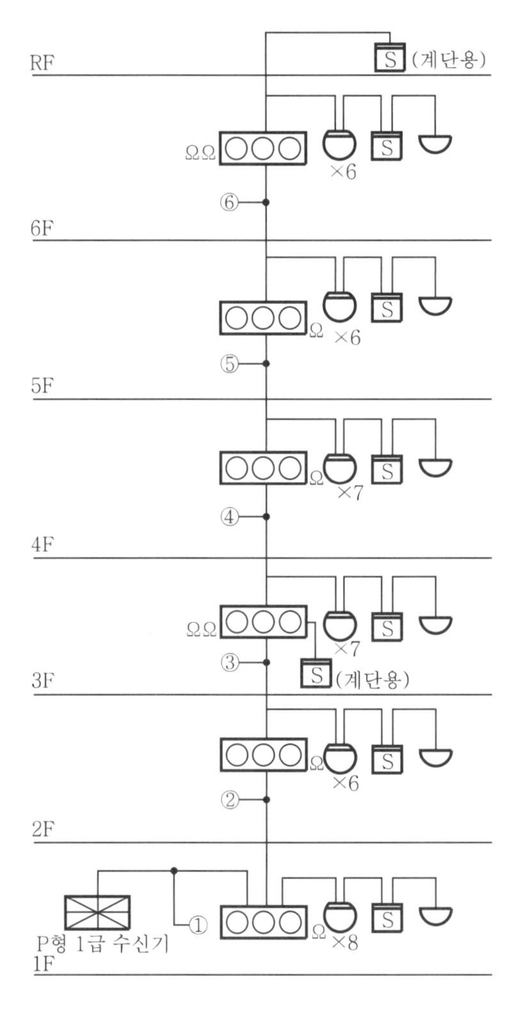

▎그림 1.1.59 ▎ 자동화재탐지설비 계통도 Ⅲ

건물의 연면적은 5,500m², 벨표시공통선은 회로공통과 별도로 한다.

기호	내역	용도
①	36C(HIV 1.6-19)	회로선 8, 공통선 2, 경종 6, 벨표시등공통선 1, 응답선 1, 표시등선 1
②	28C(HIV 1.6-16)	회로선 7, 공통선 1, 경종 5, 벨표시등공통선 1, 응답선 1, 표시등선 1
③	28C(HIV 1.6-14)	회로선 6, 공통선 1, 경종 4, 벨표시등공통선 1, 응답선 1, 표시등선 1
④	28C(HIV 1.6-11)	회로선 4, 공통선 1, 경종 3, 벨표시등공통선 1, 응답선 1, 표시등선 1
⑤	28C(HIV 1.6-9)	회로선 3, 공통선 1, 경종 2, 벨표시등공통선 1, 응답선 1, 표시등선 1
⑥	28C(HIV 1.6-7)	회로선 2, 공통선 1, 경종 1, 벨표시등공통선 1, 응답선 1, 표시등선 1

(7) 자동화재탐지설비 평면도 Ⅰ

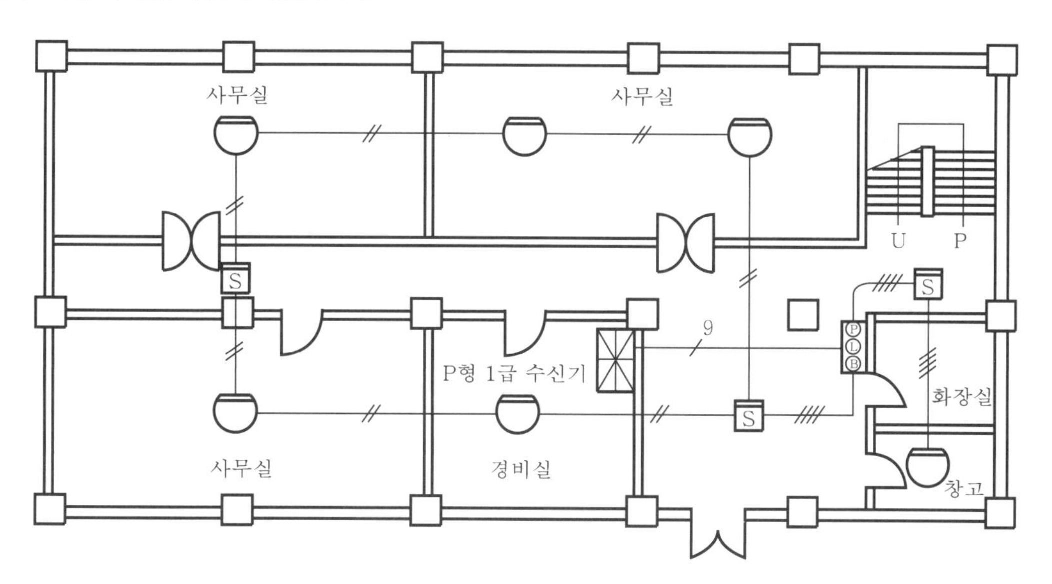

❙ 그림 1.1.60 ❙ 자동화재탐지설비 평면도 Ⅰ

공통선은 발신기, 경종, 표시등 공통선을 각각 1선씩 사용한다.

(8) 자동화재탐지설비 평면도 Ⅱ

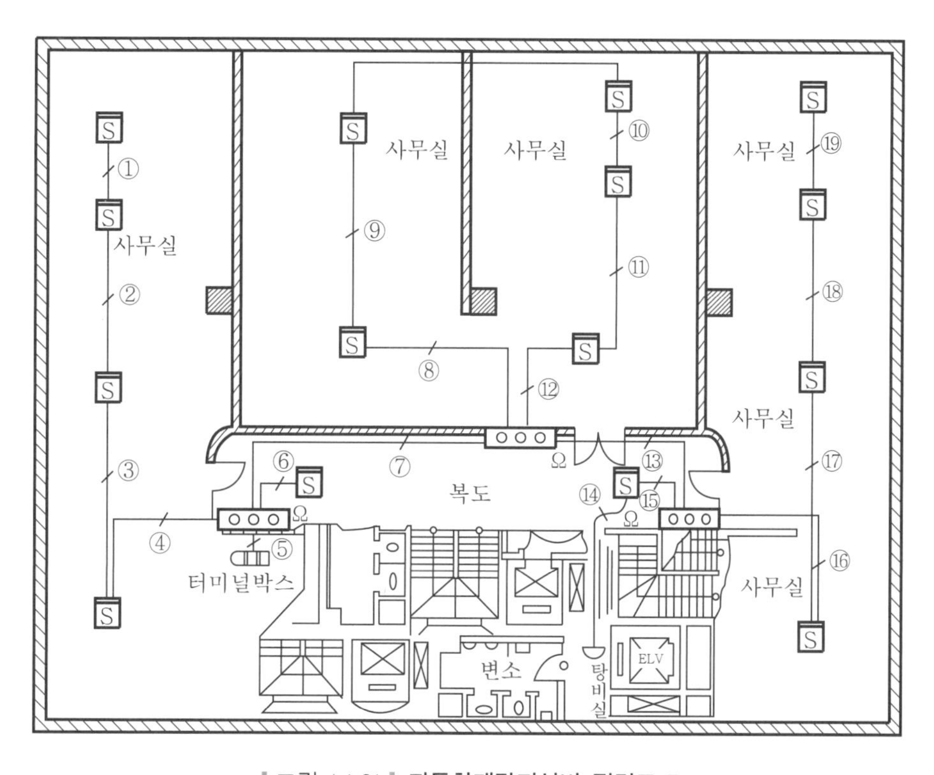

❙ 그림 1.1.61 ❙ 자동화재탐지설비 평면도 Ⅱ

각 부분의 전선가닥수는 다음과 같다.

① 4가닥 ② 4가닥 ③ 4가닥 ④ 4가닥 ⑤ 9가닥 ⑥ 4가닥 ⑦ 8가닥
⑧ 2가닥 ⑨ 2가닥 ⑩ 2가닥 ⑪ 2가닥 ⑫ 2가닥 ⑬ 7가닥 ⑭ 4가닥
⑮ 4가닥 ⑯ 4가닥 ⑰ 4가닥 ⑱ 4가닥 ⑲ 4가닥

경계구역은 복도, 통로, 방화벽 등으로 구분한다.

02 비상경보설비

비상경보설비란 소방대상물 내의 사람에게 경보하여 초기 소화활동을 용이하게 하고 피난을 신속하게 하도록 경보하는 설비이다. 이 설비는 자동식과 수동식으로 나눌 수 있다.

자동설비는 비상벨 설비, 자동식 사이렌, 단독형 화재경보기 등이 있으며, 수동설비는 경종, 휴대용 확성기, 수동식 사이렌 등이 있다.

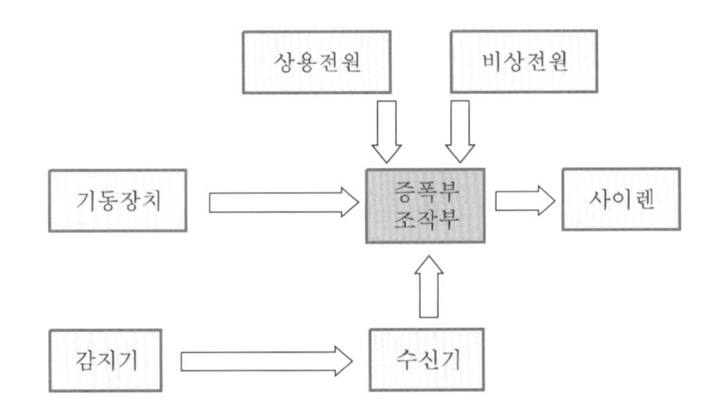

┃그림 1.2.1┃ **비상경보설비의 구성**

1 용어의 정의

비상경보설비에서 사용하는 용어의 정의는 다음과 같다.

(1) 비상벨설비란 화재발생상황을 경종으로 경보하는 설비를 말한다.

(2) 자동식 사이렌설비란 화재발생상황을 사이렌으로 경보하는 설비를 말한다.

(3) 단독경보형 감지기란 화재발생상황을 단독으로 감지하여 자체에 내장된 음향장치로 경보하는 감지기를 말한다.

(4) 발신기란 화재발생신호를 수신기에 수동으로 발신하는 장치를 말한다.

(5) 수신기란 발신기에서 발하는 화재신호를 직접 수신하여 화재의 발생을 표시 및 경보하여 주는 장치를 말한다.

(6) 신호처리방식은 화재신호 및 상태신호 등(이하 '화재신호 등'이라 한다)을 송・수신하는 방식으로서 다음의 방식을 말한다.

(7) 유선식은 화재신호 등을 배선으로 송・수신하는 방식이다.

(8) 무선식은 화재신호 등을 전파에 의해 송・수신하는 방식이다.

(9) 유・무선식은 유선식과 무선식을 겸용으로 사용하는 방식이다.

2 비상경보설비 설치대상

비상경보설비를 설치해야 하는 특정소방대상물(모래・석재 등 불연재료 공장 및 창고시설, 위험물 저장 및 처리시설 중 가스시설, 사람이 거주하지 않거나 벽이 없는 축사 등 동물 및 식물 관련 시설 및 지하구는 제외)은 다음과 같다.

(1) 연면적 400m^2 이상인 것은 모든 층

(2) 지하층 또는 무창층의 바닥면적이 150m^2(공연장의 경우 100m^2) 이상인 것은 모든 층

(3) 지하가 중 터널로서 길이가 500m 이상인 것

(4) 50명 이상의 근로자가 작업하는 옥내 작업장

3 비상경보설비 설치기준

(1) 비상벨설비 또는 자동식 사이렌설비는 부식성 가스 또는 습기 등으로 인하여 부식의 우려가 없는 장소에 설치해야 한다.

(2) 지구음향장치는 특정소방대상물의 **층마다 설치**하되, 해당 층의 각 부분으로부터 하나의 음향장치까지의 **수평거리가 25m 이하**가 되도록 하고, 해당 층의 각 부분에 유효하게 경보를 발할 수 있도록 설치해야 한다. 다만, 「**비상방송설비의 화재안전기술기준**(NFTC 202)」에 적합한 방송설비를 비상벨설비 또는 자동식 사이렌설비와 연동하여 작동하도록 설치한 경우에는 지구음향장치를 설치하지 않을 수 있다.

(3) 음향장치는 정격전압의 80% 전압에서도 음향을 발할 수 있도록 해야 한다. 다만, 건전지를 주전원으로 사용하는 음향장치는 그렇지 않다.

(4) 음향장치의 음향의 크기는 부착된 음향장치의 **중심으로부터** 1m 떨어진 위치에서 음압이 90dB **이상**이 되는 것으로 해야 한다.

(5) 발신기는 다음의 기준에 따라 설치해야 한다.

① 조작이 쉬운 장소에 설치하고, 조작스위치는 바닥으로부터 0.8m **이상** 1.5m **이하**의 높이에 설치할 것

② 특정소방대상물의 **층마다 설치**하되, 해당 층의 각 부분으로부터 하나의 발신기까지의 **수평거리가 25m 이하**가 되도록 할 것. 다만, 복도 또는 별도로 구획된 실로서 **보행거리가 40m 이상**일 경우에는 추가로 설치해야 한다.

③ 발신기의 위치표시등은 함의 상부에 설치하되, 그 불빛은 부착면으로부터 **15° 이상의 범위 안**에서 부착지점으로부터 **10m 이내**의 어느 곳에서도 **쉽게 식별할 수 있는 적색등**으로 할 것

4 비상경보설비 전원 및 배선

(1) 비상벨설비 또는 자동식 사이렌설비의 상용전원은 다음의 기준에 따라 설치해야 한다.

(2) 상용전원은 전기가 정상적으로 공급되는 **축전지설비, 전기저장장치**(외부 전기에너지를 저장해 두었다가 필요한 때 전기를 공급하는 장치) 또는 **교류전압의 옥내 간선**으로 하고, 전원까지의 **배선은 전용**으로 할 것

(3) 개폐기에는 '비상벨설비 또는 자동식 사이렌설비용'이라고 표시한 표지를 할 것

(4) 비상벨설비 또는 자동식 사이렌설비에는 그 설비에 대한 **감시상태를 60분간 지속한 후 유효하게 10분(감시상태 유지를 포함한다) 이상 경보**할 수 있는 비상전원으로서 축전지설비(수신기에 내장하는 경우를 포함한다) 또는 전기저장장치(외부 전기에너지를 저장해 두었다가 필요한 때 전기를 공급하는 장치)를 설치해야 한다. 다만, 상용전원이 축전지설비인 경우 또는 건전지를 주전원으로 사용하는 무선식 설비인 경우에는 그렇지 않다.

(5) 비상벨설비 또는 자동식 사이렌설비의 배선은 **「전기사업법」 제67조**에 따른 **「전기설비기술기준」**에서 정한 것 외에 다음의 기준에 따라 설치해야 한다.

① 전원회로의 배선은 「옥내소화전설비의 화재안전기술기준(NFTC 102)」 2.7.2의 표 2.7.2(1)에 따른 내화배선에 따르고, 그 밖의 배선은 「옥내소화전설비의 화재안전기술기준(NFTC 102)」 2.7.2의 표 2.7.2(1) 또는 표 2.7.2(2)에 따른 내화배선 또는 내열배선에 따를 것

② 전원회로의 전로와 대지 사이 및 배선 상호 간의 절연저항은 **「전기사업법」 제67조**에 따른 **「전기설비기술기준」**이 정하는 바에 의하고, 부속회로의 전로와 대지 사이 및 배선 상호 간의 절연저항은 1경계구역마다 **직류 250V의 절연저항측정기를 사용**하여 측정한 **절연저항이 0.1MΩ 이상**이 되도록 할 것

③ 배선은 다른 전선과 별도의 관·덕트(절연효력이 있는 것으로 구획한 때에는 그 구획된

부분은 별개의 덕트로 본다) · 몰드 또는 풀박스 등에 설치할 것. 다만, 60V 미만의 약전류회로에 사용하는 전선으로서 각각의 전압이 같을 때는 그렇지 않다.

5 단독경보형 감지기

단독경보형 감지기는 열 또는 연기 등 화재의 감지와 경보발생을 자체적으로 동시에 발하는 감지기로서 단독형 화재경보기라고도 한다. 열 또는 연기 감지기와 경보장치 및 전원부가 일체형으로 구성되어 있으며 전원은 배터리를 이용하므로 별도의 배선이 필요 없고 설치가 용이하다. [그림 1.2.2]는 단독경보형 감지기의 그림이며 제조회사별로 모양과 기능이 다양하다.

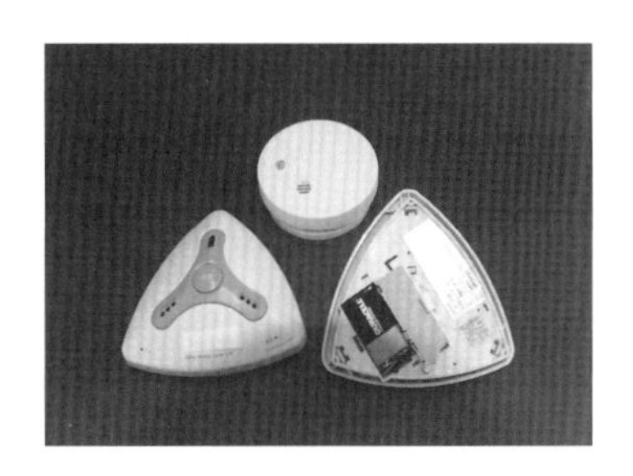

▮ 그림 1.2.2 ▮ 단독경보형 감지기

(1) 단독경보형 감지기 설치대상

단독경보형 감지기를 설치해야 하는 특정소방대상물은 다음과 같다. 이 경우 ⑤의 연립주택 및 다세대주택에 설치하는 단독경보형 감지기는 **연동형으로 설치**해야 한다.

① 교육연구시설 내에 있는 기숙사 또는 합숙소로서 연면적 2,000m^2 미만인 것
② 수련시설 내에 있는 기숙사 또는 합숙소로서 연면적 2,000m^2 미만인 것
③ 자동화재탐지설비가 없는 수련시설(숙박시설이 있는 것만 해당한다)
④ 연면적 400m^2 미만의 유치원
⑤ 공동주택 중 연립주택 및 다세대주택

(2) 단독경보형 감지기 설치기준

① 각 실(이웃하는 실내의 바닥면적이 각각 30m^2 미만이고 벽체의 상부의 전부 또는 일부가 개방되어 이웃하는 실내와 공기가 상호유통되는 경우에는 이를 1개의 실로 본다)마다 설치하되, 바닥면적이 150m^2를 초과하는 경우에는 **150m^2마다 1개 이상 설치**할 것
② 계단실은 최상층의 계단실 천장(외기가 상통하는 계단실의 경우를 제외한다)에 설치할 것
③ 건전지를 주전원으로 사용하는 단독경보형 감지기는 정상적인 작동상태를 유지할 수 있도록 주기적으로 건전지를 교환할 것
④ 상용전원을 주전원으로 사용하는 단독경보형 감지기의 2차 전지는 **법 제40조**에 따라 제품검사에 합격한 것을 사용할 것

Keypoint

[비상경보설비]

1. 비상경보설비 설치기준
   ① 지구음향장치는 특정소방대상물의 **층마다 설치**
   ② 하나의 음향장치까지의 **수평거리가** 25m 이하
   ③ 음향장치는 정격전압의 80% 전압에서도 음향을 발할 수 있도록
   ④ 음향장치의 **중심으로부터** 1m 떨어진 위치에서 음압이 90dB 이상
2. 비상경보설비 전원 및 배선
   ① 상용전원은 전기가 정상적으로 공급되는 **축전지설비, 전기저장장치** 또는 **교류전압의 옥내 간선으로, 배선은 전용**
   ② **감시상태 60분 지속한 후 유효하게 10분 이상 경보**할 수 있는 축전지설비
   ③ 전로와 대지 사이 및 배선 상호 간의 절연저항은 1경계구역마다 **직류 250V의 절연저항측정기를 사용**하여 측정한 **절연저항이 0.1MΩ 이상**
3. 단독경보형 감지기 설치기준
   ① 각 실마다 설치, 150m^2를 초과하는 경우 **150m^2마다 1개 이상 설치**
   ② 계단실은 최상층의 계단실 천장에 설치

03 비상방송설비

비상방송설비는 화재 시 방송에 의한 대피경보를 위한 설비로서, 일반방송설비와 겸용으로 설치할 수 있으며 비상 시 전용 대피방송으로 화재상황을 경보할 수 있는 설비이다.

1 비상방송설비 용어의 정의

비상방송설비에서 사용하는 주요 용어의 정의는 다음과 같다.

(1) 확성기란 소리를 크게 하여 멀리까지 전달될 수 있도록 하는 장치로서, 일명 스피커를 말한다.

(2) 음량조절기란 가변저항을 이용하여 전류를 변화시켜 음량을 크게 하거나 작게 조절할 수 있는 장치를 말한다.

(3) 증폭기란 전압전류의 진폭을 늘려 감도를 좋게 하고 미약한 음성전류를 커다란 음성전류로 변화시켜 소리를 크게 하는 장치를 말한다.

(4) 기동장치란 화재감지기, 발신기 등의 상태변화를 전송하는 장치를 말한다.

2 비상방송설비의 설치대상

비상방송설비를 설치해야 하는 특정소방대상물(위험물 저장 및 처리 시설 중 가스시설, 사람이 거주하지 않거나 벽이 없는 축사 등 동물 및 식물 관련 시설, 지하가 중 터널 및 지하구는 제외한다)은 다음과 같다.

(1) 연면적 3,500m^2 이상인 것은 모든 층

(2) 층수가 11층 이상인 것은 모든 층

(3) 지하층의 층수가 3층 이상인 것은 모든 층

3 비상방송설비의 구성

비상방송설비는 기동장치, 표시등, 확성기, 음량조정기, 증폭기, 입력장치, 믹서기, 전원장치, 조작장치 등으로 구성되어 있으며 그 기능과 내용은 다음과 같다.

① **기동장치** : 발신기
② **표시등** : 발신기 위치표시 및 동작표시
③ **확성기** : 출력음향장치
④ **음량조정기** : 필요에 따라 3선식 배선에 의해 음량조정기 설치
⑤ **증폭기** : 입력신호를 증폭하는 앰프
⑥ **입력장치** : 프리앰프, 마이크, 라디오 등
⑦ **믹서기(mixer)** : 신호의 혼합, 입력레벨 조절
⑧ **전원장치** : 상용전원 및 비상용 예비전원
⑨ **조작장치** : 원격조작 및 회로조작 장치

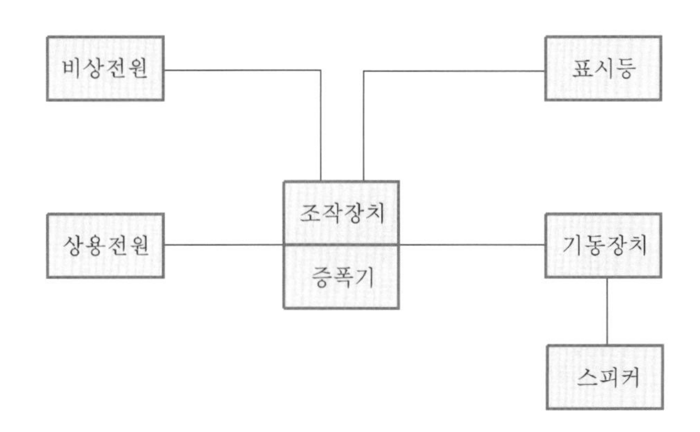

‖ 그림 1.3.1 ‖ **비상방송설비 구성도**

4 비상방송설비 설치기준

비상방송설비는 다음의 기준에 따라 설치해야 한다. 이 경우 엘리베이터 내부에는 별도의 음향장치를 설치할 수 있다.

(1) 확성기의 **음성입력은** 3W(**실내에 설치**하는 것에 있어서는 1W) 이상일 것

(2) 확성기는 **각 층마다 설치**하되, 그 층의 각 부분으로부터 하나의 확성기까지의 **수평거리가** 25m **이하**가 되도록 하고, 해당 층의 각 부분에 유효하게 경보를 발할 수 있도록 설치할 것

(3) 음량조정기를 설치하는 경우 **음량조정기의 배선은** 3**선식**으로 할 것

(4) 조작부의 **조작스위치**는 바닥으로부터 0.8m **이상** 1.5m **이하**의 높이에 설치할 것

(5) 조작부는 기동장치의 작동과 연동하여 해당 기동장치가 작동한 층 또는 구역을 표시할 수 있는 것으로 할 것

(6) **증폭기 및 조작부는 수위실 등 상시 사람이 근무하는 장소**로서 점검이 편리하고 방화상 유효한 곳에 설치할 것

(7) 층수가 11층(공동주택의 경우에는 16층) 이상의 특정소방대상물은 다음의 기준에 따라 경보를 발할 수 있도록 해야 한다.
   ① **2층 이상의 층에서 발화한 때**에는 **발화층 및 그 직상 4개층에 경보**를 발할 것
   ② **1층에서 발화한 때**에는 **발화층 · 그 직상 4개층 및 지하층에 경보**를 발할 것
   ③ **지하층에서 발화한 때**에는 **발화층 · 그 직상층 및 기타의 지하층**에 경보를 발할 것

(8) **다른 방송설비와 공용하는 것**에 있어서는 화재 시 **비상경보 외의 방송을 차단**할 수 있는 구조로 할 것

(9) 다른 전기회로에 따라 **유도장애**가 생기지 않도록 할 것

(10) 하나의 특정소방대상물에 2 **이상의 조작부가 설치**되어 있는 때에는 각각의 조작부가 있는 장소 상호 간에 **동시통화가 가능한 설비를 설치**하고, 어느 조작부에서도 해당 특정소방대상물의 전 구역에 방송을 할 수 있도록 할 것

(11) 기동장치에 따른 **화재신호를 수신한 후** 필요한 음량으로 화재발생상황 및 피난에 유효한 **방송이 자동으로 개시될 때까지의 소요시간은** 10**초 이내**로 할 것

(12) 음향장치는 다음의 기준에 따른 구조 및 성능의 것으로 해야 한다.
   ① 정격전압의 80% 전압에서 음향을 발할 수 있는 것을 할 것
   ② 자동화재탐지설비의 작동과 연동하여 작동할 수 있는 것으로 할 것

5 비상방송설비의 배선

비상방송설비의 배선은 다음의 기준에 따라 설치해야 한다.

(1) 화재로 인하여 하나의 층의 확성기 또는 배선이 **단락 또는 단선**되어도 다른 층의 **화재통보에 지장이 없도록** 할 것

(2) **전원회로의 배선**은 「옥내소화전설비의 화재안전기술기준(NFTC 102)」 2.7.2의 표 2.7.2(1)에 따른 **내화배선**에 따르고, **그 밖의 배선은 내화배선 또는 내열배선**에 따를 것

(3) 전원회로의 전로와 대지 사이 및 배선 상호 간의 절연저항은 부속회로의 **전로와 대지 사이 및 배선 상호 간**의 절연저항은 1경계구역마다 **직류 250V의 절연저항측정기**를 사용하여 측정한 **절연저항이 0.1MΩ 이상**이 되도록 할 것

(4) 비상방송설비의 배선은 다른 전선과 별도의 관・덕트(절연효력이 있는 것으로 구획한 때에는 그 구획된 부분은 별개의 덕트로 본다) 몰드 또는 풀박스 등에 설치할 것. 다만, 60V 미만의 약전류회로에 사용하는 전선으로서 각각의 전압이 같을 때는 그렇지 않다.

6 비상방송설비의 전원

비상방송설비의 상용전원은 다음의 기준에 따라 설치해야 한다.

(1) 상용전원은 전기가 정상적으로 공급되는 **축전지설비, 전기저장장치**(외부 전기에너지를 저장해 두었다가 필요한 때 전기를 공급하는 장치) **또는 교류전압의 옥내 간선**으로 하고, 전원까지의 **배선은 전용**으로 할 것

(2) 개폐기에는 '비상방송설비용'이라고 표시한 표지를 할 것

(3) 비상방송설비에는 그 설비에 대한 **감시상태를 60분간 지속한 후** 유효하게 **10분(감시상태 유지를 포함한다) 이상 경보**할 수 있는 **비상전원**으로서 **축전지설비(수신기에 내장하는 경우를 포함한다) 또는 전기저장장치**(외부 전기에너지를 저장해 두었다가 필요한 때 전기를 공급하는 장치)를 설치해야 한다.

7 비상방송설비 확성기 결선

비상방송설비의 확성기 결선은 2선식 배선과 3선식 배선 방식 등 2가지 방식으로 결선하며 2선식 배선은 음량의 조정이 불가하고 3선식 배선은 음량조정기설치가 가능하다.

[그림 1.3.2]는 2선식 배선과 3선식 배선의 결선을 나타낸 것으로, 3선식 배선에 음량조정기가 설치될 수 있다.

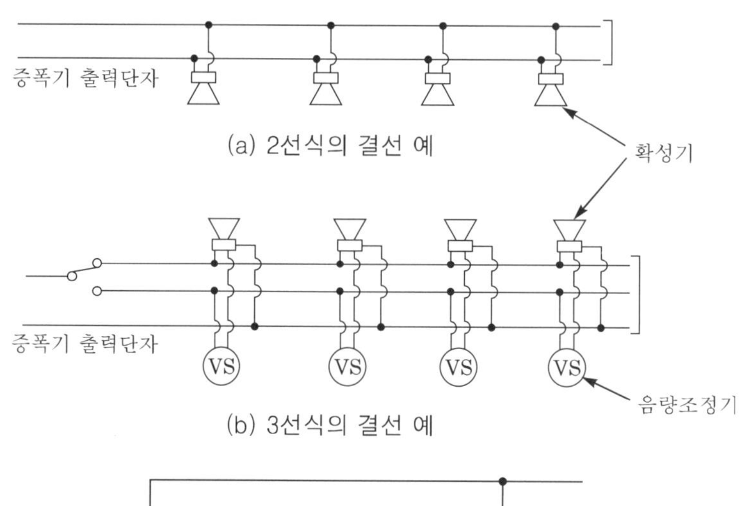

(a) 2선식의 결선 예

(b) 3선식의 결선 예

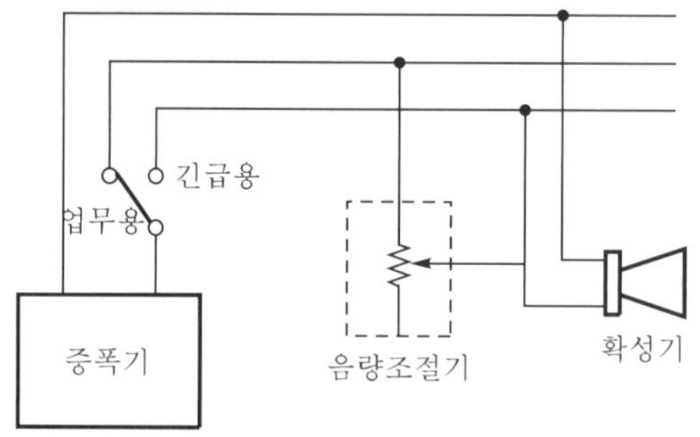

(c) 음량조절기 결선 예

| 그림 1.3.2 | 비상방송설비의 결선

Keypoint

[비상방송설비]

1. **비상방송설비의 구성**
   기동장치, 표시등, 확성기, 음량조정기, 증폭기, 입력장치, 믹서기, 전원장치, 조작장치 등으로 구성
2. **비상방송설비 기술기준**
   ① 확성기의 **음성입력은** 3W(**실내에 설치**하는 것에 있어서는 1W) 이상
   ② 확성기는 **각 층마다 설치하고, 수평거리가 25m 이하**
   ③ **음량조정기의 배선은 3선식**
   ④ 조작스위치는 **0.8m 이상 1.5m 이하**
   ⑤ **증폭기 및 조작부는 수위실 등 상시 사람이 근무하는 장소**
   ⑥ **다른 방송설비와 공용하는 것 비상경보 외의 방송을 차단**할 수 있는 구조
   ⑦ 다른 전기회로에 따라 **유도장애**가 생기지 않도록 할 것
   ⑧ **2 이상의 조작부가 설치**되는 경우 **동시 통화가 가능한 설비를 설치**
   ⑨ **화재신호를 수신한 후 방송이 자동으로 개시까지 소요시간 10초 이내**

3. 비상방송설비의 배선
   ① 확성기 또는 배선이 **단락·단선**되어도 다른 층 **화재통보에 지장이 없을** 것
   ② **전원회로의 배선은 내화배선, 그 밖의 배선은 내화 또는 내열배선**
   ③ 전원회로의 전로와 대지 사이 및 배선 상호 간의 절연저항, **전로와 대지 사이 및 배선 상호 간의** 절연저항은 1경계구역마다 – **직류 250V의 절연저항측정기로 0.1MΩ 이상**

4. 비상방송설비의 전원
   ① **축전지설비, 전기저장장치 또는 교류전압의 옥내 간선, 배선은 전용**
   ② **감시상태를 60분간 지속한 후** 유효하게 **10분 이상 경보**

5. 비상방송설비 확성기 결선
   ① 2선식 배선과 3선식 배선 방식
   ② 음량조정방식 – 3선식 배선

04 누전경보설비

누전경보설비는 600V 이하의 경계전로의 누설전류 및 지락전류를 검출하여 경보하고 제어하는 설비로서, 누설전류를 검출하는 영상변류기(ZCT)와 수신기로 구성되어 있으며 전기화재를 예방하는 데 목적이 있다.

1 용어의 정의

누전경보기란 내화구조가 아닌 건축물로서 벽, 바닥 또는 천장의 전부나 일부를 불연재료 또는 준불연재료가 아닌 재료에 철망을 넣어 만든 건물의 전기설비로부터 누설전류를 탐지하여 경보를 발하는 기기로서, 변류기와 수신부로 구성된 것을 말한다.

(1) 수신부란 변류기로부터 검출된 신호를 수신하여 누전의 발생을 해당 특정소방대상물의 관계인에게 경보하여 주는 것(차단기구를 갖는 것을 포함한다)을 말한다.

(2) 변류기란 경계전로의 누설전류를 자동적으로 검출하여 이를 누전경보기의 수신부에 송신하는 것을 말한다.

(3) 경계전로란 누전경보기가 누설전류를 검출하는 대상전선로를 말한다.

(4) 분전반이란 배전반으로부터 전력을 공급받아 부하에 전력을 공급해주는 것을 말한다.

2 누전경보기의 설치대상

누전경보기는 **계약전류용량**(같은 건축물에 계약종류가 다른 전기가 공급되는 경우에는 그 중 최대 계약전류용량을 말한다)이 **100A를 초과하는 특정소방대상물**(내화구조가 아닌 건축물로서 벽·바닥 또는 반자의 전부나 일부를 불연재료 또는 준불연재료가 아닌 재료에 철망을 넣어 만든 것만 해당한다)에 설치해야 한다. 다만, 위험물 저장 및 처리 시설 중 가스시설, 지하가 중 터널 및 지하구의 경우에는 그렇지 않다.

3 누전경보기의 설치기준

(1) 누전경보기 설치

① 경계전로의 정격전류가 **60A를 초과**하는 전로에 있어서는 **1급 누전경보기**를, **60A 이하**의 전로에 있어서는 **1급 또는 2급 누전경보기**를 설치할 것. 다만, 정격전류가 60A를 초과하는 경계전로가 분기되어 각 분기회로의 정격전류가 60A 이하로 되는 경우 당해 분기회로마다 2급 누전경보기를 설치한 때에는 당해 경계전로에 1급 누전경보기를 설치한 것으로 본다.

② **음향장치**는 **수위실 등 상시 사람이 근무하는 장소**에 설치해야 하며, 그 **음량 및 음색은 다른 기기의 소음 등과 명확히 구별**할 수 있는 것으로 해야 한다.

(2) 누전경보기 영상변류기 설치

변류기는 특정소방대상물의 형태, 인입선의 시설방법 등에 따라 **옥외 인입선의 제1지점의 부하측** 또는 **제2종 접지선측**의 점검이 쉬운 위치에 설치할 것. 다만, 인입선의 형태 또는 특정소방대상물의 구조상 부득이한 경우에는 인입구에 근접한 옥내에 설치할 수 있다.

(3) 변류기를 **옥외의 전로에 설치**하는 경우에는 **옥외형으로 설치**할 것

(4) 누전경보기 수신부 설치

누전경보기의 수신부는 **옥내의 점검에 편리한 장소에 설치**하되, 가연성의 증기·먼지 등이 체류할 우려가 있는 장소의 전기회로에는 해당 부분의 전기회로를 차단할 수 있는 **차단기구를 가진 수신부**를 설치해야 한다. 이 경우 차단기구의 부분은 해당 장소 외의 안전한 장소에 설치해야 한다.

(5) 누전경보기 수신부 설치 제외장소

누전경보기의 수신부는 다음의 장소 이외의 장소에 설치해야 한다. 다만, 해당 누전경보기에 대하여 방폭·방식·방습·방온·방진 및 정전기 차폐 등의 방호조치를 한 것은 그렇지 않다.

① 가연성의 증기·먼지·가스 등이나 부식성의 증기·가스 등이 다량으로 체류하는 장소
② 화약류를 제조하거나 저장 또는 취급하는 장소

③ 습도가 높은 장소
④ 온도의 변화가 급격한 장소
⑤ 대전류회로·고주파 발생회로 등에 따른 영향을 받을 우려가 있는 장소

4 누전경보기 구조 및 기능

(1) 누전경보기는 영상변류기(ZCT)와 누전경보기 수신기로 구성되며, 영상변류기(ZCT)에서 누설전류를 검출하여 수신기에 신호를 전달하면 수신기가 감도조절부에서 정해진 누설전류값을 초과할 경우 경보를 울리고 보조접점 등을 이용하여 차단하거나 기타 기기로 신호를 출력할 수 있다.

(2) **영상변류기(ZCT : Zero Current Transformer)**
영상변류기(ZCT)는 평상시 유출하는 전류와 유입하는 전류에 의한 자속을 분석하여 누설전류의 유무를 확인하고 누설전류가 발생 시 두 전류의 차이에 의한 자속이 발생하고 이 자속이 영상변류기의 출력으로 되어 신호를 발신하게 된다.
① **변류기의 기능** : 누설전류 검출 및 출력신호 발신
② **변류기의 종류** : 관통형, 분할형
③ **변류기의 설치** : 옥외 인입선 제1지점 부하측 또는 제2종 접지선측
④ **변류기의 접지공사** : 제2종 접지공사

참고 **영상변류기(ZCT)와 일반변류기(CT)의 차이점**

영상변류기는 누설전류를 검출하는 장치로, 변류기 내부로 통과하는 유입전류와 유출전류가 동일하지 않을 때 기전력이 발생된다.
변류기(CT : Current Transformer)는 일반계측용으로 사용하는 전류변성기를 말한다.

: 변류기(CT)

: 영상변류기(ZCT)

5 누전경보기 수신기 내부구조

누전경보기 수신기는 영상변류기로부터 누설전류에 의한 전압을 수신하며 변류기로부터의 입력신호를 증폭시켜 릴레이스위치를 동작시키고 음향장치를 동작시키는 기기이다. 수신기에 따라 1개의 변류기를 연결하는 단독형과 여러 개의 변류기를 연결하는 집합형이 있다. 집합형 누전경보기 수신기는 2개 이상의 변류기를 연결시켜 사용하는 수신기로서, 하나의 전원장치 및 음향장치로 구성되어 있으며 5회로에서 10회로 정도를 주로 많이 사용한다.

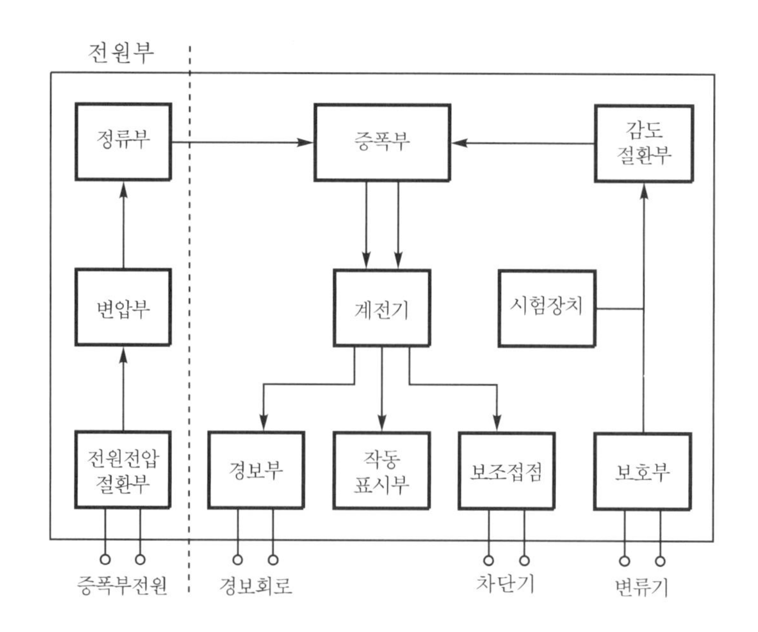

▍그림 1.4.1▍ **누전경보기 수신기 내부구조**

(1) 누전경보기 수신기의 구조 및 기능

누전경보기 수신기의 내부회로는 보호부와 감도절환부 그리고 신호증폭부 및 계전기로 구성되어 있으며, 계전기 출력접점에 의해 경보부와 작동표시부 그리고 보조접점이 동작하게 된다.

[그림 1.4.1]은 누전경보기 수신기의 내부구조로서, 변류기로부터 받은 신호가 수신기 내부의 보호회로를 거쳐 감도조절부에 입력되고 감도절환부에서 정해진 값에 따라 증폭부에 신호가 전달되면 증폭부 출력신호가 계전기를 동작시키게 되는 원리이다.

(2) 수신기 주요 구성요소의 기능

① 보호부

㉠ 수신기 보호부는 [그림 1.4.2]와 같은 회로를 이용하여 입력서지전압에 대한 보호가 가능하다.

㉡ 수신기 내부회로에 대한 서지보호를 위하여 사용 가능한 전기소자로는 배리스터소자가 많이 이용되고 있으며 과도한 입력신호에 대하여 회로를 보호하고자 설치한다.

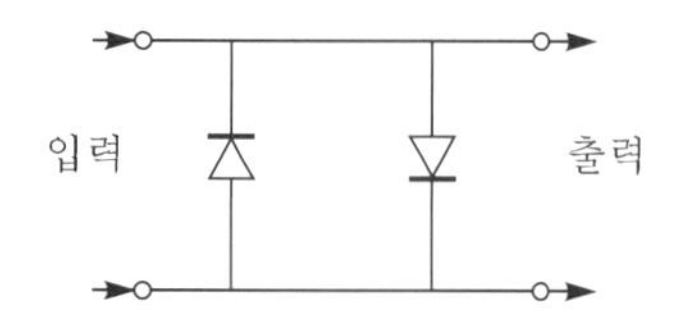

▍그림 1.4.2▍ **수신기 보호회로**(varistor)

② 정류부

㉠ 정류부는 입력된 교류전원을 직류전원으로 변환하는 회로를 말하며, 변압기를 거쳐 나온 낮은 전압의 교류를 직류로 변환하여 수신기 내부에서 필요한 전원을 공급하는 회로이다.

㉡ [그림 1.4.3]은 브리지 전파정류회로로서 변압기 2차측의 교류전원입력을 받아 직류 전원으로 변환하게 된다.
이 회로에서 사용된 ZNR은 전압충격파 및 서지전압으로부터 회로를 보호하는 기능을 가지고 있다.

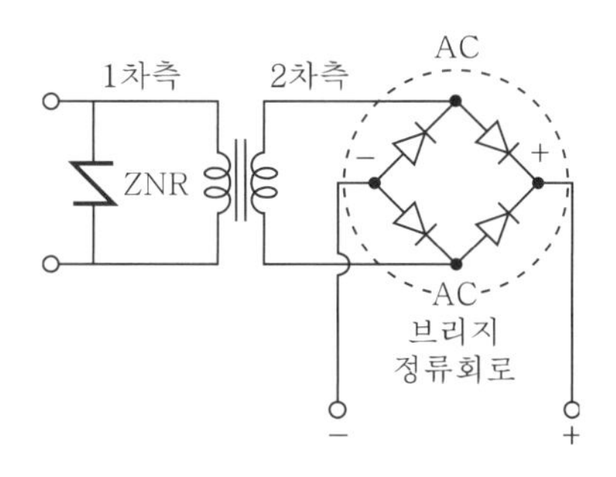

▎그림 1.4.3 ▎ **브리지 전파정류회로**

③ 감도절환부

㉠ 감도절환부는 경보기가 동작하기 위한 누설전류의 양을 결정하는 것으로, 200~1,000mA까지 조정이 가능하다.

㉡ 일반적으로 수신기 전면에 조절기가 위치하고 있으며 0.2A, 0.5A, 1A 등으로 조정이 가능하게 되어 있다.

④ **음향장치** : 누전경보기 음향장치는 누설전류가 발생했을 경우 경보를 울리게 되는데 **1급 누전경보기의 경우 70dB 이상**, **2급 누전경보기의 경우 60dB 이상**의 경보를 울리게 된다.

(3) 누설전류의 검출원리

① 누설전류는 접지공사를 시행한 전로 중 한 선의 절연저항이 감소하거나 대지와 접촉되어 있는 금속체, 도체 등과 접촉하여 규정된 전로를 이탈한 전류를 말한다.

② 누설전류의 검출은 유출하는 전류와 유입하는 전류의 차이가 있을 경우 누설전류가 발생한 것으로 판단할 수 있다. 그 밖에 단락전류는 회로 내의 저항이 '0'이 되어 전류가 무한대가 되며, 지락전류는 두 전선 중 한 선 또는 두 선이 대지에 닿아 있는 경우 흐르는 전류를 말한다.

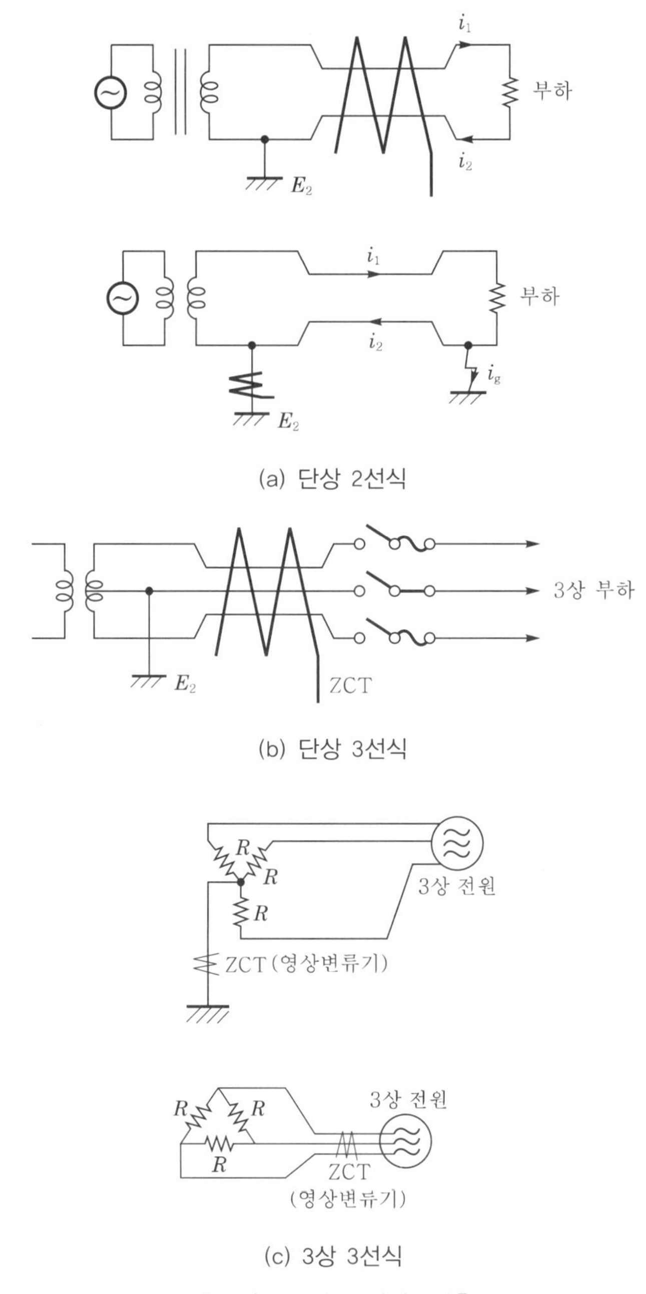

(a) 단상 2선식

(b) 단상 3선식

(c) 3상 3선식

‖그림 1.4.4‖ **누설전류검출**

③ [그림 1.4.4]는 단상 2선식, 단상 3선식 그리고 3상 3선식 선로에서 영상변류기를 이용한 누설전류 검출회로를 나타낸다. 단상 2선식의 경우 유출전류 및 유입전류를 비교검출하는 위치에 영상변류기를 설치하거나 제2종 접지선측에 영상변류기를 설치하여 누설전류를 검출하고 있다. 또한, 3상 4선식의 경우 Y결선의 중성선(접지선)측 또는 △결선의 3선에 영상변류기를 설치하여 누설전류를 검출하고 있다.

(4) 누전경보기 전원

누전경보기의 전원은 다음의 기준에 따라야 한다.

① 전원은 분전반으로부터 전용회로로 하고, 각 극에 **개폐기 및 15A 이하의 과전류차단기(배선용 차단기에 있어서는 20A 이하의 것**으로 각 극을 개폐할 수 있는 것)를 설치할 것

② 전원을 분기할 때는 다른 차단기에 따라 전원이 차단되지 않도록 할 것

③ 전원의 개폐기에는 '누전경보기용'이라고 표시한 표지를 할 것

(5) 누전경보기 변류기시험

① 변류기 절연저항시험

㉠ 시험개소

- **절연된 1차 권선과 2차 권선**
- **절연된 1차 권선과 외부 금속**
- **절연된 2차 권선과 외부 금속**

㉡ 시험방법 : 직류 500V 절연저항계로 측정하여 5MΩ 이상

② 절연내력시험 : 60Hz의 정현파에 가까운 **실효전압 1,500V**(경계전로전압이 250V를 초과하는 경우에는 경계전로전압에 2를 곱한 값에 1kV를 더한 값)의 교류전압을 가하는 시험에서 **1분간 견디는 것**이어야 한다.

Key point

[누전경보기]

1. 누전경보기 설치기준
   ① **60A를 초과**하는 전로는 **1급 누전경보기, 60A 이하**의 전로는 **1급 또는 2급 누전경보기**
   ② **음향장치**는 **수위실 등 상시 사람이 근무하는 장소**에 설치, **음량 및 음색은 다른 기기의 소음 등과 명확히 구별**
   ③ 누전경보기 변류기 설치 : **옥외 인입선의 제1지점의 부하측** 또는 **제2종 접지선측**
2. 누전경보기 수신부 설치
   ① **옥내의 점검에 편리한 장소에 설치**
   ② 가연성 증기·먼지 등 체류 우려 장소 – **차단 기구 가진 수신부** 설치
3. 영상변류기(ZCT)
   ① 변류기의 기능 : 누설전류 검출 및 출력 신호 발신
   ② 변류기의 종류 : 관통형, 분할형
   ③ 변류기의 설치 : 옥외 인입선 제1지점 부하측 또는 제2종 접지선측
   ④ 변류기의 접지공사 : 제2종 접지공사
4. 감도절환부
   200~1,000mA – 0.2A, 0.5A, 1A 등 조정 가능
5. 음향장치
   1급 누전경보기의 경우 70dB 이상, 2급 누전경보기의 경우 60dB 이상

6. 누전경보기 전원
   각 극에 개폐기 및 15A 이하의 과전류차단기(배선용 차단기 20A 이하) 설치
7. 누전경보기 변류기 시험 - 변류기 절연저항 시험
   ① 시험개소 : 절연된 1차 권선과 2차 권선, 절연된 1차 권선과 외부 금속, 절연된 2차 권선과 외부 금속
   ② 시험방법 : 직류 500V 절연저항계로 측정하여 5MΩ 이상

05 자동화재속보설비

자동화재속보설비는 화재발생 시 자동화재탐지설비로부터 신호를 받아 자동 또는 수동으로 화재상황을 소방서에 직접 통보하는 설비이다.

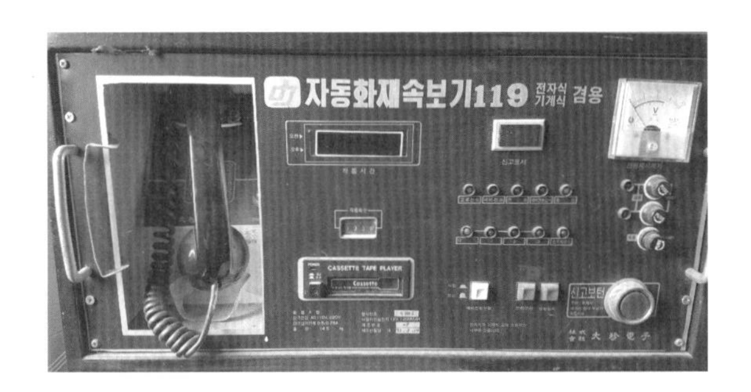

| 그림 1.5.1 | 자동화재속보설비

1 자동화재속보설비 용어의 정의

(1) 속보기란 화재신호를 통신망을 통하여 음성 등의 방법으로 소방관서에 통보하는 장치를 말한다.

(2) 통신망이란 유선이나 무선 또는 유무선 겸용 방식을 구성하여 음성 또는 데이터 등을 전송할 수 있는 집합체를 말한다.

(3) 데이터전송방식이란 전기·통신매체를 통해서 전송되는 신호에 의하여 어떤 지점에서 다른 수신지점에 데이터를 보내는 방식을 말한다.

(4) 코드전송방식이란 신호를 표본화하고 양자화하여, 코드화한 후에 펄스 혹은 주파수의 조합으로 전송하는 방식을 말한다.

2 자동화재속보설비의 설치대상

자동화재속보설비를 설치해야 하는 특정소방대상물은 다음과 같다. 다만, 방재실 등 화재수신기가 설치된 장소에 24시간 화재를 감시할 수 있는 사람이 근무하고 있는 경우에는 자동화재속보설비를 설치하지 않을 수 있다.

(1) 노유자 생활시설

(2) 노유자 시설로서, 바닥면적이 500m^2 이상인 층이 있는 것

(3) 수련시설(숙박시설이 있는 것만 해당한다)로서, 바닥면적이 500m^2 이상인 층이 있는 것

(4) 문화재 중 「문화재보호법」 제23조에 따라 보물 또는 국보로 지정된 목조건축물

(5) 근린생활시설 중 다음의 어느 하나에 해당하는 시설
 ① 의원, 치과의원 및 한의원으로서, 입원실이 있는 시설
 ② 조산원 및 산후조리원

(6) 의료시설 중 다음의 어느 하나에 해당하는 것
 ① 종합병원, 병원, 치과병원, 한방병원 및 요양병원(의료재활시설은 제외한다)
 ② 정신병원 및 의료재활시설로 사용되는 바닥면적의 합계가 500m^2 이상인 층이 있는 것

(7) 판매시설 중 전통시장

3 자동화재속보설비 결선

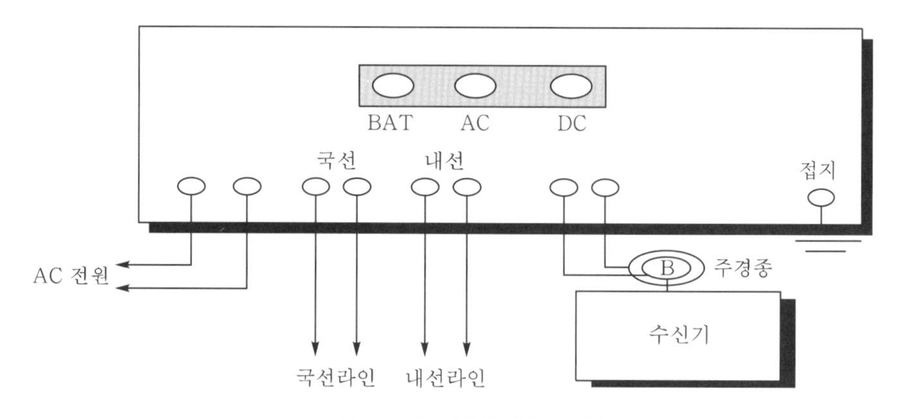

‖ 그림 1.5.2 ‖ 자동화재속보설비 결선

4 자동화재속보설비의 설치기준

(1) 자동화재탐지설비와 연동으로 작동하여 자동적으로 화재신호를 소방관서에 전달되는 것으로 할 것. 이 경우 부가적으로 특정소방대상물의 관계인에게 화재신호를 전달되도록 할 수 있다.

(2) 조작스위치는 바닥으로부터 0.8m 이상 1.5m 이하의 높이에 설치한다.

(3) 속보기는 소방관서에 통신망으로 통보하도록 하며, 데이터 또는 코드전송방식을 부가적으로 설치할 수 있다. 다만, 데이터 및 코드 전송방식의 기준은 소방청장이 정하여 고시한 **「자동화재속보설비의 속보기의 성능인증 및 제품검사의 기술기준」 제5조 제12호**에 따른다.

(4) 문화재에 설치하는 자동화재속보설비는 속보기에 감지기를 직접 연결하는 방식(자동화재탐지설비 1개의 경계구역에 한한다)으로 할 수 있다.

(5) 속보기는 소방청장이 정하여 고시한 **「자동화재속보설비의 속보기의 성능인증 및 제품검사의 기술기준」**에 적합한 것으로 설치한다.

5 자동화재속보기의 구조 및 기능

(1) 자동화재속보기의 기능

속보기는 다음에 적합한 기능을 가져야 한다.

① 작동신호를 수신하거나 **수동으로 동작시키는 경우 20초 이내**에 소방관서에 자동적으로 신호를 발하여 통보하되, **3회 이상 속보**할 수 있어야 한다.

② 주전원이 정지한 경우에는 **자동적으로 예비전원으로 전환**되고, 주전원이 정상상태로 복귀한 경우에는 자동적으로 예비전원에서 주전원으로 전환되어야 한다.

③ 예비전원은 자동적으로 충전되어야 하며 **자동 과충전방지장치**가 있어야 한다.

④ **화재신호를 수신**하거나 속보기를 **수동으로 동작시키는 경우** 자동적으로 **적색 화재표시등이 점등**되고 음향장치로 화재를 경보하여야 하며 화재표시 및 경보는 수동으로 복구 및 정지시키지 않는 한 지속되어야 한다.

⑤ 연동 또는 수동으로 소방관서에 화재발생 음성정보를 **속보 중인 경우**에도 **송・수화 장치를 이용한 통화가 우선**적으로 가능하여야 한다.

⑥ 예비전원을 **병렬로 접속하는 경우**에는 **역충전 방지 등의 조치**를 하여야 한다.

⑦ 예비전원은 감시상태를 **60분간 지속한 후 10분 이상 동작**(화재속보 후 화재표시 및 경보를 10분간 유지하는 것을 말한다)이 지속될 수 있는 용량이어야 한다.

⑧ 속보기는 연동 또는 수동 작동에 의한 다이얼링 후 **소방관서와 전화접속이 이루어지지 않는 경우**에는 최초 다이얼링을 포함하여 **10회 이상 반복**적으로 접속을 위한 다이얼링이 이루어져야 한다. 이 경우 매회 다이얼링 완료 후 호출은 30초 이상 지속되어야 한다.

⑨ 속보기의 송·수화장치가 정상위치가 아닌 경우에도 연동 또는 수동으로 속보가 가능하여야 한다.

⑩ 음성으로 통보되는 속보내용을 통하여 당해 소방대상물의 위치, 화재발생 및 속보기에 의한 신고임을 확인할 수 있어야 한다.

⑪ 속보기는 음성속보방식 외에 **데이터 또는 코드 전송방식** 등을 이용한 속보기능을 부가로 설치할 수 있다. 이 경우 데이터 및 코드 전송방식은 [**별표** 1]에 따른다.

⑫ [**별표** 1]에 따라 소방관서 등에 구축된 접수시스템 또는 별도의 시험용 시스템을 이용하여 시험한다.

(2) 자동화재속보기의 구조

속보기의 구조는 다음에 적합하여야 한다.

① 부식에 의하여 기계적 기능에 영향을 초래할 우려가 있는 부분은 칠, 도금 등으로 기계적 내식가공을 하거나 방청가공을 하여야 하며, 전기적 기능에 영향이 있는 단자 등은 동합금이나 이와 동등 이상의 내식성능이 있는 재질을 사용하여야 한다.

② 외부에서 쉽게 사람이 접촉할 우려가 있는 충전부는 충분히 보호되어야 하며 정격전압이 60V를 넘고 금속제 외함을 사용하는 경우에는 외함에 **접지단자를 설치**하여야 한다.

③ 극성이 있는 배선을 접속하는 경우에는 **오접속 방지**를 위한 필요한 조치를 하여야 하며, 커넥터로 접속하는 방식은 구조적으로 오접속이 되지 않는 형태이어야 한다.

④ 내부에는 예비전원(알칼리계 또는 리튬계 2차 축전지, 무보수밀폐형 축전지)을 설치하여야 하며 예비전원의 인출선 또는 접속단자는 **오접속을 방지**하기 위하여 적당한 색상에 의하여 극성을 구분할 수 있도록 하여야 한다.

⑤ 예비전원회로에는 단락사고 등을 방지하기 위한 퓨즈, 차단기 등과 같은 보호장치를 하여야 한다.

⑥ 전면에는 주전원 및 예비전원의 상태를 표시할 수 있는 장치와 작동 시 작동 여부를 표시하는 장치를 하여야 한다.

⑦ 화재표시 복구스위치 및 음향장치의 울림을 정지시킬 수 있는 스위치를 설치하여야 한다.

⑧ 작동 시 그 작동시간과 작동횟수를 표시할 수 있는 장치를 하여야 한다.

⑨ **수동통화용 송·수화 장치를 설치**하여야 한다.

⑩ 표시등에 전구를 사용하는 경우에는 **2개를 병렬로 설치**하여야 한다. 다만, 발광다이오드의 경우에는 그러하지 아니하다.

⑪ 속보기는 다음의 회로방식을 사용하지 아니하여야 한다.

㉠ **접지전극에 직류전류를 통하는 회로방식**

㉡ 수신기에 접속되는 **외부배선과 다른 설비**(화재신호의 전달에 영향을 미치지 아니하는 것은 제외한다)의 **외부배선을 공용으로 하는 회로방식**

⑫ 속보기의 기능에 유해한 영향을 미치는 부속장치는 설치하지 아니하여야 한다.

6 자동화재속보기 시험

(1) 절연저항시험

① 절연된 **충전부와 외함 간**의 절연저항은 **직류 500V의 절연저항계**로 측정한 값이 5MΩ(**교류입력측과 외함 간에는** 20MΩ) **이상**이어야 한다.

② **절연된 선로 간의 절연저항**은 **직류 500V의 절연저항계**로 측정한 값이 20MΩ **이상**이어야 한다.

(2) 절연내력시험

60Hz의 정현파에 가까운 실효전압 500V(정격전압이 60V를 초과하고 150V 이하인 것은 1,000V, 정격전압이 150V를 초과하는 것은 그 정격전압에 2를 곱하여 1,000을 더한 값)에 교류전압을 가하는 시험에서 1분간 견디는 것이어야 하며, 기능에 이상이 생기지 아니하여야 한다.

(3) 반복시험

속보기는 정격전압에서 1,000회의 화재작동을 반복실시하는 경우 그 구조 또는 기능에 이상이 생기지 아니하여야 한다.

Keypoint

[자동화재속보설비]

1. 자동화재속보설비 설치기준
   ① 자동화재탐지설비와 연동하여 자동적으로 화재신호를 소방관서에 전달되는 것
   ② 조작스위치는 바닥으로부터 0.8m 이상 1.5m 이하의 높이에 설치
   ③ 데이터 또는 코드전송방식을 부가적으로 설치
   ④ 문화재에 설치하는 자동화재속보설비는 속보기에 감지기를 직접 연결
2. 자동화재속보기 기능
   ① 신호수신 시 **20초 이내**에 소방관서에 신호 통보, **3회 이상 속보**
   ② 예비전원은 자동적으로 충전되어야 하며 **자동 과충전방지장치**
   ③ **화재신호를 수신 시 적색 화재표시등이 점등**
   ④ **속보 중인 경우**에도 **송수화 장치를 이용한 통화가 우선**적으로 가능
   ⑤ **병렬로 접속하는 경우**에는 **역충전 방지 등의 조치**
   ⑥ 예비전원은 감시상태를 **60분간 지속한 후 10분 이상 동작**
   ⑦ **소방관서와 전화접속이 이루어지지 않는 경우**에는 최초 다이얼링을 포함하여 **10회 이상 반복**적으로 접속
   ⑧ 매회 다이얼링 완료 후 호출은 **30초 이상 지속**되어야 한다.
   ⑨ 음성속보방식 외에 **데이터 또는 코드전송방식** 등 이용한 속보기능 부가설치 가능
3. 자동화재속보기 시험
   ① 절연저항시험
      ㉠ 절연된 **충전부와 외함 간**의 절연저항은 **직류 500V의 절연저항계**로 측정한 값이 5MΩ(**교류입력측과 외함 간에는** 20MΩ) 이상
      ㉡ **절연된 선로 간의 절연저항**은 **직류 500V의 절연저항계**로 측정한 값이 20MΩ **이상**
   ② 반복시험 : **1,000회 반복** 실시하는 경우 이상이 생기지 아니하여야 한다.

06 가스누설경보설비

가스누설경보기는 가연성 가스(LNG, LPG 등) 또는 불완전 연소가스가 누설되는 것을 탐지하여 관계자나 이용자에게 경보하여 가스누출로 인한 폭발사고 예방 및 독성 가스로 인한 중독사고를 예방하기 위한 설비이다.

1 가스누설경보기 용어의 정의

(1) 가연성 가스경보기란 보일러 등 가스연소기에서 액화석유가스(LPG), 액화천연가스(LNG) 등의 가연성 가스가 새는 것을 탐지하여 관계자나 이용자에게 경보하여 주는 것을 말한다. 다만, 탐지소자 외의 방법에 의하여 가스가 새는 것을 탐지하는 것, 점검용으로 만들어진 휴대용 탐지기 또는 연동기기에 의하여 경보를 발하는 것은 제외한다.

(2) 일산화탄소경보기란 일산화탄소가 새는 것을 탐지하여 관계자나 이용자에게 경보하여 주는 것을 말한다. 다만, 탐지소자 외의 방법에 의하여 가스가 새는 것을 탐지하는 것, 점검용으로 만들어진 휴대용 탐지기 또는 연동기기에 의하여 경보를 발하는 것은 제외한다.

(3) 탐지부란 가스누설경보기(이하 '경보기'라 한다) 중 가스누설을 탐지하여 중계기 또는 수신부에 가스누설신호를 발신하는 부분을 말한다.

(4) 수신부란 경보기 중 탐지부에서 발하여진 가스누설신호를 직접 또는 중계기를 통하여 수신하고 이를 관계자에게 음향으로서 경보하여 주는 것을 말한다.

(5) 분리형이란 탐지부와 수신부가 분리되어 있는 형태의 경보기를 말한다.

(6) 단독형이란 탐지부와 수신부가 일체로 되어 있는 형태의 경보기를 말한다.

(7) 가스연소기란 가스레인지 또는 가스보일러 등 가연성 가스를 이용하여 불꽃을 발생하는 장치를 말한다.

2 가스누설경보기 설치대상

가스누설경보기를 설치해야 하는 특정소방대상물(가스시설이 설치된 경우만 해당한다)은 다음의 어느 하나에 해당하는 것으로 한다.

(1) 문화 및 집회시설, 종교시설, 판매시설, 운수시설, 의료시설, 노유자시설

(2) 수련시설, 운동시설, 숙박시설, 창고시설 중 물류터미널, 장례시설

3 가스누설경보기의 원리 및 분류

가스누설경보기는 [그림 1.6.1]과 같이 공기 중의 가스가 일정한 값 이상 누설되며 탐지부의 신호를 받아 가스누설을 경보한다.

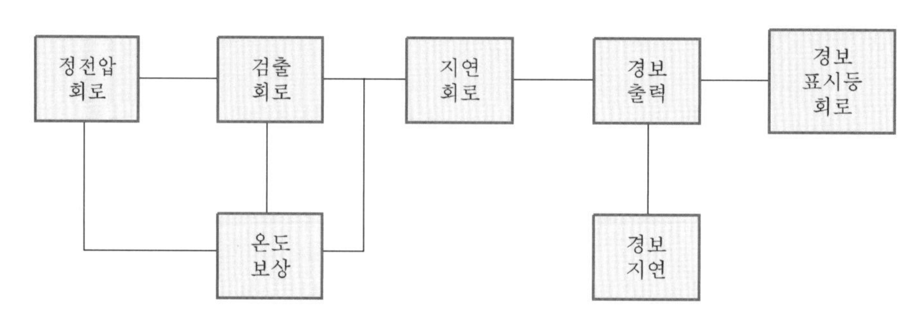

▌그림 1.6.1▌ 가스누설경보기의 동작원리

(1) 경보방식

가스누설경보기는 즉시경보형, 경보지연형, 반즉시경보형으로 경보한다.

① 즉시경보형 : 설정값 도달 후 즉시경보

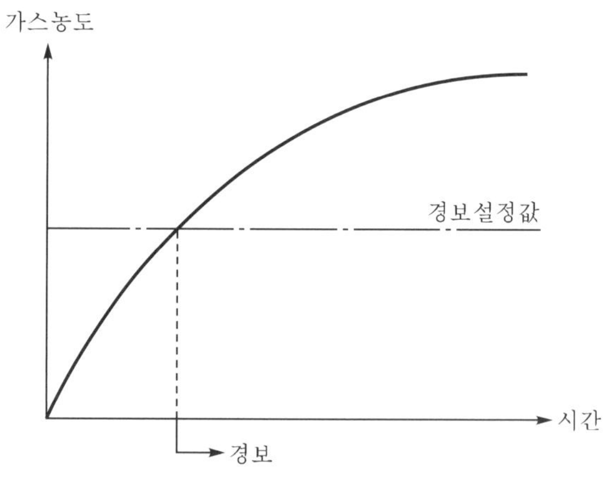

▌그림 1.6.2▌ 즉시경보형

② **경보지연형** : 설정값 도달 후 일정시간경과 후 경보

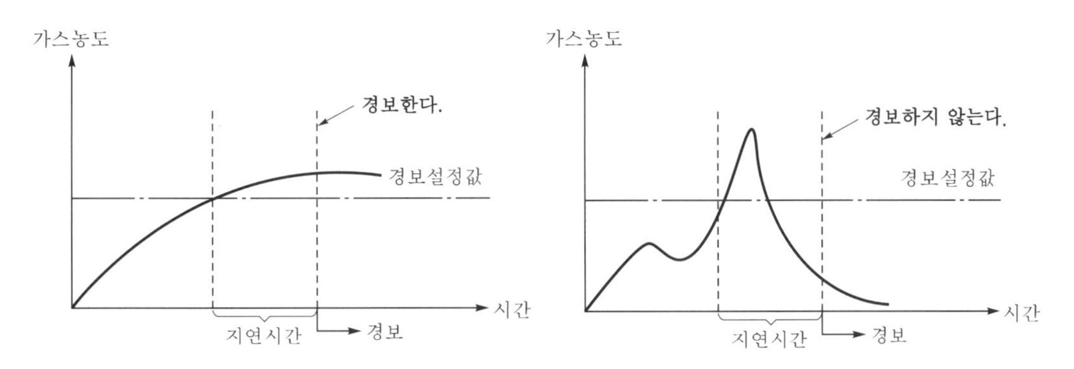

▌그림 1.6.3 ▌ **경보지연형**

③ **반한시경보형** : 가스누설 시 그 누설가스 상승비율에 따라 경보지연시간이 변화한다.

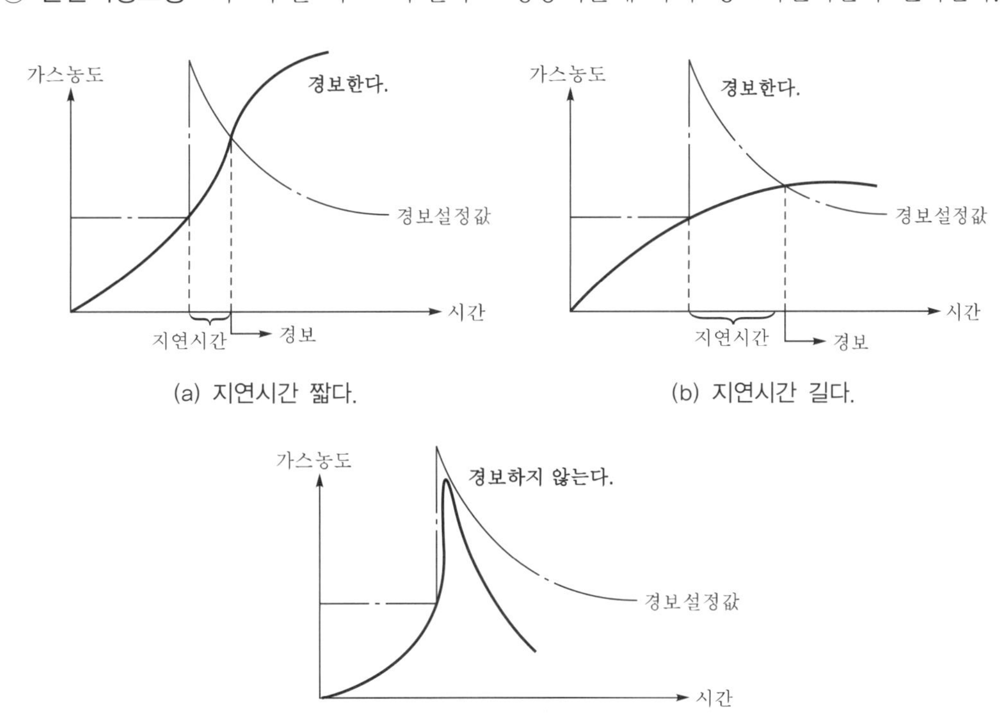

(a) 지연시간 짧다.

(b) 지연시간 길다.

(c) 경보하지 않는다.

▌그림 1.6.4 ▌ **반한시(반즉시) 경보형**

(2) 음향장치

① **주음향장치용(공업용)** : 90dB 이상

② **주음향장치용(단독형, 영업용)** : 70dB 이상

③ **고장표시용** : 60dB 이상

(3) 가스누설경보기의 구조

① 단독형(가정용)

② 분리형(영업용 1회로, 공업용 1회로 이상)

(4) 공기보다 가벼운 가스용, 공기보다 무거운 가스용, 전 가스용

(5) 방수용, 방폭형

4 가스누설경보기의 구성

(1) 탐지부 : 반도체식, 접촉연소식, 기체열전도식

(2) 수신기 : G형, GP형, GR형

(3) 경보장치 : 음성경보장치, 가스누설표시등, 탐지구역 경보장치

(4) 표시장치

① 전구는 2개 이상 병렬로 할 것(LED는 제외)

② 밝기 : 주위밝기 300lx, 3m 거리에서 식별 가능할 것

③ 화재등 및 화재지구등 : 적색등

④ 가스누설표시등 및 가스누설지구등 : 황색등

5 가스탐지부

가스탐지부의 원리로 이용되는 것은 반도체식, 접촉연소식, 기체열전도식 등이 있으며 이 원리를 이용하여 가스를 검출한다.

(1) 반도체식

산화주석, 산화철 등을 사용하고 반도체 표면에 가스흡착하여 반도체 자체의 전기저항값 변화를 감지하고 **40~80V의 고출력**으로 소형 버저동작이 가능하다.

(2) 접촉연소식

백금선의 검출소자와 보상소자에서 가스농도에 비례하는 연소현상이 발생한다. 온도상승에 따른 전기저항값의 변화를 감지하여 약 500mV의 전압을 출력하고 **증폭기가 필요**하다.

(3) 기체열전도식

백금선을 사용하되 검출소자에는 반도체를 사용하며, 반도체의 가스에 대한 **열전도도의 차이를 이용**하여 가스를 검출한다.

6 가스누설경보기 설치기준

(1) 분리형 경보기 수신부 설치기준

분리형 경보기의 수신부는 다음의 기준에 따라 설치해야 한다.

① 가스연소기 주위 경보기의 상태확인 및 유지관리에 용이한 위치에 설치할 것

② 가스누설 경보음향의 **음량과 음색이 다른 기기의 소음 등과 명확히 구별**될 것

③ 가스누설 경보음향의 크기는 수신부로부터 **1m 떨어진 위치**에서 음압이 **70dB 이상**일 것

④ 수신부의 조작스위치는 바닥으로부터의 높이가 **0.8m 이상 1.5m 이하**인 장소에 설치할 것

⑤ 수신부가 설치된 장소에는 관계자 등에게 신속히 연락할 수 있도록 비상연락번호를 기재한 표를 비치할 것

(2) 분리형 경보기 탐지부 설치기준

분리형 경보기의 탐지부는 다음의 기준에 따라 설치해야 한다.

① 탐지부는 가스연소기의 중심으로부터 직선거리 8m(공기보다 무거운 가스를 사용하는 경우에는 4m) **이내에 1개 이상 설치**해야 한다.

② 탐지부는 천장으로부터 **탐지부 하단까지의 거리가 0.3m 이하**가 되도록 설치한다. 다만, 공기보다 무거운 가스를 사용하는 경우에는 바닥면으로부터 탐지부 상단까지의 거리는 0.3m 이하로 한다.

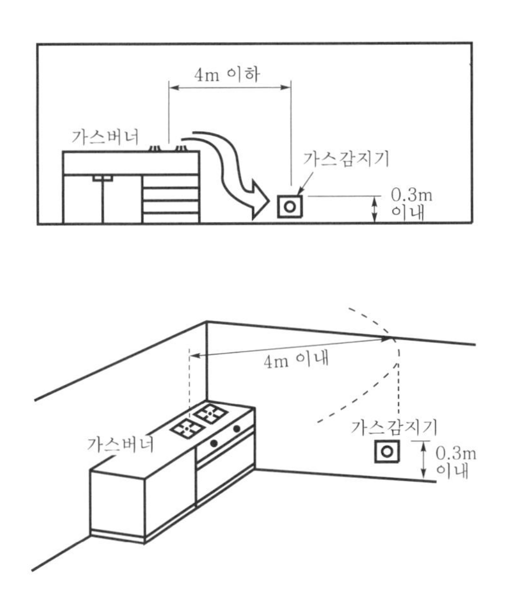

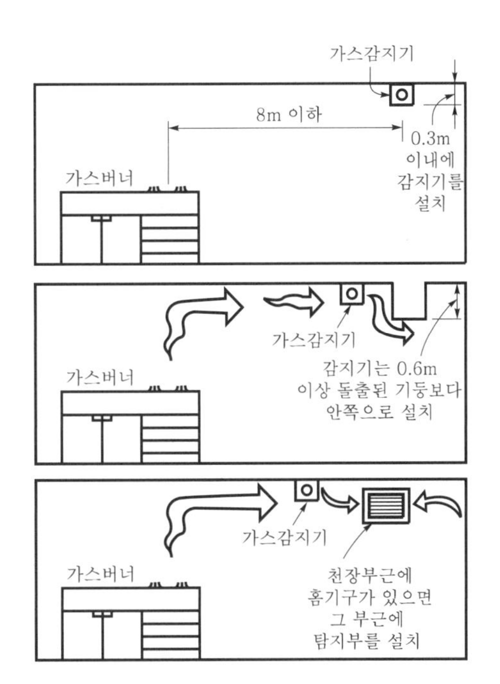

▌그림 1.6.5▌ **가스종류별 탐지부 설치위치**

Keypoint

1. **공기보다 무거운 가스의 경우**
   탐지부는 연소기로부터 4m 이내, 바닥으로부터 0.3m 이내 벽면에 설치
2. **공기보다 가벼운 가스의 경우**
   ① 탐지부는 연소기로부터 8m 이내, 천장으로부터 0.3m 이내 벽면에 설치
   ② 만일 0.6m 이상 돌출부위가 있으면 안쪽에 설치
   ③ 천장부에 출입구가 있으면 연소기 가까운 흡입구 앞에 설치

(3) 단독형 경보기 설치기준

① 가스연소기 주위의 경보기의 상태확인 및 유지관리에 용이한 위치에 설치할 것
② 가스누설 경보음향의 **음량과 음색이 다른 기기의 소음 등과 명확히 구별**될 것
③ 가스누설 경보음향장치는 수신부로부터 **1m 떨어진 위치에서 음압이** 70dB 이상일 것
④ 단독형 경보기는 가스연소기의 중심으로부터 **직선거리** 8m(공기보다 무거운 가스를 사용하는 경우에는 4m) **이내에 1개 이상 설치**해야 한다.
⑤ 단독형 경보기는 천장으로부터 경보기 하단까지의 거리가 0.3m 이하가 되도록 설치한다. 다만, 공기보다 무거운 가스를 사용하는 경우에는 바닥면으로부터 단독형 경보기 상단까지의 거리는 0.3m 이하로 한다.
⑥ 경보기가 설치된 장소에는 관계자 등에게 신속히 연락할 수 있도록 비상연락번호를 기재한 표를 비치할 것

7 가스누설경보기 설치금지장소

분리형 경보기의 탐지부 및 단독형 경보기는 다음의 장소 이외의 장소에 설치해야 한다.

(1) 출입구 부근 등으로서 **외부의 기류가 통하는 곳**

(2) **환기구** 등 공기가 들어오는 곳으로부터 1.5m **이내**인 곳

(3) 연소기의 **폐가스에 접촉하기 쉬운 곳**

(4) 가구·보·설비 등에 가려져 **누설가스의 유통이 원활하지 못한 곳**

(5) 수증기 또는 기름 섞인 연기 등이 직접 접촉될 우려가 있는 곳

8 가스누설경보기 수신기

(1) 수신기의 종류

가스누설경보기 수신기의 종류는 **G형, GP형, GR형** 등이 있다.

① G형 수신기 : 탐지부에서 송신된 가스누설신호를 직접 또는 중계기를 통하여 수신한다.

② GP형 수신기 : G형 수신부와 자동화재탐지설비 P형 수신기 기능을 동시에 수행한다.
③ GR형 수신기 : G형 수신부와 R형 수신기 기능이 복합적으로 실행되며 가스누설 장소 및 농도 등이 디지털방식으로 표시된다.

(2) 수신기의 기능

① 수신개시로부터 가스누설표시까지 **소요시간은 60초 이내**이어야 한다.
② 가스누설표시 작동시험 장치조작 중 다른 회선에서 신호를 수신하는 경우 표시가 가능하다.
③ **2회선 동시 수신의 경우 누설표시가 가능**하다.
④ 다음의 경우 신호수신 때 음량장치 및 고장표시등이 자동작동한다.
㉠ 탐지부, 수신부, 타중계기에서 전력을 공급받는 중계기에서 외부에 공급하는 회로의 퓨즈, 브레이커, 기타 보호장치가 작동하는 경우
㉡ 타중계기에서 전력을 공급받지 않는 중계기의 전원이 정지 또는 그 중계기의 퓨즈, 브레이커 등이 작동하는 경우
⑤ 가스누설 수신표시는 **황색 표시등** 및 주음향장치와 지구표시등으로 표시(1회로인 경우 지구표시 생략 가능)한다.
⑥ 예비전원이 설치된 것은 주전원이 정지한 경우에 **자동적으로 예비전원**으로 전환되고 주전원이 정상상태로 복귀한 경우에 자동적으로 예비전원으로부터 주전원으로 전환되는 장치가 있어야 한다.

9 가스누설경보기 전원

(1) 경보기는 건전지 또는 교류전압의 옥내 간선을 사용하여 상시 전원이 공급되도록 해야 한다.

(2) 예비전원

경보기에는 예비전원을 설치할 수 있으며 예비전원을 설치할 경우에는 다음에 적합하여야 한다.

① 예비전원을 경보기의 주전원으로 사용하여서는 아니 된다.
② 예비전원을 단락사고 등으로부터 보호하기 위한 **퓨즈 등 과전류보호장치**를 설치하여야 한다.
③ 주전원이 정지한 경우에는 자동적으로 예비전원으로 전환되고, 주전원이 정상상태로 복귀한 경우에는 자동적으로 예비전원으로부터 주전원으로 전환되어야 한다.
④ 앞면에 예비전원의 상태를 감시할 수 있는 장치를 하여야 한다.
⑤ 자동충전장치 및 전기적 기구에 의한 **자동 과충전방지장치를 설치**하여야 한다. 다만, 과충전상태가 되어도 성능 또는 구조에 이상이 생기지 아니하는 축전지를 설치하는 경우에는 **자동 과충전방지장치**를 설치하지 아니할 수 있다.

⑥ 축전지를 병렬로 접속하는 경우에는 **역충전방지 등의 조치**를 강구하여야 한다.

⑦ 축전지를 직렬 또는 병렬로 사용하는 경우에는 **용량(전압, 전류 등)이 균일**한 축전지를 사용하여야 한다.

⑧ 예비전원은 알칼리계 2차 축전지, 리튬계 2차 축전지 또는 무보수밀폐형 연축전지로서, 그 용량은 1회선용(단독형을 포함한다)의 경우 **감시상태를 20분간 계속**한 후 유효하게 작동되어 **10분간 경보**를 발할 수 있어야 하며, 2회로 이상인 경보기의 경우에는 연결된 모든 회로에 대하여 감시상태를 **10분간 계속한 후 2회선을 유효하게 작동**시키고 **10분간 경보**를 발할 수 있는 용량이어야 한다.

⑨ 내부의 부품 등에서 발산되는 열에 의하여 기능에 이상이 생길 우려가 있는 것은 방열판 또는 방열공 등에 의하여 보호조치를 하여야 한다.

10 가스누설경보기 시험

(1) 주위온도시험

분리형 경보기의 수신부는 주위온도가 0℃ **이상** 40℃ **이하**에서 기능에 이상이 생기지 아니하여야 한다.

(2) 반복시험

분리형 경보기의 수신부는 가스누설표시의 작동을 정격전압에서 **1만회를 반복**하여 실시하는 경우 그 구조 또는 기능에 이상이 생기지 아니하여야 한다.

(3) 절연저항시험

① 경보기의 절연된 **충전부와 외함 간**의 절연저항은 DC 500V**의 절연저항계**로 측정한 값이 **5MΩ(교류입력측과 외함 간에는 20MΩ) 이상**이어야 한다. 다만, 회선수가 10 이상인 것 또는 접속되는 중계기가 10 이상인 것은 교류입력측과 외함 간을 제외하고는 **1회선당** 50MΩ 이상이어야 한다.

② **절연된 선로 간**의 절연저항은 DC 500V**의 절연저항계**로 측정한 값이 20MΩ 이상이어야 한다.

(4) 절연내력시험

60Hz의 정현파에 가까운 실효전압 500V(정격전압이 60V를 초과하고 150V 이하인 것은 1kV, 정격전압이 150V를 초과하는 것은 그 정격전압에 2를 곱하여 1kV를 더한 값)의 교류전압을 가하는 시험에서 1분간 견디는 것이어야 한다.

Keypoint

[가스누설경보기]

1. **가스누설경보기 경보방식**
   가스누설경보기는 즉시경보형, 경보지연형, 반즉시경보형으로 경보

2. **음향장치**
   ① 주음향장치용(공업용) : 90dB 이상
   ② 주음향장치용(단독형, 영업용) : 70dB 이상
   ③ 고장표시용 : 60dB 이상

3. **가스누설경보기 구조**
   단독형(가정용), 분리형(영업용 1회로, 공업용 1회로 이상)

4. **가스누설경보기 구성**
   ① 탐지부 : 반도체식, 접촉연소식, 기체열전도식
   ② 수신기 : G형, GP형, GR형
   ③ 표시장치
      ㉠ 전구는 2개 이상 병렬로 할 것(LED는 제외)
      ㉡ 밝기 : 주위밝기 300lx, 3m 거리에서 식별 가능할 것
      ㉢ 가스누설표시등 및 가스누설지구등 : 황색등

5. **가스탐지부**
   ① **반도체식 40~80V의 고출력**으로 소형 버저동작이 가능
   ② **접촉연소식** : 약 500mV의 전압을 출력하고 **증폭기 필요**
   ③ **기체열전도식 : 백금선을 사용**하되 검출소자에는 반도체 사용

6. 가스누설경보기 설치기준
   ① 분리형 경보기수신부 설치기준
      ㉠ 경보음향의 **음량과 음색이 다른 기기의 소음 등과 명확히 구별**
      ㉡ **1m 떨어진 위치**에서 음압이 **70dB 이상**
      ㉢ 조작스위치는 바닥으로부터의 높이가 **0.8m 이상 1.5m 이하**
   ② 분리형 경보기 탐지부 설치기준
      ㉠ 탐지부는 가스연소기의 중심으로부터 직선거리 **8m**(공기보다 무거운 가스를 사용하는 경우에는 4m) **이내에 1개 이상 설치**
      ㉡ 탐지부는 천장으로부터 **탐지부 하단까지의 거리가 0.3m 이하**, 공기보다 무거운 가스의 경우 바닥으로부터 상단까지 거리 0.3m 이하

> **1. 공기보다 무거운 가스의 경우**
> 탐지부는 연소기로부터 4m 이내, 바닥으로부터 0.3m 이내 벽면에 설치
>
> **2. 공기보다 가벼운 가스의 경우**
> ① 탐지부는 연소기로부터 8m 이내, 천장으로부터 0.3m 이내 벽면에 설치
> ② 만일 0.6m 이상 돌출부위가 있으면 안쪽에 설치
> ③ 천장부에 출입구가 있으면 연소기 가까운 흡입구 앞에 설치

7. **단독형 경보기 설치기준**
   ① **음량과 음색이 다른 기기의 소음 등과 명확히 구별**
   ② **1m 떨어진 위치에서 음압이 70dB** 이상일 것
   ③ **직선거리 8m**(공기보다 무거운 가스를 사용하는 경우에는 4m) **이내에 1개 이상 설치**
   ④ 천장으로부터 경보기 하단까지의 거리가 0.3m 이하

8. 가스누설경보기 설치금지장소
① 출입구 부근 등으로서 **외부의 기류가 통하는 곳**
② **환기구** 등 공기가 들어오는 곳으로부터 **1.5m 이내**인 곳
③ 연소기의 **폐가스에 접촉하기 쉬운 곳**
④ 가구·보·설비 등에 가려져 **누설가스의 유통이 원활하지 못한 곳**
⑤ 수증기 또는 기름 섞인 연기 등이 직접 접촉될 우려가 있는 곳

9. 가스누설경보기 수신기
① 수신기의 종류 : **G형, GP형, GR형**
② 수신기 기능
㉠ 수신개시로부터 가스누설표시까지 **소요시간은 60초 이내**
㉡ **2회선 동시 수신의 경우 누설표시가 가능**
㉢ 가스누설 수신표시는 **황색 표시등**

10. 가스누설경보기 전원
건전지 또는 교류전압의 옥내간선을 사용하여 상시 전원이 공급
① 자동충전장치 및 전기적 기구에 의한 **자동 과충전방지장치를 설치**
② 전지를 병렬로 접속하는 경우에는 **역충전 방지 등의 조치**를 강구
③ 직렬 또는 병렬로 사용하는 경우 **용량이 균일**한 축전지 사용
④ **감시상태를 20분간 계속**한 후 유효하게 작동되어 **10분간 경보**, 2회로 이상인 경우 감시상태를 **10분간 계속한 후 2회선 유효하게 작동 10분간 경보**

11. 가스누설경보기 시험
① 반복시험 : **1만회를 반복**하여 구조 · 기능에 이상이 생기지 아니하여야 한다.
② 절연저항시험
㉠ **충전부와 외함 간**의 절연저항은 DC 500V의 **절연저항계**로 측정한 값이 **5MΩ(교류입력측과 외함 간에는 20MΩ) 이상**. 다만, 회선수가 10 이상인 것 또는 접속되는 중계기가 **10 이상인 것**은 교류입력측과 외함 간을 제외하고는 **1회선당 50MΩ 이상**
㉡ **절연된 선로 간**의 절연저항은 DC 500V의 **절연저항계**로 측정한 값이 **20MΩ** 이상이어야 한다.

▮ 표 1.1.8 ▮ **경보설비 기기별 절연저항**

인가전압	대상	절연저항	비고
직류(DC) 250[V]	1경계구역	0.1MΩ 이상	
	비상방송 150V 이하	0.1MΩ 이상	
	비상방송 150V 초과	0.2MΩ 이상	
직류(DC) 500[V]	• 수신기 • 자동화재속보설비 • 비상경보설비 • 가스누설경보기 • 누전경보기 • 유도등 • 비상조명등 • 시각경보장치	5MΩ 이상	예외 20MΩ 이상 절연된 선로 간 교류입력측과 외함 간
	경종, 표시등, 발신기, 중계기, 비상콘센트	20MΩ 이상	–
	감지기, 가스누설경보기(10회로 이상), 수신기(10회로 이상)	50MΩ 이상	예외 정온식 감지선형 감지기 1,000MΩ 이상

예상문제

01 다음은 중계기의 설치기준이다. (　　) 안에 알맞은 말을 기입하시오.

(가) 수신기에서 직접 감지기회로의 도통시험을 행하지 아니하는 것에 있어서는 (①)와 (②) 사이에 설치할 것

(나) 수신기에 의하여 감시되지 아니하는 배선을 통하여 전력을 공급받는 것에 있어서는 전원입력측의 배선에 (③)를 설치하고 당해 전원이 정전 시 즉시 수신기에 표시되는 것으로 하며, 상용전원 및 (④)의 시험을 할 수 있도록 할 것

정답 ① 수신기　② 감지기　③ 과전류차단기　④ 예비전원

02 P형 수신기에 비하여 R형 수신기의 특징 3가지만 쓰시오.

정답 ① 선로수가 적고 선로길이를 길게 할 수 있다.
② 증설 또는 이설이 쉽다.
③ 신호의 전달이 확실하다.

03 답안지의 그림을 이용하여 P형 1급 수동발신기의 내부결선과 발신기·감지기·수신기 간의 결선도를 완성하시오. (단, 적당한 개소에 종단저항 ─ww─ 도 설치하여 회로를 구성하시오)

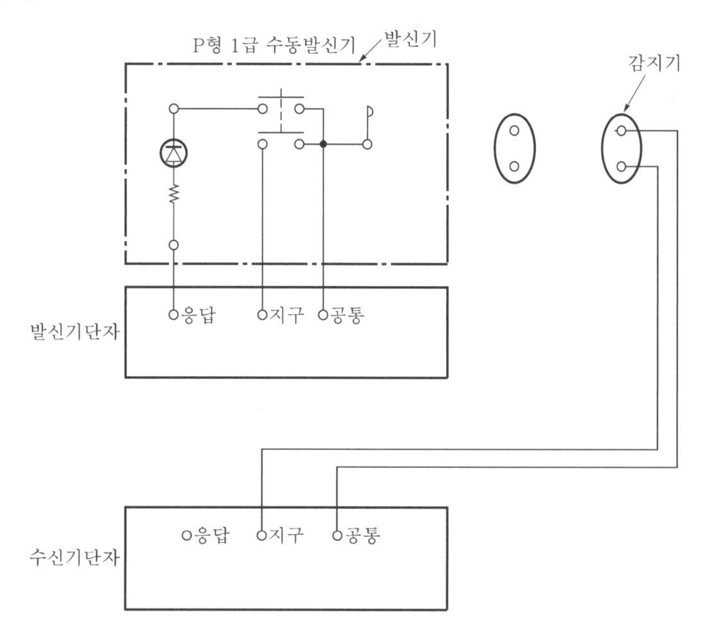

정답

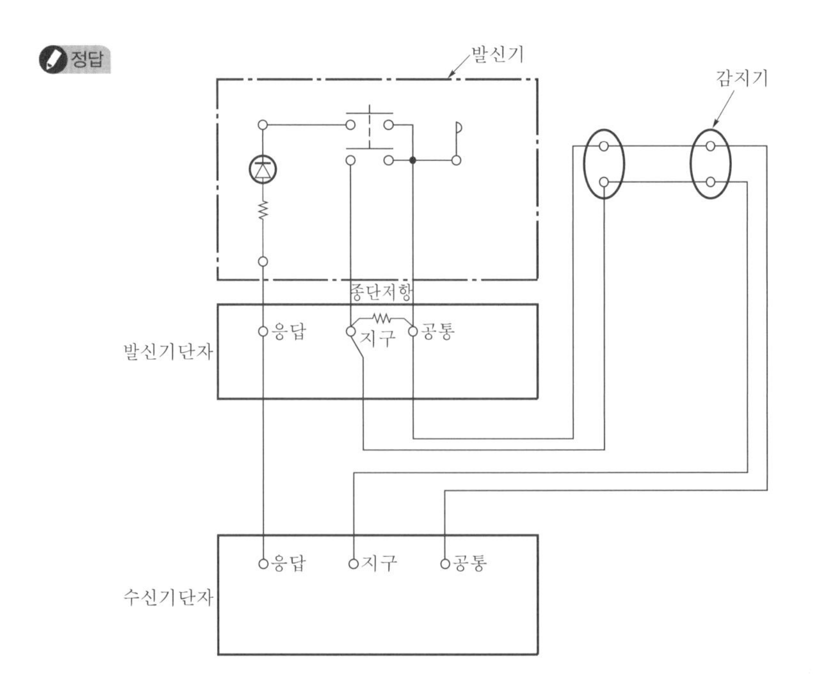

04 지상 12층, 지하 2층으로 연면적 3,500m^{2}인 소방대상물에 자동화재탐지설비의 음향장치를 설치하였다. 2층에서 발화한 경우 우선적으로 경보를 발하여야 할 층은?

정답 2층(발화층), 3층, 4층, 5층, 6층
발화층 + 직상 4개층

05 P형 1급 수신기와 감지기와의 배선회로에서 종단저항은 10kΩ, 릴레이저항은 500Ω, 배선회로의 저항은 50Ω이며, 회로전압이 24V일 때 각 물음에 답하시오.

(가) 평상시 감시전류는 몇 mA인가?

(나) 화재 시 감지기가 동작할 때의 전류는 몇 mA인가?

정답 (가) $\frac{24}{500+50+10{,}000} \times 10^3 = 2.27\text{mA}$ (나) $\frac{24}{500+50} \times 10^3 = 43.64\text{mA}$

06 자동화재탐지설비의 발신기 설치기준을 2가지로 쓰시오.

정답 ① 조작이 쉬운 장소에 설치하고, 스위치는 바닥으로부터 0.8m 이상 1.5m 이하의 높이에 설치할 것

② 소방대상물의 층마다 설치하되, 당해 소방대상물의 각 부분으로부터 하나의 발신기까지의 수평거리가 25m 이하가 되도록 할 것

07 P형 1급 발신기이다. 경종 및 표시등은 발신기 세트에 내장되어 있고, 발신기 공통선과 경종표시등 공통선이 각각 1선씩일 경우 수신기와 연결되는 기본 가닥수는 몇 가닥인가?

정답 7가닥

08 주어진 계통도를 보고 다음 각 물음에 답하시오. (단, 종단저항은 기기수용상자 내에 설치하고 Ⓑ, Ⓟ, ◐은 각각 별도로 공통선을 취한다)

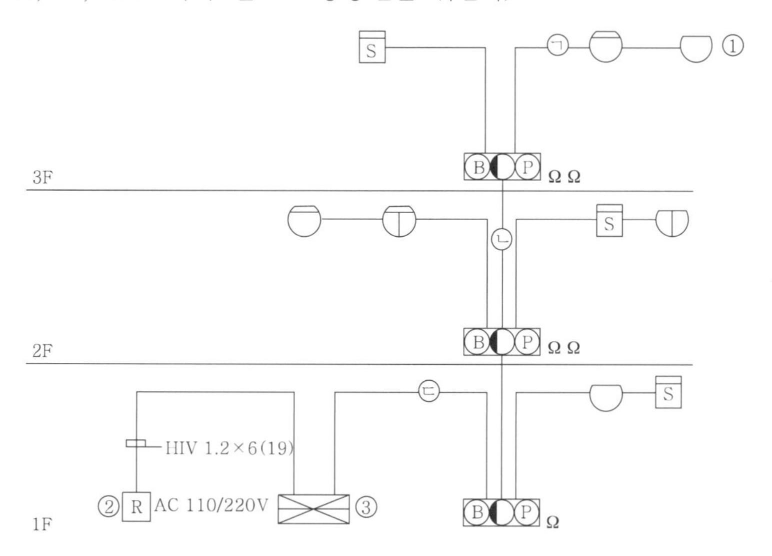

(가) 도면의 ①~③에 해당되는 그림기호의 명칭은 무엇인가?

(나) 도면의 ㉠~㉢에 해당되는 전선가닥수는 최소 몇 본인가?

(다) ㉢ 전선에 대한 각 전선마다의 사용내역을 쓰시오.

정답 (가) ① 정온식 스포트형 감지기 ② 이보기 ③ 수신기
(나) ㉠ 4본 ㉡ 9본 ㉢ 12본
(다) 회로선 5, 회로공통선 1, 응답선 1, 경종선(공통선 포함) 2, 표시등선(공통선 포함) 2

09 자동화재탐지설비에 그림과 같은 심벌이 있었다. 이 심벌의 명칭을 쓰시오.

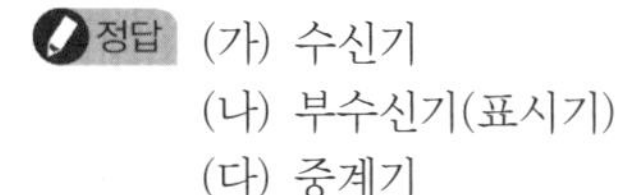

정답 (가) 수신기
(나) 부수신기(표시기)
(다) 중계기

10 자동화재탐지설비의 음향장치의 설치기준에 대한 다음 각 물음에 답하시오.

(가) 정격전압은 최소 몇 % 전압에서 음향을 발할 수 있어야 하는가?

(나) 음향은 부착된 음향장치의 중심으로부터 1m 떨어진 위치에서 몇 dB 이상이 되는 것으로 하여야 하는가?

(다) 지상 15층, 지하 3층인 소방대상물 또는 그 부분에 있어서 아래와 같은 경우에는 어떻게 경보를 발하여야 하는가?

① 5층에서 발화한 경우 :

② 지하 1층에서 발화한 경우 :

정답 (가) 80 %

(나) 90dB

(다) ① 5・6・7・8・9층(발화층 및 직상 4개 층)

② 1층, 지하 1층, 지하 2・3층(발화층, 직상층, 기타의 지하층)

11 다음 도면은 어떤 건물의 3층에 대한 자동화재탐지설비이다.

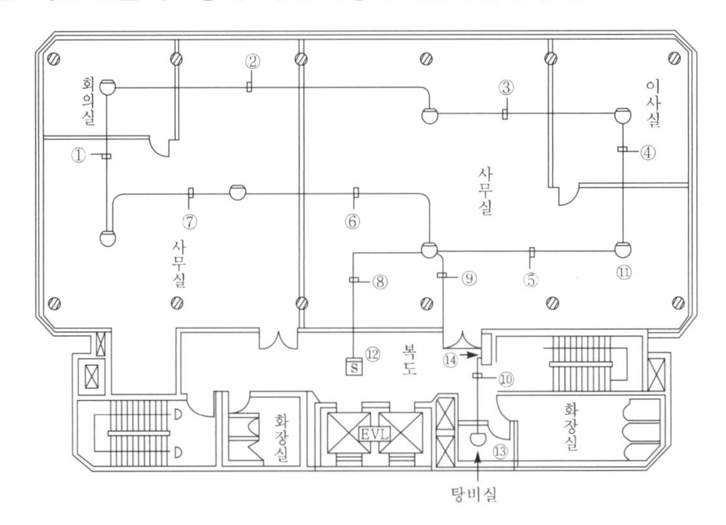

(가) ① ~ ⑩에는 최소 몇 가닥의 전선이 필요한가?

(나) ⑪ ~ ⑬에 해당되는 감지기는 어떤 종류의 감지기인가?

(다) ⑭는 무엇을 나타내는가?

정답 (가) ① 2가닥 ② 2가닥 ③ 2가닥 ④ 2가닥 ⑤ 2가닥 ⑥ 2가닥 ⑦ 2가닥 ⑧ 4가닥 ⑨ 4가닥 ⑩ 4가닥

(나) ⑪ 차동식 스포트형 감지기 ⑫ 연기감지기 ⑬ 정온식 스포트형 감지기

(다) 발신기세트(발신기함, 발신기 종합반)

12 다음은 자동화재탐지설비의 발신기 설치기준 2가지이다. 내용 중 잘못된 부분을 예시와 같이 지적하고 옳은 내용을 쓰시오.

[예시] 누름스위치 → 스위치

(가) 조작이 어려운 장소에 설치하고, 그 누름스위치는 바닥으로부터 1m 이상 1.5m 이하의 높이에 설치할 것

(나) 소방대상물의 각 층마다 설치하되, 당해 소방대상물의 각 부분으로부터 하나의 발신기까지의 수직거리가 30m 이하가 되도록 할 것

정답 (가) ① 어려운 → 쉬운 ② 1m → 0.8m
(나) ① 수직거리 → 수평거리 ② 30m → 25m

13 자동화재탐지설비 수신기의 절연저항시험에서 사용기기와 기기를 부착시키기 전에 기기를 부착시킨 후의 각각 측정할 곳은?

정답 ① 메거(직류 250V급)
② 기기를 부착시키기 전 : 배선 상호 간
③ 기기를 부착시킨 후 : 배선과 대지 사이

14 자동화재탐지설비의 감지기배선은 발신기의 어느 단자에 연결되는지 2가지의 단자명을 쓰시오.

정답 지구회로선, 공통선

15 중계기가 수신기에 의해 감시되지 않는 배선을 통해 전력을 공급받는다면 어떤 조치를 취해야 하는지 그 조치사항을 3가지만 쓰시오.

정답 ① 전원입력측의 배선에 과전류차단기를 설치할 것
② 당해 전원의 정전이 수신기에 표시할 것
③ 상용전원 및 예비전원의 시험을 할 수 있도록 할 것

16 그림은 P형 수신기의 결선도이다. 다음 물음에 답하시오.

(가) ①, ②, ③, ⑤의 배선의 용도는 무엇인가?

(나) 본 결선도의 경보방식은 무엇인가?

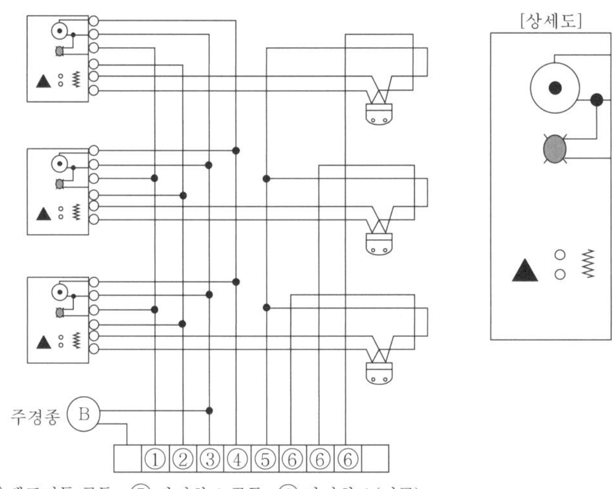

정답 (가) ① 표시등 ② 발신기응답등 ④ 지구경종
(나) 일제경보방식

17 P형 수신기의 예비전원을 시험하는 방법과 양부판단기준에 대하여 기술하시오.

정답 (1) 시험방법
① 예비전원시험스위치를 넣는다.
② 전압계의 지시값이 지정값 이내로 되어야 한다.
③ 교류전원을 개로하고 자동절환릴레이의 작동상황을 조사한다.
(2) 양부판단의 기준
① 예비전원의 전압이 정상일 것
② 예비전원의 용량이 정상일 것
③ 예비전원의 절환상황이 정상일 것
④ 예비전원의 복구작동이 정상일 것

18 지하 3층, 지상 12층인 사무실 건물의 지하 1층에서 화재가 발생하였을 경우 어느 층에 한하여 경보를 발하여야 하는지 그 층들을 모두 쓰시오.

정답 지하 1층(발화층), 지상 1층(직상층), 지하 2층, 지하 3층(기타의 지하층)

19 그림은 지상 5층, 지하 1층의 건물에서 각 층의 자동화재탐지설비를 나타낸 평면도이다. 이 도면을 보고 다음 각 물음에 답하시오.

(가) 도면의 ① ~ ④에 해당하는 전선가닥수는 몇 가닥인가?

(나) 도면의 ⑤는 배관배선의 상승·인하·소통에서 소통을 나타내는 그림기호이다. 케이블의 방화구획 관통부에 대한 '소통'의 그림기호를 그리시오.

(다) 수신기를 1층에 설치한다고 할 때 이 설비의 입상계통도를 그리고, 입상전선의 최소 가닥수를 표하시오. (단, 전선관 및 전선의 굵기와 감지기는 표시하지 않아도 된다)

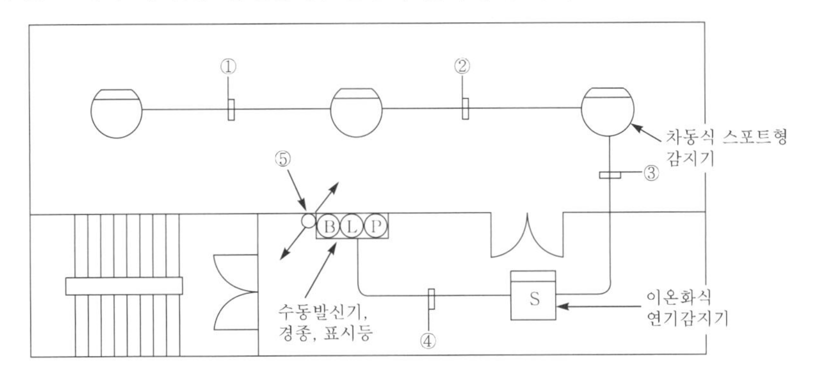

정답 (가) ① 4가닥 ② 4가닥 ③ 4가닥 ④ 4가닥

(나) (소통 기호)

(다) 일제명동식의 입상계통도(최소 가닥수)

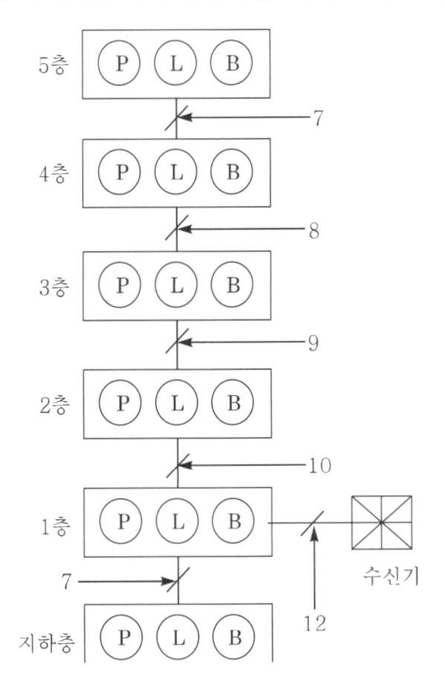

20 다음과 같은 경우의 회로배선방식은 어떤 방식으로 하여야 하는가?

(가) 자동화재탐지설비의 감지기 회로배선방식은?

(나) CO_2 소화설비의 자동기동장치로 화재감지기를 설치한 경우의 회로배선방식은?

정답 (가) 송·배전 방식

(나) 교차회로방식

21 자동화재탐지설비의 중계기에 대한 설치기준의 (   ) 안에 알맞은 것은?

(가) 수신기에서 직접 감지기회로의 (①)시험을 행하지 아니하는 것에 있어서는 수신기와 감지기 사이에 설치할 것

(나) (②) 및 (③)에 편리하고 화재 및 침수 등의 재해로 인한 피해를 받을 우려가 없는 장소에 설치할 것

(다) 수신기에 의하여 감시되지 아니하는 배선을 통하여 전력을 공급받는 것에 있어서는 전원입력측의 배선에 (④)를 설치하고 당해 전원의 정전이 즉시 수신기에 표시되는 것으로 하며, (⑤) 및 (⑥)의 시험을 할 수 있도록 할 것

정답 (가) ① 도통
(나) ② 조작 ③ 점검
(다) ④ 과전류차단기 ⑤ 상용전원 ⑥ 예비전원

22 자동화재탐지설비의 발신기함의 결선도 및 계통도에 대한 것이다. 다음 각 물음에 답하시오.

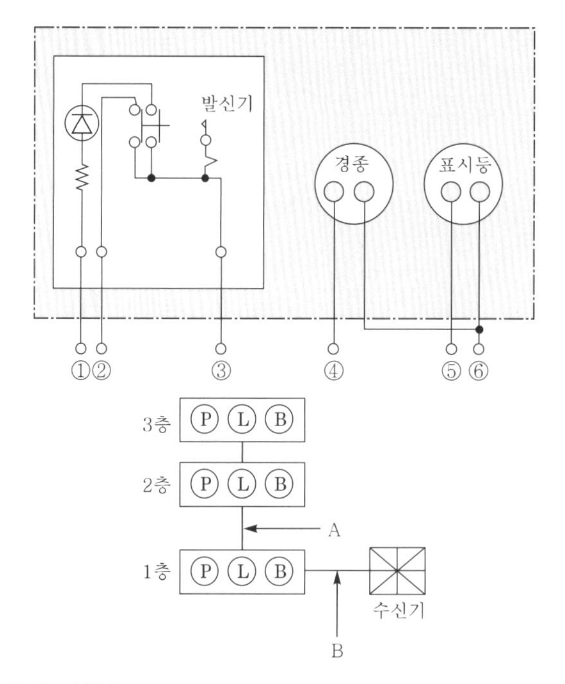

(가) ①～⑦의 각 선의 명칭은?

(나) 직상발화 우선경보방식일 경우 A, B의 최소 전선가닥수는 몇 가닥인가?

정답 (가) ① 응답선 ② 지구회로선 ③ 발신기 공통선 ④ 경종선
⑤ 표시등선 ⑥ 경종표시등 공통선
(나) A : 8가닥, B : 10가닥

23

수동발신기세트의 지구경종과 표시등을 공통선을 사용하여 작동시키려고 한다. 이때, 공통선에 흐르는 전류는 몇 A인가? (단, 경종은 DC 24V, 2.4W, 표시등은 0.72W이다)

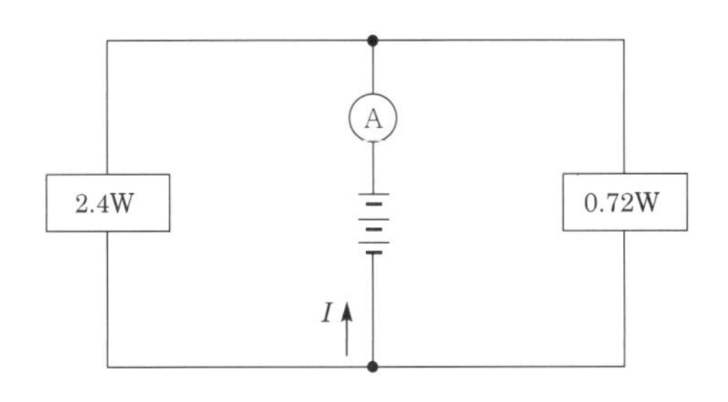

정답 $P = VI$

$$I = \frac{P}{V} = \frac{2.4}{24} + \frac{0.72}{24} = 0.13\text{A}$$

24

연면적 5,000m² 이고 지상 5층, 지하 1층이며 각 층에 각각 경계구역이 1인 건물의 자동화재탐지설비의 간선계통도를 그리고, 최소 선수를 표시하시오. (단, 수신기는 P형 10회로 수신기이며, 설치장소는 지상 1층이며, 지구경종은 직상발화 우선경보방식으로 결선한다)

정답

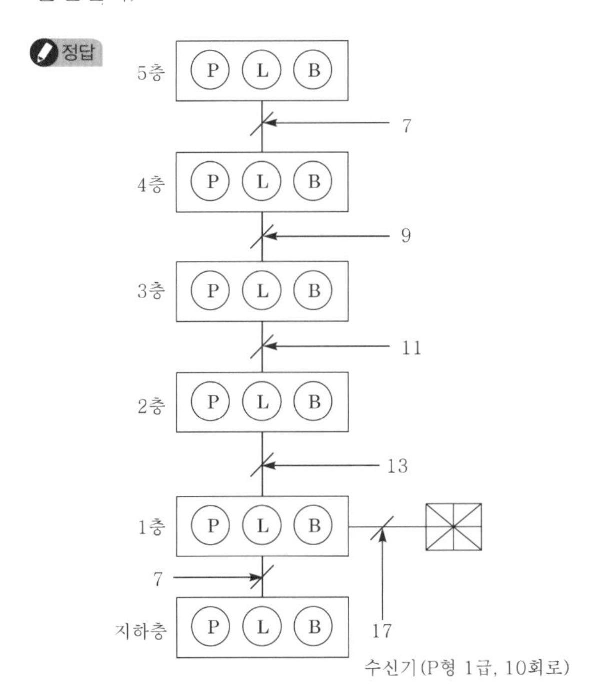

25 자동화재탐지설비의 수신기의 화재표시작동시험에서 가부판정 여부의 기준으로 3가지를 쓰시오.

정답 ① 각 릴레이의 작동이 정상이어야 할 것
② 화재표시등, 지구표시등 및 표시장치의 점등이 정상이어야 할 것
③ 음향장치의 명동 확인, 감지기회로 또는 부속기기회로와의 접속이 정상이어야 할 것

26 중계기가 수신기에 의해 감시되지 않는 배선을 통해 전력을 공급받는다면 어떤 조치를 취해야 하는지 그 조치사항을 3가지만 쓰시오.

정답 ① 전원입력측의 배선에 과전류차단기를 설치할 것
② 당해 전원의 정전이 수신기에 표시할 것
③ 상용전원 및 예비전원의 시험을 할 수 있도록 할 것

27 다음은 P형 수동발신기의 외형을 나타낸 그림이다. ①, ②에 대한 명칭을 쓰고, 그 용도를 간략하게 설명하시오.

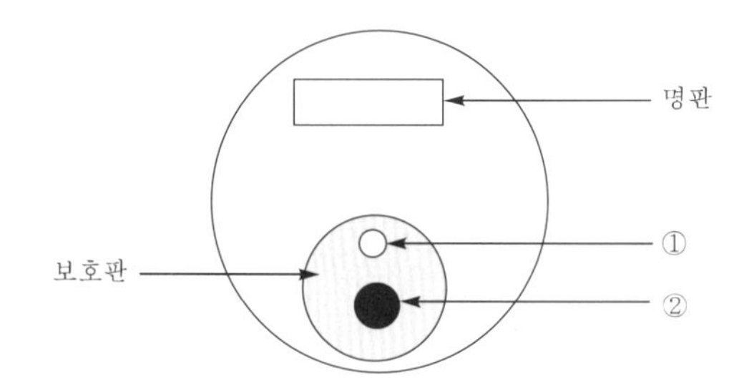

정답 ① 응답확인램프 : 화재신호가 수신기에 전달되었는가를 확인하는 램프
② 누름버튼스위치 : 화재를 발견한 자가 수동으로 화재신호를 발신하는 스위치

28 감지기의 구조에 관한 다음 물음에 답하시오.

(가) 감지기의 명칭을 쓰시오.
(나) ①~⑤까지의 명칭을 쓰시오.

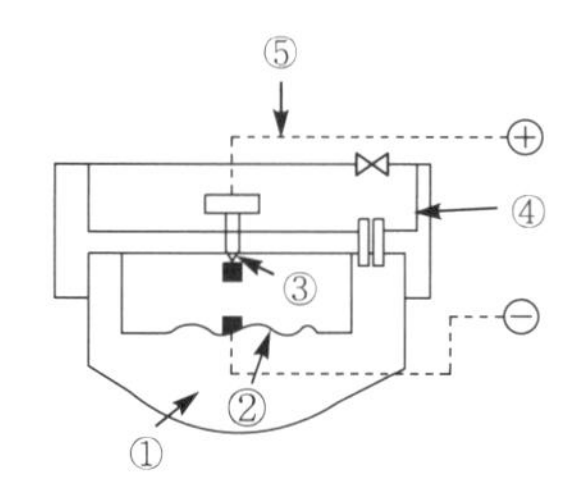

정답 (가) 차동식 스포트형 감지기(공기팽창 이용)
(나) ① 감열실(공기실) ② 다이어프램 ③ 접점(고정접점)
④ 리크구멍(리크밸브, 리크공) ⑤ 배선

29 감지기의 배선에 대한 다음 도면을 보고 각 물음에 답하시오.

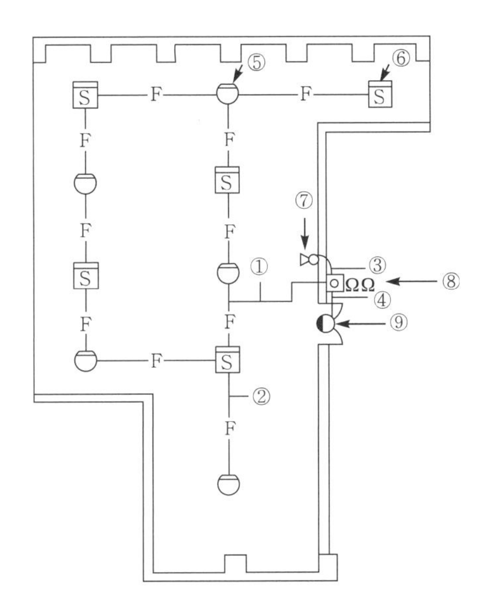

(가) 도면상의 ①～④에 해당하는 배선가닥수는 최소 몇 가닥이 필요한가?

(나) 도면상의 ⑤～⑨에 해당하는 심벌의 명칭은 무엇인가?

(다) 심벌 S을 S으로 하였다면 이것은 무엇을 의미하는가?

정답 (가) ① 8가닥 ② 4가닥 ③ 2가닥 ④ 2가닥
(나) ⑤ 차동식 스포트형 감지기 ⑥ 연기감지기 ⑦ 사이렌 ⑧ 종단저항 ⑨ 방출표시등
(다) 매입형

30 차동식 스포트형 2종 감지기를 부착면의 높이가 5.5m인 내화구조로 된 소방대상물에 설치하고자 한다. 이 경우 소방대상물의 바닥면적이 170m²라면 몇 개 이상 설치하여야 하는가?

정답 층고높이 4m 이상 8m 미만, 내화구조로 차동식 스포트 2종이므로

$$N = \frac{170\text{m}^2}{35\text{m}^2} = 4.86$$

∴ 5개

31 **지상 2층, 지하 2층 건물의 계단에 연기감지기를 설치하고자 한다. ①, ②에 설치하는 연기감지기는 수직거리 몇 m마다 설치하여야 하는가?** (단, ①은 2종 감지기, ②는 3종 감지기를 설치한다)

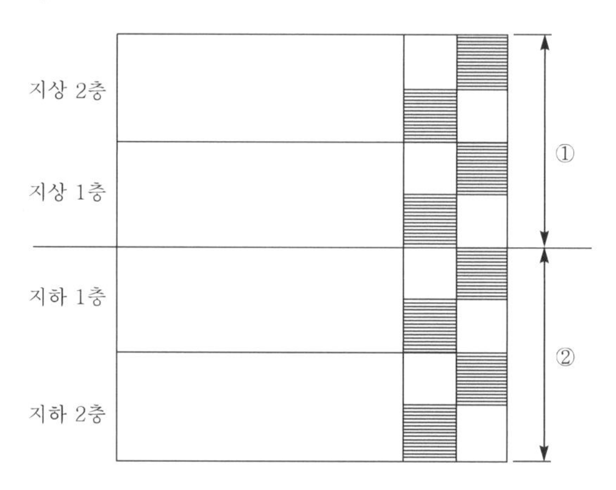

정답 ① 15m ② 10m

32 **자동화재탐지설비의 감지기에 대한 설명이다. 다음 각 물음에 답하시오.**

(가) 감지기(차동식 분포형은 제외)는 실내로 공기유입구로부터 (①)m 이상 떨어진 곳에 설치할 것
(나) 감지기는 천장 또는 반자의 (②)에 면하는 부분에 설치할 것
(다) 보상식 스포트형 감지기는 정온점이 감지기 주위의 평상시 최고 온도보다 (③)℃ 이상 높은 것으로 설치할 것
(라) 정온식 감지기는 주방, (④) 등 다량의 화기를 취급하는 장소에 설치할 것
(마) 정온식 감지기의 공칭작동온도는 최고 주위온도보다 (⑤)℃ 이상 높은 것으로 설치할 것
(바) 스포트형 감지기는 (⑥)도 이상 경사되지 아니하도록 부착할 것

정답 ① 1.5 ② 옥내 ③ 20 ④ 보일러실 ⑤ 20 ⑥ 45

33 **그림은 감지기의 결선도이다. 다음 각 물음에 답하시오.**

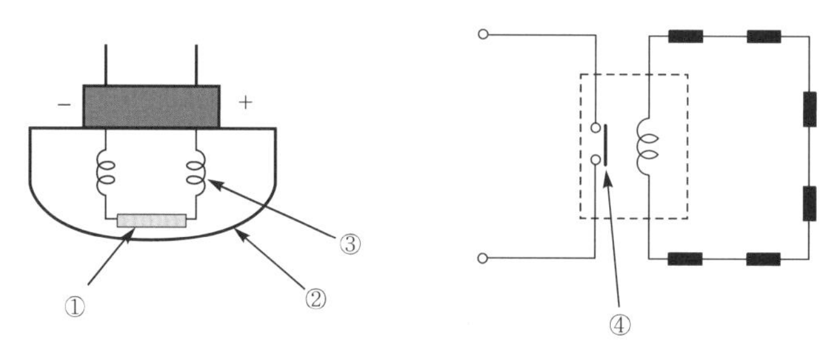

(가) 감지기의 명칭은?

(나) ①～④까지의 명칭을 쓰고, ①, ③은 어떤 작용을 하는지 답하시오.

(다) 감지기의 작동원리를 쓰시오.

정답 (가) 열반도체식 차동식 분포형 감지기

(나) • 명칭

① 열반도체소자 ② 수열판 ③ 동니켈선 ④ 접점

• 작용

① 열반도체소자 : 열기전력을 발생시키는 소자

③ 동니켈선 : 열반도체소자와 역방향의 열기전력을 발생하는 니켈선

(다) 화재가 발생하면 열에 의해 수열판의 온도가 상승하여 열반도체소자에 열기전력이 발생하여 미터릴레이를 작동시켜 수신기에 화재신호를 알린다.

34 그림은 차동식 분포형 공기관식 감지기의 유통시험에 관한 것이다. 다음 각 물음에 답하시오.

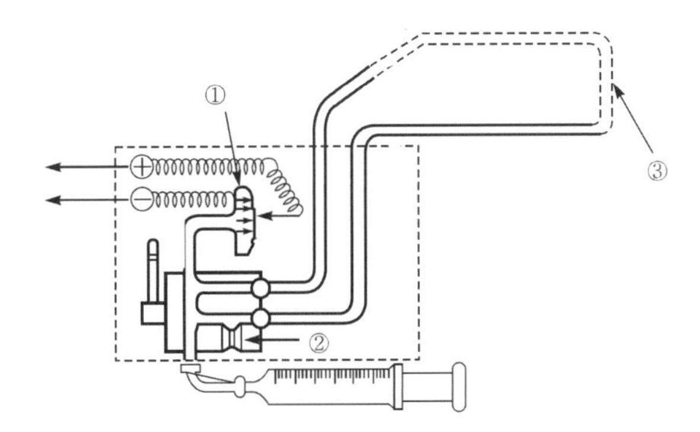

(가) ①～③의 명칭은 각각 무엇인가?

(나) 이 시험에서 확인할 수 있는 것을 3가지 쓰시오.

(다) 시험 시 검출부 시험공 또는 공기관의 한쪽 끝에 테스트펌프를 접속시킨다면 다른 한쪽 끝에는 무엇을 접속시키는가?

(라) 테스트펌프로 공기를 불어 넣어 마노미터의 수위를 100mm까지 상승시켰다면 유통시간은 어떻게 측정되는가?

(마) ③의 최소 길이와 최대 길이는 각각 얼마인가?

(바) ③의 굵기(두께)와 외경은 각각 얼마인가?

정답 (가) ① 다이어프램

② 리크구멍

③ 가건물 및 천장 안에 설치하는 공기관

(나) ① 공기관의 누설

② 공기관의 찌그러짐

③ 공기관의 길이

(다) 마노미터

(라) 송기구를 열기 시작한 후부터 수위가 50mm까지 내려가는 시간
(마) 최소 길이 : 20m, 최대 길이 : 100m
(바) 굵기(두께) : 0.3mm 이상, 외경 : 1.9mm 이상

35 감지기를 1개 이상 설치하여야 할 바닥면적의 기준을 나타낸 표이다. (　) 안의 바닥 면적은?

(단위 : m^2)

부착높이 및 소방대상물의 구분		감지기의 종류				
		차동식 스포트형		정온식 스포트형		
		1종	2종	특종	1종	2종
4m 미만	주요 구조부를 내화구조로 한 소방대상물 또는 그 부분	90	70	70	(①)	20
	기타 구조의 소방대상물 또는 그 부분	(②)	40	40	(③)	15
4m 이상 8m 미만	주요 구조부를 내화구조로 한 소방대상물 또는 그 부분	(④)	35	35	30	
	기타 구조의 소방대상물 또는 그 부분	(⑤)	25	25	15	

정답 ① 60　② 50　③ 30　④ 45　⑤ 30

36 공기관식 차동식 분포형 감지기에서 작동개시시간이 허용범위보다 늦게 되는 경우가 있다. 그 원인에 대하여 간단히 설명하시오.

정답 ① 감지기의 다이어프램이 부식되어 검출부의 표면에 구멍이 생겼을 때
② 감지기의 리크저항이 기준값 이하일 때

37 감지기의 작동공기압(공기팽창압)에 상당하는 공기량을 테스트펌프에 의해 불어 넣어 작동할 때까지의 시간이 지정값인가를 확인하기 위하여 행하는 시험은 공기관식의 화재작동시험 중 어느 시험에 해당되는가?

정답 펌프시험

38 어떤 소방대상물에 연기감지기(3종)를 설치하고자 한다. 복도 및 통로에서는 보행거리 몇 m마다 1개 이상 시설하여야 하며, 또 계단 및 경사로에 있어서는 수직거리 몇 m마다 1개 이상 시설하여야 하는가? (단, 부착면의 높이는 4m 미만이라고 한다)

정답 ① 복도 및 통로 : 20m
② 계단 및 경사로 : 10m

39 그림은 차동식 분포형 열전대식 감지기의 구성도이다. 이 그림을 보고 다음 각 물음에 답하시오.

(가) 그림에서 잘못된 부분에 대한 곳을 찾아 그 부분을 지적하고 옳은 그림으로 수정하여 그리시오.

(나) 그림에서 ①과 ②는 무엇을 나타내는가?

(다) 그림에서 ②의 부분 ━▭━ 로 표시하였다면 이것은 어떤 뜻인가?

(라) 그림에서 ②를 1개 검출부에 최대로 접속할 수 있는 수량은 몇 개이며, 최소 접속개수는 1개의 감지구역마다 몇 개인가?

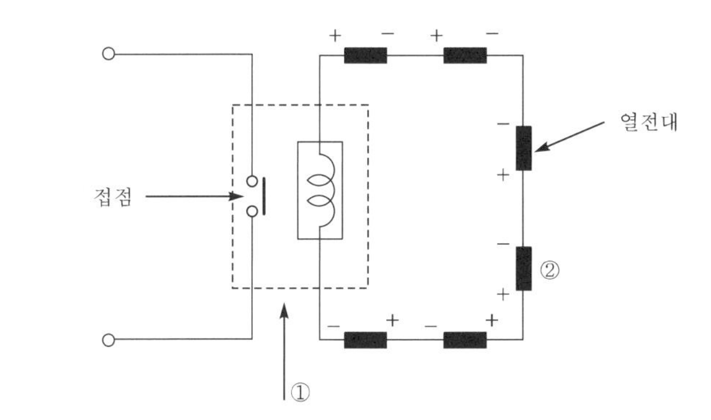

정답 (가)

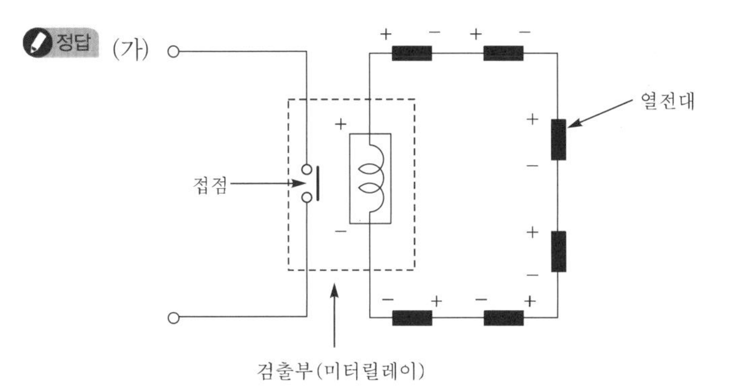

(나) ① 미터릴레이(접점 및 코일)
② 열전대부(극성)

(다) 가건물 및 천장 안에 시설할 경우

(라) 열전대부의 접속개수
① 최대 : 20개
② 최소 : 4개

40 다음 그림과 같이 자동화재탐지설비의 감지기를 배선하였을 경우 잘못된 점을 지적하여 옳게 도면을 그리고, 그 이유는 무엇인지 설명하시오.

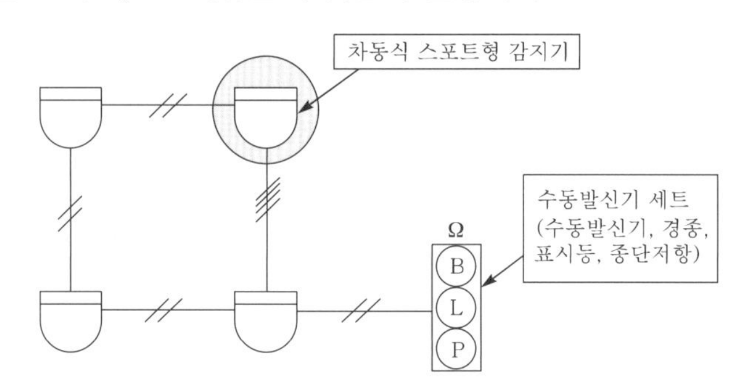

정답 ① 옳은 도면

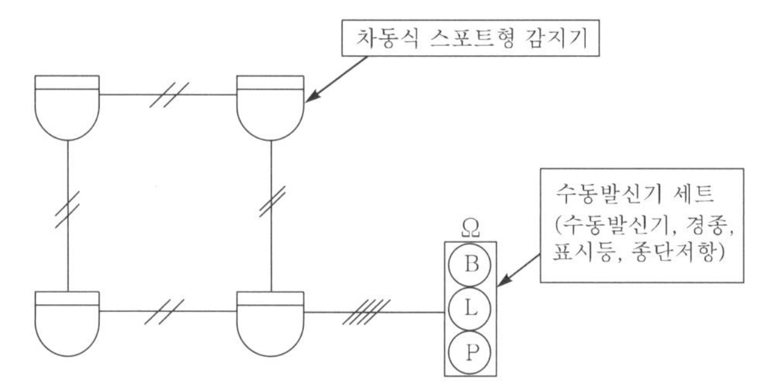

② 이유 : 감지기회로의 배선이 도통시험을 용이하게 하기 위한 종단저항이 수동발신기 세트에 설치되어 있는 송·배전식 배선이다.

41 공기관식 차동식 분포형 감지기의 설치기준으로 (   ) 안에 알맞은 것은?

(가) 공기관의 노출부분은 감지구역마다 (①)m 이상이 되도록 할 것

(나) 공기관의 감지구역의 각 변과의 수평거리는 (②)m 이하가 되도록 하고, 공기관 상호간의 거리는 (③)m(주요 구조부를 내화구조로 한 소방대상물 또는 그 부분에 있어서는 (④)m) 이하가 되도록 할 것

(다) 하나의 검출부분에 접속하는 공기관의 길이는 (⑤)m 이하로 할 것

(라) 검출부는 (⑥)도 이상 경사되지 아니하도록 부착할 것

(마) (⑦)는 바닥으로부터 0.8m 이상 1.5m 이하의 위치에 설치할 것

정답 (가) ① 20
(나) ② 1.5 ③ 6 ④ 9
(다) ⑤ 100
(라) ⑥ 5
(마) ⑦ 검출부

42 감지기회로의 도통시험을 위한 종단저항설치기준 3가지를 쓰시오.

정답 ① 점검 및 관리가 쉬운 장소에 설치할 것
② 전용함을 설치하는 경우 그 설치높이는 바닥으로부터 1.5m 이내로 할 것
③ 감지기회로의 끝부분에 설치하며, 종단감지기에 설치하는 경우에는 구별이 쉽도록 해당 감지기의 기판 등에 별도의 표시를 할 것

43 공기관식 차동식 분포형 감지기의 설치기준에 대하여 5가지만 쓰시오.

정답 ① 공기관의 노출부분은 감지구역마다 20m 이상이 되도록 할 것
② 공기관과 감지구역의 각 변과의 수평거리는 1.5m 이하가 되도록 하고, 공기관 상호 간의 거리는 6m(내화구조는 9m) 이하가 되도록 할 것
③ 공기관은 도중에서 분기하지 아니하도록 할 것
④ 하나의 검출부분에 접속하는 공기관의 길이는 100m 이하로 할 것
⑤ 검출부는 5° 이상 경사되지 아니하도록 부착할 것

44 차동식 분포형 감지기와 차동식 스포트형 감지기의 작동원리를 간략하게 설명하시오.

정답 ① 차동식 분포형 감지기
주위온도가 일정상승률 이상이 되는 경우에 작동하는 것으로서, 넓은 범위 내에서의 열효과의 누적에 의하여 작동하는 것
② 차동식 스포트형 감지기
주위온도가 일정상승률 이상이 되는 경우에 작동하는 것으로서, 일국소에서의 열효과에 의하여 작동되는 것

45 그림과 같은 이온화식 감지기의 구성도를 보고 다음 각 물음에 답하시오.

(가) ①, ②의 명칭은 무엇인가?
(나) ③에 구성되어야 할 회로는?
(다) ①, ②에 주로 사용하는 방사선 동위원소를 한 가지만 쓰시오.

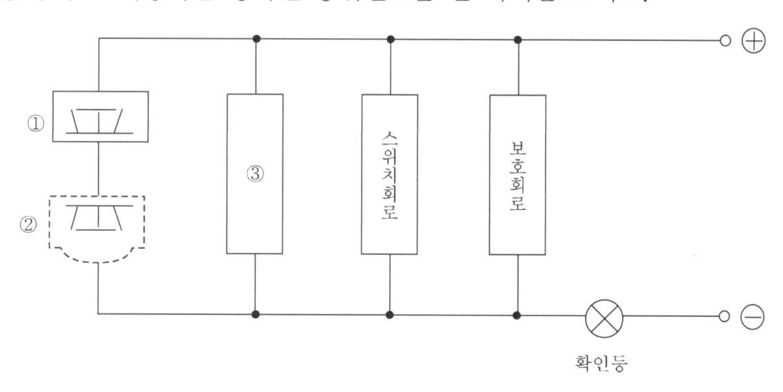

정답 (가) ① 내부이온실 ② 외부이온실
(나) 신호증폭회로
(다) 아메리슘 241(Am 241 또는 Am 95)

46 그림은 열전대식 차동식 분포형 감지기에 대한 결선도이다. 도면을 보고 다음 각 물음에 답하시오.

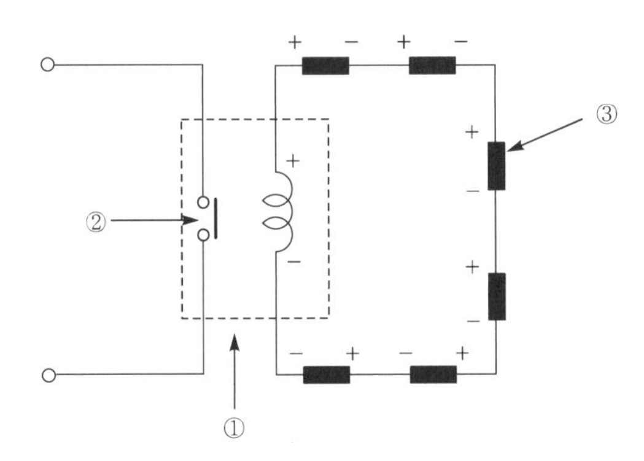

(가) ①에 해당하는 곳은 무슨 부분인가?
(나) ②, ③에 해당하는 곳의 명칭은?
(다) 하나의 검출부에 접속하는 열전대부는 몇 개 이하로 하여야 하는가?
(라) 열전대부는 감지구역의 바닥면적 몇 m^2마다 1개 이상으로 하여야 하는가? (단, 기타 구조인 경우이다)

정답 (가) 검출부(미터릴레이) (나) ② 접점 ③ 열전대
(다) 20개 이하 (라) $18m^2$

47 비상방송설비에 대한 다음 각 물음에 답하시오.

(가) 확성기의 음성입력은 몇 W 이상이어야 하는가?
(나) 음량조정기를 설치하는 경우 음량조정기의 배선은 몇 선식으로 하여야 하는가?
(다) 기동장치에 의한 화재신고를 수신한 후 필요한 음량으로 방송이 개시될 때까지의 소요시간은 몇 초 이하로 하여야 하는가?
(라) 조작부터 조작스위치는 바닥으로부터 몇 m의 높이에 설치하여야 하는가?
(마) 확성기는 몇 개층마다 설치하는가?

정답 (가) 실내 : 1W 이상, 실외 : 3W 이상 (나) 3선식
(다) 10초 (라) 0.8m 이상 1.5m 이하
(마) 각 층마다

48 답안지의 도면은 사무실 건물로 사용되는 어떤 5층 건물에서 비상방송설비를 업무용 방송설비와 겸용하는 경우의 미완성도면이다. 도면을 보고 다음 각 물음에 답하시오.

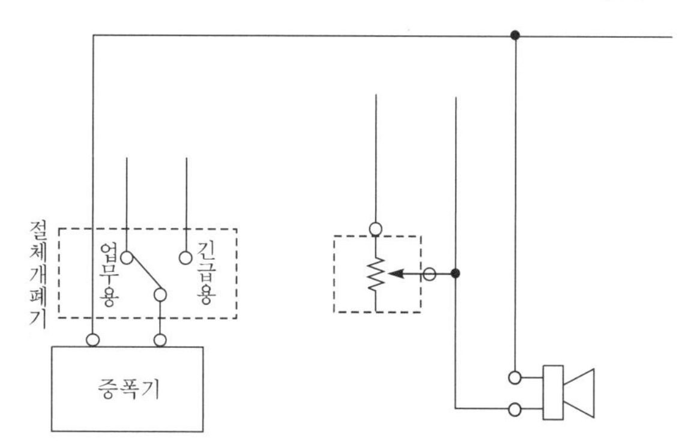

(가) 확성기의 음성입력은 실내에 설치하는 경우 몇 W 이상이어야 하는가?

(나) 3층에서 발화한 경우 우선적으로 경보를 발할 수 있어야 하는 층은?

(다) 도면의 ※표( )의 명칭은 무엇인가?

(라) 업무용 배선과 긴급용 배선을 도면에 그려 넣으시오.

정답 (가) 1W 이상
(나) 3층(발화층), 4층(직상층)
(다) 음량조절기
(라)

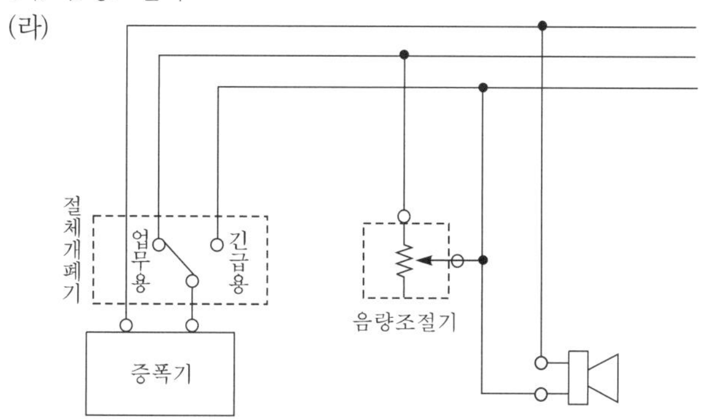

49 비상방송설비의 구성도를 나타낸 그림을 보고 다음 각 물음에 답하시오.

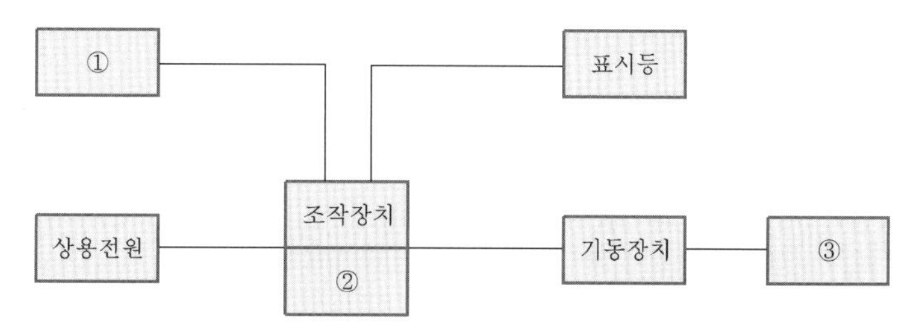

(가) ①～③의 명칭은 무엇인가?
(나) 기동장치를 기동하는 전원의 전압은 몇 V인가?
(다) 비상방송설비에 음량조정기를 설치하는 경우 음량조정기의 배선은 몇 선식으로 하는가?
(라) 기동장치 상부에 설치하는 표지판의 표지색상은 어떻게 하여야 하는가?
(마) ③을 옥외에 설치할 때 음성입력은 얼마인가?

정답 (가) ① 비상전원 ② 증폭기 ③ 스피커
(나) 직류 24V
(다) 3선식
(라) 적색
(마) 3W 이상

50 비상방송설비에 대한 다음 각 물음에 답하시오.

(가) 확성기의 음성입력기준을 실외에 설치하는 경우 몇 W 이상이어야 하는가?
(나) 우선경보방식에 대하여 발화층의 예를 들어 상세히 설명하시오.
(다) 음량조정기를 설치할 때 배선은 어떻게 하는가?
(라) 조작부의 조작스위치의 설치높이에 대한 기준을 쓰시오.

정답 (가) 3W
(나) ① 2층 이상 : 발화층, 직상층
② 1층 : 발화층, 직상층, 지하층
③ 지하층 : 발화층, 직상층, 기타의 지하층
(다) 3선식
(라) 0.8m 이상 1.5m 이하

51 비상방송설비의 설치기준에 대한 다음 각 물음에 답하시오.

(가) 확성기는 몇 개층마다 설치하는가?
(나) 음량조정기를 설치하는 경우 음량조정기의 배선은 몇 선식으로 하는가?
(다) 조작부의 조작스위치는 바닥으로부터 몇 m 이상 몇 m 이하의 높이에 설치하는가?

정답 (가) 각 층마다
(나) 3선식
(다) 0.8m 이상 1.5m 이하

52 그림과 같은 구역에 비상방송설비를 설치하려고 한다. 스피커의 설치위치를 표시하시오. (단, 스피커의 개수는 최소로 하고, 배관 · 배선은 표시하지 않으며, 스피커의 심벌은 별도로 표시한다)

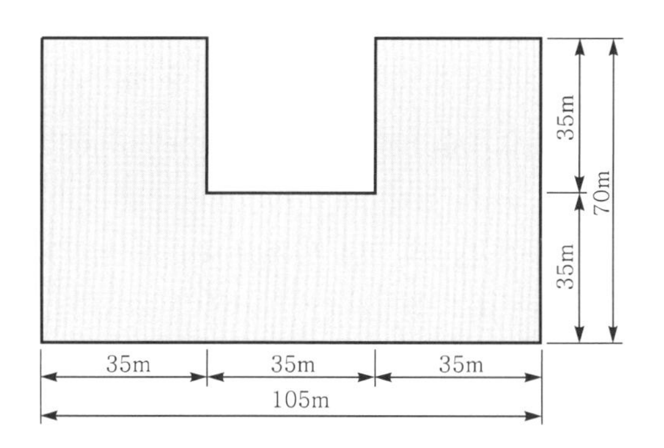

정답

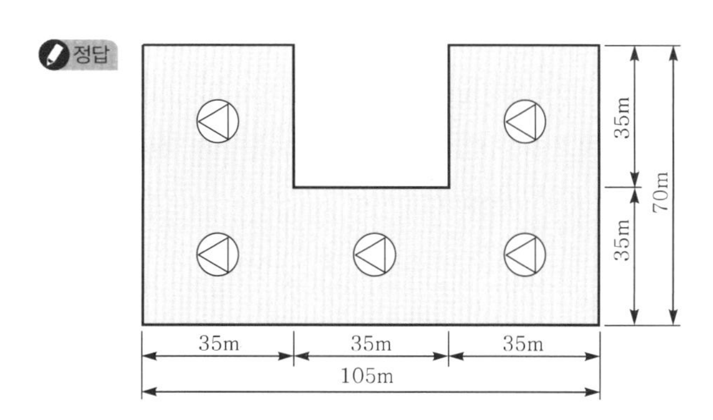

53 자동화재속보설비의 스위치는 바닥으로부터 몇 m 이상 몇 m 이하에 설치하여야 하는가?

정답 0.8m 이상 1.5m 이하

54 자동화재속보설비의 속보기에 대한 다음 각 물음에 답하시오.

(가) 속보기의 절연된 충전부와 외함 간의 절연저항은 직류 500V의 절연저항계로 측정한 값이 몇 MΩ 이상이어야 하는가?

(나) 화재의 발생을 표시하는 표시등은 등이 커질 때 무슨 색으로 표시되어야 하는가?

(다) 사용되는 변압기(전자기기용 소형 변압기)의 정격 1차 전압을 몇 V 이하로 하여야 하는가?

(라) 상기 (가)의 문항과 같은 방법으로 교류입력측과 외함 간을 측정할 때에는 몇 MΩ 이상이어야 하는가?

정답 (가) 5MΩ
(나) 적색
(다) 300V
(라) 20MΩ

55 다음은 누전경보기의 설치방법이다. (　　) 안을 채우시오.

(가) 경계전로의 정격전류가 60A가 초과하는 전로에 있어서는 (①) 누전경보기를 설치할 것
(나) 변류기는 소방대상물의 형태, 인입선의 시설방법 등에 따라 옥외 인입선의 제1지점의 (②) 또는 제2종 (③)의 점검이 쉬운 위치에 설치할 것
(다) 변류기를 옥외의 전로에 설치하는 경우에는 (④)의 것을 설치할 것

정답 (가) ① 1급
(나) ② 부하측　③ 접지선측
(다) ④ 옥외형

56 경계전로의 정격전류가 몇 A를 초과하는 전로에는 1급 누전경보기를 설치하는가?

정답 60A

57 그림은 누전경보기의 시설을 예시한 도면이다. 이 도면을 보고 각 물음에 답하시오.

(가) 도면의 ①, ②에 해당되는 기구의 명칭은 무엇인가?
(나) 그림기호 ③, ④의 명칭은 무엇인가?
(다) 그림기호 ④ 대신에 과전류차단기를 설치한다면 그 용량은 몇 A 이하의 것이어야 하는가? 또, 배선용 차단기일 경우에는 몇 A 이하의 것이어야 하는가?

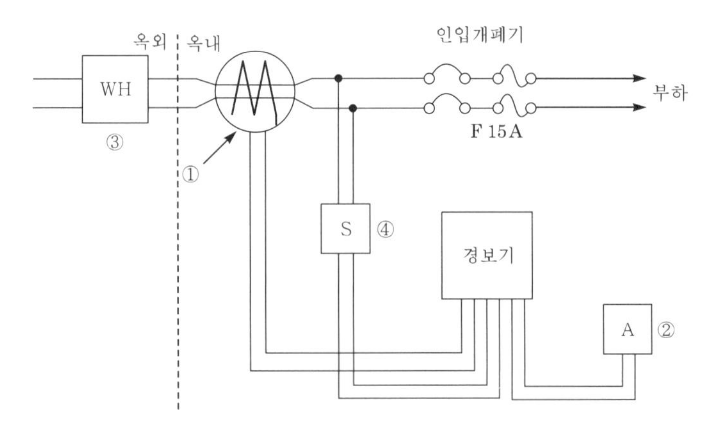

정답 (가) ① 영상변류기　② 버저(경보벨)
(나) ③ 적산전력계　④ 개폐기
(다) 과전류차단기의 용량 : 15A 이하, 배선용 차단기의 용량 : 20A 이하

58 누전경보기에 대한 다음 설명 중 ( )에 적당한 것은?

(가) 사용전압의 (①)%인 전압에서 소리를 내어야 한다.

(나) 변류기는 소방대상물의 형태, 인입선의 시설방법 등에 따라 옥외인입선의 (②)측 또는 제2종 접지선측의 점검이 쉬운 위치에 설치할 것. 다만, 인입선의 형태 또는 소방대상물의 구조상 부득이한 경우에 있어서는 인입구에 근접한 (③)에 설치할 수 있다.

(다) 감도조정장치를 갖는 누전경보기에 있어서 감도조정장치의 조정범위는 최댓값이 (④)A 일 것

(라) 누전경보기의 공칭작동전류값은 (⑤)mA 이하이어야 한다.

정답 (가) ① 80
(나) ② 제1지점의 부하 ③ 옥내
(다) ④ 1
(라) ⑤ 200

59 ZCT의 명칭 및 그 용도는?

정답 ① 명칭 : 영상변류기
② 용도 : 누설전류 검출

Memo

CHAPTER

02

피난유도설비

01 피난유도등

02 비상조명등

03 피난기구

CHAPTER 02 피난유도설비

01 피난유도등

피난유도설비는 화재발생 시 시야를 확보하거나 피난경로를 안내하기 위한 설비로서, 피난구유도등, 통로유도등, 객석유도등과 같은 안내유도등이 있으며, 피난유도표지와 피난유도선 그리고 비상조명등 등이 있다. 또한, 화재에 대한 대피 시 피난활동을 적극적으로 도울 수 있는 피난기구 등이 있다.

1 용어의 정의

피난유도등에서 사용하는 용어의 정의는 다음과 같다.

(1) 유도등이란 화재 시에 피난을 유도하기 위한 등으로서, 정상상태에서는 상용전원에 따라 켜지고 상용전원이 정전되는 경우에는 비상전원으로 자동전환되어 켜지는 등을 말한다.

(2) 피난구유도등이란 피난구 또는 피난경로로 사용되는 출입구를 표시하여 피난을 유도하는 등을 말한다.

(3) 통로유도등이란 피난통로를 안내하기 위한 유도등으로, 복도통로유도등, 거실통로유도등, 계단통로유도등을 말한다.

(4) 복도통로유도등이란 피난통로가 되는 복도에 설치하는 통로유도등으로서, 피난구의 방향을 명시하는 것을 말한다.

(5) 거실통로유도등이란 거주, 집무, 작업, 집회, 오락 그 밖에 이와 유사한 목적을 위하여 계속적으로 사용하는 거실, 주차장 등 개방된 통로에 설치하는 유도등으로 피난의 방향을 명시하는 것을 말한다.

(6) 계단통로유도등이란 피난통로가 되는 계단이나 경사로에 설치하는 통로유도등으로 바닥면 및 디딤바닥면을 비추는 것을 말한다.

(7) 객석유도등이란 객석의 통로, 바닥 또는 벽에 설치하는 유도등을 말한다.

(8) 피난구유도표지란 피난구 또는 피난경로로 사용되는 출입구를 표시하여 피난을 유도하는 표지를 말한다.

(9) 통로유도표지란 피난통로가 되는 복도, 계단 등에 설치하는 것으로서, 피난구의 방향을 표시하는 유도표지를 말한다.

(10) 피난유도선이란 햇빛이나 전등불에 따라 축광(이하 '축광방식'이라 한다)하거나 전류에 따라 빛을 발하는(이하 '광원점등방식'이라 한다) 유도체로서, 어두운 상태에서 피난을 유도할 수 있도록 띠형태로 설치되는 피난유도시설을 말한다.

(11) 입체형이란 유도등 표시면을 2면 이상으로 하고 각 면마다 피난유도표시가 있는 것을 말한다.

(12) 3선식 배선이란 평상시에는 유도등을 소등상태로 유도등의 비상전원을 충전하고, 화재 등 비상 시 점등신호를 받아 유도등을 자동으로 점등되도록 하는 방식의 배선을 말한다.

2 유도등 설치대상

유도등을 설치해야 하는 특정소방대상물은 다음의 어느 하나에 해당하는 것으로 한다.

(1) 피난구유도등, 통로유도등 및 유도표지는 특정소방대상물에 설치한다. 다만, 다음에 해당하는 경우는 제외한다.
① 동물 및 식물 관련 시설 중 축사로서 가축을 직접 가두어 사육하는 부분
② 지하가 중 터널

(2) 객석유도등은 다음에 해당하는 특정소방대상물에 설치한다.
① 유흥주점영업시설(「식품위생법 시행령」 제21조 제8호 라목의 유흥주점영업 중 손님이 춤을 출 수 있는 무대가 설치된 카바레, 나이트클럽 또는 그 밖에 이와 비슷한 영업시설만 해당한다)
② 문화 및 집회시설
③ 종교시설
④ 운동시설

(3) 피난유도선은 화재안전기준에서 정하는 장소에 설치한다.

3 피난유도등의 종류

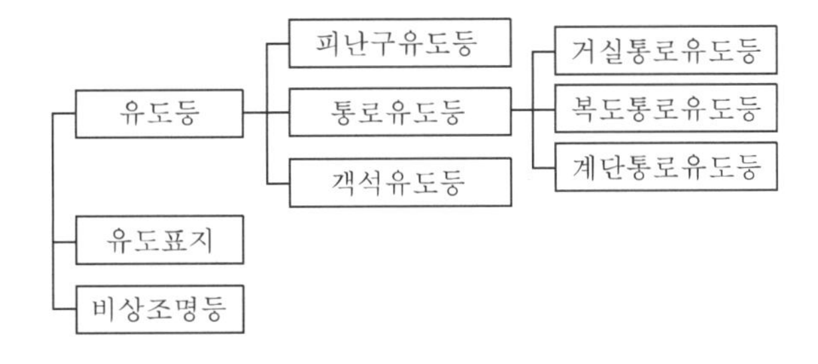

▌그림 2.1.1 ▌ 피난유도등의 종류

[그림 2.1.1]은 피난유도등의 종류로서 피난출입문에 설치하는 피난구유도등과 피난구에 이르도록 안내하는 통로유도등 그리고 객석유도등 및 비상조명등으로 구분된다. 통로유도등은 복도에 설치하는 복도통로유도등과 거실통로유도등 그리고 계단을 밝게 비추는 용도로 쓰이는 계단통로유도등 등으로 구분된다.

그 밖에 피난구유도표지, 통로유도표지, 피난유도선 등이 있다.

4 유도등 설치장소

피난유도등은 소방대상물에 따라 설치해야 하며 다음 표에서 정하는 대로 소방대상물의 용도에 적응하는 것으로 설치해야 한다.

| 표 2.1.1 | 설치장소별 유도등 및 유도표지 종류

<table>
<tr><th>설치장소</th><th>유도등 및 유도표지의 종류</th></tr>
<tr><td>1. 공연장·집회장(종교집회장 포함)·관람장·운동시설</td><td rowspan="2">• 대형 피난구유도등
• 통로유도등
• 객석유도등</td></tr>
<tr><td>2. 유흥주점영업시설(「식품위생법 시행령」 제21조 제8호 라목의 유흥주점영업 중 손님이 춤을 출 수 있는 무대가 설치된 카바레, 나이트클럽 또는 그 밖에 이와 비슷한 영업시설만 해당한다)</td></tr>
<tr><td>3. 위락시설·판매시설·운수시설·「관광진흥법」 제3조 제1항 제2호에 따른 관광숙박업·의료시설·장례식장·방송통신시설·전시장·지하상가·지하철역사</td><td>• 대형 피난유도등
• 통로유도등</td></tr>
<tr><td>4. 숙박시설(제3호의 관광숙박업 외의 것을 말한다)·오피스텔</td><td rowspan="2">• 중형 피난구유도등
• 통로유도등</td></tr>
<tr><td>5. 제1호부터 제3호까지 외의 건물로서 지하층·무창층 또는 층수가 11층 이상인 특정소방대상물</td></tr>
<tr><td>6. 제1호부터 제5호까지 외의 건물로서 근린생활시설·노유자시설·업무시설·발전시설·종교시설(집회장 용도로 사용하는 부분 제외)·교육연구시설·수련시설·공장·창고시설·교정 및 군사시설(국방·군사시설 제외)·기숙사·자동차정비공장·운전학원 및 정비학원·다중 이용업소·복합건축물·아파트</td><td>• 소형 피난유도등
• 통로유도등</td></tr>
<tr><td>7. 그 밖의 것</td><td>• 피난구유도표지
• 통로유도표지</td></tr>
</table>

[비고] 1. 소방서장은 특정소방대상물의 위치·구조 및 설비의 상황을 판단하여 대형 피난구유도등을 설치해야 할 장소에 중형 피난구유도등 또는 소형 피난구유도등을 설치하게 할 수 있다.
2. 복합건축물과 아파트의 경우 주택의 세대 내에는 유도등을 설치하지 않을 수 있다.

5 피난유도등

(1) 피난구유도등

피난구유도등이란 피난구 또는 피난경로로 사용되는 출입구를 표시하여 유도하는 등을 말한다. 피난구유도등은 30m 직선거리에서 10 ~ 30lx 조도로 문자 및 색채, 화살표 등을 쉽게 확인할 수 있어야 한다. [그림 2.1.2]는 피난구유도등의 그림을 나타내며 녹색바탕에 백색문자로 표시한다.

‖ 그림 2.1.2 ‖ **피난구유도등**

① 피난구유도등 설치장소의 기준

㉠ **옥내로부터 직접 지상으로 통하는 출입구 및 그 부속실의 출입구**

㉡ **직통계단·직통계단의 계단실 및 그 부속실의 출입구**

㉢ **㉠과 ㉡에 따른 출입구에 이르는 복도 또는 통로로 통하는 출입구**

㉣ **안전구획된 거실로 통하는 출입구**

㉤ 피난구유도등은 피난구의 바닥으로부터 **높이 1.5m 이상**으로서 출입구에 인접하도록 설치해야 한다.

㉥ 피난층으로 향하는 피난구의 위치를 안내할 수 있도록 출입구 인근 천장에 설치된 피난구유도등의 면과 수직이 되도록 피난구유도등을 추가로 설치해야 한다. 다만, 피난구유도등이 입체형인 경우에는 그렇지 않다.

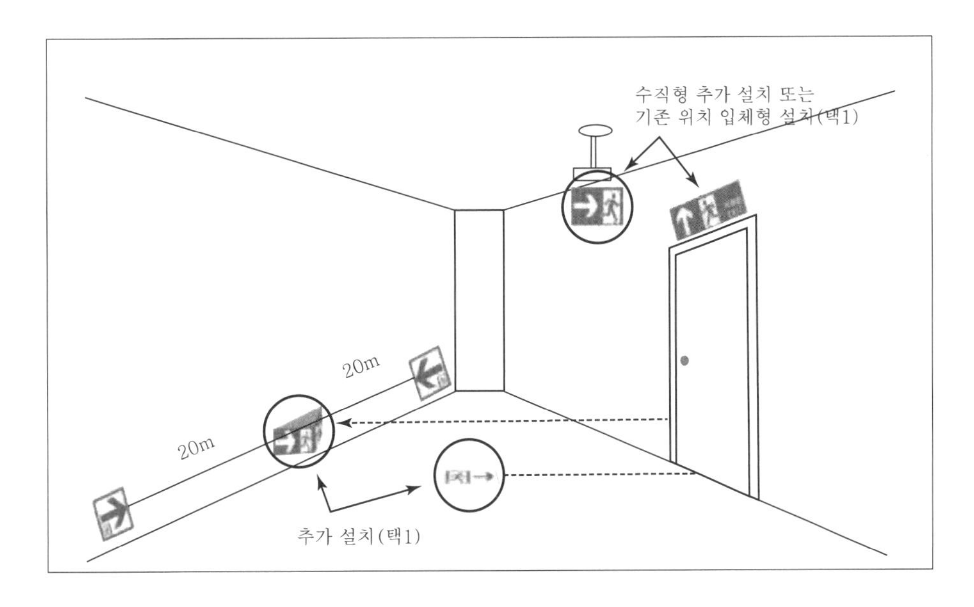

‖ 그림 2.1.3 ‖ **피난구·통로유도등 설치개선 참고자료**

② **피난구유도등 설치 제외기준** : 다음의 어느 하나에 해당하는 경우에는 피난구유도등을 설치하지 않을 수 있다.

㉠ 바닥면적이 1,000m^2 **미만**인 층으로서, 옥내로부터 직접 지상으로 통하는 출입구(외부의 식별이 용이한 경우에 한한다)

㉡ **대각선 길이가 15m 이내**인 구획된 실의 출입구

㉢ 거실 각 부분으로부터 하나의 출입구에 이르는 **보행거리가 20m 이하**이고 비상조명등과 유도표지가 설치된 거실의 출입구

㉣ **출입구가 3개소 이상 있는 거실**로서, 그 거실 각 부분으로부터 하나의 출입구에 이르는 **보행거리가 30m 이하인 경우**에는 **주된 출입구 2개소 외의 출입구**(유도표지가 부착된 출입구를 말한다). 다만, 공연장·집회장·관람장·전시장·판매시설·운수시설·숙박시설·노유자시설·의료시설·장례식장의 경우에는 그렇지 않다.

(2) 통로유도등

통로유도등은 피난통로를 안내하기 위한 유도등으로, 복도통로유도등, 거실통로유도등, 계단통로유도등을 말하며 흰색바탕에 녹색문자로 표시한다.

통로유도등은 소방대상물의 각 거실과 지상에 이르는 복도 또는 계단의 통로에 설치한다.

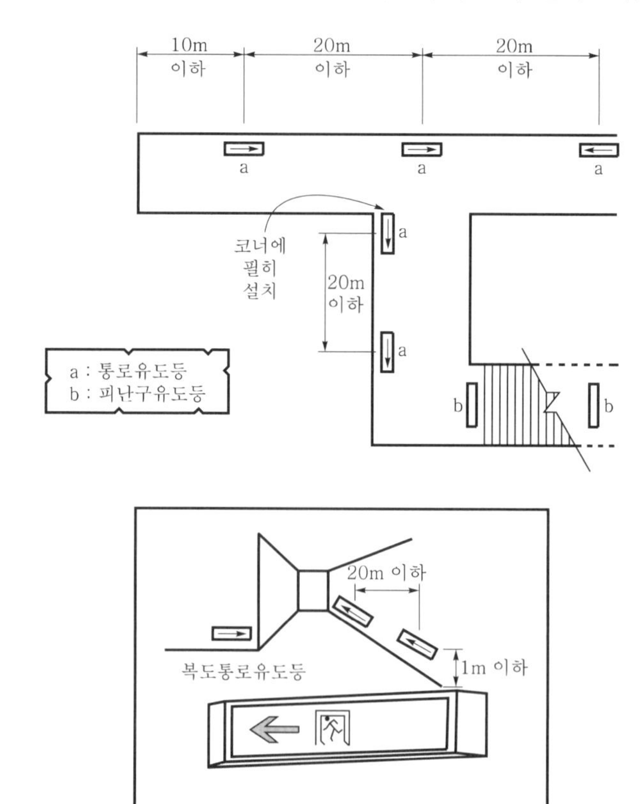

| 그림 2.1.4 | 복도통로유도등 및 설치방법

① 복도통로유도등

㉠ 피난통로가 되는 복도에 설치하는 통로유도등으로서, 피난구의 방향을 명시하는 것을 말한다.

㉡ 복도통로유도등은 다음의 기준에 따라 설치한다.

- 복도에 설치하되 피난구유도등이 적합하게 설치된 출입구의 맞은편 복도에는 입체형으로 설치하거나 바닥에 설치할 것
- 구부러진 모퉁이 및 위에 따라 설치된 통로유도등을 기점으로 보행거리 **20m마다 설치**할 것
- 바닥으로부터 **높이 1m 이하의 위치에 설치**할 것. 다만, 지하층 또는 무창층의 용도가 **도매시장 · 소매시장 · 여객자동차터미널 · 지하역사 또는 지하상가**인 경우에는 복도 · 통로 중앙부분의 **바닥에 설치**해야 한다.
- 바닥에 설치하는 통로유도등은 하중에 따라 파괴되지 않는 강도의 것으로 할 것
- 복도통로유도등 조도기준 : **복도통로유도등은 바닥면으로부터 1m 높이**에 **설치**하고 그 유도등의 **중앙으로부터 0.5m 떨어진 위치**(다음 그림에서 정하는 위치)의 바닥면 조도와 유도등의 전면 중앙으로부터 **0.5m 떨어진 위치**의 **조도가 1lx 이상**이어야 한다. 다만, 바닥면에 설치하는 통로유도등은 그 유도등의 바로 윗부분 1m의 높이에서 법선조도가 1lx 이상이어야 한다.

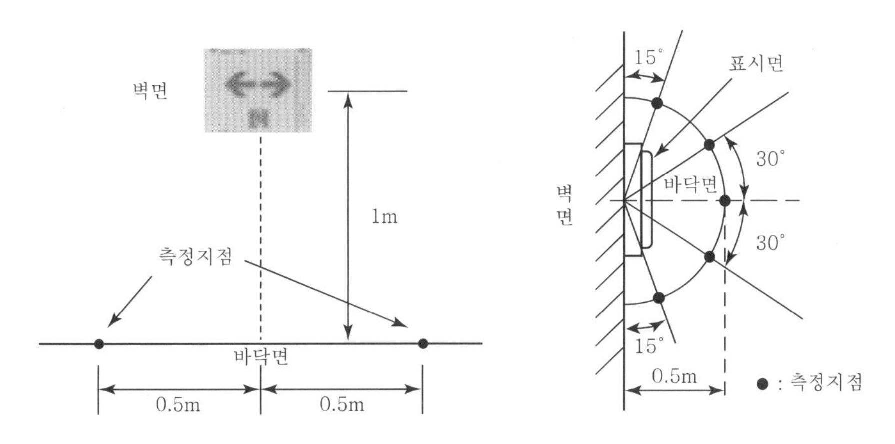

‖ 그림 2.1.5 ‖ **복도통로유도등 조도**

② 거실통로유도등

㉠ 거주, 집무, 작업, 집회, 오락, 그 밖에 이와 유사한 목적을 위하여 계속적으로 사용하는 거실, 주차장 등 개방된 통로에 설치하는 유도등으로 피난의 방향을 명시하는 것을 말한다.

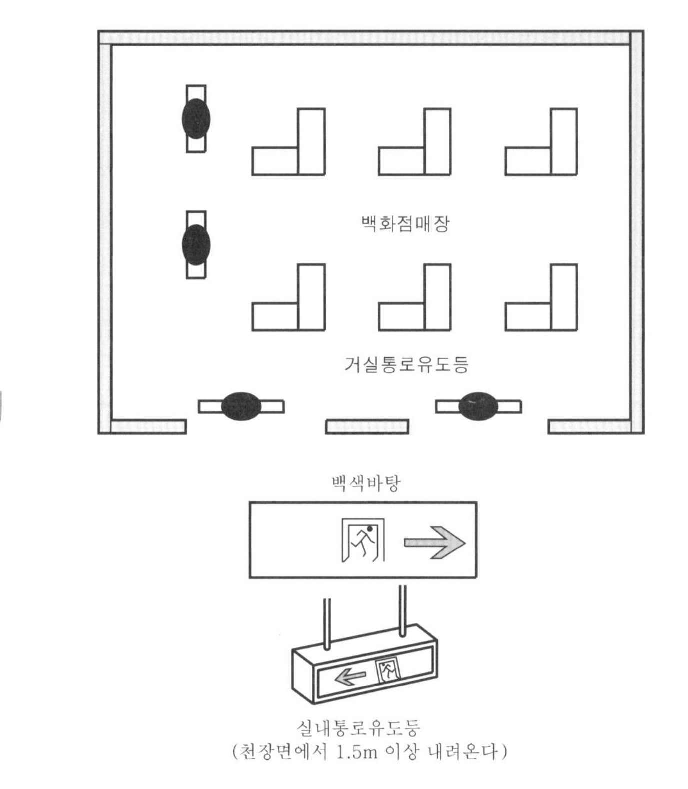

▎그림 2.1.6 ▎ **거실통로유도등**

㉡ 거실통로유도등은 다음 기준에 따라 설치한다.

- 거실의 통로에 설치할 것. 다만, 거실의 통로가 벽체 등으로 구획된 경우에는 복도통로유도등을 설치할 것
- 구부러진 모퉁이 및 **보행거리 20m마다** 설치할 것
- 바닥으로부터 **높이 1.5m 이상의 위치에 설치**할 것. 다만, 거실통로에 **기둥이 설치된 경우**에는 기둥부분의 바닥으로부터 **높이 1.5m 이하의 위치**에 설치할 수 있다.
- 거실통로유도등 조도기준 : **거실통로유도등은 바닥면으로부터 2m 높이**에 설치하고 그 유도등의 **중앙으로부터 0.5m 떨어진 위치**의 바닥면 조도와 유도등의 전면 중앙으로부터 **0.5m 떨어진 위치**의 **조도가 1lx 이상**이어야 한다. 다만, 바닥면에 설치하는 통로유도등은 그 유도등의 바로 윗부분 1m의 높이에서 법선조도가 1lx 이상이어야 한다.

③ 계단통로유도등

㉠ 계단통로유도등은 피난통로가 되는 계단이나 경사로에 설치하는 통로유도등으로, 바닥면 및 디딤바닥면을 비추는 것을 말한다. [그림 2.1.7]과 같이 조도를 측정하여 디딤바닥면을 비출 수 있도록 하여야 하며, [그림 2.1.8]과 같이 일반복도 통로유도등과 비교하여 계단통로유도등이 광원의 밝기를 확보하기 위하여 광원(LED)수가 많이 설치된 것을 볼 수 있다.

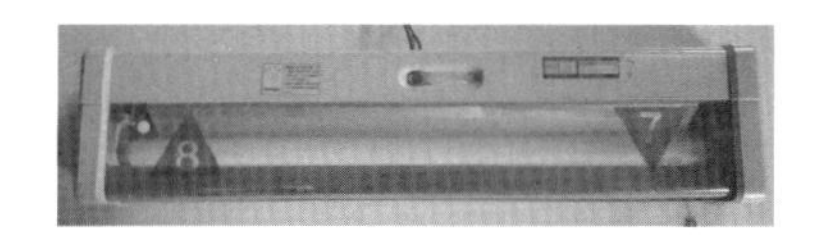

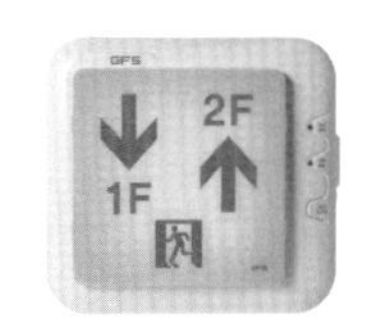

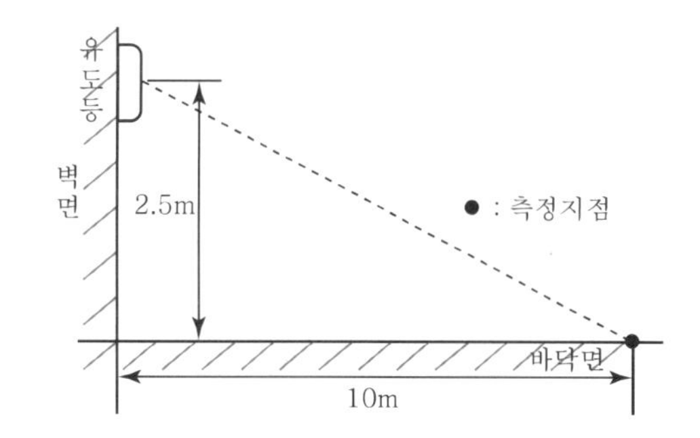

▌그림 2.1.7 ▌ **계단통로유도등 및 조도측정 기준**

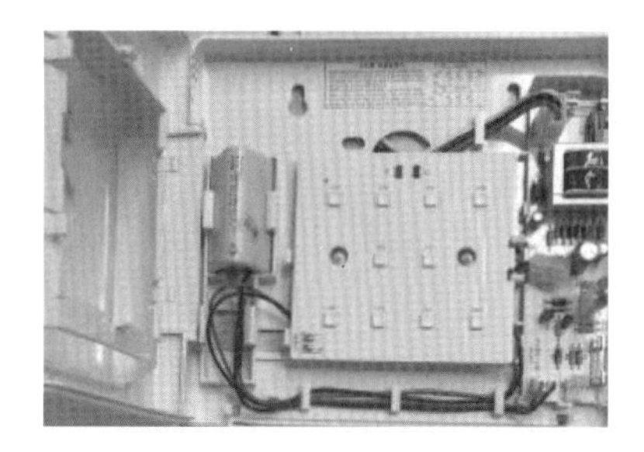

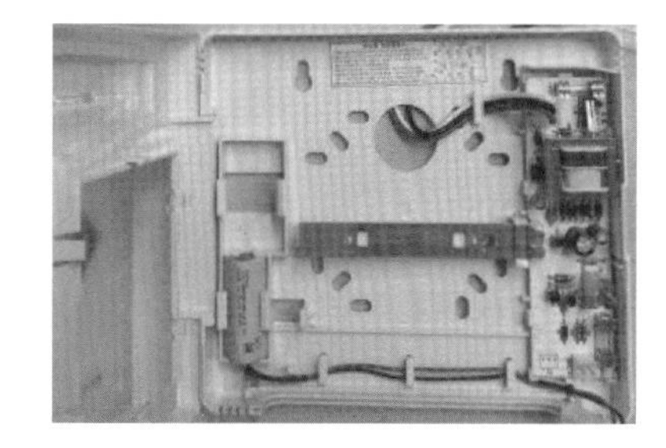

▌그림 2.1.8 ▌ **계단통로유도등과 복도통로유도등 내부 LED 비교**

㉡ 계단통로유도등은 다음 기준에 따라 설치한다.
- 각 층의 경사로참 또는 계단참마다(1개 층에 경사로참 또는 계단참이 2 이상 있는 경우에는 2개의 계단참마다)설치할 것
- 바닥으로부터 **높이 1m 이하의 위치**에 설치할 것
- 계단통로유도등 조도기준 : 계단통로유도등은 [그림 2.1.7]과 같이 바닥면 또는 디딤바닥면으로부터 **높이 2.5m의 위치**에 계단유도등을 설치하고 그 유도등의 바로 밑으로부터 **수평거리로 10m 떨어진 위치**에서의 법선조도가 **0.5lx 이상**이어야 한다.

▌표 2.1.2 ▌ **통로유도등의 조도비교**

유도등 종류	조도측정기준
복도통로유도등	바닥면으로부터 높이 1m에서 0.5m 떨어진 위치에서 1lx 이상
거실통로유도등	바닥면으로부터 높이 2m에서 0.5m 떨어진 위치에서 1lx 이상
바닥매립용 유도등	유도등 바로 윗부분 1m 높이에서 1lx 이상
객석유도등	유도등 바로 아래 0.3m 떨어진 위치에서 수평조도 0.2lx 이상
계단통로유도등	바닥면으로부터 2.5m에서 수평거리 10m에서 0.5lx 이상

(3) 객석유도등

① 객석유도등은 극장, 공연장 등에 설치하는 유도등으로, 객석의 통로, 바닥 또는 벽에 설치하는 유도등을 말한다.

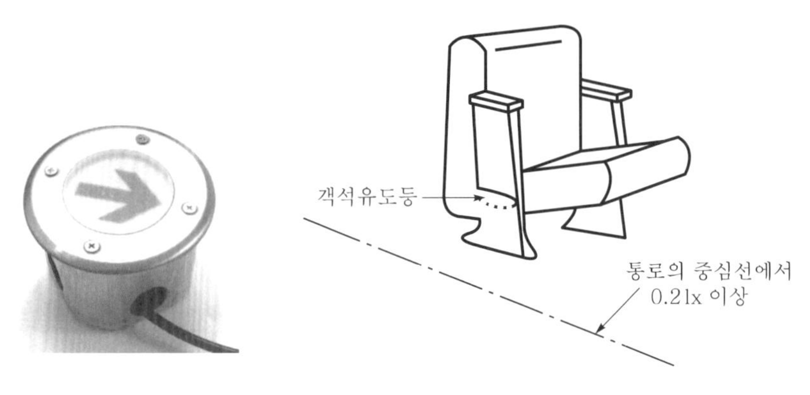

▌그림 2.1.9▌ **객석유도등**

② 객석유도등은 다음과 같은 기준으로 설치해야 한다.

㉠ 객석유도등은 객석의 **통로, 바닥 또는 벽에 설치**해야 한다.

㉡ 객석 내의 통로가 경사로 또는 수평로로 되어 있는 부분은 다음 식에 따라 산출한 개수(소수점 이하의 수는 1로 본다)의 유도등을 설치해야 한다.

$$\text{설치개수} = \frac{\text{객석 통로의 직선 부분의 길이(m)}}{4} - 1$$

㉢ 객석 내의 통로가 옥외 또는 이와 유사한 부분에 있는 경우에는 해당 통로 전체에 미칠 수 있는 개수의 유도등을 설치해야 한다.

㉣ 객석유도등 조도기준 : 객석유도등은 바닥면 또는 디딤바닥면에서 높이 **0.5m의 위치에 설치**하고 그 유도등의 바로 밑에서 **0.3m 떨어진 위치**에서의 수평조도가 **0.2lx 이상**이어야 한다.

㉤ 객석유도등 설치제외 : 다음의 어느 하나에 해당하는 경우에는 객석유도등을 설치하지 않을 수 있다.

- 주간에만 사용하는 장소로서 채광이 충분한 객석
- 거실 등의 각 부분으로부터 하나의 거실출입구에 이르는 보행거리가 20m 이하인 객석의 통로로서 그 통로에 통로유도등이 설치된 객석

(4) 유도등 식별기준

① 피난구유도등 및 거실통로유도등은 상용전원으로 등을 켜는(평상시 사용상태로 연결, 사용전압에 의하여 점등 후 주위조도를 10 lx에서 30 lx까지의 범위 내로 한다. 이하 여기에서 같다) 경우에는 직선거리 30m의 위치에서, 비상전원으로 등을 켜는(비상전원에 의하여 유효점등시간 동안 등을 켠 후 주위조도를 0 lx에서 1 lx까지의 범위 내로 한다. 이하 여기에서 같다) 경우에는 직선거리 20m의 위치에서 각기 보통시력(시력 1.0에서 1.2의 범위 내를 말한다. 이하 같다)으로 피난유도표시에 대한 식별이 가능하여야 한다. 이 경우 다음의 하나에 적합하여야 한다.

㉠ 색채 및 화살표가 함께 표시된 경우에는 화살표도 쉽게 식별될 것
㉡ 동영상표시형 유도등은 피난자가 비상문으로 피난하는 형태로 인식될 것
㉢ 단일·동영상 연계표시형 유도등은 위의 규정에 적합할 것

② 복도통로유도등에 있어서 상용전원으로 등을 켜는 경우에는 직선거리 20m의 위치에서, 비상전원으로 등을 켜는 경우에는 직선거리 15m의 위치에서 보통시력에 의하여 표시면의 화살표가 쉽게 식별되어야 한다.

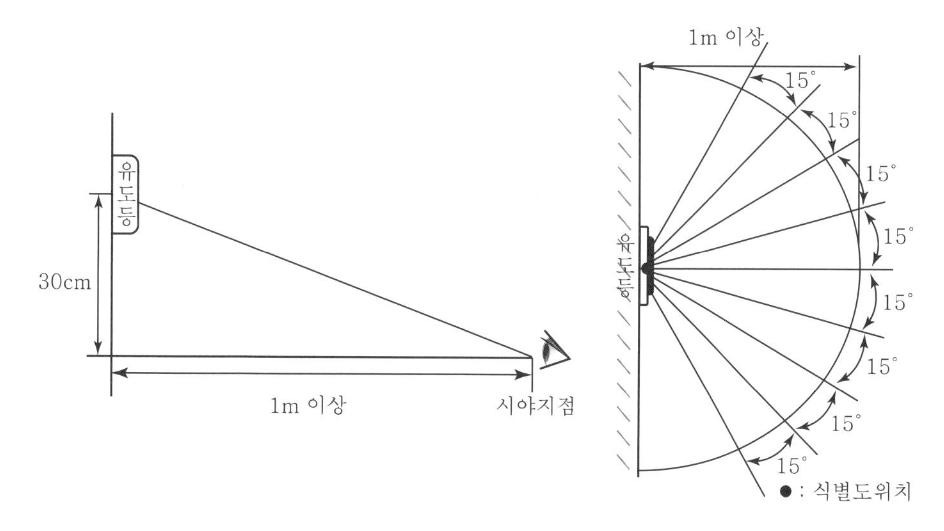

‖ 그림 2.1.10 ‖ **피난구유도등의 조도측정기준**

③ 피난구유도등은 눈높이로부터 30cm 위치에 설치하고, 유도등 바로 밑으로부터 수평거리는 1m 이상(표시면 긴 변의 길이 4배 이상으로 하고 이 거리가 1m 미만인 경우에는 1m로 한다) 떨어진 위치(그림에서 표시하는 위치)에서 ①의 주위조도 및 시력범위와 동일한 조건으로 확인하는 경우 다음의 하나에 적합하여야 한다.
㉠ 색채 및 화살표가 함께 표시된 경우에는 화살표도 쉽게 식별될 것
㉡ 동영상표시형 유도등은 피난자가 비상문으로 피난하는 형태로 인식할 수 있을 것
㉢ 단일·동영상 연계표시형 유도등은 위의 규정에 적합할 것

④ 패널식 유도등의 피난유도표시는 깜박임, 어두워짐 및 흔들림의 발생이 없어야 한다.

(5) 유도등 설치제외

① **피난구유도등 설치제외** : 다음의 어느 하나에 해당하는 경우에는 피난구유도등을 설치하지 않을 수 있다.
㉠ 바닥면적이 1,000m^2 미만인 층으로서 옥내로부터 직접 지상으로 통하는 출입구(외부의 식별이 용이한 경우에 한한다)
㉡ 대각선 길이가 15m 이내인 구획된 실의 출입구
㉢ 거실 각 부분으로부터 하나의 출입구에 이르는 보행거리가 20m 이하이고 비상조명등과 유도표지가 설치된 거실의 출입구

ㄹ 출입구가 3개소 이상 있는 거실로서, 그 거실 각 부분으로부터 하나의 출입구에 이르는 보행거리가 30m 이하인 경우에는 주된 출입구 2개소 외의 출입구(유도표지가 부착된 출입구를 말한다). 다만, 공연장 · 집회장 · 관람장 · 전시장 · 판매시설 · 운수시설 · 숙박시설 · 노유자시설 · 의료시설 · 장례식장의 경우에는 그렇지 않다.

② 통로유도등 설치제외

ㄱ 구부러지지 아니한 복도 또는 통로로 길이가 30m 미만인 복도 또는 통로

ㄴ ㄱ에 해당하지 않는 복도 또는 통로로 보행거리가 20m 미만이고 그 복도 또는 통로와 연결된 출입구 또는 그 부속실의 출입구에 피난구유도등이 설치된 복도 또는 통로

③ 객석유도등 설치제외

ㄱ 주간에만 사용하는 장소로서 채광이 충분한 객석

ㄴ 거실 등의 각 부분으로부터 하나의 거실출입구에 이르는 보행거리가 20m 이하인 객석의 통로로서 그 통로에 통로유도등이 설치된 객석

(6) 유도등의 기타 일반구조

① 상용전원전압의 110% 범위 안에서는 유도등 내부의 온도상승이 그 기능에 지장을 주거나 위해를 발생시킬 염려가 없어야 한다.

② 주전원 및 비상전원을 단락사고 등으로부터 보호할 수 있는 퓨즈 등 과전류보호장치를 설치하여야 한다. 다만, 객석유도등은 그러하지 아니하다.

③ 사용전압은 **300V 이하**이어야 한다. 다만, 충전부가 노출되지 아니한 것은 300V를 초과할 수 있다.

④ 유도등에는 점멸, 음성 또는 이와 유사한 방식 등에 의한 유도장치를 설치할 수 있다.

⑤ 유도등에는 점검용의 자동복귀형 점멸기를 설치하여야 한다. 다만, 바닥에 매립되는 복도통로유도등과 객석유도등은 그러하지 아니하다.

⑥ 극성이 있는 경우에는 오접속을 방지하기 위하여 필요한 조치를 해야 한다.

(7) 유도등의 동작원리

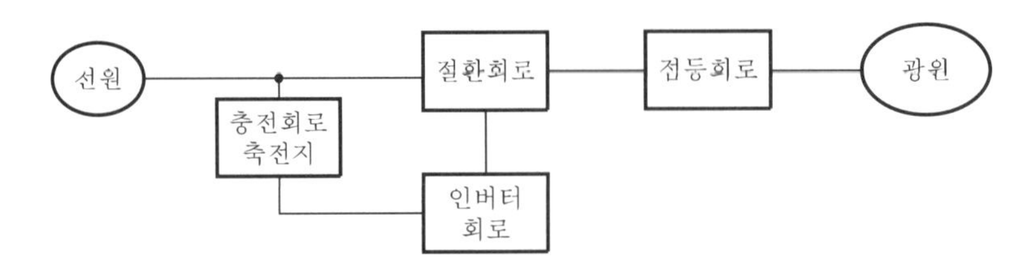

▎그림 2.1.11▎ **유도등 동작**

① [그림 2.1.11]은 유도등의 동작흐름을 나타낸 것으로, 평상시는 상용전원에 의해 광원이 점등되고 비상 시 또는 화재 시에 정전 또는 단선되었을 경우 축전지에 저장된 전기에너지가 인버터에 의해 점등회로로 전력이 공급되어 예비전원에 의해 광원이 점등되는 구조이다.

② 충전회로는 일반적으로 부하에 전력을 공급함과 동시에 축전지에 충전하는 방식인 부동충전방식으로 동작하고 있으며 인버터가 축전지의 직류전원을 교류로 변환하여 교류전원을 사용하는 형광등과 같은 광원에 전력을 공급한다. 최근 많이 사용하는 경우는 인버터가 없이 직류를 바로 사용할 수도 있다.

(8) 유도등 배선

피난유도등의 배선은 2선식 배선과 3선식 배선으로 구분할 수 있으며 3선식 배선의 경우 방재실 등에서 원격으로 유도등 점멸이 가능하다.

① **2선식 배선** : 2선식 배선은 [그림 2.1.12] (a)와 같이 유도등에 2선이 인입되는 방식으로, 유도등 광원과 축전지로 동시에 전원이 공급되며 평상시에도 계속 광원이 점등되어 있는 방식이다.

② **3선식 배선** : 3선식 배선은 [그림 2.1.12] (b)와 같이 유도등에 3선이 인입되는 방식으로, 방재실 및 관리실 등에서 원격으로 유도등 점멸이 가능하게 되어 있다.

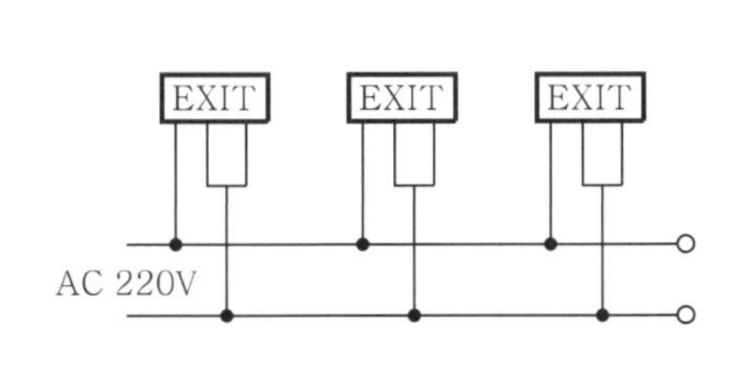

(a) 2선식 배선

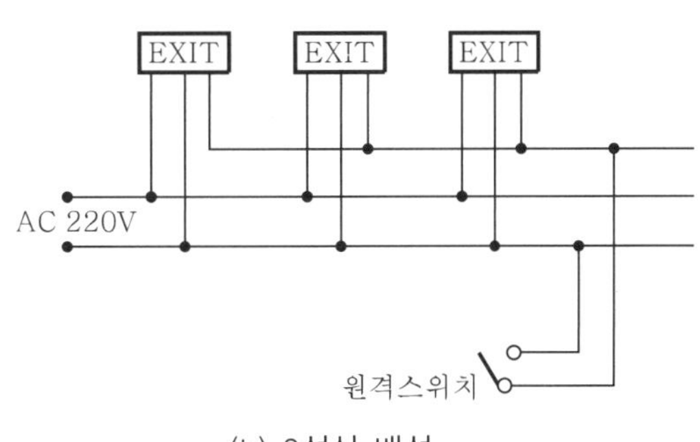

(b) 3선식 배선

▮ 그림 2.1.12 ▮ **유도등 배선방식**

참고 **2선식 배선과 3선식 배선의 비교**

2선식 배선	3선식 배선
• 소등하면 예비전원으로 자동충전이 안 되므로 유도등으로의 기능을 상실한다. • 정전이 되어 교류전압에 의한 전원공급이 안 되면 20분 이상 점등된 후 꺼진다.	• 점멸기에 의해 소등하면 유도등은 꺼지나 예비전원에 충전은 계속되고 있는 상태가 된다. • 정전 또는 단선이 되어 교류전압에 의한 전원공급이 안 되면 자동적으로 예비전원으로 절환되어 20분 이상 점등된다.

(9) 유도등 전원

① 유도등에 사용하는 전원은 정전 시에는 상용전원에서 비상전원으로, 정전복귀 시에는 비상전원에서 상용전원으로 자동전환되는 구조이어야 한다.

② 상용전원에 의하여 켜지는 광원을 원격조작에 의하여 끊더라도 예비전원은 상용전원에 의하여 자동충전할 수 있어야 한다. 다만, 발광다이오드 또는 면광원을 광원으로 사용하는 유도등으로서 상용전원에 의하여 상시점등되는 경우에는 그러하지 아니하다.

③ 비상전원의 상태를 감시할 수 있는 장치가 있어야 한다. 다만, 객석유도등은 그러하지 아니하다.

④ 상용전원이 정전되는 경우에는 즉시 비상전원에 의하여 켜져야 한다.

⑤ 비상전원 설치기준

㉠ 축전지로 할 것

㉡ 유도등을 20분 이상 유효하게 작동시킬 수 있는 용량으로 할 것. 다만, 다음의 특정소방대상물의 경우에는 그 부분에서 피난층에 이르는 부분의 유도등을 60분 이상 유효하게 작동시킬 수 있는 용량으로 해야 한다.

- 지하층을 제외한 층수가 11층 이상의 층
- 지하층 또는 무창층으로서 용도가 도매시장・소매시장・여객자동차터미널・지하역사 또는 지하상가

(10) 예비전원의 설치기준

① 유도등의 주전원으로 사용하여서는 아니 된다.

② 인출선을 사용하는 경우에는 적당한 색깔에 의하여 쉽게 구분할 수 있어야 한다.

③ 먼지, 수분 등에 의하여 성능에 지장이 생길 우려가 있는 부분은 적당한 보호커버를 설치하여야 한다.

④ 유도등의 예비전원은 알칼리계, 리튬계 2차 축전지(이하 '축전지'라 한다) 또는 콘덴서(이하 '축전기'라 한다)이어야 한다.

⑤ 전기적 기구에 의한 **자동충전장치 및 자동 과충전방지장치**를 설치하여야 한다. 다만, 과충전상태가 되어도 성능 또는 구조에 이상이 생기지 아니하는 예비전원을 설치할 경우에는 **자동 과충전방지장치**를 설치하지 아니할 수 있다.

⑥ 예비전원을 병렬로 접속하는 경우 **역충전방지 등의 조치**를 강구해야 한다.

(11) 유도등시험

① **절연저항시험** : 유도등의 교류입력측과 외함 사이, 교류입력측과 충전부 사이 및 절연된 충전부와 외함 사이의 각 절연저항의 **DC 500V의 절연저항계**로 측정한 값이 **5MΩ 이상**이어야 한다.

② **절연내력시험** : 유도등의 절연내력은 60Hz의 정현파에 가까운 실효전압 500V(정격전압이 60V를 초과하고 150V 이하인 것은 1kV, 정격전압이 150V를 초과하는 것은 그 정격전압에 2를 곱하여 1kV를 더한 값)의 교류전압을 가하는 시험에서 1분간 견디는 것이어야 한다.

③ **반복시험** : 유도등은 정격사용전압에서 AC 점등, DC 점등, 소등의 반복을 1회로 하여 **2,500회의 작동을 반복실시**하는 경우 그 구조 또는 기능에 이상이 생기지 아니하여야 한다. 다만, 상용전원에서 예비전원 충전상태를 유지하면서 소등되는 기능이 없는 유도등은 AC 점등, DC 점등 반복을 1회로 한다.

④ 자동전환장치 작동시험 : 유도등의 자동전환장치는 다음에 적합하여야 한다.
 ㉠ 정격전압의 80% 이하인 범위 내에서 작동하여야 한다.
 ㉡ 유도등에 정격전압 ±10%의 전압을 가하고 자동복귀형의 점검용 점멸기로 전환작동을 반복하여 10회 실시하는 시험에서 전환기능에 이상이 생기지 아니하여야 한다.

(12) 유도등 크기 및 휘도기준

피난구유도등 및 통로유도등(계단통로유도등 제외)의 표시면의 크기와 휘도는 다음과 같이 구분한다.

▌표 2.1.3▌ 유도등 표시면 크기 및 휘도기준

종별		1대 1 표시면[mm]	기타 표시면		평균휘도[cd/m^2]	
			짧은 변[mm]	최소 면적[m^2]	상용점등 시	비상점등 시
피난구 유도등	대형	250 이상	200 이상	0.10	320 이상 800 미만	100 이상
	중형	200 이상	140 이상	0.07	250 이상 800 미만	
	소형	100 이상	110 이상	0.036	150 이상 800 미만	
통로 유도등	대형	400 이상	200 이상	0.16	500 이상 1,000 미만	150 이상
	중형	200 이상	110 이상	0.036	350 이상 1,000 미만	
	소형	130 이상	85 이상	0.022	300 이상 1,000 미만	

6 피난유도표지 및 피난유도선

(1) 유도표지

유도표지는 피난구유도표지와 통로유도표지로 구분되며, 피난구유도표지는 피난구 또는 피난경로로 사용되는 출입구를 표시하여 피난을 유도하는 표지를 말한다. 또한, 통로유도표지는 피난통로가 되는 복도, 계단 등에 설치하는 것으로서, 피난구의 방향을 표시하는 유도표지를 말한다.

① 유도표지 설치기준
 ㉠ 계단에 설치하는 것을 제외하고는 각 층마다 복도 및 통로의 각 부분으로부터 하나의 유도표지까지의 보행거리가 15m 이하가 되는 곳과 구부러진 모퉁이의 벽에 설치할 것
 ㉡ 피난구유도표지는 출입구 상단에 설치하고, 통로유도표지는 바닥으로부터 높이 1m 이하의 위치에 설치할 것
 ㉢ 주위에는 이와 유사한 등화・광고물・게시물 등을 설치하지 않을 것
 ㉣ 유도표지는 부착판 등을 사용하여 쉽게 떨어지지 않도록 설치할 것

ⓜ 축광방식의 유도표지는 외광 또는 조명장치에 의하여 상시조명이 제공되거나 비상조명등에 의한 조명이 제공되도록 설치할 것

② **유도표지 설치제외** : 다음의 어느 하나에 해당하는 경우에는 유도표지를 설치하지 않을 수 있다.

㉠ 유도등이 적합하게 설치된 출입구・복도・계단 및 통로

㉡ 아래에 해당하는 출입구・복도・계단 및 통로

- 바닥면적이 1,000m^2 미만인 층으로서 옥내로부터 직접 지상으로 통하는 출입구(외부의 식별이 용이한 경우에 한한다)
- 대각선 길이가 15m 이내인 구획된 실의 출입구

(2) 피난유도선

피난유도선이란 햇빛이나 전등불에 따라 축광(이하 '축광방식'이라 한다)하거나 전류에 따라 빛을 발하는(이하 '광원점등방식'이라 한다) 유도체로서 어두운 상태에서 피난을 유도할 수 있도록 띠형태로 설치되는 피난유도시설을 말한다.

① **축광방식의 피난유도선**은 다음의 기준에 따라 설치해야 한다.

㉠ 구획된 각 실로부터 주출입구 또는 비상구까지 설치할 것

㉡ 바닥으로부터 높이 50cm 이하의 위치 또는 바닥면에 설치할 것

㉢ 피난유도표시부는 50cm 이내의 간격으로 연속되도록 설치할 것

㉣ 부착대에 의하여 견고하게 설치할 것

ⓜ 외부의 빛 또는 조명장치에 의하여 상시 조명이 제공되거나 비상조명등에 의한 조명이 제공되도록 설치할 것

② **광원점등방식의 피난유도선**은 다음의 기준에 따라 설치해야 한다.

㉠ 구획된 각 실로부터 주출입구 또는 비상구까지 설치할 것

㉡ 피난유도표시부는 바닥으로부터 높이 1m 이하의 위치 또는 바닥면에 설치할 것

㉢ 피난유도표시부는 50cm 이내의 간격으로 연속되도록 설치하되 실내장식물 등으로 설치가 곤란할 경우 1m 이내로 설치할 것

㉣ 수신기로부터의 화재신호 및 수동조작에 의하여 광원이 점등되도록 설치할 것

ⓜ 비상전원이 상시 충전상태를 유지하도록 설치할 것

ⓑ 바닥에 설치되는 피난유도표시부는 매립하는 방식을 사용할 것

ⓢ 피난유도제어부는 조작 및 관리가 용이하도록 바닥으로부터 0.8m 이상 1.5m 이하의 높이에 설치할 것

Keypoint

[피난유도등설비]

1. **피난구유도등**

피난구유도등은 30m 직선거리에서 10~30lx 조도로 문자 및 색채, 화살표 등을 쉽게 확인

① 피난구유도등 설치 장소

㉠ **옥내로부터 직접 지상으로 통하는 출입구 및 그 부속실의 출입구**

㉡ **직통계단 · 직통계단의 계단실 및 그 부속실의 출입구**

㉢ **㉠과 ㉡에 따른 출입구에 이르는 복도 또는 통로로 통하는 출입구**

㉣ **안전구획된 거실로 통하는 출입구**

㉤ 피난구유도등은 피난구의 바닥으로부터 **높이 1.5m 이상**으로서 출입구에 인접하도록 설치

② 피난구유도등 설치 제외 기준

㉠ **1,000m² 미만**인 층으로 옥내로부터 직접 지상으로 통하는 출입구

㉡ **대각선 길이가 15m 이내**인 구획된 실의 출입구

㉢ **보행거리가 20m 이하**이고 비상조명등과 유도표지가 설치된 거실의 출입구

㉣ **출입구가 3개소 이상 있는 거실, 보행거리가 30m 이하인 경우 주된 출입구 2개소 외의 출입구**

2. **통로유도등**

통로유도등은 복도통로유도등, 거실통로유도등, 계단통로유도등을 말하며 흰색 바탕에 녹색 문자로 표시

① 복도통로유도등 설치기준

㉠ 복도에 설치하되 피난구유도등이 적합하게 설치된 출입구 맞은편 복도에는 입체형으로 설치하거나, 바닥에 설치할 것.

㉡ 구부러진 모퉁이 보행거리 **20m마다 설치**

㉢ 바닥으로부터 **높이 1m 이하의 위치에 설치**할 것. 다만, 지하층 또는 무창층의 용도가 **도매시장 · 소매시장, 여객자동차터미널 · 지하역사 또는 지하상가**인 경우에는 복도 · 통로 중앙부분의 **바닥에 설치**해야 한다.

㉣ 바닥에 설치하는 통로유도등은 하중에 따라 파괴되지 않는 강도의 것으로 할 것

㉤ 복도통로유도등 조도기준 : **복도통로유도등은 바닥면으로부터** 1m **높이**에 **설치**하고 그 유도등의 **중앙으로부터 0.5m 떨어진 위치**(그림1 또는 그림2에서 정하는 위치)의 바닥면 조도와 유도등의 전면 중앙으로부터 **0.5m 떨어진 위치**의 **조도가 1lx 이상**이어야 한다. 다만, 바닥면에 설치하는 통로유도등은 그 유도등의 바로 윗부분 1m의 높이에서 법선조도가 1lx 이상이어야 한다.

② 거실통로유도등 설치기준

㉠ 거실의 통로에 설치할 것. 다만, 거실의 통로가 벽체 등으로 구획된 경우에는 복도통로유도등을 설치할 것

㉡ 구부러진 모퉁이 및 **보행거리 20m마다** 설치

㉢ **높이 1.5m 이상의 위치에 설치**. 다만, 거실통로에 **기둥이 설치된 경우**에는 기둥 부분의 바닥으로부터 **높이 1.5m 이하의 위치**에 설치

㉣ 거실통로유도등 조도기준 : **거실통로유도등은 바닥면으로부터 2m 높이에 설치**하고 그 유도등의 **중앙으로부터 0.5m 떨어진 위치**의 바닥면 조도와 유도등의 전면 중앙으로부터 **0.5m 떨어진 위치**의 **조도가 1lx 이상**이어야 한다.

③ 계단통로유도등

㉠ 각 층의 경사로 참 또는 계단참마다 설치할 것

㉡ 바닥으로부터 **높이 1m 이하의 위치**에 설치할 것

㉢ 계단통로유도등 조도기준 : 계단통로유도등은 바닥면 또는 디딤바닥면으로부터 **높이 2.5m의 위치**에 계단유도등을 설치하고 그 유도등의 바로 밑으로부터 **수평거리로 10m 떨어진 위치**에서의 법선조도가 0.5lx 이상

유도등 종류	조도측정기준
복도통로유도등	바닥면으로부터 높이 1m에서 0.5m 떨어진 위치에서 1lx 이상
거실통로유도등	바닥면으로부터 높이 2m에서 0.5m 떨어진 위치에서 1lx 이상
바닥매립용 유도등	유도등 바로 윗부분 1m 높이에서 1lx 이상
객석유도등	유도등 바로 아래 0.3m 떨어진 위치에서 수평조도 **0.2lx 이상**
계단통로유도등	바닥면으로부터 2.5m에서 수평거리 10m에서 0.5lx 이상

3. 객석유도등 설치기준

① 객석의 **통로, 바닥 또는 벽에 설치**

② 객석유도등 조도기준 : 바닥면 또는 디딤 바닥면에서 높이 **0.5m의 위치에 설치**하고 그 유도등의 바로 밑에서 **0.3m 떨어진 위치**에서의 수평조도가 **0.2lx 이상**

③ 객석유도등 설치 제외 : 다음의 어느 하나에 해당하는 경우에는 객석유도등을 설치하지 않을 수 있다.

㉠ 주간에만 사용하는 장소로서 채광이 충분한 객석

㉡ 거실 등의 각 부분으로부터 하나의 거실 출입구에 이르는 보행거리가 20m 이하인 객석의 통로로서 그 통로에 통로유도등이 설치된 객석

4. 유도등 배선

① 2선식 배선 : 2선식 배선은 평상시에도 계속 광원이 점등되어 있는 방식이다.

② 3선식 배선 : 3선이 인입되는 방식으로 방재실 및 관리실 등에서 원격으로 유도등 점멸 가능

5. 유도등 전원 설치기준

① 축전지로 할 것

② 유도등을 20분 이상 유효하게 작동시킬 수 있는 용량으로 할 것. 다만, 다음의 특정소방대상물의 경우에는 그 부분에서 피난층에 이르는 부분의 유도등을 60분 이상 유효하게 작동시킬 수 있는 용량으로 해야 한다.

㉠ 지하층을 제외한 층수가 11층 이상의 층

㉡ 지하층 또는 무창층으로서 용도가 도매시장 · 소매시장, 여객자동차터미널 · 지하역사 또는 지하상가

6. 유도등 시험

① **절연저항시험**

유도등의 교류입력측과 외함 사이, 교류입력측과 충전부 사이 및 절연된 충전부와 외함 사이 - **DC 500V의 절연저항계로 5MΩ 이상**

② 반복시험 : **2,500회의 반복** - 그 구조 또는 기능에 이상이 생기지 아니하여야 한다.

02 비상조명등

비상조명등이란 화재 시 정전이 발생된 경우에도 원활한 피난활동을 할 수 있도록 거실이나 피난통로에 설치하여 최소 시간 동안 시야를 확보하기 위한 조명장치이다. 정상상태에서는 상용전원에 의해 점등되나 상용전원 차단 시 자동으로 예비전원으로 절환되어 바닥면의 조도를 1lx 이상으로 20분 또는 60분 이상 조명을 확보할 수 있어야 하는 장치이다.

1 용어의 정의

이 기준에서 사용하는 용어의 정의는 다음과 같다.

(1) 비상조명등이란 화재발생 등에 따른 정전 시 안전하고 원활한 피난활동을 할 수 있도록 거실 및 피난통로 등에 설치되어 자동점등되는 조명등을 말한다.

(2) 휴대용 비상조명등이란 화재발생 등으로 정전 시 안전하고 원활한 피난을 위하여 피난자가 휴대할 수 있는 조명등을 말한다.

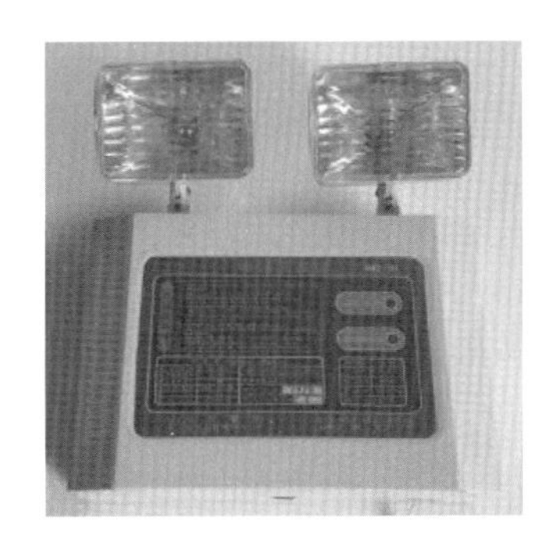

▮ 그림 2.2.1 ▮ **비상조명등 및 휴대용 비상조명등**

2 설치대상

(1) 비상조명등 설치대상

비상조명등을 설치해야 하는 특정소방대상물(창고시설 중 창고 및 하역장, 위험물 저장 및 처리시설 중 가스시설 및 사람이 거주하지 않거나 벽이 없는 축사 등 동물 및 식물 관련 시설은 제외한다)은 다음의 어느 하나에 해당하는 것으로 한다.

① 지하층을 포함하는 층수가 5층 이상인 건축물로서 연면적 3,000m^2 이상인 경우에는 모든 층

② ①에 해당하지 않는 특정소방대상물로서 그 지하층 또는 무창층의 바닥면적이 450m^2 이상인 경우에는 해당 층

③ 지하가 중 터널로서 그 길이가 500m 이상인 것

(2) 휴대용 비상조명등 설치대상

① 숙박시설

② 수용인원 100명 이상의 영화상영관, 판매시설 중 대규모 점포, 철도 및 도시철도시설 중 지하역사, 지하가 중 지하상가

3 비상조명등 설치기준

비상조명등의 설치기준은 다음 기준에 설치해야 한다.

(1) 특정소방대상물의 각 거실과 그로부터 지상에 이르는 복도·계단 및 그 밖의 통로에 설치할 것

(2) 조도는 비상조명등이 설치된 장소의 각 부분의 바닥에서 1lx 이상이 되도록 할 것

(3) 예비전원을 내장하는 비상조명등에는 평상시 점등 여부를 확인할 수 있는 점검스위치를 설치하고 해당 조명등을 유효하게 작동시킬 수 있는 용량의 축전지와 예비전원 충전장치를 내장할 것

(4) 예비전원을 내장하지 않은 비상조명등의 비상전원은 자가발전설비, 축전지설비 또는 전기저장장치(외부 전기에너지를 저장해 두었다가 필요한 때 전기를 공급하는 장치)를 다음의 기준에 따라 설치해야 한다.

① 점검에 편리하고 화재 및 침수 등의 재해로 인한 피해를 받을 우려가 없는 곳에 설치할 것

② 상용전원으로부터 전력의 공급이 중단된 때에는 자동으로 비상전원으로부터 전력을 공급받을 수 있도록 할 것

③ 비상전원의 설치장소는 다른 장소와 방화구획할 것. 이 경우 그 장소에는 비상전원의 공급에 필요한 기구나 설비 외의 것(열병합 발전설비에 필요한 기구나 설비는 제외한다)을 두어서는 아니 된다.

④ 비상전원을 실내에 설치하는 때에는 그 실내에 비상조명등을 설치할 것

⑤ ③과 ④에 따른 예비전원과 비상전원은 비상조명등을 20분 이상 유효하게 작동시킬 수 있는 용량으로 할 것. 다만, 다음의 특정소방대상물의 경우에는 그 부분에서 피난층에 이르는 부분의 비상조명등을 60분 이상 유효하게 작동시킬 수 있는 용량으로 해야 한다.

㉠ 지하층을 제외한 층수가 11층 이상의 층

㉡ 지하층 또는 무창층으로서 용도가 도매시장·소매시장·여객자동차터미널, 지하역사 또는 지하상가

⑥ 비상소명등의 설치면제요건에서 '그 유도능의 유효범위'란 유도등의 조도가 바닥에서 1lx 이상이 되는 부분을 말한다.

(5) 휴대용 비상조명등 설치기준

휴대용 비상조명등은 다음 각 기준의 장소에 설치한다.

① 숙박시설 또는 다중 이용업소에는 객실 또는 영업장 안의 구획된 실마다 잘 보이는 곳(외부에 설치 시 출입문 손잡이로부터 1m 이내 부분)에 1개 이상 설치한다.

② 대규모 점포(지하상가 및 지하역사는 제외한다)와 영화상영관에는 보행거리 50m 이내마다 3개 이상 설치한다.

③ 지하상가 및 지하역사에는 보행거리 25m 이내마다 3개 이상 설치한다.

④ 설치높이는 바닥으로부터 0.8m 이상 1.5m 이하의 높이에 설치할 것
⑤ 어둠 속에서 위치를 확인할 수 있도록 할 것
⑥ 사용 시 자동으로 점등되는 구조일 것
⑦ 외함은 난연성능이 있을 것
⑧ 건전지를 사용하는 경우에는 방전방지조치를 해야 하고, 충전식 배터리의 경우에는 상시 충전되도록 할 것
⑨ 건전지 및 충전식 배터리의 용량은 20분 이상 유효하게 사용할 수 있는 것으로 할 것
⑩ 지상 1층 또는 피난층으로서 복도나 통로 또는 창문 등의 개구부를 통하여 피난이 용이한 경우 숙박시설로서 복도에 비상조명등을 설치한 경우에는 휴대용 비상조명등을 설치하지 않을 수 있다.

(6) 비상조명등 설치제외

다음의 어느 하나에 해당하는 경우에는 비상조명등을 설치하지 않을 수 있다.
① 거실의 각 부분으로부터 하나의 출입구에 이르는 보행거리가 15m 이내인 부분
② 의원 · 경기장 · 공동주택 · 의료시설 · 학교의 거실

Keypoint

[비상조명등]

1. 비상조명등 설치기준
① 복도 · 계단 및 그 밖의 통로에 설치할 것
② 조도는 바닥에서 1lx 이상
③ 해당 조명등을 유효하게 작동시킬 수 있는 용량의 축전지와 예비전원 충전장치를 내장
④ 비상전원은 자가발전설비, 축전지설비 또는 전기저장장치

2. 휴대용 비상조명등 설치기준
① 숙박시설 또는 다중 이용업소에는 객실 또는 영업장 안의 구획된 실마다 잘 보이는 곳에 1개 이상 설치
② 대규모 점포(지하상가 및 지하역사는 제외한다)와 영화상영관에는 보행거리 50m 이내마다 3개 이상 설치
③ 지하상가 및 지하역사에는 보행거리 25m 이내마다 3개 이상 설치
④ 설치높이는 바닥으로부터 0.8m 이상 1.5m 이하의 높이에 설치할 것
⑤ 어둠 속에서 위치를 확인할 수 있도록 할 것
⑥ 사용 시 자동으로 점등되는 구조일 것
⑦ 건전지 및 충전식 배터리의 용량은 20분 이상 유효하게 사용할 수 있는 것

3. 비상조명등 설치 제외
다음의 어느 하나에 해당하는 경우에는 비상조명등을 설치하지 않을 수 있다.
① 거실의 각 부분으로부터 하나의 출입구에 이르는 보행거리가 15m 이내인 부분
② 의원 · 경기장 · 공동주택 · 의료시설 · 학교의 거실

03 피난기구

피난기구는 화재발생 시 소방대상물 내의 거주자가 피난을 위하여 사용하는 기구를 말한다. 피난기구 등을 위하여 사용하는 용어의 정의는 다음과 같다.

1 용어의 정의

① 피난사다리라 함은 화재 시 긴급대피를 위해 사용하는 사다리를 말한다.
② 완강기라 함은 사용자의 몸무게에 따라 자동적으로 내려올 수 있는 기구 중 사용자가 교대하여 연속적으로 사용할 수 있는 것을 말한다.
③ 간이완강기라 함은 사용자의 몸무게에 따라 자동적으로 내려올 수 있는 기구 중 사용자가 연속적으로 사용할 수 없는 것을 말한다.
④ 구조대라 함은 포지 등을 사용하여 자루형태로 만든 것으로서, 화재 시 사용자가 그 내부에 들어가서 내려옴으로써 대피할 수 있는 것을 말한다.
⑤ 공기안전매트라 함은 화재발생 시 사람이 건축물 내에서 외부로 긴급히 뛰어 내릴 때 충격을 흡수하여 안전하게 지상에 도달할 수 있도록 포지에 공기 등을 주입하는 구조로 되어 있는 것을 말한다.
⑥ 피난밧줄이라 함은 급격한 하강을 방지하지 위한 매듭 등을 만들어 놓은 밧줄을 말한다.
⑦ 다수인 피난장비란 화재 시 2인 이상의 피난자가 동시에 해당층에서 지상 또는 피난층으로 하강하는 피난기구를 말한다.
⑧ 승강식 피난기란 사용자의 몸무게에 의하여 자동으로 하강하고 내려서면 스스로 상승하여 연속적으로 사용할 수 있는 무동력 승강식 피난기를 말한다.
⑨ 하향식 피난구용 내림사다리란 하향식 피난구 해치에 격납하여 보관하고 사용 시에는 사다리 등이 소방대상물과 접촉되지 아니하는 내림식 사다리를 말한다.

2 피난기구의 설치개수 및 적응성

(1) 피난기구 설치개수 기준

① 층마다 설치하되, **숙박시설 · 노유자시설 및 의료시설**로 사용되는 층에 있어서는 그 층의 바닥면적 500m^2**마다, 위락시설 · 문화집회 및 운동시설 · 판매시설**로 사용되는 층 또는 복합용도의 층(하나의 층이 영 [별표 2] 제1호 내지 제4호 또는 제8호 내지 제18호 중 2 이상의 용도로 사용되는 층을 말한다)에 있어서는 그 층의 바닥면적 **800m^{2}마다, 계단실형 아파트**에 있어서는 **각 세대마다, 그 밖의 용도**의 층에 있어서는 그 층의 바닥면적 1,000m^2**마다 1개 이상** 설치할 것

‖ 표 2.3.1 ‖ 피난기구 설치

소방대상물	설치기준
숙박시설 · 노유자시설 · 의료시설	바닥면적 500m²마다 1개 이상 설치
위락시설 · 문화집회 및 운동시설	바닥면적 800m²마다 1개 이상 설치
판매시설 · 복합용도의 층	
기타	바닥면적 1,000m²마다 1개 이상 설치
계단실형 아파트	각 세대마다 설치

② 위 ①의 규정에 따라 설치한 피난기구 외에 숙박시설(휴양콘도미니엄을 제외한다)의 경우에는 추가로 객실마다 간이완강기를 설치할 것

③ 위 ①의 규정에 따라 설치한 피난기구 외에 아파트(「주택법시행령」 제48조의 규정에 따른 아파트에 한한다)의 경우에는 하나의 관리주체가 관리하는 아파트구역마다 공기안전매트 1개 이상을 추가로 설치할 것. 다만, 옥상으로 피난이 가능하거나 인접세대로 피난할 수 있는 구조인 경우에는 추가로 설치하지 아니할 수 있다.

(2) 피난기구의 적응성

‖ 표 2.3.2 ‖ 피난기구의 적응성

설치장소 \ 층별	지하층	2층	3층	4층 이상 10층 이하
1. 노유자시설	• 미끄럼대 • 구조대 • 피난교 • 다수인 피난장비 • 승강식 피난기	• 미끄럼대 • 구조대 • 피난교 • 다수인 피난장비 • 승강식 피난기	• 미끄럼대 • 구조대 • 피난교 • 다수인 피난장비 • 승강식 피난기	• 구조대[1)] • 피난교 • 다수인 피난장비 • 승강식 피난기
2. 의료시설 · 근린생활시설 중 입원실이 있는 의원 · 접골원 · 조산원			• 미끄럼대 • 구조대 • 피난교 • 피난용 트랩 • 다수인 피난장비 • 승강식 피난기	• 구조대 • 피난교 • 피난용 트랩 • 다수인 피난장비 • 승강식 피난기
3. 「다중이용업소의 안전관리에 관한 특별법 시행령」 제2조에 따른 영업장의 위치가 4층 이하인 다중이용업소		• 미끄럼대 • 피난사다리 • 구조대 • 완강기 • 다수인 피난장비 • 승강식 피난기	• 미끄럼대 • 피난사다리 • 구조대 • 완강기 • 다수인 피난장비 • 승강식 피난기	• 미끄럼대 • 피난사다리 • 구조대 • 완강기 • 다수인 피난장비 • 승강식 피난기

설치장소 \ 층별	지하층	2층	3층	4층 이상 10층 이하
4. 그 밖의 것			• 미끄럼대 • 피난사다리 • 구조대 • 완강기 • 피난교 • 피난용 트랩 • 간이완강기[2] • 공기안전매트[3] • 다수인 피난장비 • 승강식 피난기	• 미끄럼대 • 구조대 • 완강기 • 피난교 • 간이완강기[2] • 공기안전매트[3] • 다수인 피난장비 • 승강식 피난기

[비고] 1) 구조대의 적응성은 장애인 관련 시설로서 주된 사용자 중 스스로 피난이 불가한 자가 있는 경우 제4조 제2항 제4호에 따라 추가로 설치하는 경우에 한한다.
2), 3) 간이완강기의 적응성은 제4조 제2항 제2호에 따라 숙박시설의 3층 이상에 있는 객실에, 공기안전매트의 적응성은 제4조 제2항 제3호에 따라 공동주택(「공동택관리법」 제2조 제1항 제2호 가목부터 라목까지 중 어느 하나에 해당하는 공동주택)에 추가로 설치하는 경우에 한한다.

3 피난기구의 설치기준

피난기구는 다음의 기준에 따라 설치하여야 한다.

(1) 피난기구는 계단・피난구, 기타 피난시설로부터 적당한 거리에 있는 안전한 구조로 된 피난 또는 소화활동상 유효한 개구부(가로 0.5m 이상 세로 1m 이상인 것을 말한다. 이 경우 개구부 하단이 바닥에서 1.2m 이상이면 발판 등을 설치하여야 하고, 밀폐된 창문은 쉽게 파괴할 수 있는 파괴장치를 비치하여야 한다)에 고정하여 설치하거나 필요한 때에 신속하고 유효하게 설치할 수 있는 상태에 둘 것

(2) 피난기구를 설치하는 개구부는 서로 동일 직선상이 아닌 위치에 있을 것. 다만, 미끄럼봉・피난교・피난용 트랩・피난밧줄 또는 간이완강기・아파트에 설치되는 피난기구(다수인 피난장비는 제외한다), 기타 피난상 지장이 없는 것에 있어서는 그러하지 아니하다.

(3) 피난기구는 소방대상물의 기둥・바닥・보, 기타 구조상 견고한 부분에 볼트조임・매입・용접, 기타의 방법으로 견고하게 부착할 것

(4) 4층 이상의 층에 피난사다리(하향식 피난구용 내림식 사다리는 제외한다)를 설치하는 경우에는 금속성 고정사다리를 설치하고, 당해 고정사다리에는 쉽게 피난할 수 있는 구조의 노대를 설치할 것

(5) 완강기는 강하 시 로프가 소방대상물과 접촉해 손상되지 않도록 할 것

(6) 완강기, 미끄럼봉 및 피난로프의 길이는 부착위치에서 지면, 기타 피난상 유효한 착지면까지의 길이로 할 것

(7) 미끄럼대는 안전한 강하속도를 유지하도록 하고, 전락방지를 위한 안전조치를 할 것

(8) 구조대의 길이는 피난상 지장이 없고 안정한 강하속도를 유지할 수 있는 길이로 할 것

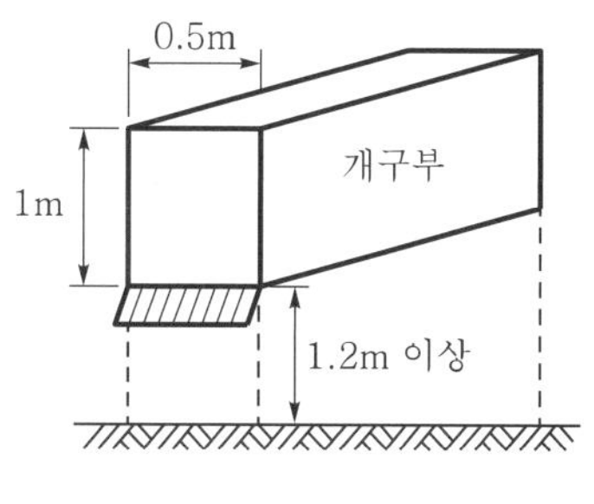

‖ 그림 2.3.1 ‖ **개구부 기준**

4 다수인 피난장비의 적합기준

(1) 피난에 용이하고 안전하게 하강할 수 있는 장소에 적재하중을 충분히 견딜 수 있도록 건축물의 구조기준 등에 관한 규칙 제3조에서 정하는 구조안전의 확인을 받아 견고하게 설치할 것

(2) 다수인 피난장비 보관실(이하 '보관실'이라 한다)은 건물 외측보다 돌출되지 아니하고, 빗물・먼지 등으로부터 장비를 보호할 수 있는 구조일 것

(3) 사용 시에 보관실 외측 문이 먼저 열리고 탑승기가 외측으로 자동으로 전개될 것

(4) 하강 시에 탑승기가 건물 외벽이나 돌출물에 충돌하지 않도록 설치할 것

(5) 상・하층에 설치할 경우에는 탑승기의 하강경로가 중첩되지 않도록 할 것

(6) 하강 시에는 안전하고 일정한 속도를 유지하도록 하고 전복, 흔들림, 경로이탈 방지를 위한 안전조치를 할 것

(7) 보관실의 문에는 오작동 방지조치를 하고, 문개방 시에는 당해 소방대상물에 설치된 경보설비와 연동하여 유효한 경보음을 발하도록 할 것

(8) 피난층에는 해당 층에 설치된 피난기구가 착지에 지장이 없도록 충분한 공간을 확보할 것

(9) 한국소방산업기술원 또는 법 제42조 제1항에 따라 성능시험기관으로 지정받은 기관에서 그 성능을 검증받은 것으로 설치할 것

5 승강식 피난기 및 하향식 피난구용 내림식 사다리의 적합기준

(1) 승강식 피난기 및 하향식 피난구용 내림식 사다리는 설치경로가 설치층에서 피난층까지 연계될 수 있는 구조로 설치할 것. 단, 건축물 규모가 지상 5층 이하로서 구조 및 설치 여건상 불가피한 경우는 그러하지 아니하다.

(2) 대피실의 면적은 $2m^2$(2세대 이상일 경우에는 $3m^2$) 이상으로 하고, 건축법 시행령 제46조 제4항의 규정에 적합하여야 하며, 하강구(개구부) 규격은 직경 60cm 이상일 것. 다만, 외기와 개방된 장소에는 그러하지 아니하다.

(3) 하강구 내측에는 기구의 연결금속구 등이 없어야 하며, 전개된 피난기구는 하강구 수평투영면적 공간 내의 범위를 침범하지 않는 구조여야 할 것. 다만, 직경 60cm 크기의 범위를 벗어난 경우이거나 직하층의 바닥면으로부터 높이 50cm 이하의 범위는 제외한다.

(4) 대피실의 출입문은 갑종방화문으로 설치하고, 피난방향에서 식별할 수 있는 위치에 '대피실' 표지판을 부착할 것. 다만, 외기와 개방된 장소에는 그러하지 아니하다.

(5) 착지점과 하강구는 상호수평거리 15cm 이상의 간격을 둘 것

(6) 대피실 내에는 비상조명등을 설치할 것

(7) 대피실에는 층의 위치표시와 피난기구 사용설명서 및 주의사항 표지판을 부착할 것

(8) 대피실 출입문이 개방되거나 피난기구 작동 시 해당층 및 지하층 거실에 설치된 표시등 및 경보장치가 작동되고, 감시 제어반에서는 피난기구의 작동을 확인할 수 있어야 할 것

(9) 사용 시 기울거나 흔들리지 않도록 설치할 것

(10) 승강식 피난기는 한국소방산업기술원 또는 법 제42조 제1항에 따라 성능시험기관으로 지정받은 기관에서 그 성능을 검증받은 것으로 설치할 것

6 피난기구의 위치표시

피난기구를 설치한 장소에는 가까운 곳의 보기 쉬운 곳에 피난기구의 위치를 표시하는 발광식 또는 축광식 표지와 그 사용방법을 표시한 표지를 부착하되, 축광식 표지는 다음의 기준에 적합한 것이어야 한다.

① 방사성 물질을 사용하는 위치표지는 쉽게 파괴되지 아니하는 재질로 처리할 것
② 위치표시는 주위조도 0lx에서 60분간 발광 후 식선거리 10m 떨어진 위치에서 보통시력으로 표시면의 문자 또는 화살표 등을 쉽게 식별할 수 있는 것으로 할 것
③ 위치표지의 표시면은 쉽게 변형・변질 또는 변색되지 아니할 것
④ 위치표지의 표지면의 휘도는 주위조도 0lx에서 60분간 발광 후 $7mcd/m^2$로 할 것

7 피난설비의 설치면제

피난설비의 설치면제요건의 규정에 따라 다음의 ①에 해당하는 소방대상물 또는 그 부분에는 피난기구를 설치하지 아니할 수 있다. 다만, 제4조 제2항 제2호의 규정에 따라 숙박시설(휴양콘도미니엄을 제외한다)에 설치되는 피난밧줄 및 간이완강기의 경우에는 그러하지 아니하다.

(1) 다음의 기준에 적합한 층은

① 주요 구조부가 내화구조로 되어 있어야 할 것

② 실내의 면하는 부분의 마감이 불연재료·준불연재료 또는 난연재료로 되어 있고 방화구획이 「건축법 시행령」 제46조의 규정에 적합하게 구획되어 있어야 할 것

③ 거실의 각 부분으로부터 직접 복도로 쉽게 통할 수 있어야 할 것

④ 복도에 2 이상의 특별피난계단 또는 피난계단이 「건축법 시행령」 제35조의 규정에 적합하게 설치되어 있어야 할 것

⑤ 복도의 어느 부분에서도 2 이상의 방향으로 각각 다른 계단에 도달할 수 있어야 할 것

(2) 다음의 기준에 적합한 소방대상물 중 그 옥상의 직하층 또는 최상층(관람집회 및 운동시설 또는 판매시설을 제외한다)은

① 주요 구조부가 내화구조로 되어 있을 것

② 옥상의 면적이 1,500m^2 이상이어야 할 것

③ 옥상으로 쉽게 통할 수 있는 창 또는 출입구가 설치되어 있어야 할 것

④ 옥상이 소방사다리차가 쉽게 통행할 수 있는 도로(폭 6m 이상의 것을 말한다. 이하 같다) 또는 공지(공원 또는 광장 등을 말한다. 이하 같다)에 면하여 설치되어 있거나 옥상으로부터 피난층 또는 지상으로 통하는 2 이상의 피난계단 또는 특별피난계단이 「건축법 시행령」 제35조의 규정에 적합하게 설치되어 있어야 할 것

(3) 주요 구조부가 내화구조이고 지하층을 제외한 층수가 4층 이하이며, 소방사다리차가 쉽게 통행할 수 있는 도로 또는 공지에 면하는 부분에 영 제2조 제1호의 기준에 적합한 개구부가 2 이상 설치되어 있는 층(문화집회 및 운동시설·판매시설 및 영업시설 또는 노유자시설의 용도로 사용되는 층으로서 그 층의 바닥면적이 1,000m^2 이상인 것을 제외한다)

(4) 편복도형 아파트 또는 발코니 등을 통하여 인접세대로 피난할 수 있는 구조로 되어 있는 계단실형 아파트

(5) 주요 구조부가 내화구조로서 거실의 각 부분으로 직접 복도로 피난할 수 있는 학교(강의실 용도로 사용되는 층에 한한다)

(6) 무인공장 또는 자동창고로서 사람의 출입이 금지된 장소(관리를 위하여 일시적으로 출입하는 장소를 포함한다)

8 피난설비의 설치감소

(1) 피난기구를 설치하여야 할 소방대상물 중 다음의 기준에 적합한 층에는 제4조 제2항의 규정에 따른 피난기구의 2분의 1을 감소할 수 있다. 이 경우 설치하여야 할 피난기구의 수에 있어서 소수점 이하의 수는 1로 한다.

① 주요 구조부가 내화구조로 되어 있을 것
② 직통계단인 피난계단 또는 특별피난계단이 2 이상 설치되어 있을 것

(2) 피난기구를 설치하여야 할 소방대상물 중 주요 구조부가 내화구조이고 다음의 기준에 적합한 건널복도가 설치되어 있는 층에는 제4조 제2항의 규정에 따른 피난기구의 수에서 당해 건널복도의 수의 2배의 수를 뺀 수로 한다.
① 내화구조 또는 철골구조로 되어 있을 것
② 건널복도 양단의 출입구에 자동폐쇄장치를 한 갑종방화문(방화셔터를 제외한다)이 설치되어 있을 것
③ 피난·통행 또는 운반의 전용 용도일 것

(3) 피난기구를 설치하여야 할 소방대상물 중 다음의 기준에 적합한 노대가 설치된 거실의 바닥면적은 제4조 제2항의 규정에 따른 피난기구의 설치개수 산정을 위한 바닥면적에서 이를 제외한다.
① 노대를 포함한 소방대상물의 주요 구조부가 내화구조일 것
② 노대가 거실의 외기에 면하는 부분에 피난상 유효하게 설치되어 있어야 할 것
③ 노대가 소방사다리차가 쉽게 통행할 수 있는 도로 또는 공지에 면하여 설치되어 있거나 또는 거실부분과 방화구획되어 있거나 또는 노대에 지상으로 통하는 계단 그 밖의 피난기구가 설치되어 있어야 할 것

Keypoint

[피난기구]

1. 피난기구 설치개수 기준

소방대상물	설치기준
숙박시설·노유자시설·의료시설	바닥면적 $500m^2$마다 1개 이상 설치
위락시설·문화집회 및 운동시설	바닥면적 $800m^2$마다 1개 이상 설치
판매시설·복합용도의 층	-
기타	바닥면적 $1,000m^2$마다 1개 이상 설치
계단실형 아파트	각 세대마다 설치

2. 피난기구의 위치표시
① 방사성물질을 사용하는 위치표지는 쉽게 파괴되지 아니하는 재질로 처리할 것
② 위치표시는 주위 조도 0lx에서 **60분간 발광 후 직선거리 10m 떨어진 위치**에서 보통시력으로 표시면의 문자 또는 화살표 등을 쉽게 식별할 수 있는 것으로 할 것
③ 위치표지의 표시면은 쉽게 변형·변질 또는 변색되지 아니할 것
④ 휘도는 주위조도 0lx에서 60분간 발광 후 7mcd/㎡

예상문제

01 피난구유도등에 대한 다음 각 물음에 답하시오.

(가) 피난구유도등을 반드시 설치하여야 할 장소를 4가지로 구분하여 쓰시오.

(나) 피난구유도등은 피난구의 바닥으로부터 높이 몇 m 이상의 곳에 설치하여야 하는가?

정답 (가) ① 옥내로부터 직접 지상으로 통하는 출입구 및 그 부속실의 출입구
② 직통계단·직통계단의 계단실 및 그 부속실의 출입구
③ 위 ①·② 규정에 따른 출입구에 이르는 복도 또는 통로로 통하는 출입구
④ 안전구획된 거실로 통하는 출입구
(나) 1.5m 이상

02 객석유도등에 관한 관련 사항이다. (　) 안을 완성하시오.

(가) 객석유도등은 객석의 통로, (①) 또는 (②)에 설치하여야 한다.

(나) 객석 내의 통로가 옥외 또는 이와 유사한 부분에 있는 경우에는 당해 통로 전체에 미칠 수 있는 수의 유도등을 설치하되 그 조도는 통로·바닥의 중심선에서 측정하여 (③)lx 이상이어야 한다.

정답 (가) ① 바닥
② 벽
(나) 0.2

03 피난구유도등 대형 20개를 천장 노출배관배선하여 설치할 때 분기회로 배선용 차단기용량은?

정답 배선용 차단기의 용량 : 20A

04 통로유도등의 설치에 관한 다음 각 물음에 답하시오.

(가) 통로유도등을 설치하여야 할 곳에 대한 가장 기본적인 원칙을 간단히 설명하시오. (단, 복도・거실・계단통로유도등으로 구분하여 설명하지 말고, 통로유도등에 대한 총괄적인 설명을 하도록 한다)

(나) 계단통로유도등은 어느 곳에 설치하여야 하는지 그 설치기준을 상세히 설명하시오.

(다) 거실통로유도등은 구부러진 모퉁이 및 보행거리 몇 m마다 설치하여야 하는가?

(라) 복도통로유도등은 바닥으로부터 높이 몇 m 이하의 위치에 설치하여야 하는가?

정답 (가) 소방대상물의 각 거실과 그로부터 지상에 이르는 복도 또는 계단의 통로에 설치
(나) 각 층의 경사로참 또는 계단참마다(1개층에 경사로참 또는 계단참이 2 이상 있는 경우에는 2개의 계단참마다 설치)
(다) 20m마다
(라) 1m 이하

05 유도등의 설치에 관한 다음 각 물음에 답하시오.

(가) 피난구유도등은 피난구의 바닥으로부터 높이 몇 m 이상의 곳에 설치하여야 하는가?

(나) 피난구유도등의 조명도는 피난구로부터 몇 m의 거리에서 문자 및 색채를 쉽게 식별할 수 있는 것으로 하여야 하는가?

(다) 유도등의 전원으로 사용할 수 있는 전원의 종류 2가지를 쓰시오.

(라) 비상전원은 어느 것으로 하며, 그 용량은 당해 유도등을 유효하게 몇 분 이상 작동시킬 수 있는 것으로 하여야 하는가?

정답 (가) 1.5m
(나) 30m
(다) ① 축전지 ② 교류전압의 옥내 간선
(라) ① 비상전원 : 축전지
② 용량 : 20분

06 통로유도등에 대한 다음 각 물음에 답하시오.

(가) 통로유도등을 바닥에 매설하여 시설하는 경우의 조도기준을 쓰시오.

(나) 복도통로유도등을 바닥으로 높이 몇 m 이하의 위치에 설치하여야 하는가?

(다) 통로유도등 색상은 어떻게 표시되어야 하는가?

정답 (가) 통로유도등의 직상부 1m의 높이에서 측정하여 1lx 이상
(나) 1m
(다) 백색바탕에 녹색으로 피난방향을 표시한 등

07 유도등의 설치 등에 대한 다음 물음에 답하시오.

(가) 이 설비에서 정상으로 동작하다가 상용전원이 차단되었을 때 비상전원이 동작되어야 할 시간은 얼마 이상인가?

(나) ①부분의 유도등 설치수량은 얼마로 하여야 하는가?

(다) 통로유도등은 피난구까지의 보행거리 ②가 얼마를 넘을 때 시설하여야 하는가?

(라) ③은 어떤 종류의 유도등이라 할 수 있는가?

(마) ③의 설치에 적당한 높이는 얼마인가?

(바) ③의 제작 시 표시면의 문자 및 색채를 용이하게 식별할 수 있는 최대 거리는 몇 m이어야 하는가?

(사) 통로유도등을 설치할 때 그 조명도는 통로유도등의 바로 밑으로부터 0.5m 떨어진 바닥에서 측정하여 몇 lx 이상이어야 하는가?

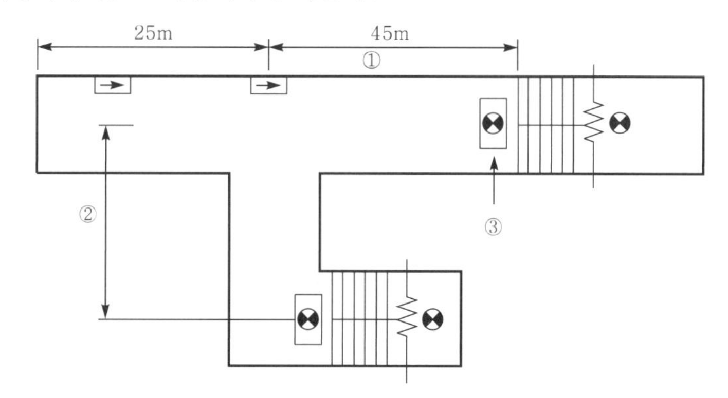

정답 (가) 20분 (나) $\frac{45\text{m}}{20}-1 \fallingdotseq 1.25 = 2$개 (다) 20m (라) 피난구 유도등

(마) 피난구의 바닥으로부터 높이 1.5m 이상의 곳 (바) 30m (사) 1lx

08 다음 평면도의 복도(음영부분)에 유도등을 설치하려고 한다. 그 위치를 ⊗로 표시하시오.

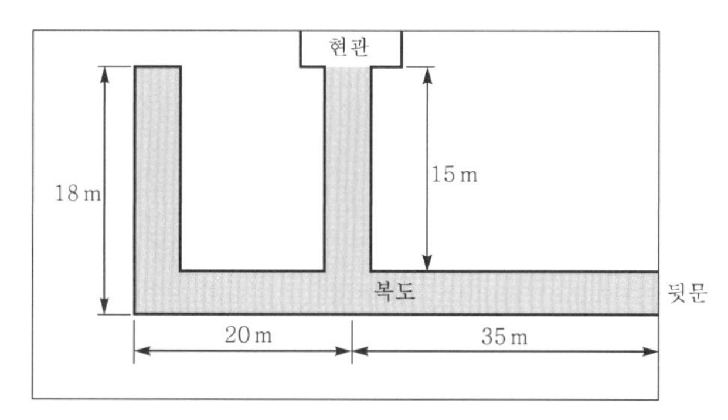

정답

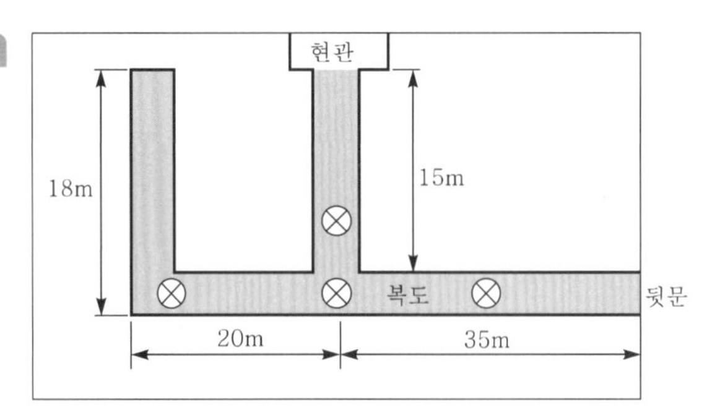

09 비상조명등의 설치기준에 대하여 다음 각 물음에 답하시오.

(가) 조도는 비상조명등의 설치된 장소의 각 부분의 바닥에서 몇 lx 이상이 되도록 하여야 하는가?

(나) 예비전원을 내장하는 비상조명등에는 평상시 점등 여부를 확인할 수 있는 점검스위치를 설치하고, 당해 조명등을 몇 분 이상 유효하게 작동시킬 수 있는 용량의 축전지와 예비전원충전장치를 내장하여야 하는가?

(다) 비상용 등을 백열등과 형광등으로 구분하여 그 그림기호를 그리시오.

정답 (가) 1lx

(나) 20분

(다) 백열등 : ⊗, 형광등 : □⊗□

10 길이 18m 의 통로에 객석유도등을 설치하려고 한다. 이때, 필요한 객석유도등의 수량은 몇 개인가?

정답 $N=\dfrac{18}{4}-1=3.5 \fallingdotseq 4$개

CHAPTER

03

소화활동설비

CHAPTER

03 소화활동설비

01 비상콘센트설비

건물 내에 설치된 일반전력배선은 화재에 대한 피해대책이 충분하지 않아 화재 시 연소되어 전력공급이 차단될 우려가 많다. 전력공급 차단 시 소방대의 소화활동장비에 전원을 공급하기 위해서는 소방용 발전차를 사용해야 하는데 고층건물이나 지하층은 소방발전차로 전원을 공급하기가 불가능하다.

그러므로 일정 규모 이상의 건물에 화재발생 시 소화활동에 필요한 비상조명이나 비상동력전원을 전용으로 공급받을 수 있는 설비를 설치하도록 하고 있는데 이를 비상콘센트라고 한다.

이 설비는 일반전원이 차단되어도 비상콘센트에 전원이 확보될 수 있도록 전원에서 비상콘센트까지는 전용배선으로 하고 전선은 내화배선과 내열배선으로 설치한다.

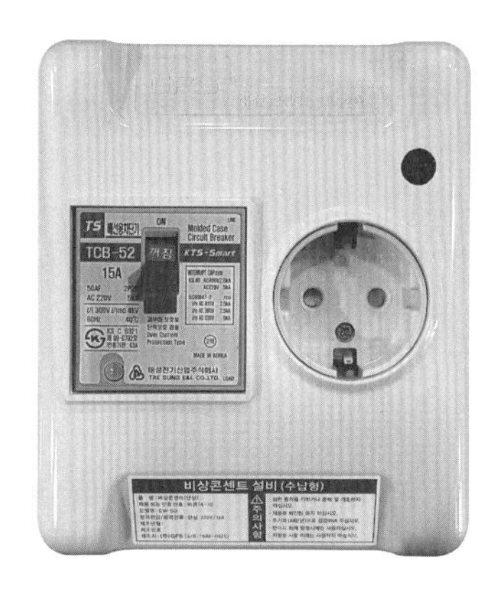

❙ 그림 3.1.1 ❙ **비상콘센트**

1 용어의 정의

비상콘센트설비에서 사용하는 용어의 정의는 다음과 같다.

(1) 비상전원이란 상용전원으로부터 전력의 공급이 중단된 때에는 자동으로 공급되는 전원을 말한다.

(2) 비상콘센트설비란 화재 시 소화활동 등에 필요한 전원을 전용회선으로 공급하는 설비를 말한다.

(3) 인입개폐기란 「전기설비기술기준의 판단기준」 제169조에 따른 것을 말한다.

▌표 6.2.12 ▌ **전압의 종류**

종류	직류	교류
저압	1,500V 이하	1,000V 이하
고압	1,500V 초과 7,000V 이하	1,000V 초과 7,000V 이하
특고압	7,000V 초과	

2 비상콘센트 설치대상

비상콘센트설비를 설치해야 하는 특정소방대상물(위험물 저장 및 처리 시설 중 가스시설 및 지하구는 제외한다)은 다음에 해당하는 것으로 한다.

(1) 층수가 11층 이상인 특정소방대상물의 경우에는 11층 이상의 층

(2) 지하층의 층수가 3층 이상이고 지하층의 바닥면적의 합계가 1,000m^2 이상인 것은 지하층의 모든 층

(3) 지하가 중 터널로서 길이가 500m 이상인 것

3 비상콘센트전원의 설치기준

비상콘센트설비에는 다음의 기준에 따른 전원을 설치해야 한다.

(1) 상용전원회로의 배선은 **저압 수전인 경우에는 인입개폐기의 직후**에서, **고압 수전 또는 특고압 수전인 경우**에는 **전력용 변압기 2차측의 주차단기 1차측 또는 2차측에서 분기**하여 **전용배선**으로 할 것

(2) **지하층을 제외한 층수가 7층 이상**으로서 **연면적이 2,000m^2 이상**이거나 지하층의 바닥면적의 합계가 3,000m^2 **이상**인 특정소방대상물의 비상콘센트설비에는 **자가발전설비, 비상전원수전설비, 축전지설비 또는 전기저장장치(외부 전기에너지를 저장해 두었다가 필요한 때 전기를 공급하는 장치를 말한다)**를 비상전원으로 설치할 것. 다만, 2 이상의 변전소에서 전력을 동시에 공급받을 수 있거나 하나의 변전소로부터 전력의 공급이 중단되는 때에는 자동으로 다른 변전소로부터 전력을 공급받을 수 있도록 상용전원을 설치한 경우에는 비상전원을 설치하지 않을 수 있다.

(3) (2)에 따른 비상전원 중 **자가발전설비, 축전지설비 또는 전기저장장치**는 다음 기준에 따라 설치하고, 비상전원수전설비는 **「소방시설용 비상전원수전설비의 화재안전기술기준(NFTC 602)」**에 따라 설치할 것

① 점검에 편리하고 화재 및 침수 등의 재해로 인한 피해를 받을 우려가 없는 곳에 설치할 것
② 비상콘센트설비를 유효하게 **20분 이상 작동시킬 수 있는 용량**으로 할 것
③ 상용전원으로부터 전력의 공급이 중단된 때에는 자동으로 비상전원으로부터 전력을 공급받을 수 있도록 할 것
④ 비상전원의 설치장소는 다른 장소와 **방화구획** 할 것. 이 경우 그 장소에는 비상전원의 공급에 필요한 기구나 설비 외의 것(열병합발전설비에 필요한 기구나 설비는 제외한다)을 두어서는 안 된다.
⑤ 비상전원을 실내에 설치하는 때에는 그 실내에 **비상조명등을 설치**할 것

4 비상콘센트 전원회로의 설치기준

비상콘센트설비의 전원회로(비상콘센트에 전력을 공급하는 회로를 말한다)는 다음의 기준에 따라 설치해야 한다.

(1) 비상콘센트설비의 전원회로는 **단상 교류** 220V인 것으로서, 그 공급용량은 **1.5kVA 이상**인 것으로 할 것

(2) **전원회로는 각 층에** 2 **이상**이 되도록 설치할 것. 다만, 설치해야 할 층의 비상콘센트가 1개인 때에는 하나의 회로로 할 수 있다.

(3) **전원회로는 주배전반에서 전용회로**로 할 것. 다만, 다른 설비회로의 사고에 따른 영향을 받지 않도록 되어 있는 것은 그렇지 않다.

(4) 전원으로부터 각 층의 비상콘센트에 분기되는 경우에는 분기배선용 차단기를 보호함 안에 설치할 것

(5) 콘센트마다 배선용 차단기(KS C 8321)를 설치해야 하며, 충전부가 노출되지 않도록 할 것

(6) 개폐기에는 '비상콘센트'라고 표시한 표지를 할 것

(7) 비상콘센트용의 풀박스 등은 방청도장을 한 것으로서, **두께** 1.6mm **이상**의 철판으로 할 것

(8) **하나의 전용회로에 설치하는 비상콘센트는** 10**개 이하**로 할 것. 이 경우 전선의 용량은 각 비상콘센트(비상콘센트가 3개 이상인 경우에는 3개)의 공급용량을 합한 용량 이상의 것으로 해야 한다.

(9) 비상콘센트의 플러그접속기는 **접지형 2극 플러그접속기**(KS C 8305)를 사용해야 한다.

(10) 비상콘센트의 플러그접속기의 **칼받이의 접지극에는 접지공사**를 해야 한다.

5 비상콘센트의 설치기준

(1) 바닥으로부터 **높이 0.8m 이상 1.5m 이하**의 위치에 설치할 것

(2) 비상콘센트의 배치는 **아파트 또는 바닥면적이 1,000m^2 미만인 층은 계단의 출입구**(계단의 부속실을 포함하며 계단이 2 이상 있는 경우에는 그중 1개의 계단을 말한다)로부터 **5m 이내**에, 바닥면적 1,000m^2 이상인 층(아파트를 제외한다)은 각 계단의 출입구 또는 계단 부속실의 출입구(계단의 부속실을 포함하며 계단이 3 이상 있는 층의 경우에는 그중 2개의 계단을 말한다)로부터 **5m 이내에 설치**하되, 그 비상콘센트로부터 그 층의 각 부분까지의 거리가 다음의 기준을 초과하는 경우에는 그 기준 이하가 되도록 비상콘센트를 추가하여 설치할 것

① 지하상가 또는 지하층 바닥면적의 합계가 3,000m^2 이상인 것은 수평거리 25m

② ①에 해당하지 아니하는 것은 수평거리 50m

6 비상콘센트설비의 배선

비상콘센트설비의 배선은 기준에 따라 **전원회로의 배선은 내화배선**으로, 그 밖의 배선은 내화배선 또는 내열배선으로 한다.

Keypoint

[비상콘센트설비]

1. 비상콘센트설비 전원 설치기준
   ① 상용전원회로의 배선
      ㉠ **저압수전인 경우 : 인입개폐기의 직후**
      ㉡ **고압·특고압 수전인 경우 : 전력용 변압기 2차 측의 주차단기 1차측 또는 2차측에서 분기**
   ② **지하층을 제외한 층수가 7층 이상, 연면적이 2,000m^2 이상**, 지하층의 바닥면적의 합계가 3,000m^2 이상 : **자가발전설비, 비상전원수전설비, 축전지설비 또는 전기저장장치**

2. 비상콘센트 전원회로 설치기준
   ① **단상 교류 220V**인 용량 **1.5kVA 이상**
   ② **전원회로는 각 층에 2 이상**이 되도록 설치. 비상콘센트가 1개는 하나의 회로
   ③ **전원회로는 주배전반에서 전용회로**로 할 것
   ④ 전원으로부터 각 층의 비상콘센트에 분기되는 경우 분기배선용 차단기 설치
   ⑤ 비상콘센트용의 풀박스 등은 **두께 1.6mm 이상**의 철판으로 할 것
   ⑥ **하나의 전용 회로에 설치하는 비상콘센트는 10개 이하**
   ⑦ 전선의 용량은 각 비상콘센트의 공급용량을 합한 용량 이상의 것(비상콘센트가 3개 이상인 경우에는 3개)
   ⑧ 플러그접속기는 **접지형 2극 플러그접속기** 사용
   ⑨ 비상콘센트의 플러그접속기의 **칼받이의 접지극에는 접지공사**

3. **비상콘센트 설치기준**
   ① 바닥으로부터 **높이 0.8m 이상 1.5m 이하**의 위치에 설치

② 비상콘센트의 배치는 **아파트 또는 바닥면적이 1,000m² 미만인 층은 계단의 출입구**로부터 **5m 이내**에, 바닥면적 1,000m² 이상인 층(아파트를 제외한다)은 각 계단의 출입구 또는 계단부속실의 출입구(계단의 부속실을 포함하며 계단이 3 이상 있는 층의 경우에는 그중 2개의 계단을 말한다)로부터 **5m 이내에 설치**

4. **비상콘센트설비 배선**
전원회로의 배선은 내화배선으로, 그 밖의 배선은 내화배선 또는 내열배선

02 무선통신보조설비

지하층이나 지하상가 등은 건축구조상 전파의 차폐로 반송특성이 저하되어 화재 시 무선통신기기를 사용하여 지상의 소방대원과 교신할 경우 전파전달이 어려워진다. 따라서, 지하층과 지상과의 원활한 무선교신을 위하여 누설동축케이블이나 안테나를 설치하여 무선호출·방송수신·소방무선 등을 할 수 있도록 한 설비를 무선통신보조설비라 한다.

1 무선통신보조설비 용어의 정의

무선통신보조설비에서 사용하는 용어의 정의는 다음과 같다.

(1) **누설동축케이블**이란 동축케이블의 외부도체에 가느다란 홈을 만들어서 **전파가 외부**로 새어나갈 수 있도록 한 케이블을 말한다.

(2) **분배기**란 신호의 전송로가 분기되는 장소에 설치하는 것으로 **임피던스매칭**(matching)과 **신호 균등분배**를 위해 사용하는 장치를 말한다.

(3) **분파기란 서로 다른 주파수의 합성된 신호를 분리**하기 위해서 사용하는 장치를 말한다.

(4) 혼합기란 2 이상의 입력신호를 원하는 비율로 조합한 출력이 발생하도록 하는 장치를 말한다.

(5) 증폭기란 전압·전류의 진폭을 늘려 감도 등을 개선하는 장치를 말한다.

(6) 무선중계기란 안테나를 통하여 수신된 무전기신호를 증폭한 후 음영지역에 재방사하여 무전기 상호 간 송·수신이 가능하도록 하는 장치를 말한다.

(7) 옥외 안테나란 감시제어반 등에 설치된 무선중계기의 입력과 출력포트에 연결되어 송·수신 신호를 원활하게 방사·수신하기 위해 옥외에 설치하는 장치를 말한다.

(8) 임피던스란 교류회로에 전압이 가해졌을 때 전류의 흐름을 방해하는 값으로서, 교류회로에서의 전류에 대한 전압의 비를 말한다.

2 무선통신보조설비의 설치대상

(1) 설치대상

무선통신보조설비를 설치해야 하는 특정소방대상물(위험물 저장 및 처리 시설 중 가스시설은 제외한다)은 다음에 해당하는 것으로 한다.

① 지하가(터널은 제외한다)로서 **연면적** 1,000m^2 **이상**인 것

② 지하층의 바닥면적의 합계가 3,000m^2 **이상인 것** 또는 **지하층의 층수가 3층 이상**이고 지하층의 바닥면적의 합계가 1,000m^2 **이상**인 것은 지하층의 모든 층

③ 지하가 중 터널로서 길이가 500m **이상**인 것

④ 지하구 중 **공동구**

⑤ 층수가 **30층 이상**인 것으로서 **16층 이상 부분**의 모든 층

(2) 무선통신보조설비의 설치제외

지하층으로서 특정소방대상물의 바닥부분 2면 이상이 **지표면과 동일하거나** 지표면으로부터의 깊이가 1m **이하인 경우**에는 해당 층에 한해 무선통신보조설비를 설치하지 아니할 수 있다.

3 무선통신설비의 종류

소방용 무선통신보조설비는 누설동축케이블 방식, 안테나방식, 누설동축케이블과 안테나 혼합방식으로 구분될 수 있으며 누설동축케이블 방식이 가장 많이 이용되고 있다.

(1) 누설동축케이블 방식

누설동축케이블 방식은 누설동축케이블을 이용하여 전파신호를 송・수신하고 동축케이블을 이용하여 분배기와 혼합기를 통해 지상의 접속단자로 신호를 전달한다. 이 방식은 터널, 지하철, 지하상가 등 폭이 좁고 긴 지하가 등과 같은 건축물 내부의 협소한 공간에 설치하기 적합하고 가장 많이 이용되는 방식이다.

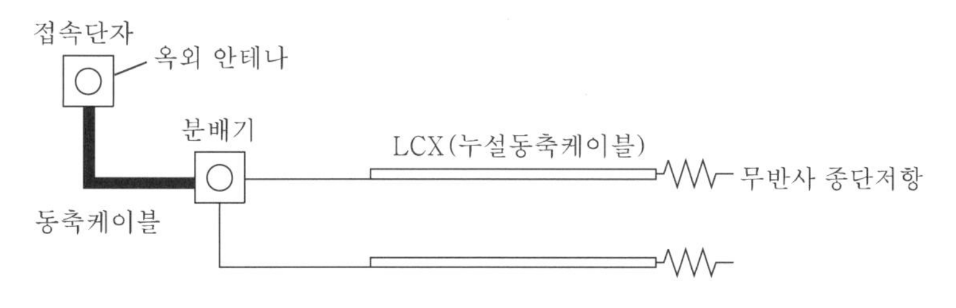

▎그림 3.2.1 ▎ **누설동축케이블 방식**

(2) 안테나방식

안테나방식은 무선통신을 위한 안테나를 설치하여 지상과 송·수신할 수 있도록 하는 방식이다. 여기서, 안테나란 전파를 발사하거나 흡수하기 위해 공중에 도선이 놓인 상태로서 사용장소에 따라 송신안테나와 수신안테나가 있다.

이 방식은 동축케이블과 안테나를 조합하여 동축케이블을 천장 내부에 은폐하여 배선할 수 있다. 그러므로 외관이 양호하고 화재로 인한 영향이 작다. 그러나 안테나 설치위치에 따라 통화영향을 받는다.

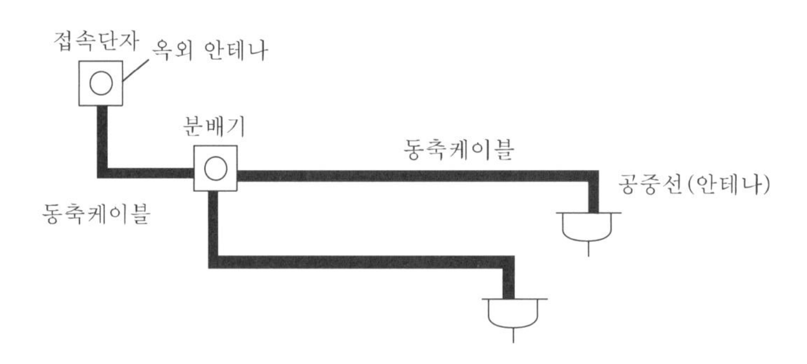

▌그림 3.2.2 ▌ **안테나방식**

(3) 혼합방식

혼합방식은 누설동축케이블과 안테나를 조합하여 사용하는 방식을 말한다.

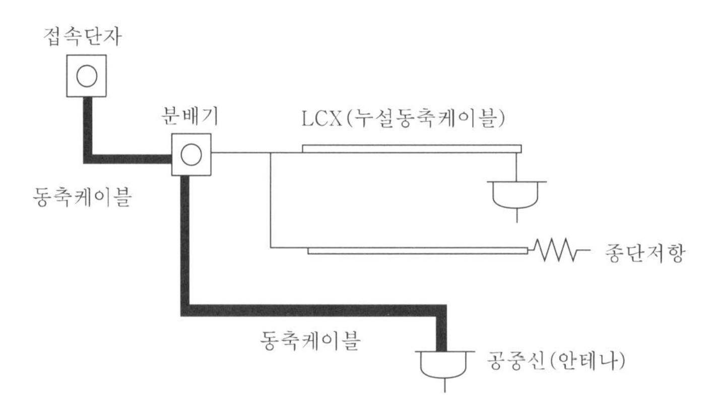

▌그림 3.2.3 ▌ **혼합방식**

4 무선통신보조설비의 구성요소

누설동축케이블 방식은 동축케이블과 누설동축케이블 그리고 분배기와 증폭기, 케이블 커넥터, 무반사 종단저항, 무선기기 접속단자 등으로 구성되어 있다.

[그림 3.2.4]는 누설동축케이블 방식의 구성을 나타내는 그림이다.

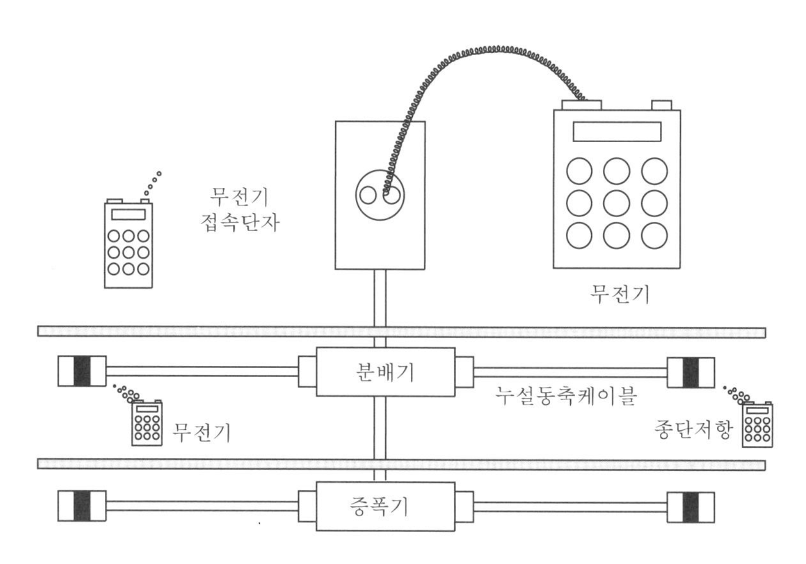

‖ 그림 3.2.4 ‖ **누설동축케이블 방식의 구성**

(1) 누설동축케이블

① 누설동축케이블(LCX : Leakage co-axial cable)은 동축케이블과 안테나의 기능을 동시에 갖는 것으로, 동축케이블 외부도체에 슬롯을 만들어 전파가 외부로 용이하게 누설되도록 한 케이블이다. 슬롯의 기울기와 길이를 이용하여 주파수를 선택할 수 있다. 절연체 외부에 내열층을 두고 최외곽에 난연성의 2차 시스를 감은 내열 누설동축케이블이 있다.

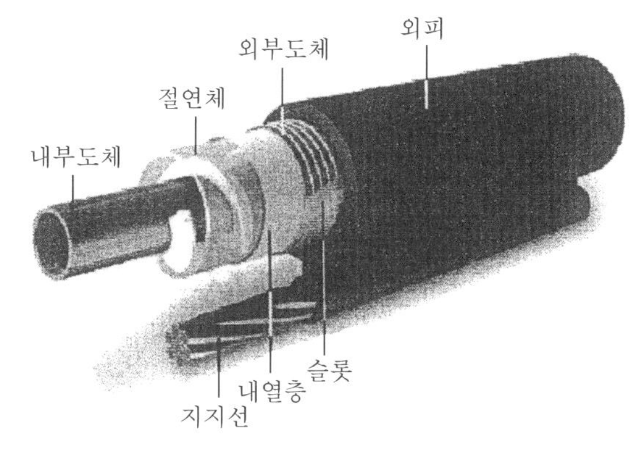

‖ 그림 3.2.5 ‖ **누설동축케이블의 구조**

② 누설동축케이블의 특징

㉠ 균일한 전자계를 방사시킬 수 있다.

㉡ 전자계의 방사량을 조절할 수 있다.

㉢ 유지보수가 용이하다.

㉣ 이동체통신에 적합하다.

㉤ 전자파 방사특성이 우수하다.

(2) 동축케이블

① 동축케이블이란 일반케이블과 달리 두 도체의 동심원상에서 내부도체와 외부도체를 동일 축으로 하여 배열한 케이블로, 통신용 및 TV용 케이블을 말한다.

② 내부도체와 외부도체는 폴리에틸렌 또는 폴리스테롤 테이프에 의해 절연되어 있다.

③ 회선수는 200회선 정도이며 외부잡음에 거의 영향을 받지 않아 고주파 전송용 회로의 도체로 많이 사용한다.

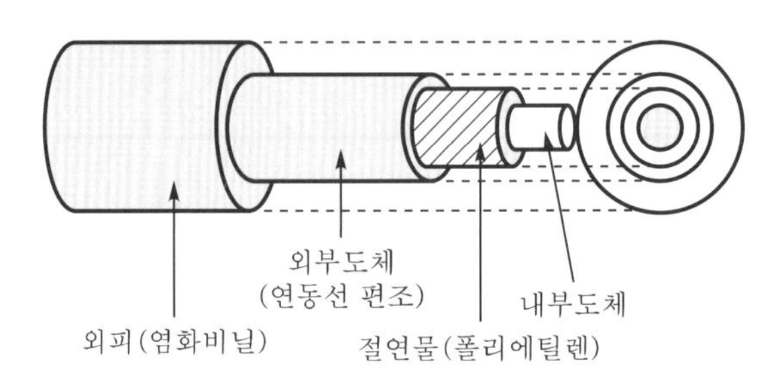

‖ 그림 3.2.6 ‖ **동축케이블의 구조**

(3) 분배기

분배기는 신호의 전송로가 분기되는 장소에 설치하여 임피던스 매칭(matching)과 신호 균등분배를 위해서 사용하며 신호의 최대 전력전달을 유도한다.

(4) 증폭기

① 누설동축케이블의 길이가 길어짐에 따라 선로저항 증가로 출력이 약해지므로 이를 위해 증폭기를 사용한다.

② 전파의 출력을 높이기 위해서 증폭기에는 전원이 설치되는데 전원은 상용전원과 축전지가 사용된다.

③ 상용전원차단 시 비상전원으로 절체되는데 비상전원의 용량은 무선통신보조설비를 유효하게 30분 이상 작동시킬 수 있는 것으로 한다.

(5) 무반사 종단저항

① 빛이 공기 중을 통과하다가 공기와 밀도가 다른 유리에 도달하면 일부는 유리를 투과하고 일부는 반사한다. 전압·전류 전송 시 임피던스가 다른 지점에 도달하면 그 점에서 전자파는 반사되고 일부는 투과된다. 마찬가지로 누설동축케이블로 전송된 전자파는 동축케이블의 끝에 도달하면 임피던스가 무한대로 되므로 그 지점에서 반사되어 정방향 진행파와 합성되어 교신을 방해한다.

② 즉, 특성임피던스 Z_1인 케이블에 전압의 입사파 V_i가 진행하다가 임피던스가 Z_2인 점에 도달하면 반사파 V_r은 $V_r = \frac{Z_2 - Z_1}{Z_2 + Z_1}$이며, $Z_1 = Z_2$이면 반사파의 크기는 0이 되는데 이와 같이 반사파를 0으로 하여, **전파의 교란을 방지하기 위해서 케이블의 끝에 연결하는 저항을 무반사 종단저항**이라 한다.

(6) 동축케이블의 그레이딩

동축케이블 내의 신호는 전송되어지는 데 따라 약해지고 외부로의 누설전계도 약해지기 때문에 이의 손실보상이 필요하다. 누설동축케이블인 경우 중계기나 증폭기를 설치하는 대신 **신호레벨이 높은 곳에는 결합손실이 큰 케이블을 사용하고, 신호레벨이 낮은 곳에는 결합손실이 작은 케이블을 사용하여 평준화시켜주는 것을 그레이딩**(grading)이라고 한다.

(7) 혼합기

혼합기란 **두 개 이상의 입력신호를 원하는 비율로 조합**한 출력이 생기도록 하는 회로이다.

(8) 분파기

분파기는 혼합기와 반대의 기능을 가지는 회로로서, **서로 다른 주파수의 신호가 합성**된 신호를 주파수에 따라서 분리하기 위하여 사용하는 장치이다.

(9) 케이블 커넥터

동축케이블과 누설동축케이블, 누설동축케이블과 종단저항, 동축케이블과 분배기 등은 서로 규격이 다르므로 이들을 서로 결합하기 위하여 사용하는 접속기구이다.

5 무선통신보조설비의 설치기준

(1) 무선통신보조설비의 설치기준

① 누설동축케이블 또는 동축케이블과 이에 접속하는 안테나가 설치된 층은 모든 부분(계단실, 승강기, 별도 구획된 실 포함)에서 유효하게 통신이 가능할 것

② 옥외 안테나와 연결된 무전기와 건축물 내부에 존재하는 무전기 간의 상호통신, 건축물 내부에 존재하는 무전기 간의 상호통신, 옥외 안테나와 연결된 무전기와 방재실 또는 건축물 내부에 존재하는 무전기와 방재실 간의 상호통신이 가능할 것

(2) 누설동축케이블의 설치기준

무선통신보조설비의 누설동축케이블 등은 다음의 기준에 따라 설치해야 한다.

① 소방전용 주파수대에서 전파의 전송 또는 복사에 적합한 것으로서 소방전용의 것으로 할 것. 다만, 소방대 상호 간의 무선연락에 지장이 없는 경우에는 다른 용도와 겸용할 수 있다.

② 누설동축케이블과 이에 접속하는 안테나 또는 동축케이블과 이에 접속하는 안테나로 구성할 것

③ 누설동축케이블 및 동축케이블은 불연 또는 난연성의 것으로서, 습기 등의 환경조건에 따라 전기의 특성이 변질되지 않는 것으로 하고, 노출하여 설치한 경우에는 피난 및 통행에 장애가 없도록 할 것

④ 누설동축케이블 및 동축케이블은 화재에 따라 해당 케이블의 피복이 소실된 경우에 케이블 본체가 떨어지지 않도록 **4m 이내마다 금속제 또는 자기제** 등의 **지지금구로 벽・천장**

· **기둥 등에 견고하게 고정**할 것. 다만, 불연재료로 구획된 반자 안에 설치하는 경우에는 그렇지 않다.

⑤ 누설동축케이블 및 안테나는 금속판 등에 따라 전파의 복사 또는 특성이 현저하게 저하되지 않는 위치에 설치할 것

⑥ 누설동축케이블 및 안테나는 **고압의 전로로부터 1.5m 이상** 떨어진 위치에 설치할 것. 다만, 해당 전로에 **정전기 차폐장치를 유효하게 설치한 경우**에는 그렇지 않다.

⑦ 누설동축케이블의 끝부분에는 **무반사 종단저항을 견고하게 설치**할 것

⑧ 누설동축케이블 및 동축케이블의 **임피던스는** 50Ω으로 하고, 이에 접속하는 안테나·분배기 기타의 장치는 해당 임피던스에 적합한 것으로 해야 한다.

(3) 분배기, 분파기, 혼합기 설치기준

① 먼지·습기 및 부식 등에 따라 기능에 이상을 가져오지 않도록 할 것

② **임피던스는** 50Ω의 것으로 할 것

③ 점검에 편리하고 화재 등의 재해로 인한 피해의 우려가 없는 장소에 설치할 것

(4) 옥외 안테나의 설치기준

① 건축물, 지하가, 터널 또는 공동구의 출입구(**「건축법 시행령」 제39조**에 따른 출구 또는 이와 유사한 출입구를 말한다) 및 출입구 인근에서 통신이 가능한 장소에 설치할 것

② 다른 용도로 사용되는 안테나로 인한 통신장애가 발생하지 않도록 설치할 것

③ 옥외 안테나는 견고하게 파손의 우려가 없는 곳에 설치하고 그 가까운 곳의 보기 쉬운 곳에 '무선통신보조설비안테나'라는 표시와 함께 통신 가능거리를 표시한 표지를 설치할 것

④ 수신기가 설치된 장소 등 사람이 상시 근무하는 장소에는 옥외 안테나의 위치가 모두 표시된 옥외 안테나 위치표시도를 비치할 것

(5) 증폭기의 설치기준

증폭기 및 무선중계기를 설치하는 경우에는 다음의 기준에 따라 설치해야 한다.

① 상용전원은 전기가 정상적으로 공급되는 **축전지설비, 전기저장장치**(외부 전기에너지를 저장해 누었다가 필요한 때 전기를 공급하는 장치) **또는 교류전압의 옥내 간선**으로 하고, 전원까지의 **배선은 전용**으로 할 것

② 증폭기의 전면에는 주회로전원의 정상 여부를 표시할 수 있는 표시등 및 전압계를 설치할 것

③ **증폭기에는 비상전원**이 부착된 것으로 하고 해당 비상전원용량은 무선통신보조설비를 유효하게 **30분 이상 작동**시킬 수 있는 것으로 할 것

④ 증폭기 및 무선중계기를 설치하는 경우에는 **「전파법」 제58조의2**에 따른 적합성 평가를 받은 제품으로 설치하고 임의로 변경하지 않도록 할 것

⑤ 디지털방식의 무전기를 사용하는 데 지장이 없도록 설치할 것

6 무선통신보조설비의 손실특성

도체 내에 전류가 흐르는 경우 저항손실이 발생되는 것처럼 통신선로에서도 신호전송손실이 발생되는데 누설동축케이블에서는 도체손실·절연체손실·복사손실이 있다. 또한, 유선통신에 비해 무선통신은 송·수신 안테나 때문에 결합손실이 발생되며 결합손실이 작을수록 복사손실이 커져 전송손실이 증가된다.

예를 들면 전송손실과 결합손실이 각각 다른 3가지의 케이블을 [그림 3.2.7]과 같이 접속할 경우 케이블 A는 전송손실이 제일 적은 반면에 결합손실이 가장 많고, 케이블 C는 3가지의 케이블 중 전송손실이 가장 많은 반면에 결합손실이 가장 적으므로 케이블의 길이방향으로 거의 균일한 신호레벨을 얻을 수 있게 된다.

내열 누설동축케이블의 **결합손실이란 누설동축케이블의 내부로 전송되는 송신전력(P_r)과 케이블에서 1.5m 떨어진 거리에서 표준 다이폴 안테나(dipole antenna)의 수신전력(P_s)의 비를 말한다.**

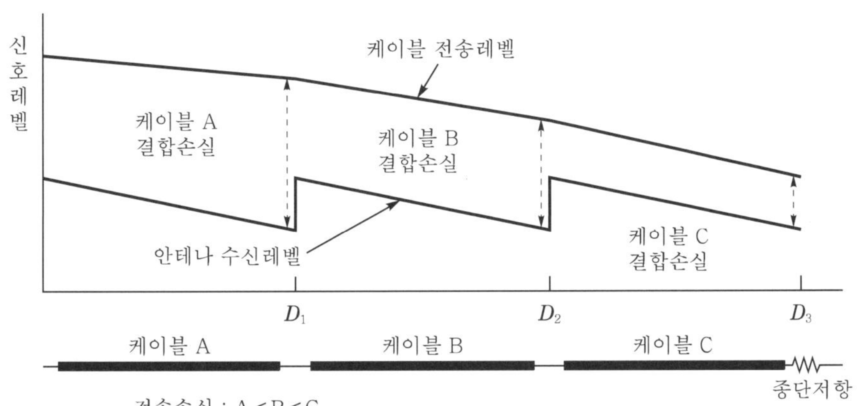

▎그림 3.2.7 ▎ 무선통신 손실특성

$$결합손실 = -10\log\frac{P_r}{P_s}\,[\text{dB}]$$

여기서, P_r : 수신전력, P_s : 송신전력

Keypoint

[무선통신보조설비]

1. 무선통신설비의 종류

소방용 무선통신보조설비는 누설동축케이블방식, 안테나방식, 누설동축케이블과 안테나 혼합방식

2. **무선통신보조설비 구성요소**

누설동축케이블 방식은 동축케이블과 누설동축케이블 그리고 분배기와 증폭기, 케이블 커넥터, 무반사 종단저항, 무선기기 접속단자 등

① 누설동축케이블(LCX : Leakage co-axial cable)
㉠ 동축케이블과 안테나의 기능을 동시에 갖는 것으로 동축케이블 외부도체에 슬롯을 만들어 전파가 외부로 누설되는 케이블
㉡ 슬롯의 기울기와 길이를 이용하여 주파수를 선택

② 동축케이블 : 일반케이블과 달리 두 도체의 동심원상에서 내부 도체와 외부 도체를 동일 축으로 하여 배열한 케이블로 통신용 및 TV용 케이블

③ 무선기기 접속단자 : 소화활동을 지휘하는 소방대원의 휴대용 무전기를 접속하기 위한 것으로, 무선기기 접속함은 지상 또는 방재센터에 설치

④ 분배기 : 신호 균등분배와 임피던스 매칭(matching) – 신호의 최대 전력 전달을 유도

⑤ 증폭기
㉠ 전파의 출력을 높이기 위해서 증폭기에는 전원이 설치
㉡ 전원은 상용전원과 축전지가 사용
㉢ 비상전원의 용량 무선통신보조설비를 유효하게 30분 이상 작동

⑥ 무반사 종단저항 : 전파의 교란을 방지하기 위해서 케이블의 끝에 연결

⑦ 동축케이블의 그레이딩 : 신호레벨이 높은 곳에는 결합손실이 큰 케이블을 사용하고, 신호레벨이 낮은 곳에는 결합손실이 작은 케이블을 사용하여 평준화시켜주는 것

⑧ 분파기 : **서로 다른 주파수의 신호가 합성**된 신호를 주파수에 따라서 분리하기 위하여 사용하는 장치

3. **무선통신보조설비 설치기준**

① 누설동축케이블 또는 동축케이블과 이에 접속하는 안테나가 설치된 층은 모든 부분에서 유효하게 통신이 가능할 것

② 옥외 안테나와 연결된 무전기와 건축물 내부에 존재하는 무전기 간의 상호통신, 건축물 내부에 존재하는 무전기 간의 상호통신, 옥외 안테나와 연결된 무전기와 방재실 또는 건축물 내부에 존재하는 무전기와 방재실 간의 상호통신이 가능할 것

4. **누설동축케이블 설치기준**

① 소방전용 주파수대에서 전파의 전송 또는 복사에 적합한 것. 무선연락에 지장이 없는 경우에는 **다른 용도와 겸용**할 수 있다.

② 누설동축케이블과 이에 접속하는 안테나 또는 동축케이블과 이에 접속하는 안테나로 구성할 것

③ 누설동축케이블 및 동축케이블은 **4m 이내마다 금속제 또는 자기제** 등의 **지지금구로 벽 · 천장 · 기둥 등에 견고하게 고정**

④ 누설동축케이블 및 안테나는 **고압의 전로로부터 1.5m 이상** 떨어진 위치, 해당 전로에 **정전기 차폐장치를 유효하게 설치한 경우**에는 그렇지 않다.

⑤ 누설동축케이블의 끝부분에는 **무반사 종단저항을 견고하게 설치**

⑥ 누설동축케이블 및 동축케이블의 **임피던스는 50Ω**

5. **증폭기 설치기준**

① 축전지설비, 전기저장장치 또는 교류전압의 옥내 간선, 배선 전용

② 증폭기의 전면에 표시등 및 전압계를 설치

③ 증폭기 비상전원 용량은 무선통신보조설비를 유효하게 **30분 이상 작동**

6. **무선통신보조설비 손실특성**

결합손실 $= -10\log\dfrac{P_r}{P_s}$ [dB]

여기서, P_r : 수신전력, P_s : 송신전력

03 제연설비

화재발생 시 생성되는 유독성 가스 및 연기는 질식에 의한 사망의 원인이 된다. 또한, 연기란 화재에 의해 발생하는 연소생성물로서 화재발생지점에 접근을 어렵게 하여 소화활동작업에 막대한 지장을 초래하게 된다.

일반적인 건축물 내장재에서 사용되는 고분자 화학물질의 가연물질은 대부분 탄소로 구성되어 있다. 화재발생 시 탄소가 불완전 연소하면 CO, 숯, 산소결핍공기 등이 발생된다. CO는 일산화탄소중독을 유발하고, 산소결핍공기는 질식사의 원인이 된다. 화재발생 시 화재공간 내에서 연기의 수평이동속도는 0.5~1.0m/s이고, 수직상승속도는 2~3m/s의 빠른 속도로 이동한다. 그러므로 화재발생 시 피난경로(복도 · 계단 · 전실)에 연기가 침입하는 것을 방지하여 피난활동 및 소화활동에 도움을 주는 제연설비로 배연설비와 방연설비가 있다.

- 배연설비 : 연기를 일정한 장소로 유인하여 창문이나 기계적인 동력을 이용하여 옥외로 배출하는 설비를 말한다.
- 방연설비 : 연기를 한정된 장소에서 다른 장소로 유동되지 않도록 하고, 동시에 연기가 침입하는 것을 방지하는 설비를 말한다.

1 용어의 정의

이 기준에서 사용하는 용어의 정의는 다음과 같다.

(1) 제연구역이란 제연경계(제연경계가 면한 천장 또는 반자를 포함한다)에 의해 구획된 건물 내의 공간을 말한다.

(2) 제연경계란 연기를 예상제연구역 내에 가두거나 이동을 억제하기 위한 보 또는 제연경계벽 등을 말한다.

(3) 제연경계벽이란 제연경계가 되는 가동형 또는 고정형의 벽을 말한다.

(4) 제연경계의 폭이란 제연경계가 면한 천장 또는 반자로부터 그 제연경계의 수직하단 끝부분까지의 거리를 말한다.

(5) 수직거리란 제연경계의 하단끝으로부터 그 수직한 하부 바닥면까지의 거리를 말한다.

(6) 예상제연구역이란 화재 시 연기의 제어가 요구되는 제연구역을 말한다.

(7) 공동예상제연구역이란 2개 이상의 예상제연구역을 동시에 제연하는 구역을 말한다.

(8) 통로배출방식이란 거실 내 연기를 직접 옥외로 배출하지 않고 거실에 면한 통로의 연기를 옥외로 배출하는 방식을 말한다.

(9) 보행중심선이란 통로 폭의 한 가운데 지점을 연장한 선을 말한다.

(10) 유입풍도란 예상제연구역으로 공기를 유입하도록 하는 풍도를 말한다.

(11) 배출풍도란 예상제연구역의 공기를 외부로 배출하도록 하는 풍도를 말한다.

(12) 방화문이란 **「건축법 시행령」 제64조**의 규정에 따른 60분+방화문, 60분 방화문 또는 30분 방화문으로써 언제나 닫힌 상태를 유지하거나 화재로 인한 연기의 발생 또는 온도의 상승에 따라 자동적으로 닫히는 구조를 말한다.

2 제연설비의 설치대상

제연설비를 설치해야 하는 특정소방대상물은 다음의 어느 하나에 해당하는 것으로 한다.

(1) 문화 및 집회시설, 종교시설, 운동시설 중 무대부의 **바닥면적이** 200m^2 **이상**인 경우에는 해당 무대부

(2) 문화 및 집회시설 중 영화상영관으로서 **수용인원 100명 이상**인 경우에는 해당 영화상영관

(3) 지하층이나 무창층에 설치된 근린생활시설, 판매시설, 운수시설, 숙박시설, 위락시설, 의료시설, 노유자시설 또는 창고시설(물류터미널로 한정한다)로서 해당 용도로 사용되는 바닥면적의 합계가 1,000m^2 **이상인 경우** 해당 부분

(4) 운수시설 중 시외버스정류장, 철도 및 도시철도 시설, 공항시설 및 항만시설의 대기실 또는 휴게시설로서 지하층 또는 **무창층의 바닥면적이** 1,000m^2 **이상**인 경우에는 모든 층

(5) 지하가(터널은 제외한다)로서 **연면적** 1,000m^2 **이상**인 것

(6) 지하가 중 예상 교통량, 경사도 등 터널의 특성을 고려하여 행정안전부령으로 정하는 터널

(7) 특정소방대상물(갓복도형 아파트 등은 제외한다)에 부설된 특별피난계단, 비상용 승강기의 승강장 또는 피난용 승강기의 승강장

참고 설치제외

제연설비를 설치해야 할 특정소방대상물 중 화장실·목욕실·주차장·발코니를 설치한 숙박시설(가족호텔 및 휴양콘도미니엄에 한한다)의 객실과 사람이 상주하지 않는 기계실·전기실·공조실·50m^2 미만의 창고 등으로 사용되는 부분에 대하여는 배출구·공기유입구의 설치 및 배출량 산정에서 이를 제외할 수 있다.

3 제연구역의 구획과 기준

(1) 제연구역의 구획

제연설비의 설치장소는 다음의 기준에 따른 제연구역으로 구획해야 한다.

① **하나의 제연구역의 면적은** 1,000m^2 **이내**로 할 것

② **거실과 통로**(복도를 포함한다. 이하 같다)는 **각각 제연구획**할 것

③ 통로상의 제연구역은 보행중심선의 길이가 **60m를 초과하지 않을 것**

④ 하나의 제연구역은 **직경 60m 원 내**에 들어갈 수 있을 것

⑤ 하나의 제연구역은 **2 이상의 층에 미치지 않도록 할 것**. 다만, 층의 구분이 불분명한 부분은 그 부분을 다른 부분과 별도로 제연구획해야 한다.

(2) 제연구역의 구획적합기준

제연구역의 구획은 보・제연경계벽(이하 '제연경계'라 한다) 및 벽(화재 시 자동으로 구획되는 가동벽・방화셔터・방화문을 포함한다. 이하 같다)으로 하되, 다음의 기준에 적합해야 한다.

① 재질은 내화재료, 불연재료 또는 제연경계벽으로 성능을 인정받은 것으로서, 화재 시 쉽게 변형・파괴되지 아니하고 연기가 누설되지 않는 기밀성있는 재료로 할 것

② 제연경계는 제연경계의 폭이 0.6m 이상이고, 수직거리는 2m 이내이어야 한다. 다만, 구조상 불가피한 경우는 2m를 초과할 수 있다.

③ 제연경계벽은 배연 시 기류에 따라 그 하단이 쉽게 흔들리지 않고, 가동식의 경우에는 급속히 하강하여 인명에 위해를 주지 않는 구조일 것

4 제연방식

(1) 예상제연구역에 대하여는 화재 시 연기배출(이하 '배출'이라 한다)과 동시에 공기유입이 될 수 있게 하고, 배출구역이 거실일 경우에는 통로에 동시에 공기가 유입될 수 있도록 해야 한다.

(2) (1)에도 불구하고 통로와 인접하고 있는 거실의 바닥면적이 50m^2 미만으로 구획(제연경계에 따른 구획은 제외한다. 다만, 거실과 통로와의 구획은 그렇지 않다)되고 그 거실에 통로가 인접하여 있는 경우에는 화재 시 그 거실에서 직접 배출하지 아니하고 인접한 통로의 배출로 갈음할 수 있다. 다만, 그 거실이 다른 거실의 피난을 위한 경유거실인 경우에는 그 거실에서 직접 배출해야 한다.

(3) 통로의 주요 구조부가 내화구조이며 마감이 불연재료 또는 난연재료로 처리되고 통로 내부에 가연성 물질이 없는 경우에 그 통로는 예상제연구역으로 간주하지 않을 수 있다. 다만, 화재 시 연기의 유입이 우려되는 통로는 그렇지 않다.

5 제연설비의 종류

제연방식은 소방대상물의 규모와 특성에 따라 고려되어야 한다. 단층 건물에서는 지붕배기와 제어커튼을 이용하여 제연하고, 중층건물에서는 지붕・외벽 등의 개구부를 이용한다. 그러나 무창층・지하층 및 고층 건물에서의 제연은 스모크 샤프트(smoke shaft), 배출기, 공조기 등을 이용하여 강제 기계배연방식을 이용하고 있다.

① **밀폐제연방식** : 제연의 기본방식

② **자연제연방식** : 지하층・무창층에 적용

③ **스모크 타워(smoke tower) 제연방식** : 통기력을 이용하는 방식

④ **기계제연방식** : 지하층・무창층・고층 건물에 적용

㉠ 제1종 기계제연방식

㉡ 제2종 기계제연방식

㉢ 제3종 기계제연방식

예상제연구역에 대하여는 화재 시 연기배출과 동시에 공기유입이 될 수 있게 하고 배출구역이 거실일 경우에는 통로에 동시에 공기가 유입될 수 있도록 하여야 한다.

통로와 인접하고 있는 거실의 바닥면적이 50m^2 미만으로 구획되고 그 거실에 통로가 인접하여 있는 경우에는 화재 시 그 거실에서 직접 배출하지 아니하고 인접한 통로의 배출만으로 갈음할 수 있다. 다만, 그 거실이 다른 거실의 피난을 위한 경우에는 그 거실에서 직접 배출하여야 한다.

통로의 주요 구조부가 내화구조이며 마감이 불연재료 또는 난연재료로 처리되고 가연성 내용물이 없는 경우에 그 통로는 예상제연구역으로 간주하지 아니할 수 있다. 다만, 화재발생 시 연기의 유입이 우려되는 통로는 그러하지 아니한다.

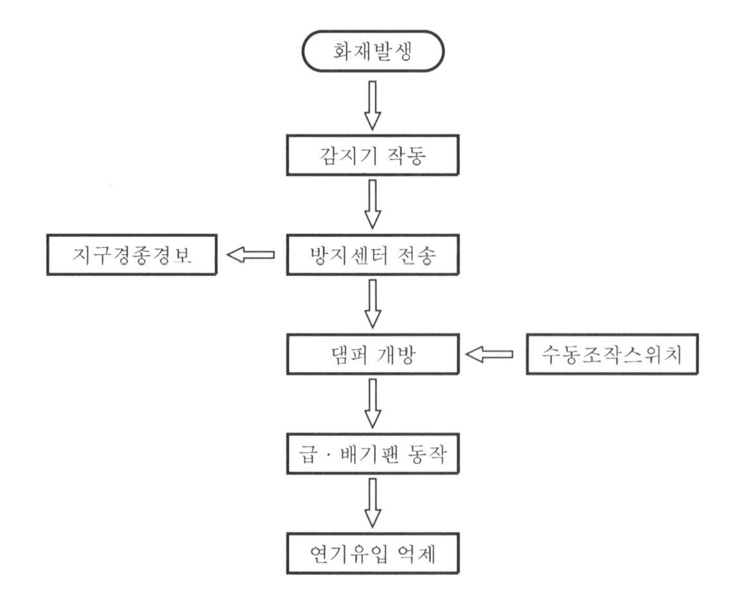

| 그림 3.3.1 | 제연설비의 동작흐름도

[그림 3.3.1]은 제연설비가 동작하는 흐름도와 동작을 설명하고 있다.

화재가 발생하면 감지기가 동작하고 그 신호가 수신기에 전달되고 화재경보가 울리며 댐퍼가 개발되고 급기 또는 배기팬이 동작하며 제연설비가 동작하게 된다.

(1) 제연설비의 종류

① 전실제연설비

② 상가제연설비

㉠ 밀폐형 상가제연설비

㉡ 개방형 상가제연설비

③ 자동방화문

④ 방화셔터

⑤ 배연창

(2) 전실제연설비

① 전실은 각 층 복도와 특별피난계단의 중간에 설치되는 공간으로, 화재 시 복도에서 출입구쪽으로 대피 시 함께 유입되는 연기가 계단쪽으로 유입되는 것을 방지하기 위해 주로 특별피난계단에 설치된다.

② [그림 3.3.2]는 전실제연설비의 중계기와 댐퍼 간 결선도를 나타낸다. 중계기의 입력으로 댐퍼감지기 출력이 연결되고 중계기의 출력이 댐퍼의 기동출력단자에 연결되며 전원과 통신선 등이 공동으로 연결되고 있다.

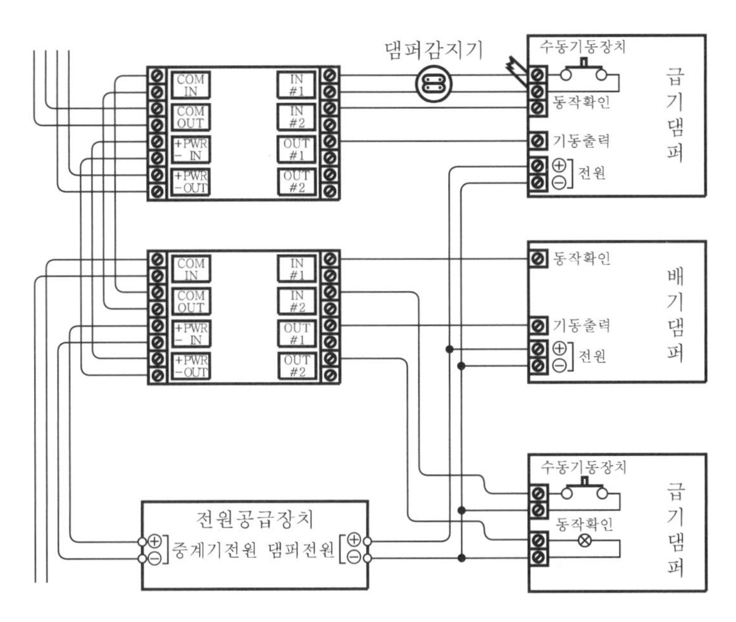

▌그림 3.3.2 ▌ **전실제연설비의 중계기와 댐퍼간 결선도**

③ 전실제연설비의 계통도

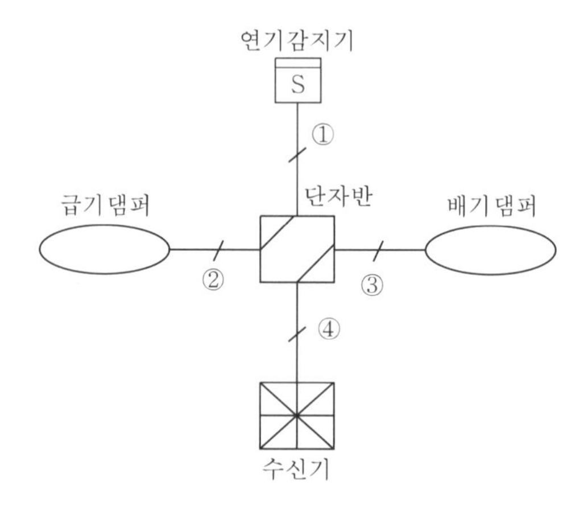

구분	전선수	용도
①	4	감지기 2, 공통 2
②	4	전원 +・−, 기동, 기동확인(급기)
③	4	전원 +・−, 기동, 기동확인(배기)
④	6	전원 +・−, 기동, 급기확인, 배기확인, 감지기

※ 감지기 공통 = 전원(−)

❙그림 3.3.3❙ **전실제연설비 계통도 Ⅰ**

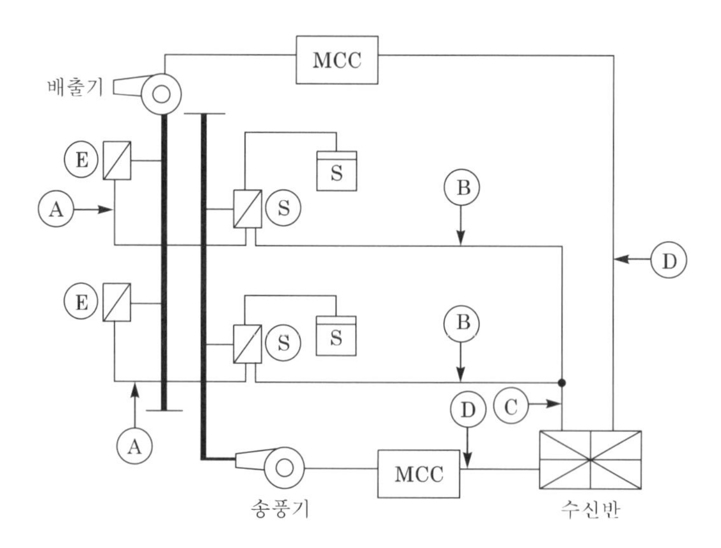

❙그림 3.3.4❙ **전실제연설비 계통도 Ⅱ**

구분	연결선	전선수	용도
A	배기댐퍼 ↔ 급기댐퍼	4	전원 +, −, 기동, 배기확인
B	급기댐퍼 ↔ 수신반	7	지구, 공통, 기동, 급기확인, 배기확인, 전원 +, −
C	2경계	11	(지구, 기동, 급기확인, 배기확인)×2, 전원 +, −, 공통
D	MCC ↔ 수신반	5	ON, OFF, 기동확인등, 전원감시표시등, 공통

※ 감지기 공통선 별도

화재발생 시 전실에 설치된 연기감지기가 작동되면 전실 내에 설치된 급·배기 댐퍼가 개방되고 동시에 급·배기 팬이 가동되어 전실에는 신선한 공기가 유입되어 피난로를 제공할 수 있게 된다. 최근에는 전실 내부에 높은 기압으로 급기만 하여도 연기유입이 차단되기 때문에 배기댐퍼를 생략하는 경우가 많다. [그림 3.3.4]는 전실제연설비 제어 계통도를 나타낸다.

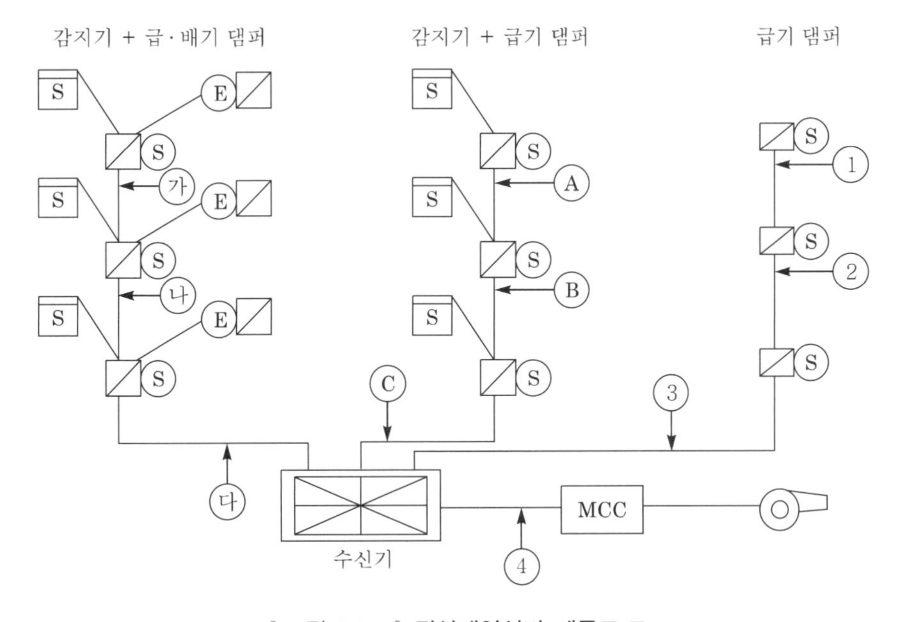

▎그림 3.3.5 ▎ **전실제연설비 계통도 Ⅲ**

구분	연결선	전선수	용도
가	4층 → 3층	7	지구, 공통, 급·배기 확인, 기동, 전원 +, −
나	3층 → 2층	11	(지구, 급·배기 확인, 기동)×2, 전원 +, −, 공통
다	2층 → 수신기	15	(지구, 급·배기 확인, 기동)×3, 전원 +, −, 공통

구분	연결선	전선수	용도
A	4층→3층	6	지구, 공통, 급기확인, 기동, 전원 +, −
B	3층→2층	9	(지구, 급기확인, 기동)×2, 전원 +, −, 공통
C	2층→수신기	12	(지구, 급기확인, 기동)×3, 전원 +, −, 공통
①	4층→3층	4	급기확인, 기동 전원 +, −
②	3층→2층	6	(급기확인, 기동)×2 전원 +, −
③	2층→수신기	8	(급기확인, 기동)×3 전원 +, −
④	수신기→MCC	5	ON, OFF, 기동확인등, 전원감시등, 공통

(3) 상가제연설비

① **개방형 상가제연설비** : [그림 3.3.6]은 개방형 제연방식으로, A구역에 화재발생 시 A구역 배기댐퍼동작과 동시에 B구역 급기댐퍼가 동작되면서 공기의 흐름이 B구역에서 A구역으로 이동된다. B구역으로 연기 유입이 억제되어 효과적인 제연기능을 발휘하게 된다.

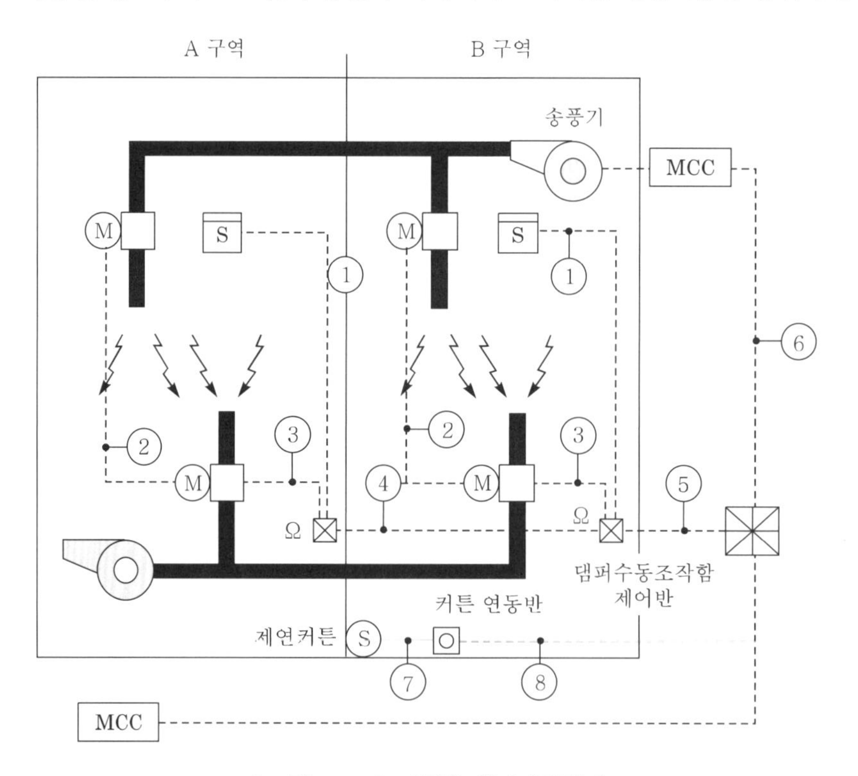

▌그림 3.3.6▌ 개방형 상가제연설비

기호	적용구간	배선수	배선의 용도	비고
①	감지기 ↔ 수동조작함	4	지구 2, 공통 2	송·배선식 방식
②	급기댐퍼 ↔ 배기댐퍼	4	전원 +, −, 기동스위치, 급기확인	• 전원 +, −는 직류전원이다. • 감지기회로의 공통선은 별개로 사용한다. • 급·배기 댐퍼기동스위치는 다른 선으로 한다.
③	배기댐퍼 ↔ 수동조작함	6	전원 +, −, 급기기동, 배기기동, 급기확인, 배기확인	
④	수동조작함 ↔ 수동조작함	8	전원 +, −, 지구, 기동 2, 확인 2, 공통	
⑤	2개의 지구일 때	13	전원 +, −, 공통(지구, 급기기동, 배기기동, 급기확인, 배기확인)×2	• 지구선은 HIV 1.2mm • 16C, 22C 등은 후강전선관의 선정기준에 따라 결정
⑥	MCC ↔ 수신반	5	공통, 기동, 정지, 전원표시등, 기동확인표시등	
⑦	제연커텐 Sol ↔ 연동제어반	3	기동, 확인, 공통	
⑧	연동제어반 ↔ 수신기	4	공통, ON, OFF, 기동확인표시등	

② **밀폐형 상가제연설비** : [그림 3.3.7]은 밀폐형 상가제연방식으로 화재가 발생하면 매장의 배기댐퍼와 배출기가 동작한다. 이와 동시에 복도측의 송풍기가 작동하면 화재발생구역의 연기가 복도측으로 새어나오는 것을 방지함과 동시에 복도측에서 화재발생지역으로 공기가 유입되어 효과적인 제연기능이 발휘된다.

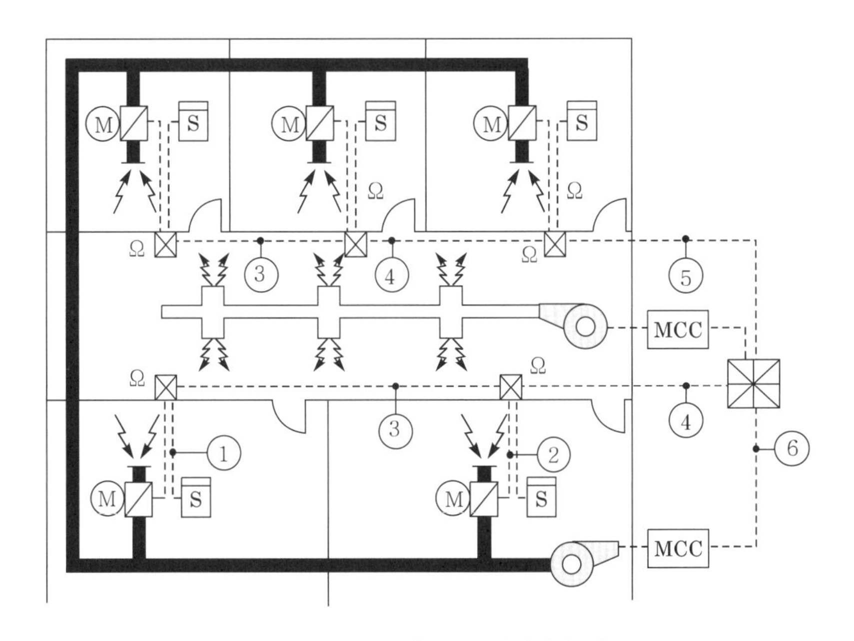

▌그림 3.3.7▌ **밀폐형 상가제연설비 계통도**

기호	적용구간	배선수	배선굵기	배선의 용도	비고
①	감지기↔수동조작함	4	IV 1.2mm(16C)	지구 2, 공통 2	송·배전식 방식
②	급기댐퍼↔배기댐프	4	HIV 1.6mm(16C)	전원 +, − 기동, 배기확인	• 전원 +, −는 직류전원이다. • 감지기회로의 공통선은 전원선 (−)을 사용한다. • 급·배기댐퍼기동스위치는 다른 선으로 한다. • 지구선은 HIV 1.2mm • 16C, 22C 등은 후강전선관의 선정기준에 따라 결정
③	수동조작함↔수동조작함	5	HIV 1.6mm(22C)	전원 +, −, 지구, 기동, 배기확인	
④	2개의 지구일 때	8	HIV 1.6mm(28C)	전원 +, −(지구, 기동, 배기확인)×2	
⑤	3개의 지구일 때	11	HIV 1.6mm(28C)	전원 +, −(지구, 기동, 배기확인)×3	
⑥	MCC↔수신반	5	HIV 1.6mm(22C)	공통, 기동, 정지, 전원표시등, 기동확인표시등	

(4) 자동방화문

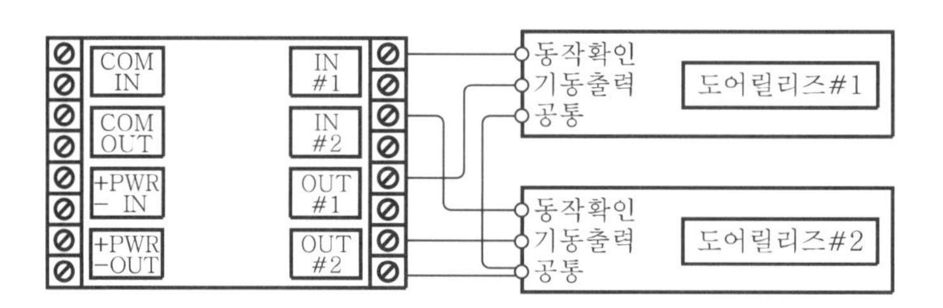

(a) 중계기와 도어릴리즈 결선도

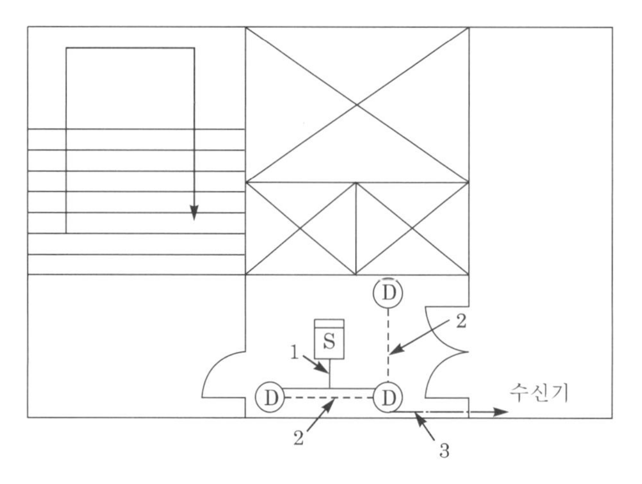

(b) 방화문 계통도

| 그림 3.3.8 | 자동방화문 계통도 I

구분	연결선	전선수	용도
1	감지기↔자동폐쇄기	4	지구 2, 공통 2
2	자동폐쇄기↔자동폐쇄기	3	공통, 기동, 기동확인
3	자동폐쇄기↔수신반	9	지구 2, 공통 2, 기동, 기동확인 3, 공통

화재 시 연기가 계단측으로 유입되면 피난활동에 막대한 지장을 초래한다. 평상시에는 자동방화문설비(전실 출입문, 피난계단 출입문)를 열어놓고 화재가 발생하면 연동으로 문을 폐쇄시켜 연기가 유입되지 않도록 하는 설비이다. 방화문 자동폐쇄기(door release)는 전자석이나 영구자석을 이용하는 방식을 사용하여 왔으나 정전, 자력감소 등 사용상 문제점이 있어 근래에는 걸고리 방식이 주로 사용되고 있다. [그림 3.3.8]에서 D는 자동폐쇄장치를 나타낸다.

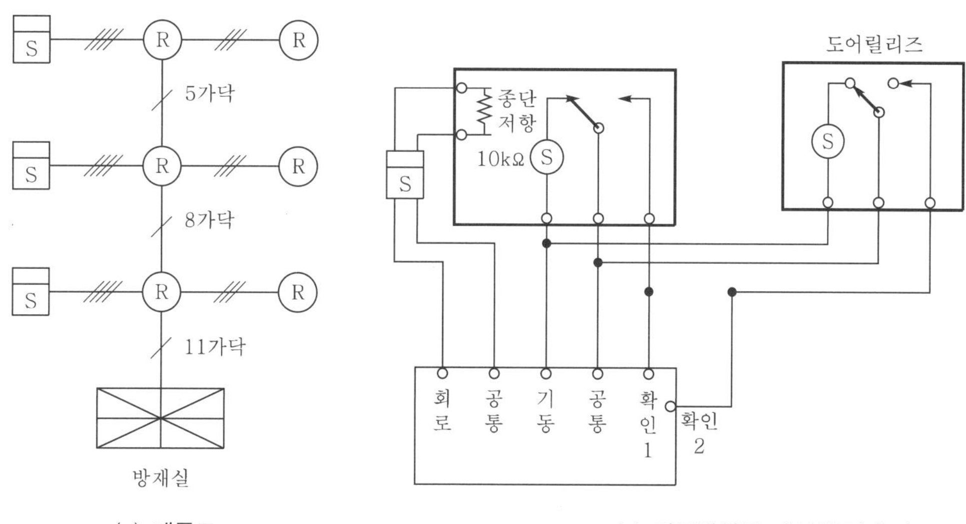

(a) 계통도

(b) 자동방화문 제어회로(예 1)

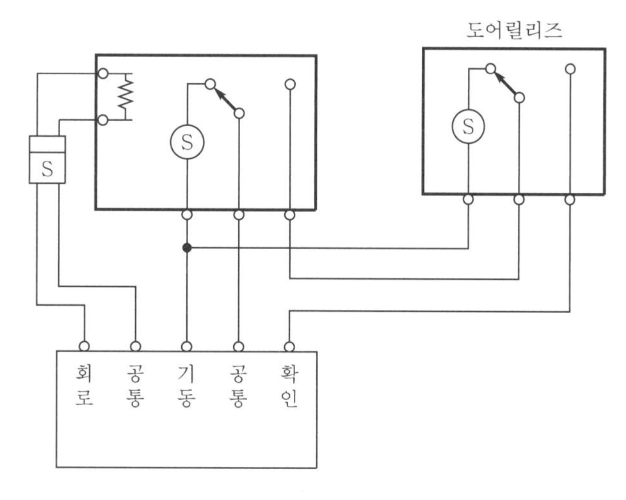

(c) 자동방화문 제어회로(예 2)

▌그림 3.3.9▌ **자동방화문 계통도 Ⅱ**

(5) 방화셔터

[그림 3.3.10]의 방화셔터는 넓은 공간에서 화재 시 문을 폐쇄시켜 화재의 확산을 방지하는 설비이다. 고정벽을 설치하기 곤란한 큰 개구부의 층간, 지역별 방화구획을 경계하기 위해 통로 등에 시설된다. 평상시에는 개방상태이지만 화재 시에는 감지기 또는 기동스위치 동작에 따라 방화셔터가 폐쇄되어 방화구획을 형성한다.

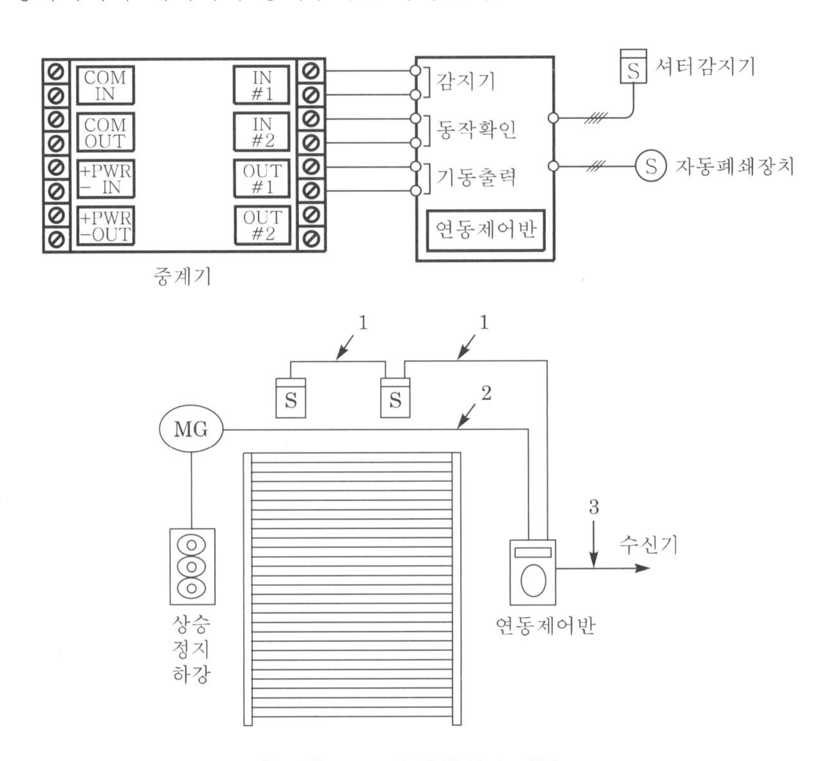

‖ 그림 3.3.10 ‖ **방화셔터 계통도**

구분	연결선	전선수	용도
1	감지기 ↔ 연동제어반	4	지구 2, 공통 2
2	폐쇄장치 ↔ 연동제어반	3	공통, 기동, 기동확인
3	연동제어반 ↔ 수신반	6	지구, 공통, 기동 2, 기동확인 2

방화셔터용 감지기는 셔터를 중심으로 좌·우측에 부착되며 연동제어반에는 비상전원 축전지를 내장하여 정전 시에도 작동에 이상이 없어야 한다. 수동스위치는 평상시 셔터의 점검이나 화재로 인한 동작 후 복구 시에 사용되는 스위치이다.

(6) 배연창

배연창설비는 6층 이상 고층건물에 시설하는 것으로, 화재 시 발생되는 연기를 신속하게 외부로 유출시켜 피난 및 소화활동에 도움을 주는 설비이다. 배연창설비의 구동방식으로 솔레노이드방식과 모터방식이 있다.

① 솔레노이드방식

㉠ 배연창 솔레노이드방식은 화재감지기가 작동하거나 수동조작함의 스위치를 On시키면 배연창이 동작되어 수신기에 동작상태를 표시하게 된다.

㉡ [그림 3.3.11]의 솔레노이드 전동구동장치를 사용하므로 원상복구 시에는 현장에 설치된 수동손잡이를 회전시켜 조작한다.

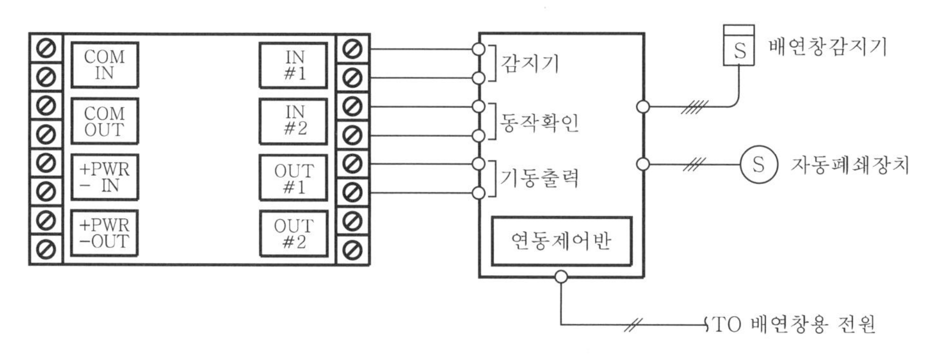

(a) 배연창 회로도

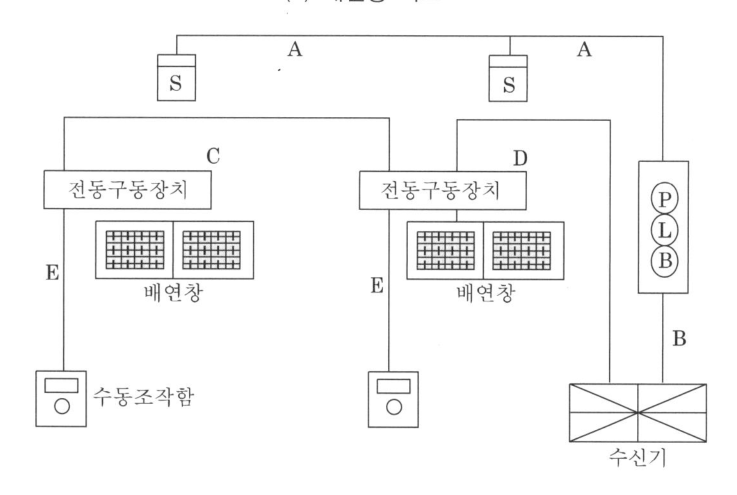

(b) 배연창 결선도

▌그림 3.3.11 ▌ **배연창(솔레노이드방식)**

구분	연결선	전선수	용도
A	감지기 ↔ 감지기	4	지구 2, 공통 2
B	발신기 ↔ 수신기	6	응답확인, 지구, 지구공통, 표시등, 벨표시등, 공통
C	전동구동장치 ↔ 전동구동장치	3	공통, 기동, 기동확인
D	전동구동장치 ↔ 수신기	5	공통, (기동, 기동확인)×2
E	전동구동장치 ↔ 수동조작함	3	공통, 기동, 기동확인

② 모터방식

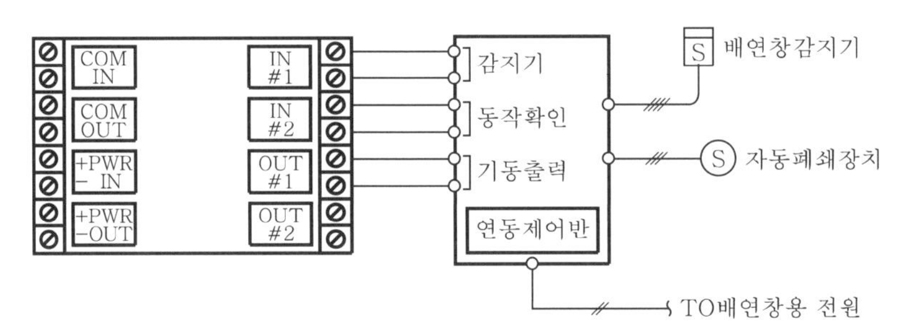

(a) 배연창 회로도

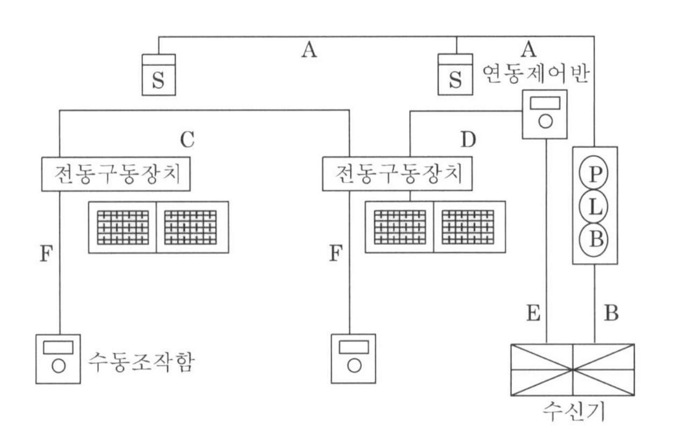

(b) 배연창 결선도

▎그림 3.3.12 ▎ **모터기동방식의 배연창**

구분	연결선	전선수	용도
A	감지기 ↔ 감지기, 발신기	4	지구 1, 지구 1, 지구공통 1, 지구공통 1
B	발신기 ↔ 수신기	6	응답확인, 지구, 지구공통, 표시등, 벨표시등, 공통
C	전동구동장치 ↔ 전동구동장치	5	+, −, 기동, 복구, 기동확인
D	전동구동장치 ↔ 연동제어반	6	+, −, 기동, 복구, 기동확인 2
E	연동제어반 ↔ 수신기	8	+, −, 기동, 복구, 기동확인 2, AC 전원 2
F	전동구동장치 ↔ 수동조작함	5	+, −, 기동, 복구, 정지

㉠ 배연창 모터방식은 원격스위치에 의해 배연창의 개방, 폐쇄, 각도조정이 가능하다.

㉡ [그림 3.3.12]에서 전동구동장치로 모터를 사용하므로 소비전력이 많이 소모되어 별도의 전원장치가 필요하다.

(7) 제연설비의 전원 및 기동

비상전원은 **자가발전설비, 축전지설비 또는 전기저장장치**(외부 전기에너지를 저장해 두었다가 필요한 때 전기를 공급하는 장치)로서 다음의 기준에 따라 설치해야 한다. 다만, 2 이상의 변전소(「**전기사업법**」 **제67조** 및 「**전기설비기술기준**」 **제3조 제2호**에 따른 변전소를 말한다)에서 전력을 동시에 공급받을 수 있거나 하나의 변전소로부터 전력의 공급이 중단되는 때에는 자동으로 다른 변전소로부터 전원을 공급받을 수 있도록 상용전원을 설치한 경우에는 그렇지 않다.

① 점검에 편리하고 화재 및 침수 등의 재해로 인한 피해를 받을 우려가 없는 곳에 설치할 것
② 제연설비를 유효하게 **20분 이상 작동**할 수 있도록 할 것
③ 상용전원으로부터 전력의 공급이 중단된 때에는 자동으로 비상전원으로부터 전력을 공급받을 수 있도록 할 것
④ 비상전원의 설치장소는 다른 장소와 방화구획할 것. 이 경우 그 장소에는 비상전원의 공급에 필요한 기구나 설비 외의 것(열병합발전설비에 필요한 기구나 설비는 제외한다)을 두어서는 아니 된다.
⑤ 비상전원을 실내에 설치하는 때에는 그 실내에 비상조명등을 설치할 것
⑥ 가동식의 벽・제연경계벽・댐퍼 및 배출기의 작동은 화재감지기와 연동되어야 하며, 예상제연구역(또는 인접장소) 및 제어반에서 수동으로 기동이 가능하도록 해야 한다.

Keypoint

[제연설비]

1. 제연구역 구획
① **하나의 제연구역의 면적은 1,000m² 이내**
② **거실과 통로는 각각 제연구획**
③ 통로상의 제연구역은 보행중심선의 길이가 **60m를 초과하지 않을 것**
④ 하나의 제연구역은 **직경 60m 원내**
⑤ 하나의 제연구역은 **2 이상의 층에 미치지 않도록 할 것**

2. 제연설비의 종류
① 전실제연설비, 상가제연설비(밀폐형 상가제연설비, 개방형 상가제연설비)
② 자동방화문, 방화셔터, 배연창

3. 제연설비 전원
비상전원은 **자가발전설비, 축전지설비 또는 전기저장장치** – 제연설비를 유효하게 **20분 이상 작동**

CHAPTER 03 예상문제

01 비상콘센트설비의 전원회로에 대한 표를 완성하시오.

전원회로의 종류	전압	공급용량
단상	①	③

정답

전원회로의 종류	전압	공급용량
단상	220V	1.5kVA 이상

02 비상콘센트설비에 대한 다음 각 물음에 답하시오.

(가) 전원회로는 단상 교류 220V인 경우 그 공급용량이 몇 kVA 이상인 것으로 하여야 하는가?
(나) 하나의 전용회로에 설치하는 비상콘센트는 몇 개 이하로 하여야 하는가?
(다) 비상콘센트 플러그 접속기의 칼받이의 접지극에는 무엇을 하여야 하는가?
(라) 비상콘센트설비는 몇 층 이상의 각 층에 설치하여야 하는가?

정답 (가) 1.5kVA
(나) 10개
(다) 접지공사
(라) 지하층을 포함한 11층

03 비상콘센트 설치기준으로 (　) 안에 알맞은 말을 써 넣으시오.

(가) 보호함에는 쉽게 개폐할 수 있는 (①)을 설치하여야 한다.
(나) 비상콘센트의 보호함에는 그 (②)에 '비상콘센트'라고 표시한 표식을 하여야 한다.
(다) 비상콘센트 보호함에는 그 상부에 (③)색의 (④)을 설치하여야 한다. 다만, 비상콘센트의 보호함을 옥내소화전함과 접속하여 설치하는 경우에는 (⑤) 등의 표시등과 겸용할 수 있다.
(라) 비상콘센트는 바닥으로부터 높이 (⑥)m 이상, (⑦)m 이하의 위치에 설치하여야 한다.

정답 (가) ① 문
(나) ② 표면
(다) ③ 적　④ 표시등　⑤ 옥내소화전함
(라) ⑥ 0.8m　⑦ 1.5m

04 비상콘센트설비에 대한 다음 각 물음에 답하시오.

(가) 하나의 전용회로에 설치하는 비상콘센트는 몇 개 이하로 하여야 하는가?

(나) 비상콘센트설비의 전원으로부터 각 층의 비상콘센트에 분기되는 경우에 비상콘센트의 보호함 안에 어떤 보호기기를 반드시 설치하여야 하는가?

(다) 일정 규모 이상인 소방대상물의 비상콘센트설비에는 자가발전설비 또는 비상전원수전설비를 비상전원으로 설치하여야 한다. 그러나 이와 같은 비상전원을 설치하지 않아도 될 경우가 있는 어떤 전원을 어떤 방법으로 설치하였을 경우인지 2가지로 요약하여 설명하시오.

정답 (가) 10개 이하

(나) 분기배선용 차단기

(다) ① 둘 이상의 변전소에서 전력을 동시에 공급받을 수 있도록 상용전원을 설치한 경우

② 하나의 변전소로부터 전력의 공급이 중단되는 때에는 자동으로 다른 변전소로부터 전력을 공급받을 수 있도록 상용전원을 설치한 경우

05 비상콘센트설비의 설치기준에 대한 (   ) 안을 채우시오.

(가) 비상콘센트설비의 전원회로는 단상 교류 220V인 것으로서, 그 공급용량은 (①)kVA 이상인 것으로 할 것

(나) 전원으로부터 각 층의 비상콘센트에 분기되는 경우에는 (②)를 보호함 안에 설치할 것

(다) 비상콘센트설비는 지하층을 포함한 층수가 (③)층 이상의 각 층마다 설치할 것

(라) 절연저항은 전원부와 외함 사이를 500V 절연저항계로 측정할 때 (④)MΩ 이상일 것

(마) 하나의 전용회로에 설치하는 비상콘센트는 (⑤)개 이하로 할 것

정답 ① 1.5 ② 분기배선용 차단기 ③ 11 ④ 20 ⑤ 10

06 그림과 같이 비상콘센트가 설치된 건물이 있다. 사용전압은 단상 220V이며, 공사방법은 금속관공사를 하고 사용전선은 동선을 사용한다. 주어진 조건 및 표를 참조하여 다음 각 물음에 답하시오.

[조건]
- 주위온도 30℃ 이하로 하며, 최고 허용온도는 60℃이다.
- 접지선은 별도의 공사를 한다.
- 단상 및 3상은 별도의 관에 배관한다.
- 역률은 각 100%로 한다.

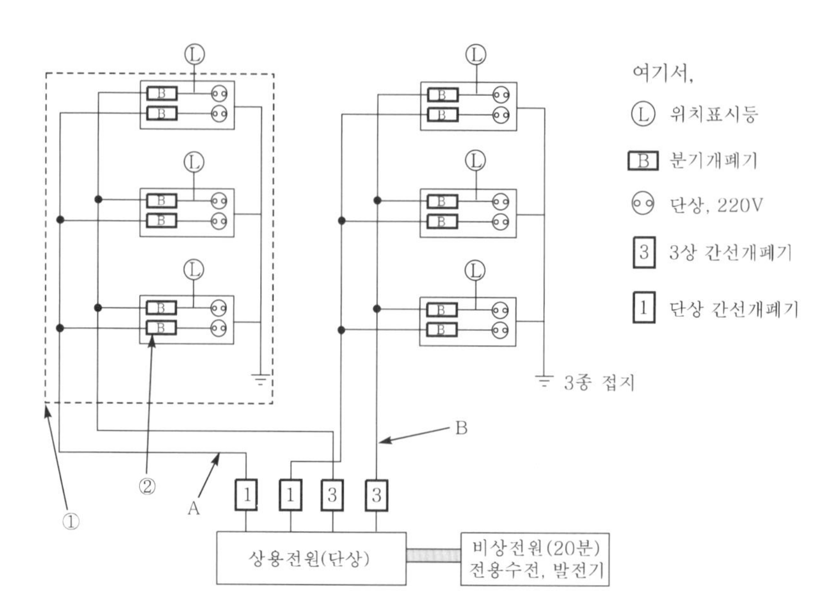

(가) ①～②의 명칭은 무엇인가?

(나) ③의 설치높이는?

정답 (가) ① 보호함 ② 분기배선용 차단기

(나) 바닥으로부터 높이 0.8m 이상 1.5m 이하

07 비상콘센트설비의 전원 및 콘센트 등의 설치기준에 대하여 다음 각 물음에 답하시오.

(가) 전원회로는 어떻게 구분하여야 하는지 전원회로 구성방식의 종류와 그 용량의 설치기준을 쓰시오.

(나) 지하 3층, 지상 11층의 건축물에 비상콘센트설비를 할 때 비상콘센트의 설치대상층을 열거하시오.

(다) 비상콘센트설비의 절연내력 시험방법과 그 기준을 설명하시오. (단, 전원부와 외함 사이의 정격전압이 150V 이하인 경우로 설명할 것)

정답 (가) 전원회로 구성방식의 종류와 용량

구성방식	공급용량
단상 교류	1.5kVA 이상

(나) 지상 8, 9, 10, 11층

(다) 전원부와 외함 사이에 1,000V의 실효전압을 가하여 1분 이상 견딜 것

08 비상콘센트에 전력을 공급하는 비상콘센트설비의 전원회로에 대한 다음 각 물음에 답하시오.

(가) 단상 교류인 경우에 사용되는 전압을 쓰시오.

(나) 전원회로는 각 층에 있어서 전압별로 몇 개 이상이 되도록 설치하여야 하는가?

(다) 하나의 전용회로에 설치하는 비상콘센트가 10개이다. 이 경우 전선의 용량은 최소 몇 개의 비상콘센트 공급용량을 합한 용량 이상의 것으로 하여야 하는가?

정답 (가) 단상 교류 : 220V
(나) 2개
(다) 3개

09 무선통신보조설비에 대한 다음 각 물음에 답하시오.

(가) 누설동축케이블은 몇 m 이내마다 금속제 또는 자기제 등의 지지금구로 벽・천장・기둥 등에 견고하게 고정시켜야 하는가?

(나) 누설동축케이블・분배기・혼합기 등의 임피던스는 몇 Ω의 것으로 하여야 하는가?

(다) 증폭기에 사용되는 비상전원용량은 무선통신보조설비를 유효하게 몇 분 이상 작동시킬 수 있는 것으로 하여야 하는가?

정답 (가) 4m
(나) 50Ω
(다) 30분

10 무선통신보조설비의 증폭기의 전면에 설치하어야 하는 것 2가지를 쓰시오. (단, 주회로의 전원이 정상인지의 여부를 표시할 수 있도록 답할 것)

정답 ① 표시등
② 전압계

11 무선통신보조설비의 누설동축케이블 등에 관한 다음 ( ) 안에 알맞은 말은?

(가) 누설동축케이블 및 공중선은 고압의 전로로부터 1.5m 이상 떨어진 위치에 설치할 것. 다만, 당해 전로에 (①)장치를 유효하게 설치한 경우에는 그러하지 아니한다.

(나) 누설동축케이블의 끝부분에는 (②)을 견고하게 설치할 것

(다) 누설동축케이블 또는 동축케이블의 임피던스는 (③)Ω으로 하고, 이에 접속하는 공중선, 분배기, 기타의 장치는 당해 임피던스에 적합한 것으로 하여야 한다.

(라) 누설동축케이블은 화재에 의하여 당해 케이블의 피복이 소실된 경우에 케이블 본체가 떨어지지 아니하도록 (④)m 이내마다 금속제 또는 자기제 등의 지지금구로 벽・천장・기둥 등에 견고하게 고정시킬 것. 다만, 불연재료로 구획된 반자 안에 설치하는 경우에는 그러하지 아니한다.

정답 (가) ① 정전기차폐
(나) ② 무반사 종단저항
(다) ③ 50Ω
(라) ④ 4m

12 무선통신보조설비의 누설동축케이블 등의 설치기준에 대한 다음 각 물음에 답하시오.

(가) 누설동축케이블은 화재에 의하여 당해 케이블의 피복이 소실될 경우에 케이블 본체가 떨어지지 아니하도록 4m 이내마다 금속제 또는 자기제 등의 지지금구로 벽・천장・기둥 등에 견고하게 고정시켜야 한다. 다만, 어떤 경우에 그렇게 하지 않아도 되는가?

(나) 누설동축케이블의 끝부분에는 어떤 종류의 종단저항을 견고하게 설치하여야 하는가?

(다) 누설동축케이블 및 공중선은 고압의 전로로부터 몇 m 이상 떨어진 위치에 설치하여야 하는가?

(라) 누설동축케이블 또는 동축케이블의 임피던스는 몇 Ω으로 하는가?

정답 (가) 불연재료로 구획된 반자 안에 설치하는 경우
(나) 무반사 종단저항
(다) 1.5m
(라) 50Ω

13 무선통신보조설비에 대한 다음 각 물음에 답하시오.

(가) 증폭기에는 비상전원이 부착된 것으로 하고, 당해 비상전원용량은 무선통신보조설비를 몇 분 이상 작동시킬 수 있는 것으로 하여야 하는가?

(나) 증폭기의 전면에는 주회로의 전원이 정상인지의 여부를 표시할 수 있는 것으로 어떤 것을 설치하여야 하는지 2가지를 쓰시오.

(다) 분배기, 분파기, 혼합기 등의 임피던스는 몇 Ω의 것으로 하여야 하는가?

(라) 누설동축케이블의 끝부분에는 어떤 종류의 종단저항을 견고하게 설치하여야 하는가?

정답 (가) 30분
(나) 표시등, 전압계
(다) 50Ω
(라) 무반사 종단저항

14 무선통신보조설비의 시설기준에 대한 다음 각 물음에 답하시오.

(가) 누설동축케이블 및 공중선은 당해 전로에 정전기 차폐장치를 설치하지 않은 경우에 고압의 전로로부터 몇 m 이상 떨어진 위치에 설치하여야 하는가?

(나) 분배기, 분파기, 혼합기 등의 임피던스는 몇 Ω의 것으로 하여야 하는가?

(다) 증폭기를 설치하는 경우 증폭기의 전면에는 주회로의 전원이 정상인지의 여부를 표시할 수 있는 표시등 및 ( )를 설치하여야 한다. ( )에 해당되는 것은?

(라) 증폭기에는 비상전원이 부착된 것으로 하고, 당해 비상전원용량은 무선통신보조설비를 유효하게 몇 분 이상 작동시킬 수 있는 것으로 하여야 하는가?

정답 (가) 1.5
(나) 50
(다) 전압계
(라) 30분

15 무선통신보조설비에 대한 다음 각 물음에 답하시오.

(가) 누설동축케이블 또는 동축케이블의 임피던스는 몇 Ω으로 하는가?

(나) 누설동축케이블의 끝부분에는 어떤 종류의 종단저항을 견고하게 설치하여야 하는가?

(다) 다음에 대한 증폭기의 설치기준을 쓰시오.

① 전원

② 전원감시설비

③ 비상전원

정답 (가) 50Ω
(나) 무반사 종단저항
(다) ① 전원 : 전기가 정상적으로 공급되는 축전지 또는 교류전압 옥내 간선으로 하고, 전원까지의 배선은 전용으로 할 것
② 전원감시설비 : 증폭기의 전면에는 주회로의 전원이 정상인지의 여부를 표시할 수 있는 표시등 및 전압계를 설치할 것
③ 비상전원 : 증폭기에는 비상전원이 부착된 것으로 하고 당해 비상전원용량은 무선통신보조설비를 유효하게 30분 이상 작동시킬 수 있는 것으로 할 것

16 그림은 특별피난계단에 시설되는 전실제연설비에 대한 것이다. 주어진 각 조건을 숙지한 다음 각 물음에 답하시오.

[조건]
- 각 댐퍼(damper)의 기동은 동시기동방식이다.
- 수동조작함은 없는 것으로 가정한다.
- 감지기의 공통선만 별도로 한다.
- MCC의 전원감시기능은 있는 것으로 본다.

(가) Ⓐ~Ⓖ의 명칭은?

(나) ①~⑧의 전선가닥수는?

(다) ②에서 각 전선의 용도는?

(라) ⑦에서 각 전선의 용도는?

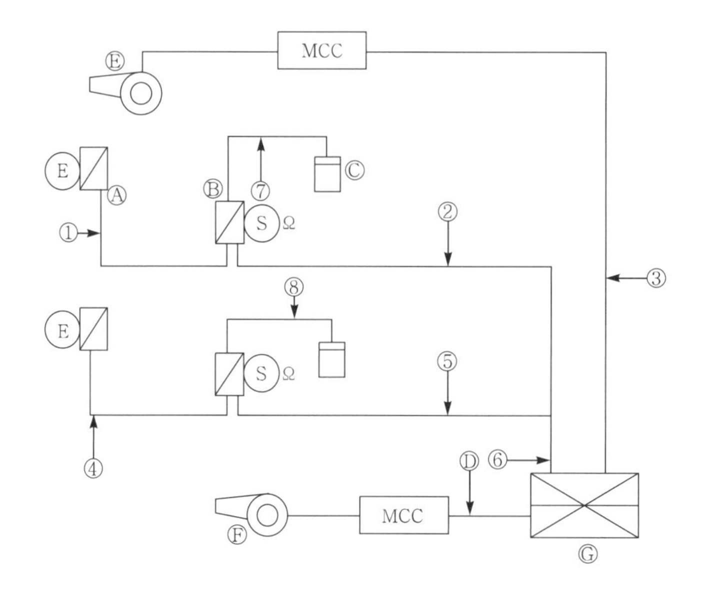

정답 (가) Ⓐ 배기댐퍼 Ⓑ 급기댐퍼 Ⓒ 연기감지기 Ⓓ 종단저항 Ⓔ 배기팬 Ⓕ 급기팬 Ⓖ 수신기(수신반)

(나) ① 4가닥 ② 7가닥 ③ 5가닥 ④ 4가닥 ⑤ 7가닥 ⑥ 11가닥 ⑦ 4가닥 ⑧ 4가닥

(다) 전원 ⊕·⊖, 감지기, 감지기 공통, 기동, 배기댐퍼 기동확인(표시등), 급기댐퍼 기동확인(표시등)

(라) 감지기 2가닥, 감지기 공통 2가닥

17 주어진 조건과 도면을 이용하여 다음 각 물음에 답하시오.

[조건]
- 스모크타워에 설치되는 감지기 연동회로이다(제연설비).
- 제연설비의 댐퍼기동방식 중 기동 – 솔레노이드, 복구 – 모터 방식이며, 급배기 기동 및 복구는 각각 동시에 행한다.
- 건물 층수는 1층에서 5층까지만 생각해서 작도한다.
- 전선의 수량은 가닥수만 표시한다.
- 기능에 지장이 없는 한 최소 전선수로 한다.
- 공통선은 전원선과 표시선 · 기동복구선 등에 1개를 사용하고, 감지기배선은 별개로 한다.
- 감지기용 전선은 각 층에서 독립되게 배선한다.
- 계통도 작성 시 각 층에 단자반(TB)을 설치한다.
- 수신기의 위치는 1층에 설치한다.

(가) ①, ②, ③의 기능상 명칭을 쓰시오.

(나) ③의 설치높이는?

(다) A, B, C, D의 전선가닥수는 몇 본인지 최소 선수를 쓰시오.

[전선의 회로명칭에 대한 예] 신호선, 전원선, 기동선, 복구선, 표시선 등

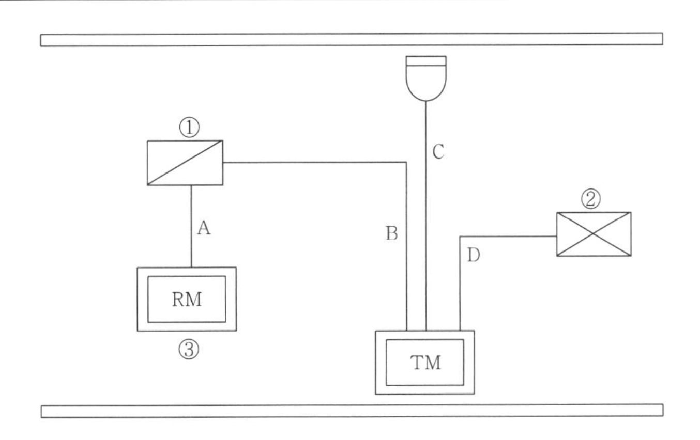

정답 (가) ① 급기댐퍼 ② 배기댐퍼 ③ 수동조작함

(나) 바닥에서 0.8m 이상 1.5m 이하

(다) A : 4본, B : 4본, C : 4본, D : 4본

18 그림과 같이 백화점의 매장에 설치된 제연설비의 전기적인 계통도를 보고 Ⓐ~Ⓖ까지의 배선가닥수와 각 배선의 용도를 쓰도록 하시오.

[조건]
- 모든 댐퍼는 모터구동방식이며, 별도의 복구선은 없는 것으로 한다.
- 배선가닥수는 운전조작상 필요한 최소 전선수를 쓰도록 한다.
- 배선의 용도는 Ⓗ와 같은 방법으로 기록하도록 한다.

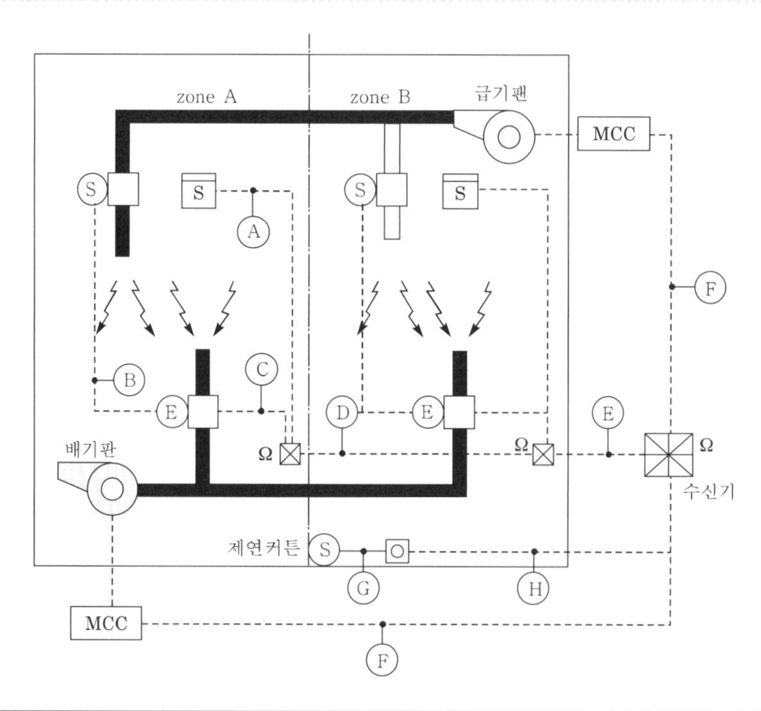

정답

기호	구분	배선수	배선의 용도
Ⓐ	감지기 ↔ 수동조작함	HIV 1.2-4	감지기회로 2, 공통 2
Ⓑ	급기댐퍼 ↔ 배기댐퍼	HIV 1.6-4	전원 ⊕·⊖, 급기기동 1, 급기확인 1
Ⓒ	배기댐퍼 ↔ 수동조작함	HIV 1.6-6	전원 ⊕·⊖, 급기기동 1, 배기기동 1, 급기확인 1, 배기확인 1
Ⓓ	수동조작함 ↔ 수동조작함	HIV 1.6-7	전원 ⊕·⊖, 급기기동 1, 배기기동 1, 급기확인 1, 배기확인 1, 감지기 1
Ⓔ	수동조작함 ↔ 2zone	HIV 1.6-12	전원 ⊕·⊖, 급기기동 2, 배기기동 2, 급기확인 2, 배기확인 2, 감지기 2
Ⓕ	MCC ↔ 수신기	HIV 1.6-5	기동 1, 정지 1, 공통 1, 전원표시등 1, 기동표시등 1
Ⓖ	커튼 SOL ↔ 연동제어반	HIV 1.6-3	기동 1, 기동표시등 1, 공통 1
Ⓗ	연동제어반 ↔ 수신기	HIV 1.6-4	공통, ON, OFF, 기동표시등

19 **그림은 자동방화문설비(auto door release)의 자동방화문 결선도 및 계통도이다. ①~④ 배선의 용도를 쓰시오.** (단, 방화문 감지기회로는 제외)

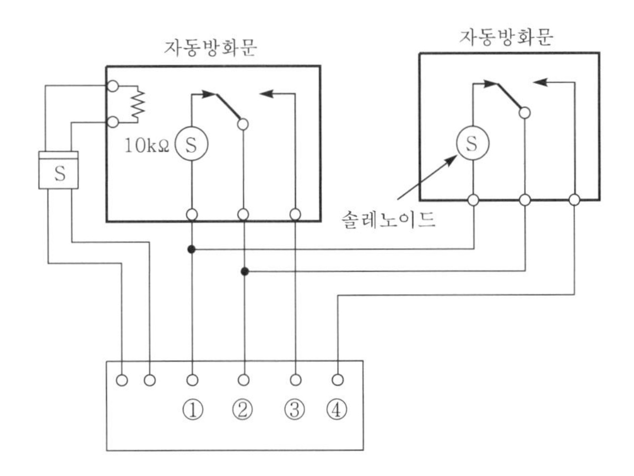

정답 ① 기동
② 공통
③ 확인
④ 확인

Memo

CHAPTER

04

소화설비

CHAPTER 04 소화설비

01 옥내소화전설비

옥내소화전설비는 화재가 발생한 소방대상물의 관계자기 초기 진화를 위하여 설치된 수동식 고정 물소화설비이다. 옥내소화전설비는 고가수조방식과 압력수조방식, 펌프방식 등으로 구분될 수 있다.

1 용어의 정의

옥내소화전설비에서 사용하는 용어의 정의는 다음과 같다.

① 고가수조란 구조물 또는 지형지물 등에 설치하여 자연낙차의 압력으로 급수하는 수조를 말한다.

② 압력수조란 소화용수와 공기를 채우고 일정압력 이상으로 가압하여 그 압력으로 급수하는 수조를 말한다.

③ 충압펌프란 배관 내 압력손실에 따른 주펌프의 빈번한 기동을 방지하기 위하여 충압역할을 하는 펌프를 말한다.

④ 정격토출량이란 펌프의 정격부하운전 시 토출량으로서 정격토출압력에서의 펌프의 토출량을 말한다.

⑤ 정격토출압력이란 펌프의 정격부하운전 시 토출압력으로서 정격토출량에서의 펌프의 토출측 압력을 말한다.

⑥ 진공계란 대기압 이하의 압력을 측정하는 계측기를 말한다.

⑦ 연성계란 대기압 이상의 압력과 대기압 이하의 압력을 측정할 수 있는 계측기를 말한다.

⑧ 체절운전이란 펌프의 성능시험을 목적으로 펌프 토출측의 개폐밸브를 닫은 상태에서 펌프를 운전하는 것을 말한다.

⑨ 기동용 수압 개폐장치란 소화설비의 배관 내 압력변동을 검지하여 자동적으로 펌프를 기동 및 정지시키는 것으로서, 압력챔버 또는 기동용 압력스위치 등을 말한다.

⑩ 급수배관이란 수원 또는 송수구 등으로부터 소화설비에 급수하는 배관을 말한다.

⑪ 분기배관이란 배관측면에 구멍을 뚫어 둘 이상의 관로가 생기도록 가공한 배관으로서 다음의 분기배관을 말한다.

㉠ 확관형 분기배관이란 배관의 측면에 조그만 구멍을 뚫고 소성가공으로 확관시켜 배관 용접이음자리를 만들거나 배관 용접이음자리에 배관이음쇠를 용접이음한 배관을 말한다.

㉡ 비확관형 분기배관이란 배관의 측면에 분기호칭내경 이상의 구멍을 뚫고 배관이음쇠를 용접이음한 배관을 말한다.

⑫ 개폐표시형 밸브란 밸브의 개폐 여부를 외부에서 식별이 가능한 밸브를 말한다.

⑬ 가압수조란 가압원인 압축공기 또는 불연성 기체의 압력으로 소화용수를 가압하여 그 압력으로 급수하는 수조를 말한다.

⑭ 주펌프란 구동장치의 회전 또는 왕복운동으로 소화용수를 가압하여 그 압력으로 급수하는 주된 펌프를 말한다.

⑮ 예비펌프란 주펌프와 동등 이상의 성능이 있는 별도의 펌프를 말한다.

2 옥내소화전설비 설치대상

옥내소화전설비를 설치해야 하는 특정소방대상물은 다음의 어느 하나에 해당 하는 것으로 한다. 다만, 위험물 저장 및 처리 시설 중 가스시설, 지하구 및 업무시설 중 무인변전소(방재실 등에서 스프링클러설비 또는 물분무 등 소화설비를 원격으로 조정할 수 있는 무인변전소로 한정한다)는 제외한다.

(1) 다음의 어느 하나에 해당하는 경우에는 모든 층

① 연면적 3,000m^2 이상인 것(지하가 중 터널은 제외한다)

② 지하층·무창층(축사는 제외한다)으로서 바닥면적이 600m^2 이상인 층이 있는 것

③ 층수가 4층 이상인 것 중 바닥면적이 600m^2 이상인 층이 있는 것

(2) (1)에 해당하지 않는 근린생활시설, 판매시설, 운수시설, 의료시설, 노유자시설, 업무시설, 숙박시설, 위락시설, 공장, 창고시설, 항공기 및 자동차 관련 시설, 교정 및 군사시설 중 국방·군사시설, 방송통신시설, 발전시설, 장례시설 또는 복합건축물로서 다음의 어느 하나에 해당하는 경우에는 모든 층

① 연면적 1,500m^2 이상인 것

② 지하층·무창층으로서 바닥면적이 300m^2 이상인 층이 있는 것

③ 층수가 4층 이상인 것 중 바닥면적이 300m^2 이상인 층이 있는 것

(3) 건축물의 옥상에 설치된 차고·주차장으로서 사용되는 면적이 200m^2 이상인 경우 해당 부분

(4) 지하가 중 터널로서 다음에 해당하는 터널

① 길이가 1,000m 이상인 터널

② 예상교통량, 경사도 등 터널의 특성을 고려하여 행정안전부령으로 정하는 터널

(5) (1) 및 (2)에 해당하지 않는 공장 또는 창고시설로서 「화재의 예방 및 안전관리에 관한 법률 시행령」 [별표 2]에서 정하는 수량의 750배 이상의 특수가연물을 저장·취급하는 것

3 옥내소화전설비의 동작원리

옥내 소화전설비는 [그림 4.1.1]과 같이 화재가 발생하면 소화전펌프에 접속하여 기동버튼을 가동하여 펌프를 기동하고, 소화전밸브가 개방되면 소화용수가 방수되는 원리이다. 가압송수장치 기동방식은 수동기동방식(온오프방식)과 자동기동방식(개폐밸브 압력방식)이 있다. 수동기동방식은 소화전함 내부 또는 근처에 설치되어 있는 기동스위치를 작동시킴으로써 가압송수장치를 기동할 수 있으며, 자동기동방식은 소화전 내의 개폐밸브개방으로 압력의 변화를 감지하여 가압송수장치를 자동으로 기동하는 방식이다.

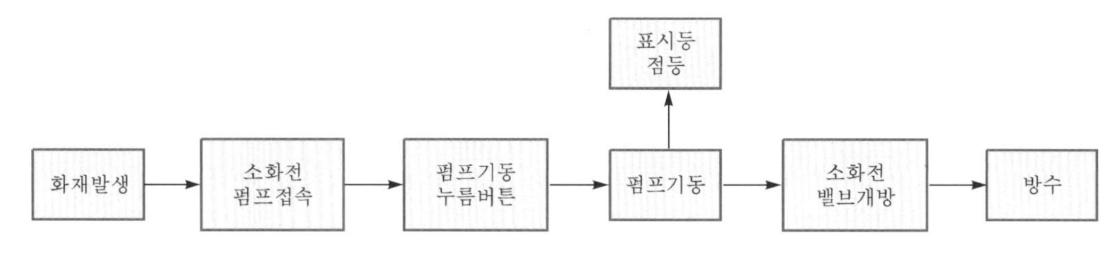

▌그림 4.1.1▐ 옥내소화전설비의 동작

4 옥내소화전설비의 분류

대부분의 화재는 물로 소화되는데 소화방법에 따라 소화시간이 좌우된다. 효과적인 주수를 위해서는 수압이 높아야 하는데 수압을 높이기 위한 설비가 가압송수장치이다. 가압송수장치의 종류는 펌프방식·고가수조방식·압력수조방식이 있다.

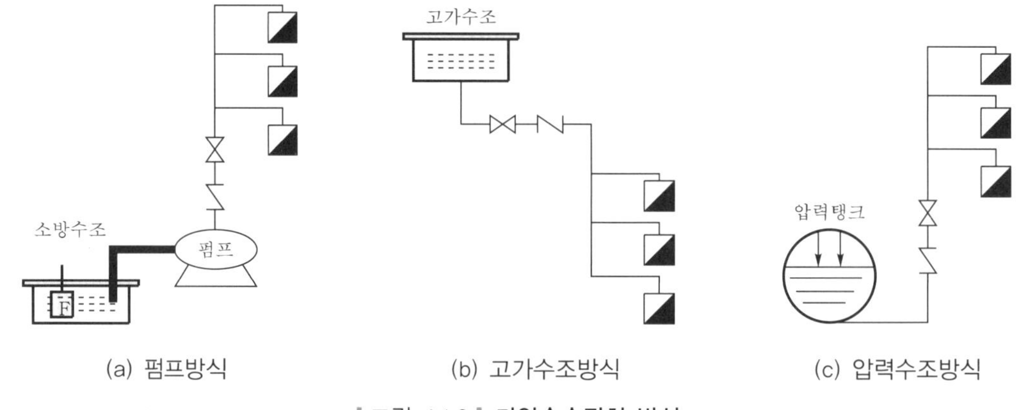

▌그림 4.1.2▐ 가압송수장치 방식

(1) 펌프방식

① 펌프방식은 [그림 4.1.3]과 같이 전동기펌프를 이용하여 가압송수하는 방식으로, 가장 많이 이용되는 방식이다. 소방대상물의 어느 층에 있어서도 해당 층의 옥내소화전(5개 이상 설치된 경우에는 5개의 옥내소화전)을 동시에 사용할 경우 각 소화전의 노즐선단에서의 방수압력이 0.17MPa(호스릴 옥내소화전설비를 포함한다) 이상이고, 방수량이 130L/min (호스릴 옥내소화전설비를 포함한다) 이상이 되는 성능의 것으로 하여야 한다.

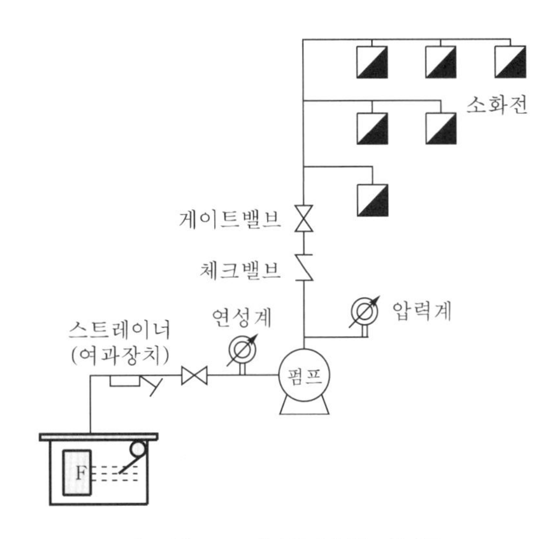

▌그림 4.1.3 ▌ **펌프방식 계통도**

② 하나의 옥내소화전을 사용하는 노즐선단에서의 방수압력이 0.7MPa을 초과할 경우에는 호스접결구의 인입측에 감압장치를 설치하여야 한다. 펌프의 토출량은 옥내소화전이 가장 많이 설치된 층의 설치개수(옥내소화전이 5개 이상 설치된 경우에는 5개)에 130L/min을 곱한 양 4 이상이 되도록 하여야 한다.

③ 펌프방식의 전양정을 계산할 때에는 방수압력의 환산수두, 호스의 마찰수두, 배관 등의 마찰수두, 낙차수두 등을 고려하여 필요한 전양정을 아래와 같이 계산하여야 한다.

$$H = H_1 + H_2 + H_3 + H_4 + H_5 + H_6 [m]$$

여기서, H_1 : 흡입높이의 양정[m]

H_2 : 펌프에서 최고 위치에 설치된 소화전방수구까지의 높이[m]

H_3 : 직관부분의 마찰손실수두[m]

H_4 : 관이음쇠, 밸브류 등의 마찰손실수두[m]

H_5 : 호스의 마찰손실수두[m]

H_6 : 노즐선단에서의 방수압력(0.17MPa=17m)

④ **전동기(펌프)를 이용한 가압송수장치의 설치기준** : 전동기 또는 내연기관에 따른 펌프를 이용하는 가압송수장치는 다음의 기준에 따라 설치해야 한다. 다만, 가압송수장치의 주펌프는 전동기에 따른 펌프로 설치해야 한다.

㉠ 쉽게 접근할 수 있고 점검하기에 충분한 공간이 있는 장소로서 화재 및 침수 등의 재해로 인한 피해를 받을 우려가 없는 곳에 설치할 것

㉡ 동결방지조치를 하거나 동결의 우려가 없는 장소에 설치할 것

㉢ 특정소방대상물의 어느 층에 있어서도 해당 층의 옥내소화전(2개 이상 설치된 경우에는 2개의 옥내소화전)을 동시에 사용할 경우 각 소화전의 노즐선단에서의 방수압력이 0.17MPa(호스릴 옥내소화전설비를 포함한다) 이상이고, 방수량이 130L/min(호스릴 옥내소화전설비를 포함한다) 이상이 되는 성능의 것으로 할 것. 다만, 하나의 옥내소화전을 사용하는 노즐선단에서의 방수압력이 0.7MPa을 초과할 경우에는 호스접결구의 인입측에 감압장치를 설치해야 한다.

㉣ 펌프의 토출량은 옥내소화전이 가장 많이 설치된 층의 설치개수(옥내소화전이 2개 이상 설치된 경우에는 2개)에 130L/min을 곱한 양 이상이 되도록 할 것

㉤ 펌프는 전용으로 할 것. 다만, 다른 소화설비와 겸용하는 경우 각각의 소화설비의 성능에 지장이 없을 때에는 그렇지 않다.

㉥ 펌프의 토출측에는 압력계를 체크밸브 이전에 펌프 토출측 플랜지에서 가까운 곳에 설치하고, 흡입측에는 연성계 또는 진공계를 설치할 것. 다만, 수원의 수위가 펌프의 위치보다 높거나 수직회전축펌프의 경우에는 연성계 또는 진공계를 설치하지 않을 수 있다.

㉦ 펌프의 성능은 체절운전 시 정격토출압력의 140%를 초과하지 않고, 정격토출량의 150%로 운전 시 정격토출압력의 65% 이상이 되어야 하며, 펌프의 성능을 시험할 수 있는 성능시험배관을 설치할 것. 다만, 충압펌프의 경우에는 그렇지 않다.

㉧ 가압송수장치에는 체절운전 시 수온의 상승을 방지하기 위한 순환배관을 설치할 것. 다만, 충압펌프의 경우에는 그렇지 않다.

㉨ 기동장치로는 기동용 수압개폐장치 또는 이와 동등 이상의 성능이 있는 것을 설치할 것. 다만, 학교·공장·창고시설[화재안전성능기준(NFPC 102) 제4조 제2항에 따라 옥상수조를 설치한 대상은 제외한다]로서 동결의 우려가 있는 장소에 있어서는 기동스위치에 보호판을 부착하여 옥내 소화전함 내에 설치할 수 있다.

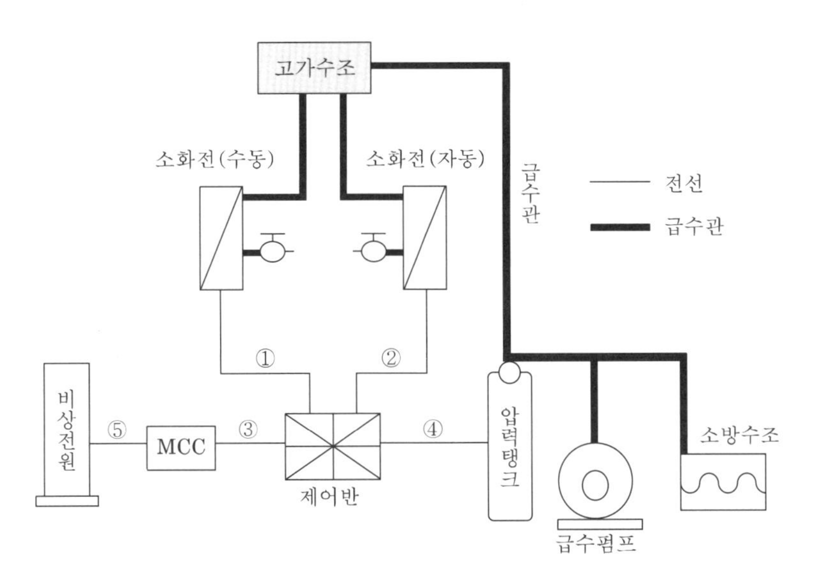

❙ 그림 4.1.4 ❙ **옥내소화전설비의 계통도**

구분	배선계통	가닥수	배선의 구분
①	소화전함 → 제어반	5	공통, ON, OFF, 기동표시등, 정지표시등
②	소화전함 → 제어반	2	공통, 기동표시등
③	MCC → 제어반	5	공통, ON, OFF, 기동표시등, 전원감시등
④	압력탱크 → 제어반	2	공통, 압력스위치
⑤	비상전원 → 제어반	6	비상전원감시표시등 2, 상용전원감시등 2, 비상발전기원격 기동 2

(2) 고가수조방식

① 소방대상물의 옥상 등 지형이 높은 장소에 설치하여 규정의 방수압력 0.17MPa과 130 L/min을 토출할 수 있도록 자연낙차를 이용하는 가압송수방식이다.
고가수조의 하단부분에 소화전 호스를 연결하여 자연낙차압력을 이용하는 가장 안전하고 신뢰성있는 방법이다.

② 고가수조의 설치기준은 다음과 같다.

㉠ 고가수조의 자연낙차수두(수조의 하단으로부터 최고층에 설치된 소화전 호스접결구까지의 수직거리를 말한다)는 다음의 식에 따라 산출한 수치 이상이 되도록 할 것

$$H = h_1 + h_2 + 17 \text{(호스릴 옥내소화전설비를 포함)}$$

여기서, H : 필요한 낙차[m]

h_1 : 소방용 호스 마찰손실수두[m]

h_2 : 배관의 마찰손실수두[m]

㉡ 고가수조에는 수위계 · 배수관 · 급수관 · 오버플로우관 및 맨홀을 설치할 것

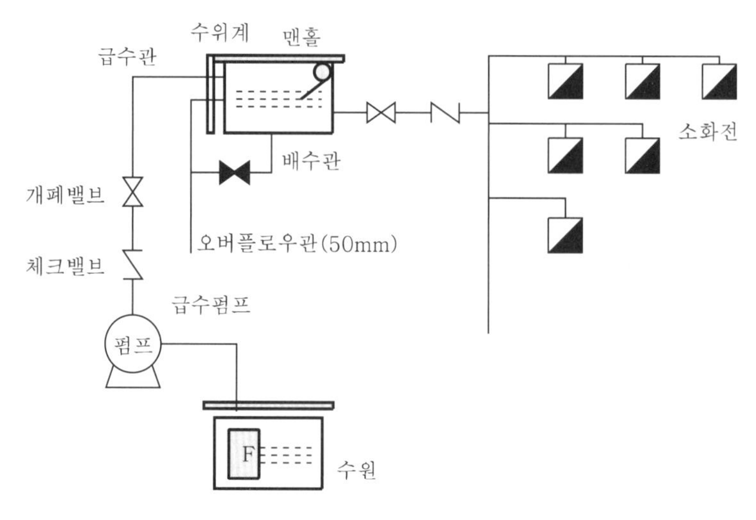

▌그림 4.1.5▐ **고가수조방식**

③ **고가수조 자연낙차를 이용한 가압송수장치 설치기준 :** 고가수조의 자연낙차를 이용한 가압송수장치는 다음의 기준에 따라 설치해야 한다.

㉠ 고가수조의 자연낙차수두(수조의 하단으로부터 최고층에 설치된 소화전 호스접결구까지의 수직거리를 말한다)는 다음의 식에 따라 계산하여 나온 수치 이상 유지되도록 할 것

$$H = h_1 + h_2 + 17(\text{호스릴 옥내소화전설비를 포함})$$

여기서, H : 필요한 낙차[m]

h_1 : 호스의 마찰손실수두[m]

h_2 : 배관의 마찰손실수두[m]

㉡ 고가수조에는 수위계 · 배수관 · 급수관 · 오버플로우관 및 맨홀을 설치할 것

(3) 압력수조방식

① 압력수조방식은 [그림 4.1.6]과 같이 탱크 내의 물을 탱크용량의 $\frac{2}{3}$로 하고 압축공기를 $\frac{1}{3}$로 충전하여 공기의 압력으로 송수하는 방식이다. 급수관은 80mm, 급기관은 20mm 이상이어야 하며 안전장치는 작동압력의 10% 이상에서 작동되어야 한다. 탱크는 모든 밸브를 잠근 상태에서 사용압력으로 24시간 유지하여야 하며, 0.05kg/cm^2 이상의 압력 저하가 되지 않아야 한다.

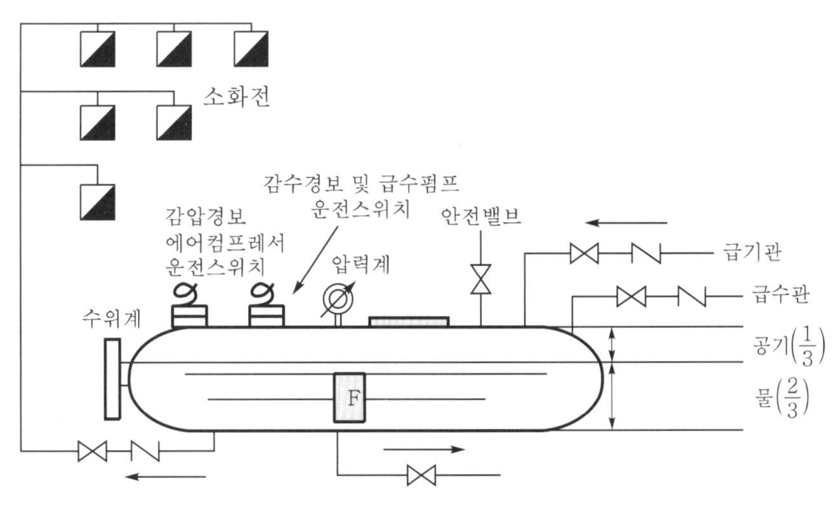

▌그림 4.1.6 ▌ **압력수조방식**

② 압력수조를 이용한 가압송수장치는 다음의 기준에 따라 설치하여야 한다.

㉠ 압력수조의 압력은 다음의 식에 따라 산출한 수치 이상으로 할 것

$$P = p_1 + p_2 + p_3 + 0.17(\text{호스릴 옥내소화전설비를 포함})$$

여기서, P : 필요한 압력[MPa]

p_1 : 호스의 마찰손실수두압[MPa]

p_2 : 배관의 마찰손실수두압[MPa]

p_3 : 낙차의 환산수두압[MPa]

㉡ 압력수조에는 수위계・급수관・배수관・급기관・맨홀・압력계・안전장치 및 압력저하방지를 위한 자동식 공기압축기를 설치할 것

(4) 옥내소화전설비 표시등 설치기준

옥내소화전설비의 표시등은 다음의 기준에 따라 설치해야 한다.

① 옥내소화전설비의 위치를 표시하는 표시등은 **함의 상부에 설치**하되, 소방청장이 고시하는 「**표시등의 성능인증 및 제품검사의 기술기준**」에 적합한 것으로 할 것

② 가압송수장치의 **기동을 표시하는 표시등**은 옥내소화전함의 **상부 또는 그 직근에 설치**하되 적색등으로 할 것. 다만, 자체소방대를 구성하여 운영하는 경우(「**위험물 안전관리법 시행령**」 [**별표** 8]에서 정한 소방자동차와 자체소방대원의 규모를 말한다) 가압송수장치의 기동표시등을 설치하지 않을 수 있다.

(5) 옥내소화전설비전원의 설치기준

옥내소화전설비에는 그 특정소방대상물의 수전방식에 따라 다음의 기준에 따른 상용전원회로의 배선을 설치해야 한다. 다만, 가압수조방식으로서 모든 기능이 20분 이상 유효하게 지속될 수 있는 경우에는 그렇지 않다.

① **저압수전인 경우**에는 **인입개폐기의 직후에서 분기하여 전용배선**으로 해야 하며, 전용의 전선관에 보호되도록 할 것
② **특고압수전 또는 고압수전일 경우**에는 전력용 **변압기 2차측의 주차단기 1차측에서 분기하여 전용배선**으로 하되, 상용전원의 상시공급에 지장이 없을 경우에는 주차단기 2차측에서 분기하여 전용배선으로 할 것. 다만, 가압송수장치의 정격입력전압이 수전전압과 같은 경우에는 ①의 기준에 따른다.

(6) 옥내소화전설비 비상전원의 설치대상

다음에 해당하는 특정소방대상물의 옥내소화전설비에는 비상전원을 설치해야 한다. 다만, 2 이상의 변전소(「**전기사업법**」 **제67조** 및 「**전기설비기술기준**」 **제3조 제1항 제2호**에 따른 변전소를 말한다. 이하 같다)에서 전력을 동시에 공급받을 수 있거나 하나의 변전소로부터 전력의 공급이 중단되는 때에는 자동으로 다른 변전소로부터 전원을 공급받을 수 있도록 상용전원을 설치한 경우와 가압수조방식에는 비상전원을 설치하지 않을 수 있다.

① 층수가 7층 이상으로서 연면적 $2,000m^2$ 이상인 것
② ①에 해당하지 않는 특정소방대상물로서 지하층의 바닥면적 합계가 $3,000m^2$ 이상인 것

(7) 옥내소화전설비 비상전원 설치기준

비상전원은 자가발전설비, 축전지설비(내연기관에 따른 펌프를 사용하는 경우에는 내연기관의 기동 및 제어용 축전지를 말한다) 또는 전기저장장치(외부 전기에너지를 저장해 두었다가 필요한 때 전기를 공급하는 장치)로서 다음의 기준에 따라 설치해야 한다.

① 점검에 편리하고 화재 및 침수 등의 재해로 인한 피해를 받을 우려가 없는 곳에 설치할 것
② 옥내소화전설비를 유효하게 20분 이상 작동할 수 있어야 할 것
③ 상용전원으로부터 전력의 공급이 중단된 때에는 자동으로 비상전원으로부터 전력을 공급받을 수 있도록 할 것
④ 비상전원(내연기관의 기동 및 제어용 축전기를 제외한다)의 설치장소는 다른 장소와 방화구획할 것. 이 경우 그 장소에는 비상전원의 공급에 필요한 기구나 설비 외의 것(열병합발전설비에 필요한 기구나 설비는 제외한다)을 두어서는 안 된다.
⑤ 비상전원을 실내에 설치하는 때에는 그 실내에 비상조명등을 설치할 것

(8) 옥내소화전설비 제어반

① 소화설비에는 제어반을 설치하되, **감시제어반과 동력제어반**으로 구분하여 설치해야 한다. 다만, 다음의 어느 하나에 해당하는 경우에는 감시제어반과 동력제어반으로 구분하여 설치하지 않을 수 있다.
  ㉠ 옥내소화전설비 비상전원 설치기준의 어느 하나에 해당하지 않는 특정소방대상물에 설치되는 옥내소화전설비
  ㉡ 내연기관에 따른 가압송수장치를 사용하는 옥내소화전설비
  ㉢ 고가수조에 따른 가압송수장치를 사용하는 옥내소화전설비

㉣ 가압수조에 따른 가압송수장치를 사용하는 옥내소화전설비

② 감시제어반 기능

㉠ 각 펌프의 작동 여부를 확인할 수 있는 표시등 및 음향경보기능이 있어야 할 것

㉡ 각 펌프를 자동 및 수동으로 작동시키거나 중단시킬 수 있어야 할 것

㉢ 비상전원을 설치한 경우에는 상용전원 및 비상전원의 공급 여부를 확인할 수 있어야 할 것

㉣ 수조 또는 물올림수조가 저수위로 될 때 표시등 및 음향으로 경보할 것

㉤ 다음의 각 확인회로마다 도통시험 및 작동시험을 할 수 있도록 할 것

- 기동용 수압개폐장치의 압력스위치회로
- 수조 또는 물올림수조의 저수위감시회로
- 2.3.10에 따른 개폐밸브의 폐쇄상태 확인회로
- 그 밖의 이와 비슷한 회로

㉥ 예비전원이 확보되고 예비전원의 적합 여부를 시험할 수 있어야 할 것

③ 감시제어반 설치기준

㉠ 화재 및 침수 등의 재해로 인한 피해를 받을 우려가 없는 곳에 설치할 것

㉡ 감시제어반은 옥내소화전설비의 전용으로 할 것. 다만, 옥내소화전설비의 제어에 지장이 없는 경우에는 다른 설비와 겸용할 수 있다.

㉢ 감시제어반은 다음의 기준에 따른 전용실 안에 설치할 것. 다만, 2.6.1의 단서에 따른 각 기준의 어느 하나에 해당하는 경우와 공장, 발전소 등에서 설비를 집중 제어·운전할 목적으로 설치하는 중앙제어실 내에 감시제어반을 설치하는 경우에는 그렇지 않다.

- 다른 부분과 방화구획을 할 것. 이 경우 전용실의 벽에는 기계실 또는 전기실 등의 감시를 위하여 두께 7mm 이상의 망입유리(두께 16.3mm 이상의 접합유리 또는 두께 28mm 이상의 복층유리를 포함한다)로 된 $4m^2$ 미만의 붙박이창을 설치할 수 있다.
- 피난층 또는 지하 1층에 설치할 것. 다만, 다음의 어느 하나에 해당하는 경우에는 지상 2층에 설치하거나 지하 1층 외의 지하층에 설치할 수 있다.
  - **「건축법 시행령」 제35조**에 따라 특별피난계단이 설치되고 그 계단(부속실을 포함한다) 출입구로부터 보행거리 5m 이내에 전용실의 출입구가 있는 경우
  - 아파트의 관리동(관리동이 없는 경우에는 경비실)에 설치하는 경우
- 비상조명등 및 급·배기 설비를 설치할 것

㉣ **「무선통신보조설비의 화재안전기술기준(NFTC 505)」** 2.2.3에 따라 유효하게 통신이 가능할 것(영 [별표 4]의 제5호 마목에 따른 무선통신보조설비가 설치된 특정소방대상물에 한한다)

㉤ 바닥면적은 감시제어반의 설치에 필요한 면적 외에 화재 시 소방대원이 그 감시제어반의 조작에 필요한 최소 면적 이상으로 할 것

ⓑ 감시제어반 전용실에는 특정소방대상물의 기계·기구 또는 시설 등의 제어 및 감시설비 외의 것을 두지 않을 것

④ **동력제어반 설치기준**

㉠ 앞면은 적색으로 하고 '옥내소화전소화설비용 동력제어반'이라고 표시한 표지를 설치할 것

㉡ 외함은 두께 1.5mm 이상의 강판 또는 이와 동등 이상의 강도 및 내열성능이 있는 것으로 할 것

㉢ 그 밖의 동력제어반의 설치에 관하여는 2.6.3.1 및 2.6.3.2의 기준을 준용할 것

⑤ **옥내소화전설비배선의 설치기준** : 옥내소화전설비의 배선은 **「전기사업법」 제67조**에 따른 **「전기설비기술기준」**에서 정한 것 외에 다음의 기준에 따라 설치해야 한다.

㉠ 비상전원을 설치한 경우에는 비상전원으로부터 동력제어반 및 가압송수장치에 이르는 전원회로의 배선은 내화배선으로 할 것. 다만, 자가발전설비와 동력제어반이 동일한 실에 설치된 경우에는 자가발전기로부터 그 제어반에 이르는 전원회로의 배선은 그렇지 않다.

㉡ 상용전원으로부터 동력제어반에 이르는 배선, 그 밖의 옥내소화전설비의 감시·조작 또는 표시등회로의 배선은 내화배선 또는 내열배선으로 할 것. 다만, 감시제어반 또는 동력제어반 안의 감시·조작 또는 표시등회로의 배선은 그렇지 않다.

02 옥외소화전설비

옥외소화전설비는 건축물의 화재를 진압하는 외부에 설치된 고정설비로서, 건축물의 1층과 2층의 화재발생 시 또는 인접건물에 대한 화재 확대를 방지하기 위해 설치한다. 옥외소화전은 자위소방대의 초기 소화 시 또는 소방대가 도착하여 이용할 수 있는 소화설비이다. 설비의 구성은 수원, 가압송수장치, 옥외소화전, 배관 등으로 구성되며, 옥내소화전과는 방수구의 규격만 다를 뿐 거의 구성요소가 비슷하다.

1 옥외소화전 용어의 정의

옥외소화전설비에서 사용하는 용어의 정의는 다음과 같다.

(1) '고가수조'란 구조물 또는 지형지물 등에 설치하여 자연낙차의 압력으로 급수하는 수조를 말한다.

(2) '압력수조'란 소화용수와 공기를 채우고 일정압력 이상으로 가압하여 그 압력으로 급수하는 수조를 말한다.

(3) '충압펌프'란 배관 내 압력손실에 따른 주펌프의 빈번한 기동을 방지하기 위하여 충압역할을 하는 펌프를 말한다.

(4) '연성계'란 대기압 이상의 압력과 대기압 이하의 압력을 측정할 수 있는 계측기를 말한다.

(5) '진공계'란 대기압 이하의 압력을 측정하는 계측기를 말한다.

(6) '정격토출량'이란 펌프의 정격부하운전 시 토출량으로서 정격토출압력에서의 토출량을 말한다.

(7) '정격토출압력'이란 펌프의 정격부하운전 시 토출압력으로서 정격토출량에서의 토출측 압력을 말한다.

(8) '개폐표시형 밸브'란 밸브의 개폐 여부를 외부에서 식별이 가능한 밸브를 말한다.

(9) '기동용 수압개폐장치'란 소화설비의 배관 내 압력변동을 검지하여 자동적으로 펌프를 기동 및 정지시키는 것으로서 압력챔버 또는 기동용 압력스위치 등을 말한다.

(10) '급수배관'이란 수원 또는 송수구 등으로부터 소화설비에 급수하는 배관을 말한다.

(11) '분기배관'이란 배관 측면에 구멍을 뚫어 둘 이상의 관로가 생기도록 가공한 배관으로서 다음의 분기배관을 말한다.
① '확관형 분기배관'이란 배관의 측면에 조그만 구멍을 뚫고 소성가공으로 확관시켜 배관 용접이음자리를 만들거나 배관 용접이음자리에 배관이음쇠를 용접이음한 배관을 말한다.
② '비확관형 분기배관'이란 배관의 측면에 분기호칭내경 이상의 구멍을 뚫고 배관이음쇠를 용접이음한 배관을 말한다.

(12) '가압수조'란 가압원인 압축공기 또는 불연성 기체의 압력으로 소화용수를 가압하여 그 압력으로 급수하는 수조를 말한다.

2 옥외소화전설비의 설치대상

옥외소화전설비를 설치해야 하는 특정소방대상물(아파트 등, 위험물 저장 및 처리 시설 중 가스시설, 지하구 및 지하가 중 터널은 제외한다)은 다음의 어느 하나에 해당하는 것으로 한다.

(1) 지상 1층 및 2층의 바닥면적의 합계가 9,000m^2 이상인 것. 이 경우 같은 구(區) 내의 둘 이상의 특정소방대상물이 행정안전부령으로 정하는 연소(延燒) 우려가 있는 구조인 경우에는 이를 하나의 특정소방대상물로 본다.

(2) 문화재 중 「문화재보호법」 제23조에 따라 보물 또는 국보로 지정된 목조건축물

(3) (1)에 해당하지 않는 공장 또는 창고시설로서 「화재의 예방 및 안전관리에 관한 법률 시행령」 [별표 2]에서 정하는 수량의 750배 이상의 특수가연물을 저장·취급하는 것

3 옥외소화전설비의 구성

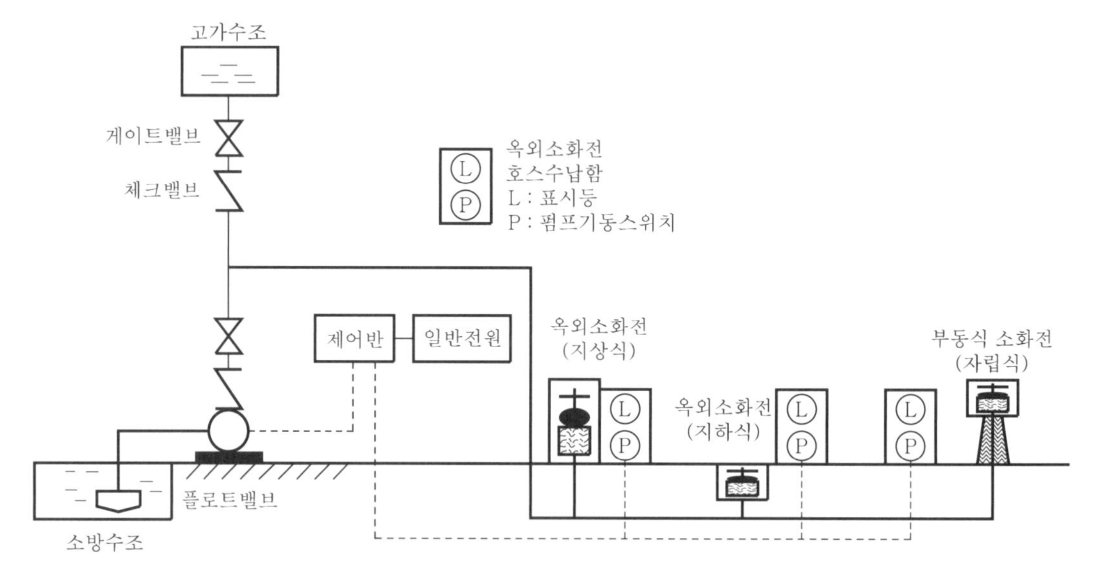

▌그림 4.2.1▌ 옥외소화전설비의 구성

4 옥외소화전설비의 가압송수장치

(1) 펌프를 이용한 가압송수장치 설치기준

전동기 또는 내연기관에 따른 펌프를 이용하는 가압송수장치는 다음의 기준에 따라 설치해야 한다.

① 쉽게 접근할 수 있고 점검하기에 충분한 공간이 있는 장소로서, 화재 및 침수 등의 재해로 인한 피해를 받을 우려가 없는 곳에 설치할 것

② 동결방지조치를 하거나 동결의 우려가 없는 장소에 설치할 것

③ 특정소방대상물에 설치된 옥외소화전(2개 이상 설치된 경우에는 2개의 옥외소화전)을 동시에 사용할 경우 각 옥외소화전의 노즐선단에서의 방수압력이 0.25MPa 이상이고, 방수량이 350L/min 이상이 되는 성능의 것으로 할 것. 다만, 하나의 옥외소화전을 사용하는 노즐선단에서의 방수압력이 0.7MPa을 초과할 경우에는 호스접결구의 인입측에 감압장치를 설치해야 한다.

④ 펌프는 전용으로 할 것. 다만, 다른 소화설비와 겸용하는 경우 각각의 소화설비의 성능에 지장이 없을 때에는 그렇지 않다.

⑤ 펌프의 토출측에는 압력계를 체크밸브 이전에 펌프 토출측 플랜지에서 가까운 곳에 설치하고, 흡입측에는 연성계 또는 진공계를 설치할 것. 다만, 수원의 수위가 펌프의 위치보다 높거나 수직회전축펌프의 경우에는 연성계 또는 진공계를 설치하지 않을 수 있다.
⑥ 펌프의 성능은 체절운전 시 정격토출압력의 140%를 초과하지 않고, 정격토출량의 150%로 운전 시 정격토출압력의 65% 이상이 되어야 하며, 펌프의 성능을 시험할 수 있는 성능시험배관을 설치할 것. 다만, 충압펌프의 경우에는 그렇지 않다.
⑦ 가압송수장치에는 체절운전 시 수온의 상승을 방지하기 위한 순환배관을 설치할 것. 다만, 충압펌프의 경우에는 그렇지 않다.
⑧ 기동장치로는 기동용 수압개폐장치 또는 이와 동등 이상의 성능이 있는 것을 설치할 것. 다만, 아파트・업무시설・학교・전시시설・공장・창고시설 또는 종교시설 등으로서 동결의 우려가 있는 장소에 있어서는 기동스위치에 보호판을 부착하여 옥외소화전함 내에 설치할 수 있다.
⑨ 기동용 수압개폐장치 중 압력챔버를 사용할 경우 그 용적은 100L 이상의 것으로 할 것
⑩ 수원의 수위가 펌프보다 낮은 위치에 있는 가압송수장치에는 다음의 기준에 따른 물올림장치를 설치할 것
  ㉠ 물올림장치에는 전용의 수조를 설치할 것
  ㉡ 수조의 유효수량은 100L 이상으로 하되, 구경 15mm 이상의 급수배관에 따라 해당 수조에 물이 계속 보급되도록 할 것
⑪ 기동용 수압개폐장치를 기동장치로 사용할 경우에는 다음의 기준에 따른 충압펌프를 설치할 것. 다만, 옥외소화전이 1개 설치된 경우로서 소화용 급수펌프로도 상시 충압이 가능하고 2.2.1.11.1의 성능을 갖춘 경우에는 충압펌프를 별도로 설치하지 않을 수 있다.
펌프의 토출압력은 그 설비의 최고위 호스접결구의 자연압보다 작아도 0.2MPa 이상 더 크도록 하거나 가압송수장치의 정격토출압력과 같게 한다.
⑫ 내연기관을 사용하는 경우에는 다음의 기준에 적합한 것으로 할 것
  ㉠ 내연기관의 기동은 2.2.1.8의 기동장치를 설치하거나 또는 소화전함의 위치에서 원격조작이 가능하고 기동을 명시하는 적색등을 설치할 것
  ㉡ 제어반에 따라 내연기관의 자동기동 및 수동기동이 가능하고, 상시 충전되어 있는 축전지설비를 갖출 것
⑬ 가압송수장치에는 '옥외소화전펌프'라고 표시한 표지를 할 것. 이 경우 그 가압송수장치를 다른 설비와 겸용하는 때에는 그 겸용되는 설비의 이름을 표시한 표지를 함께 해야 한다.
⑭ 가압송수장치가 기동이 된 경우에는 자동으로 정지되지 않도록 할 것. 다만, 충압펌프의 경우에는 그렇지 않다.
⑮ 가압송수장치는 부식 등으로 인한 펌프의 고착을 방지할 수 있도록 다음의 기준에 적합한 것으로 할 것. 다만, 충압펌프는 제외한다.

㉠ 임펠러는 청동 또는 스테인리스 등 부식에 강한 재질을 사용할 것
㉡ 펌프축은 스테인리스 등 부식에 강한 재질을 사용할 것

(2) 고가수조를 이용한 가압송수장치의 설치기준

고가수조의 자연낙차를 이용한 가압송수장치는 다음의 기준에 따라 설치해야 한다.

① 고가수조의 자연낙차수두(수조의 하단으로부터 최고층에 설치된 소화전 호스접결구까지의 수직거리를 말한다)는 다음의 식에 따라 산출한 수치 이상 유지되도록 할 것

$$H = h_1 + h_2 + 25$$

여기서, H : 필요한 낙차[m]
h_1 : 호스의 마찰손실수두[m]
h_2 : 배관의 마찰손실수두[m]

② 고가수조에는 수위계·배수관·급수관·오버플로우관 및 맨홀을 설치할 것

(3) 압력수조를 이용한 가압송수장치 설치기준

압력수조의 압력은 다음의 식에 따라 산출한 수치 이상 유지되도록 한다.

$$P = p_1 + p_2 + p_3 + 0.25$$

여기서, P : 필요한 압력[MPa]
p_1 : 호스의 마찰손실수두압[MPa]
p_2 : 배관의 마찰손실수두압[MPa]
p_3 : 낙차의 환산수두압[MPa]

5 옥외소화전설비 표시등

표시등은 다음의 기준에 따라 설치해야 한다.

(1) 옥외소화전설비의 위치를 표시하는 표시등은 함의 상부에 설치하되, 소방청장이 정하여 고시한 「**표시등의 성능인증 및 제품검사의 기술기준**」에 적합한 것으로 한다.

(2) 가압송수장치의 기동을 표시하는 표시등은 옥외소화전함의 상부 또는 그 직근에 설치하되 적색등으로 한다. 다만, 자체소방대를 구성하여 운영하는 경우(「**위험물안전관리법 시행령**」 [**별표** 8]에서 정한 소방자동차와 자체소방대원의 규모를 말한다) 가압송수장치의 기동표시등을 설치하지 않을 수 있다.

6 옥외소화전설비 전원설치

옥외소화전설비에는 그 특정소방대상물의 수전방식에 따라 다음의 기준에 따른 상용전원회로의 배선을 설치해야 한다. 다만, 가압수조방식으로서 모든 기능이 **20분 이상 유효하게 지속**될 수 있는 경우에는 그렇지 않다.

(1) **저압수전인 경우**에는 **인입개폐기의 직후에서 분기하여 전용배선**으로 해야 하며, 전용의 전선관에 보호되도록 한다.

(2) **특고압수전 또는 고압수전일 경우**에는 전력용 **변압기 2차측의 주차단기 1차측에서 분기하여 전용배선**으로 하되, 상용전원의 상시공급에 지장이 없을 경우에는 주차단기 2차측에서 분기하여 전용배선으로 한다. 다만, 가압송수장치의 정격입력전압이 수전전압과 같은 경우에는 (1) 기준에 따른다.

7 옥외소화전설비 제어반

(1) 옥외소화전설비에는 제어반을 설치하되, 감시제어반과 동력제어반으로 구분하여 설치해야 한다. 다만, 다음의 어느 하나에 해당하는 경우에는 감시제어반과 동력제어반으로 구분하여 설치하지 않을 수 있다.

① 다음의 어느 하나에 해당하지 않는 특정소방대상물에 설치되는 옥외소화전설비

㉠ 지하층을 제외한 층수가 7층 이상으로서 연면적 2,000m^2 이상인 것

㉡ ㉠에 해당하지 않는 특정소방대상물로서 지하층 바닥면적의 합계가 3,000m^2 이상인 것. 다만, 차고・주차장 또는 보일러실・기계실・전기실 등 이와 유사한 장소의 면적은 제외한다.

② 내연기관에 따른 가압송수장치를 사용하는 경우

③ 고가수조에 따른 가압송수장치를 사용하는 경우

④ 가압수조에 따른 가압송수장치를 사용하는 경우

(2) **감시제어반의 기능**

감시제어반의 기능은 다음의 기준에 적합해야 한다.

① 각 펌프의 작동 여부를 확인할 수 있는 표시등 및 음향경보기능이 있어야 할 것

② 각 펌프를 자동 및 수동으로 작동시키거나 중단시킬 수 있어야 할 것

③ 비상전원을 설치한 경우에는 상용전원 및 비상전원의 공급 여부를 확인할 수 있어야 할 것

④ 수조 또는 물올림수조가 저수위로 될 때 표시등 및 음향으로 경보할 것

⑤ 다음의 각 확인회로마다 도통시험 및 작동시험을 할 수 있도록 할 것

㉠ 기동용 수압개폐장치의 압력스위치회로

㉡ 수조 또는 물올림수조의 저수위감시회로

⑥ 예비전원이 확보되고 예비전원의 적합 여부를 시험할 수 있어야 할 것

(3) 감시제어반 설치기준

옥외소화전설비의 감시제어반은 다음의 기준에 따라 설치해야 한다.

① 화재 및 침수 등의 재해로 인한 피해를 받을 우려가 없는 곳에 설치할 것

② 감시제어반은 옥외소화전설비의 전용으로 할 것. 다만, 옥외소화전설비의 제어에 지장이 없는 경우에는 다른 설비와 겸용할 수 있다.

③ 감시제어반은 다음의 기준에 따른 전용실 안에 설치할 것. 다만, 2.6.1의 단서에 따른 각 기준의 어느 하나에 해당하는 경우와 공장, 발전소 등에서 설비를 집중 제어·운전할 목적으로 설치하는 중앙제어실 내에 감시제어반을 설치하는 경우에는 그렇지 않다.

㉠ 다른 부분과 방화구획을 할 것. 이 경우 전용실의 벽에는 기계실 또는 전기실 등의 감시를 위하여 두께 7mm 이상의 망입유리(두께 16.3mm 이상의 접합유리 또는 두께 28mm 이상의 복층유리를 포함한다)로 된 $4m^2$ 미만의 붙박이창을 설치할 수 있다.

㉡ 피난층 또는 지하 1층에 설치할 것. 다만, 다음의 어느 하나에 해당하는 경우에는 지상 2층에 설치하거나 지하 1층 외의 지하층에 설치할 수 있다.

- **「건축법 시행령」 제35조**에 따라 특별피난계단이 설치되고 그 계단(부속실을 포함한다) 출입구로부터 보행거리 5m 이내에 전용실의 출입구가 있는 경우
- 아파트의 관리동(관리동이 없는 경우에는 경비실)에 설치하는 경우

㉢ 비상조명등 및 급·배기 설비를 설치할 것

㉣ **「무선통신보조설비의 화재안전기술기준(NFTC 505)」** 2.2.3에 따라 유효하게 통신이 가능할 것(영 **[별표 4]**의 제5호 마목에 따른 무선통신보조설비가 설치된 특정소방대상물에 한한다)

㉤ 바닥면적은 감시제어반의 설치에 필요한 면적 외에 화재 시 소방대원이 그 감시제어반의 조작에 필요한 최소 면적 이상으로 할 것

④ ③에 따른 전용실에는 특정소방대상물의 기계·기구 또는 시설 등의 제어 및 감시설비 외의 것을 두지 않을 것

(4) 옥외소화전설비 동력제어반 설치기준

① 앞면은 적색으로 하고 '옥외소화전설비용 동력제어반'이라고 표시한 표지를 설치할 것

② 외함은 두께 1.5mm 이상의 강판 또는 이와 동등 이상의 강도 및 내열성능이 있는 것으로 할 것

③ 그 밖의 동력제어반의 설치에 관하여는 감시제어반의 기준을 준용할 것

(5) 옥외소화전설비배선 설치기준

① 비상전원을 설치한 경우에는 비상전원으로부터 동력제어반 및 가압송수장치에 이르는 전원회로의 배선은 내화배선으로 할 것. 다만, 자가발전설비와 동력제어반이 동일한 실에 설치된 경우에는 자가발전기로부터 그 제어반에 이르는 전원회로의 배선은 그렇지 않다.

② 상용전원으로부터 동력제어반에 이르는 배선, 그 밖의 옥외소화전설비의 감시・조작 또는 표시등회로의 배선은 내화배선 또는 내열배선으로 할 것. 다만, 감시제어반 또는 동력제어반 안의 감시・조작 또는 표시등회로의 배선은 그렇지 않다.

③ 소화설비의 과전류차단기 및 개폐기에는 '옥외소화전설비용'이라고 표시한 표지를 해야 한다.

④ 소화설비용 전기배선의 양단 및 접속단자에는 다음의 기준에 따라 표지해야 한다.

㉠ 단자에는 '옥외소화전단자'라고 표시한 표지를 부착할 것

㉡ 소화설비용 전기배선의 양단에는 다른 배선과 식별이 용이하도록 표시할 것

03 스프링클러설비

스프링클러설비는 화재가 발생한 경우 화재발생부분의 천장에 있는 배관을 통하여 공급된 물이 스프링클러헤드에 의해 방사되어 화재를 신속하고 효과적으로 진압할 수 있는 소화설비이다.

이 설비의 종류는 습식・건식・준비작동식으로 나눌 수 있다.

1 스프링클러설비 설치대상

스프링클러설비를 설치해야 하는 특정소방대상물(위험물 저장 및 처리 시설 중 가스시설 및 지하구는 제외한다)은 다음의 어느 하나에 해당하는 것으로 한다.

(1) 층수가 6층 이상인 특정소방대상물의 경우에는 모든 층으로 한다. 다만, 다음의 어느 하나에 해당하는 경우는 제외한다.

① 주택관련 법령에 따라 기존의 아파트 등을 리모델링하는 경우로서 건축물의 연면적 및 층의 높이가 변경되지 않는 경우. 이 경우 해당 아파트 등의 사용검사 당시의 소방시설의 설치에 관한 대통령령 또는 화재안전기준을 적용한다.

② 스프링클러설비가 없는 기존의 특정소방대상물을 용도변경하는 경우. 다만, (2)부터 (6)까지 및 (9)부터 (12)까지의 규정에 해당하는 특정소방대상물로 용도변경하는 경우에는 해당 규정에 따라 스프링클러설비를 설치한다.

(2) 기숙사(교육연구시설・수련시설 내에 있는 학생수용을 위한 것을 말한다) 또는 복합건축물로서, 연면적 5,000m^2 이상인 경우에는 모든 층

(3) 문화 및 집회시설(동・식물원은 제외한다), 종교시설(주요 구조부가 목조인 것은 제외한다), 운동시설(물놀이형 시설 및 바닥이 불연재료이고 관람석이 없는 운동시설은 제외한다)로서 다음의 어느 하나에 해당하는 경우에는 모든 층

① 수용인원이 100명 이상인 것
② 영화상영관의 용도로 쓰는 층의 바닥면적이 지하층 또는 무창층인 경우에는 500m^2 이상, 그 밖의 층의 경우에는 1,000m^2 이상인 것
③ 무대부가 지하층·무창층 또는 4층 이상의 층에 있는 경우에는 무대부의 면적이 300m^2 이상인 것
④ 무대부가 ③ 외의 층에 있는 경우에는 무대부의 면적이 500m^2 이상인 것

(4) 판매시설, 운수시설 및 창고시설(물류터미널로 한정한다)로서 바닥면적의 합계가 5,000m^2 이상이거나 수용인원이 500명 이상인 경우에는 모든 층

(5) 다음의 어느 하나에 해당하는 용도로 사용되는 시설의 바닥면적의 합계가 600m^2 이상인 것은 모든 층
① 근린생활시설 중 조산원 및 산후조리원
② 의료시설 중 정신의료기관
③ 의료시설 중 종합병원, 병원, 치과병원, 한방병원 및 요양병원
④ 노유자시설
⑤ 숙박이 가능한 수련시설
⑥ 숙박시설

(6) 창고시설(물류터미널은 제외한다)로서 바닥면적합계가 5,000m^2 이상인 경우에는 모든 층

(7) 특정소방대상물의 지하층·무창층(축사는 제외한다) 또는 층수가 4층 이상인 층으로서 바닥면적이 1,000m^2 이상인 층이 있는 경우에는 해당 층

(8) 랙식 창고(rack warehouse)
랙(물건을 수납할 수 있는 선반이나 이와 비슷한 것을 말한다. 이하 같다)을 갖춘 것으로서, 천장 또는 반자(반자가 없는 경우에는 지붕의 옥내에 면하는 부분을 말한다)의 높이가 10m를 초과하고, 랙이 설치된 층의 바닥면적의 합계가 1,500m^2 이상인 경우에는 모든 층

(9) 공장 또는 창고시설로서 다음의 어느 하나에 해당하는 시설
①「화재의 예방 및 안전관리에 관한 법률 시행령」[별표 2]에서 정하는 수량의 1,000배 이상의 특수가연물을 저장·취급하는 시설
②「원자력안전법 시행령」제2조 제1호에 따른 중·저준위 방사성폐기물(이하 '중·저준위 방사성폐기물'이라 한다)의 저장시설 중 소화수를 수집·처리하는 설비가 있는 저장시설

(10) 지붕 또는 외벽이 불연재료가 아니거나 내화구조가 아닌 공장 또는 창고시설로서 다음의 어느 하나에 해당하는 것
① 창고시설(물류터미널로 한정한다) 중 (4)에 해당하지 않는 것으로서, 바닥면적의 합계가 2,500m^2 이상이거나 수용인원이 250명 이상인 경우에는 모든 층

② 창고시설(물류터미널은 제외한다) 중 (6)에 해당하지 않는 것으로서, 바닥면적의 합계가 2,500m^2 이상인 경우에는 모든 층

③ 공장 또는 창고시설 중 (7)에 해당하지 않는 것으로서, 지하층·무창층 또는 층수가 4층 이상인 것 중 바닥면적이 500m^2 이상인 경우에는 모든 층

④ 랙식 창고 중 (8)에 해당하지 않는 것으로서, 바닥면적의 합계가 750m^2 이상인 경우에는 모든 층

⑤ 공장 또는 창고시설 중 (9) ①에 해당하지 않는 것으로서, 「화재의 예방 및 안전관리에 관한 법률 시행령」 [별표 2]에서 정하는 수량의 500배 이상의 특수가연물을 저장·취급하는 시설

(11) 교정 및 군사시설 중 다음의 어느 하나에 해당하는 경우에는 해당 장소

① 보호감호소, 교도소, 구치소 및 그 지소, 보호관찰소, 갱생보호시설, 치료감호시설, 소년원 및 소년분류심사원의 수용거실

② 「출입국관리법」 제52조 제2항에 따른 보호시설(외국인보호소의 경우에는 보호대상자의 생활공간으로 한정한다. 이하 같다)로 사용하는 부분. 다만, 보호시설이 임차건물에 있는 경우는 제외한다.

③ 「경찰관 직무집행법」 제9조에 따른 유치장

(12) 지하가(터널은 제외한다)로서, 연면적 1,000m^2 이상인 것

(13) 발전시설 중 전기저장시설

(14) (1)부터 (13)까지의 특정소방대상물에 부속된 보일러실 또는 연결통로 등

2 습식 스프링클러설비

습식 스프링클러설비는 가압송수장치에서 폐쇄형 스프링클러헤드까지 배관 내에 항상 물이 가압되어 있다가 화재로 인한 열로 폐쇄형 스프링클러헤드가 개방되면 배관 내에 유수가 발생하여 습식 유수검지장치가 작동하게 되는 스프링클러설비를 말한다. [그림 4.3.1]은 습식 스프링클러설비의 흐름도로서, 화재가 발생할 때 스프링클러헤드가 개방되고 펌프가 기동되며 방재센터에서 경보를 울리는 과정이 설명되어 있다.

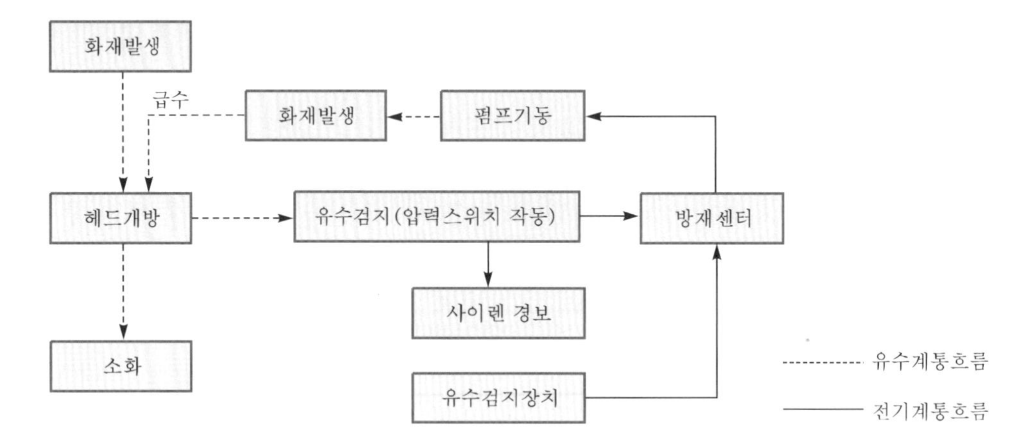

┃그림 4.3.1┃ **습식 스프링클러설비 흐름도**

습식 스프링클러소화설비는 **평상시에는 배관 내의 물이 헤드까지 도달해 있는 상태를 유지**하고, 화재가 발생하면 헤드감열체가 열에 의해 용해되어 가압수가 화재발생지점으로 방사되도록 구성된 설비이다.

화재 시 방수가 이루어지게 되면 배관 내 물의 유동을 **유수검지장치(alarm valve)에 의해 압력스위치가 동작**하고 이 신호를 경보신호로 발생한다.

습식 스프링클러소화설비는 동절기 배관동결 우려가 없는 장소에 설치하거나 보온대책을 세우는 것이 필수적이며 일반적으로 많이 사용되는 스프링클러방식이다.

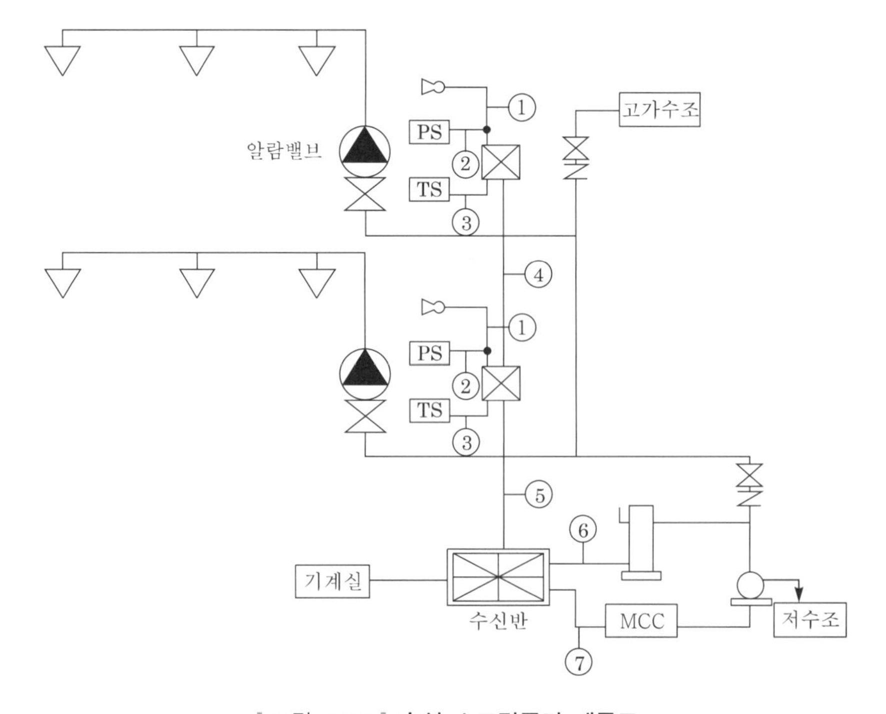

┃그림 4.3.2┃ **습식 스프링클러 계통도**

기호	구분	배선수	배선의 용도
①	사이렌 ↔ 4각 box	2	사이렌, 공통
②	압력스위치 ↔ 4각 box	2	PS, 공통
③	템퍼스위치 ↔ 4각 box	2	TS, 공통
④	4각 box ↔ 수신반	4	사이렌, PS, TS, 공통
⑤	4각 box ↔ 수신반	7	사이렌 2, PS 2, TS 2, 공통
⑥	압력탱크 ↔ 수신반	2	압력스위치, 공통
⑦	MCC ↔ 수신반	5	ON, OFF, 기동확인표시등, 전원감시표시등, 공통

PS : 압력스위치, TS : 템퍼스위치, 밸브주의

3 건식 스프링클러설비

건식 스프링클러설비는 건식 유수검지장치 **2차측에 압축공기 또는 질소 등의 기체로 충전된 배관에 폐쇄형 스프링클러헤드가 부착된 스프링클러설비**로서, **폐쇄형 스프링클러헤드가 개방되어 배관 내의 압축공기 등이 방출되면 건식** 유수검지장치 **1차측의 수압에 의하여** 건식 **유수검지장치가 작동하게 되는 스프링클러설비**를 말한다.

습식은 배관 내 물이 항상 채워져 있는 반면 건식은 밸브를 중심으로 1차측에만 물이 채워져 있고, 2차측에는 에어컴프레서에 의한 압축공기가 채워져 있다.

평상시에는 2차측의 공기압력, 클래퍼의 무게, 밸브 스토퍼기구 등에 의해서 1차측 물이 2차측으로 유입되지 못하도록 밸브가 닫혀 있으며, 화재 시 열에 의해 헤드의 감열부가 용해되어 1·2차측 압력의 균형이 깨지고 밸브 내의 클래퍼가 개방되면서 소화수가 방출된다. 이때, 유수검지장치로서 드라이밸브, 드라이 파이프밸브가 흐름을 감지하여 경보를 발하는 역할을 한다. 건식 스프링클러소화설비는 동결의 우려가 있는 장소에 주로 쓰이며 난방이 곤란한 넓은 곳에 많이 쓰인다.

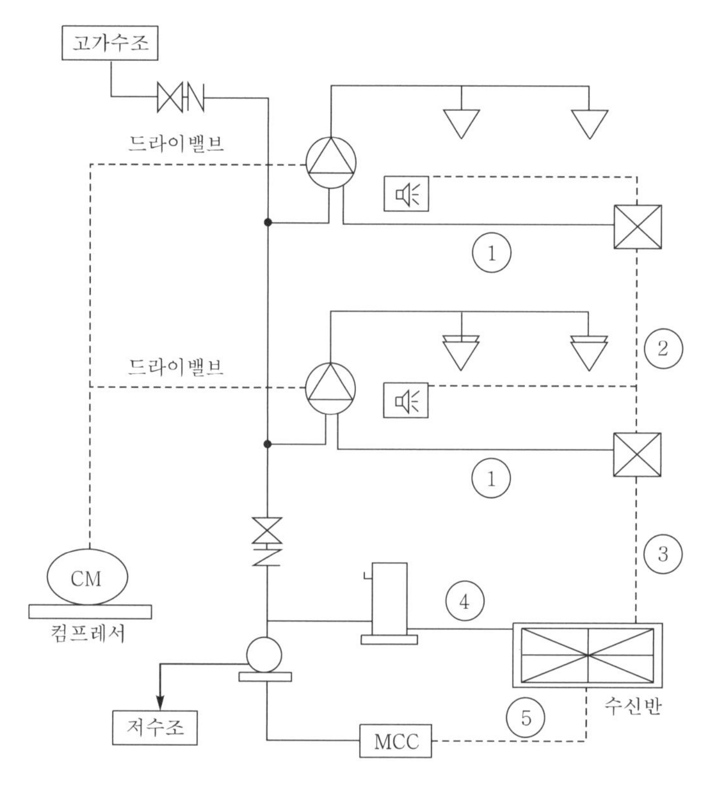

| 그림 4.3.3 | 건식 스프링클러소화설비 계통도

기호	적용구간	배선수	배선의 용도	비고
①	유수검지스위치↔4각 박스	3	유수검지스위치, 템퍼스위치, 공통	건식 스프링클러소화설비의 소요전선내역은 습식 스프링클러소화설비의 소요전선내역과 같다.
②	4각 박스↔4각 박스	4	사이렌, 유수검지스위치, 템퍼스위치, 공통	
③	4각 박스↔수신반	7	사이렌 2, 유수검지스위치 2, 템퍼스위치 2, 공통	
④	압력탱크↔수신반	2	압력스위치 2	
⑤	MCC↔수신반	5	ON, OFF, 기동확인표시등, 전원감시표시등, 공통	

4 준비작동식 스프링클러설비

준비작동식 스프링클러설비라 함은 **가압송수장치에서 준비작동식 유수검지장치 1차측까지 배관 내에 항상 물이 가압되어 있고 2차측에서 폐쇄형 스프링클러헤드까지 대기압 또는 저압으로 있다가 화재발생 시 감지기의 작동으로 준비작동식 유수검지장치가 작동하여 폐쇄형 스프링클러헤드까지 소화용수가 송수되어 폐쇄형 스프링클러헤드가 열에 따라 개방되는 방식**의 스프링클러설비를 말한다.

준비작동식 스프링클러설비는 건식 스프링클러설비와 습식 스프링클러설비의 장단점을 보완한 시스템으로서, 설비의 안전도가 높고 효과적인 소화시스템이라 할 수 있다. 이 시스템은 준비작동밸브 내부의 클래퍼를 중심으로 1차측(펌프측)에는 압력을 가진 물이 위치하고, 2차측(헤드측) 배관 내에는 저압의 압축공기를 채워두거나 대기압상태를 유지시킨다. 화재 시 교차회로방식의 감지기가 동시에 동작할 경우 배관 내의 클래퍼가 열리고 동시에 펌프가 기동하여 물을 헤드위치까지 이동시킨다. 이후 헤드의 감열부가 열에 의해 개방되면 배관 내의 물이 화염부근으로 방사되는 시스템이다.

이 시스템은 습식 스프링클러설비와 같이 동절기의 결빙이나 건식의 방수개시시간 지연 등의 단점을 줄이는 효과를 가져올 수 있다.

그러나 이러한 여러 가지 장점에도 불구하고 먼지 등에 의해 연기감지기 등의 오작동으로 인한 시스템의 신뢰성 문제를 야기시킴으로써 준비작동식 스프링클러설비의 설치를 기피하는 현상도 다소 발생하고 있다.

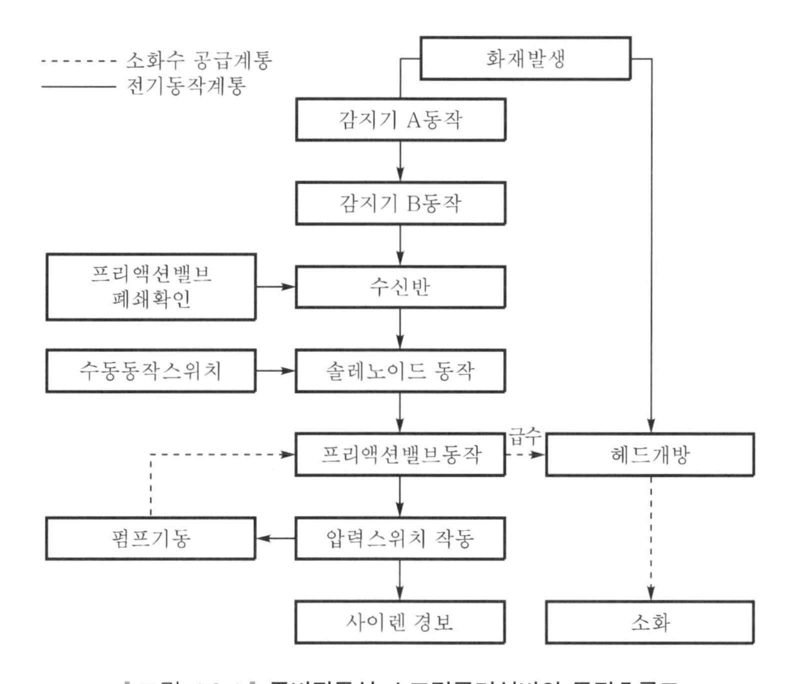

‖ 그림 4.3.4 ‖ **준비작동식 스프링클러설비의 동작흐름도**

[그림 4.3.4]는 준비작동식 스프링클러 설비의 동작흐름도를 나타내며, [그림 4.3.5]는 준비작동식 스프링클러설비의 계통도를 나타낸다. 습식이나 건식 스프링클러설비와 달리 교차회로로 배선된 두 감지기에 의해 동작하고, 감지기동작에 의해 스프링클러헤드 개방 전까지 헤드부근까지 소화수가 공급되고 열에 의해 폐쇄형 헤드가 개방되면 소화수가 방사되는 원리로 동작하게 된다.

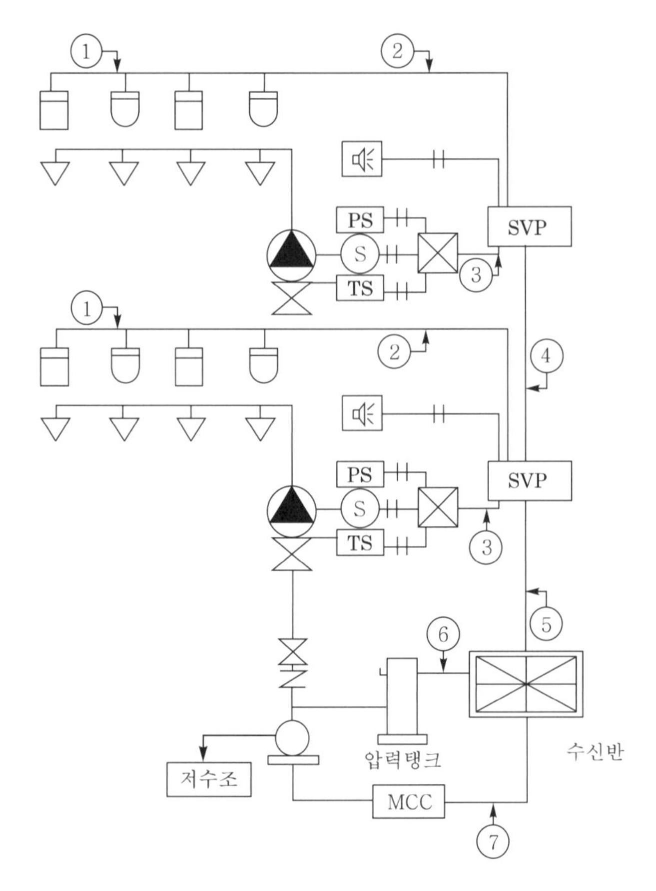

▌그림 4.3.5 ▌ 준비작동식 스프링클러설비의 계통도

기호	구분	배선수	배선의 용도
①	감지기 A↔감지기 B	4	지구, 공통 각 2가닥
②	감지기 B↔SVP	8	지구, 공통 각 4가닥
③	준비작동밸브↔SVP	4	밸브기동(SV), 밸브개방확인(PS), 밸브주의(TS), 공통
④	SVP↔SVP	8	전원 (+), (−), 감지기 A, B, 밸브기동(SV), 밸브개방확인(PS), 밸브주의(TS), 사이렌
⑤	2지구일 때	14	전원 (+), (−), (감지기 A, B, 밸브기동, 밸브개방확인, 밸브주의, 사이렌)×2
⑥	압력탱크↔수신반	2	압력스위치 2
⑦	MCC↔수신반	5	ON, OFF, 기동확인표시등, 전원감시표시등, 공통

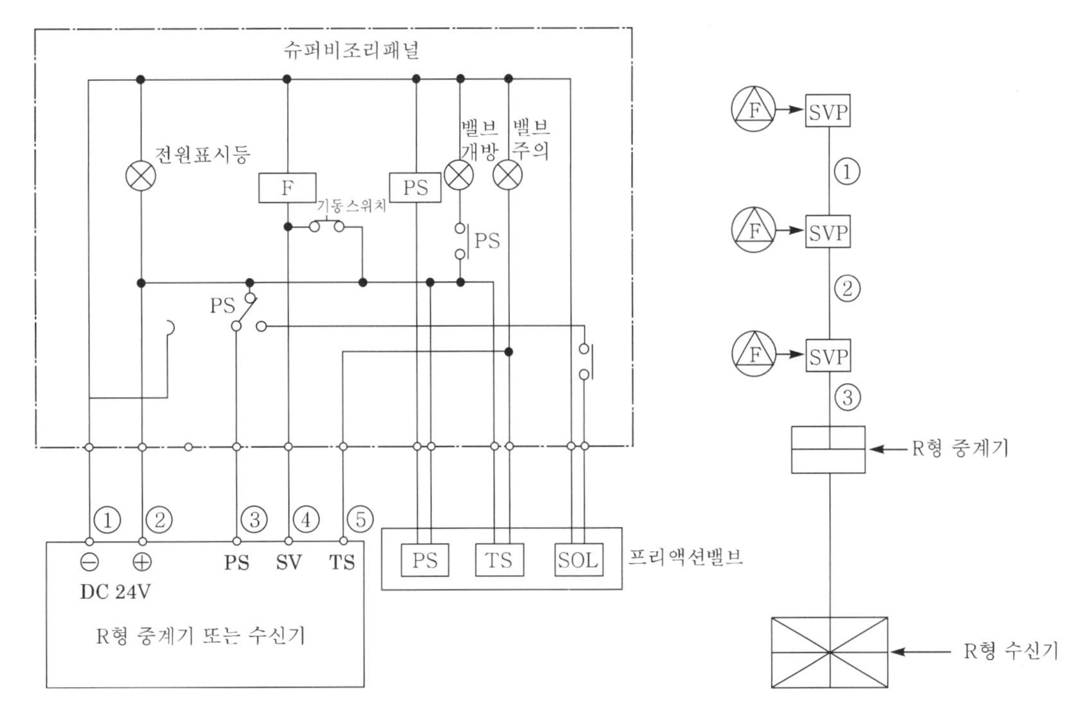

▌그림 4.3.6 ▌ SVP(슈퍼비조리패널) 결선도 및 배선의 용도

기호	구분	배선수	배선의 용도	비고
①	SVP 1 ↔ SVP 2	5	전원 (+), (−), 밸브기동, 밸브개방확인, 밸브주의	감지기 A, B, 밸브, 사이렌선은 추가되지 않았음
②	SVP 2 ↔ SVP 3	8	전원 (+), (−), (밸브기동, 밸브개방확인, 밸브주의)×2	
③	SVP 3 ↔ 수신반	11	전원 (+), (−), (밸브기동, 밸브개방확인, 밸브주의)×3	

(1) **솔레노이드밸브 기동스위치**(SOL : solenoid valve switch)

배관 내의 클래퍼가 1차측을 폐쇄하고 있도록 하는 전기적인 잠금장치이다. 이 밸브는 화재 시 자동화재탐지설비와 연동하여 동작하거나 수동조작함의 기동으로 작동한다.

(2) **템퍼스위치**(TS : Temper Switch, **밸브주의**)

알람밸브, 프리액션밸브 등의 급수배관·밸브가 잠겨 있을 경우 이에 대한 정보를 알려주는 신호스위치로서, 배관의 개방 여부를 알려주는 기능을 하는 스위치이다.

(3) **압력스위치**(PS : Pressure Swith, **밸브개방확인 스위치**)

이 스위치는 화재 시 솔레노이드밸브의 작동에 의해 1차측 밸브가 개방될 때 유수를 자동으로 검지하여 경보를 발할 수 있도록 해주는 스위치로서, 밸브개방확인 스위치라고도 한다.

(4) **수동조작함**

수동조작(supervisory panel)은 준비작동밸브의 조정장치로서, 기동스위치가 있으며, 밸브 개방확인 및 밸브주의 등이 있다.

5 스프링클러설비 전원

(1) 스프링클러설비에는 그 특정소방대상물의 수전방식에 따라 다음의 기준에 따른 상용전원 회로의 배선을 설치해야 한다. 다만, 가압수조방식으로서 모든 기능이 20분 이상 유효하게 지속될 수 있는 경우에는 그렇지 않다.

① **저압수전인 경우**에는 **인입개폐기의 직후**에서 분기하여 전용배선으로 해야 하며, 전용의 전선관에 보호되도록 할 것

② **특고압수전 또는 고압수전일 경우**에는 **전력용 변압기 2차측의 주차단기 1차측에서 분기**하여 전용배선으로 하되, 상용전원의 상시공급에 지장이 없을 경우에는 주차단기 2차측에서 분기하여 전용배선으로 할 것. 다만, 가압송수장치의 정격입력전압이 수전전압과 같은 경우에는 ①의 기준에 따른다.

(2) 스프링클러설비에는 **자가발전설비, 축전지설비**(내연기관에 따른 펌프를 설치한 경우에는 내연기관의 기동 및 제어용 축전지를 말한다. 이하 같다) 또는 전기저장장치(외부 전기에너지를 저장해두었다가 필요한 때 전기를 공급하는 장치. 이하 같다)에 따른 비상전원을 설치해야 한다. 다만, 차고·주차장으로서 스프링클러설비가 설치된 부분의 바닥면적(「포소화설비의 화재안전기술기준(NFTC 105)」의 2.10.2.2에 따른 차고·주차장의 바닥면적을 포함한다)의 합계가 1,000m^2 미만인 경우에는 비상전원수전설비로 설치할 수 있으며, 2 이상의 변전소(**「전기사업법」 제67조** 및 **「전기설비기술기준」 제3조 제1항 제2호**에 따른 변전소를 말한다. 이하 같다)에서 전력을 동시에 공급받을 수 있거나 하나의 변전소로부터 전력의 공급이 중단되는 때에는 자동으로 다른 변전소로부터 전력을 공급받을 수 있도록 상용전원을 설치한 경우와 가압수조방식에는 비상전원을 설치하지 않을 수 있다.

(3) (2)에 따른 비상전원 중 **자가발전설비, 축전기설비 또는 전기저장장치**는 다음의 기준에 따라 설치하고, 비상전원수전설비는 **「소방시설용 비상전원수전설비의 화재안전기술기준(NFTC 602)」**에 따라 설치해야 한다.

① 점검에 편리하고 화재 및 침수 등의 재해로 인한 피해를 받을 우려가 없는 곳에 설치할 것

② 스프링클러설비를 유효하게 20분 이상 작동할 수 있어야 할 것

③ 상용전원으로부터 전력의 공급이 중단된 때에는 자동으로 비상전원으로부터 전력을 공급받을 수 있도록 할 것

④ 비상전원(내연기관의 기동 및 제어용 축전기를 제외한다)의 설치장소는 다른 장소와 방

화구획할 것. 이 경우 그 장소에는 비상전원의 공급에 필요한 기구나 설비 외의 것(열병합 발전설비에 필요한 기구나 설비는 제외한다)을 두어서는 안 된다.

⑤ 비상전원을 실내에 설치하는 때에는 그 실내에 비상조명등을 설치할 것

⑥ 옥내에 설치하는 비상전원실에는 옥외로 직접 통하는 충분한 용량의 급배기설비를 설치할 것

⑦ 비상전원의 출력용량은 다음 각 기준을 충족할 것

㉠ 비상전원설비에 설치되어 동시에 운전될 수 있는 모든 부하의 합계입력용량을 기준으로 정격출력을 선정할 것. 다만, 소방전원 보존형 발전기를 사용할 경우에는 그렇지 않다.

㉡ 기동전류가 가장 큰 부하가 기동될 때에도 부하의 허용 최저 입력전압 이상의 출력전압을 유지할 것

㉢ 단시간 과전류에 견디는 내력은 입력용량이 가장 큰 부하가 최종 기동할 경우에도 견딜 수 있을 것

⑧ 자가발전설비는 부하의 용도와 조건에 따라 다음의 어느 하나를 설치하고 그 부하용도별 표지를 부착해야 한다. 다만, 자가발전설비의 정격출력용량은 하나의 건축물에 있어서 소방부하의 설비용량을 기준으로 하고, 2.9.3.8.2의 경우 비상부하는 국토해양부장관이 정한 「**건축전기설비설계기준**」의 수용률범위 중 최댓값 이상을 적용한다.

㉠ 소방전용 발전기 : 소방부하용량을 기준으로 정격출력용량을 산정하여 사용하는 발전기

㉡ 소방부하 겸용 발전기 : 소방 및 비상부하 겸용으로서, 소방부하와 비상부하의 전원용량을 합산하여 정격출력용량을 산정하여 사용하는 발전기

㉢ 소방전원 보존형 발전기 : 소방 및 비상부하 겸용으로서 소방부하의 전원용량을 기준으로 정격출력용량을 산정하여 사용하는 발전기

⑨ 비상전원실의 출입구 외부에는 실의 위치와 비상전원의 종류를 식별할 수 있도록 표지판을 부착할 것

6 스프링클러설비의 음향장치

스프링클러설비의 음향장치 및 기동장치는 다음의 기준에 따라 설치해야 한다.

(1) 습식 유수검지장치 또는 건식 유수검지장치를 사용하는 설비에 있어서는 헤드가 개방되면 유수검지장치가 화재신호를 발신하고 그에 따라 음향장치가 경보되도록 할 것

(2) 준비작동식 유수검지장치 또는 일제개방밸브를 사용하는 설비에는 화재감지기의 감지에 따라 음향장치가 경보되도록 할 것. 이 경우 **화재감지기회로를 교차회로방식**(하나의 준비작동식 유수검지장치 또는 일제개방밸브의 담당구역 내에 2 이상의 화재감지기회로를 설치하고 인접한 2 이상의 화재감지기가 동시에 감지되는 때에 준비작동식 유수검지장치 또는

일제개방밸브가 개방·작동되는 방식을 말한다)으로 하는 때에는 **하나의 화재감지기회로가 화재를 감지하는 때에도 음향장치가 경보**되도록 해야 한다.

(3) 음향장치는 유수검지장치 및 일제개방밸브 등의 담당구역마다 설치하되 그 구역의 각 부분으로부터 하나의 음향장치까지의 **수평거리는 25m 이하**가 되도록 할 것

(4) **음향장치는 경종 또는 사이렌**(전자식 사이렌을 포함한다)으로 하되, **주위의 소음 및 다른 용도의 경보와 구별**이 가능한 음색으로 할 것. 이 경우 경종 또는 사이렌은 자동화재탐지설비·비상벨설비 또는 자동식 사이렌설비의 음향장치와 겸용할 수 있다.

(5) 주음향장치는 수신기의 내부 또는 그 직근에 설치할 것

(6) 층수가 5층 이상으로서 **연면적이** 3,000m^2**를 초과**하는 특정소방대상물은 다음의 기준에 따라 경보를 발할 수 있도록 해야 한다.

① **2층 이상의 층에서 발화한 때에는 발화층 및 그 직상층에 경보를 발할 것**

② **1층에서 발화한 때에는 발화층·그 직상층 및 지하층에 경보를 발할 것**

③ **지하층에서 발화한 때에는 발화층·그 직상층 및 기타의 지하층에 경보를 발할 것**

(7) 음향장치는 다음의 기준에 따른 구조 및 성능의 것으로 할 것

① 정격전압의 **80% 전압**에서 음향을 발할 수 있는 것으로 할 것

② 음향의 크기는 부착된 음향장치의 중심으로부터 **1m 떨어진 위치에서 90dB 이상**이 되는 것으로 할 것

7 스프링클러설비 제어반

(1) 스프링클러설비에는 제어반을 설치하되, 감시제어반과 동력제어반으로 구분하여 설치해야 한다. 다만, 다음의 어느 하나에 해당하는 경우에는 감시제어반과 동력제어반으로 구분하여 설치하지 않을 수 있다.

① 다음의 어느 하나에 해당하지 않는 특정소방대상물에 설치되는 경우

㉠ 지하층을 제외한 층수가 7층 이상으로서 연면적이 2,000m^2 이상인 것

㉡ ㉠에 해당하지 않는 특정소방대상물로서 지하층의 바닥면적 합계가 3,000m^2 이상인 것

② 내연기관에 따른 가압송수장치를 사용하는 경우

③ 고가수조에 따른 가압송수장치를 사용하는 경우

④ 가압수조에 따른 가압송수장치를 사용하는 경우

(2) **감시제어반 기능**

감시제어반의 기능은 다음의 기준에 적합해야 한다.

① 각 펌프의 작동 여부를 확인할 수 있는 표시등 및 음향경보기능이 있어야 할 것

② 각 펌프를 자동 및 수동으로 작동시키거나 중단시킬 수 있어야 할 것
③ 비상전원을 설치한 경우에는 상용전원 및 비상전원의 공급 여부를 확인할 수 있어야 할 것
④ 수조 또는 물올림수조가 저수위로 될 때 표시등 및 음향으로 경보할 것
⑤ 예비전원이 확보되고 예비전원의 적합 여부를 시험할 수 있어야 할 것

(3) 감시제어반의 설치기준

① 화재 및 침수 등의 재해로 인한 피해를 받을 우려가 없는 곳에 설치할 것
② 감시제어반은 스프링클러설비의 전용으로 할 것. 다만,스프링클러설비의 제어에 지장이 없는 경우에는 다른 설비와 겸용할 수 있다.
③ 감시제어반은 다음의 기준에 따른 전용실 안에 설치할 것. 다만, (1)의 단서에 따른 각 기준의 어느 하나에 해당하는 경우와 공장, 발전소 등에서 설비를 집중 제어·운전할 목적으로 설치하는 중앙제어실 내에 감시제어반을 설치하는 경우에는 그렇지 않다.
㉠ 다른 부분과 방화구획을 할 것. 이 경우 전용실의 벽에는 기계실 또는 전기실 등의 감시를 위하여 두께 7mm 이상의 망입유리(두께 16.3mm 이상의 접합유리 또는 두께 28mm 이상의 복층유리를 포함한다)로 된 $4m^2$ 미만의 붙박이창을 설치할 수 있다.
㉡ 피난층 또는 지하 1층에 설치할 것. 다만, 다음의 어느 하나에 해당하는 경우에는 지상 2층에 설치하거나 지하 1층 외의 지하층에 설치할 수 있다.
- 「건축법 시행령」 **제35조**에 따라 특별피난계단이 설치되고 그 계단(부속실을 포함한다) 출입구로부터 보행거리 5m 이내에 전용실의 출입구가 있는 경우
- 아파트의 관리동(관리동이 없는 경우에는 경비실)에 설치하는 경우

㉢ 비상조명등 및 급·배기 설비를 설치할 것
㉣ 「무선통신보조설비의 화재안전기술기준(NFTC 505)」 2.2.3에 따라 유효하게 통신이 가능할 것(영 [별표 4]의 제5호 마목에 따른 무선통신보조설비가 설치된 특정소방대상물에 한한다)
㉤ 바닥면적은 감시제어반의 설치에 필요한 면적 외에 화재 시 소방대원이 그 감시제어반의 조작에 필요한 최소 면적 이상으로 할 것
④ ③에 따른 전용실에는 특정소방대상물의 기계·기구 또는 시설 등의 제어 및 감시설비 외의 것을 두지 않을 것
⑤ 각 유수검지장치 또는 일제개방밸브의 경우에는 작동 여부를 확인할 수 있는 표시 및 경보기능이 있도록 할 것
⑥ 일제개방밸브의 경우에는 밸브를 개방시킬 수 있는 수동조작스위치를 설치할 것
⑦ 일제개방밸브를 사용하는 경우에는 설비의 화재감지는 각 경계회로별로 화재표시가 되도록 할 것
⑧ 다음의 각 확인회로마다 도통시험 및 작동시험을 할 수 있도록 할 것
㉠ 기동용 수압개폐장치의 압력스위치회로

㉡ 수조 또는 물올림수조의 저수위감시회로
㉢ 유수검지장치 또는 일제개방밸브의 압력스위치회로
㉣ 일제개방밸브를 사용하는 설비의 화재감지기회로
㉤ ※에 따른 개폐밸브의 폐쇄상태 확인회로
(※ : 급수배관에 설치되어 급수를 차단할 수 있는 개폐밸브에는 그 밸브의 개폐상태를 감시제어반에서 확인할 수 있도록 급수개폐밸브 작동표시스위치를 다음의 기준에 따라 설치해야 한다)
㉥ 그 밖의 이와 비슷한 회로

⑨ 감시제어반과 자동화재탐지설비의 수신기를 별도의 장소에 설치하는 경우에는 이들 상호 간 연동하여 화재발생 및 감시제어반 기능 ①, ③ 및 ④의 기능을 확인할 수 있도록 할 것

(4) 동력제어반 등의 설치기준

동력제어반은 다음의 기준에 따라 설치해야 한다.

① 앞면은 적색으로 하고 '스프링클러소화설비용 동력제어반'이라고 표시한 표지를 설치할 것
② 외함은 두께 1.5mm 이상의 강판 또는 이와 동등 이상의 강도 및 내열성능이 있는 것으로 할 것
③ 그 밖의 동력제어반의 설치에 관하여는 감시제어반의 기준을 준용할 것
④ 자가발전설비제어반의 제어장치는 비영리 공인기관의 시험을 필한 것으로 설치해야 한다.

(5) 스프링클러설비 배선

① 스프링클러설비의 배선은 「**전기사업법**」 **제67조**에 따른 「**전기설비기술기준**」에서 정한 것 외에 다음의 기준에 따라 설치해야 한다.
㉠ 비상전원을 설치한 경우에는 비상전원으로부터 동력제어반 및 가압송수장치에 이르는 전원회로의 배선은 내화배선으로 할 것. 다만, 자가발전설비와 동력제어반이 동일한 실에 설치된 경우에는 자가발전기로부터 그 제어반에 이르는 전원회로의 배선은 그렇지 않다.
㉡ 상용전원으로부터 동력제어반에 이르는 배선, 그 밖의 스프링클러설비의 감시·조작 또는 표시등회로의 배선은 내화배선 또는 내열배선으로 할 것. 다만, 감시제어반 또는 동력제어반 안의 감시·조작 또는 표시등회로의 배선은 그렇지 않다.

② 소화설비의 과전류차단기 및 개폐기에는 '스프링클러소화설비용 과전류차단기 또는 개폐기'라고 표시한 표지를 해야 한다.
③ 소화설비용 전기배선의 양단 및 접속단자에는 다음의 기준에 따라 표지해야 한다.
㉠ 단자에는 '스프링클러소화설비단자'라고 표시한 표지를 부착할 것
㉡ 소화설비용 전기배선의 양단에는 다른 배선과 식별이 용이하도록 표시할 것

04 이산화탄소 소화설비

이산화탄소 소화설비는 가스계 소화설비로서, 밀폐된 공간에서 질식소화방식으로 화재를 효과적으로 진압할 수 있는 소화약제이며 전기실 및 전산실 등 물로 인한 피해가 클 것으로 예상되는 경우 이 설비가 사용된다.

방출방식에 따라 전역방출방식, 국소방출방식, 호스릴방식 등으로 구분한다.

1 용어의 정의

이 기준에서 사용하는 용어의 정의는 다음과 같다.

(1) '전역방출방식'이란 소화약제 공급장치에 배관 및 분사헤드 등을 설치하여 밀폐방호구역 전체에 소화약제를 방출하는 방식을 말한다.

(2) '국소방출방식'이란 소화약제 공급장치에 배관 및 분사헤드를 등을 설치하여 직접 화점에 소화약제를 방출하는 방식을 말한다.

(3) '호스릴방식'이란 소화수 또는 소화약제 저장용기 등에 연결된 호스릴을 이용하여 사람이 직접 화점에 소화수 또는 소화약제를 방출하는 방식을 말한다.

(4) '충전비'란 소화약제 저장용기의 내부용적과 소화약제의 중량과의 비(용적/중량)를 말한다.

(5) '심부화재'란 목재 또는 섬유류와 같은 고체가연물에서 발생하는 화재형태로서 가연물 내부에서 연소하는 화재를 말한다.

(6) '표면화재'란 가연성 물질의 표면에서 연소하는 화재를 말한다.

(7) '교차회로방식'이란 하나의 방호구역 내에 2 이상의 화재감지기회로를 설치하고 인접한 2 이상의 화재감지기에 화재가 감지되는 때에 소화설비가 작동하는 방식을 말한다.

(8) '방화문'이란 **「건축법 시행령」 제64조**의 규정에 따른 60분+ 방화문, 60분 방화문 또는 30분 방화문을 말한다.

(9) '방호구역'이란 소화설비의 소화범위 내에 포함된 영역을 말한다.

(10) '선택밸브'란 2 이상의 방호구역 또는 방호대상물이 있어 소화수 또는 소화약제를 해당하는 방호구역 또는 방호대상물에 선택적으로 방출되도록 제어하는 밸브를 말한다.

(11) '설계농도'란 방호대상물 또는 방호구역의 소화약제저장량을 산출하기 위한 농도로서, 소화농도에 안전율을 고려하여 설정한 농도를 말한다.

(12) ‘소화농도’란 규정된 실험조건의 화재를 소화하는 데 필요한 소화약제의 농도(형식승인대상의 소화약제는 형식승인된 소화농도)를 말한다.

(13) ‘호스릴’이란 원형의 소방호스를 원형의 수납장치에 감아 정리한 것을 말한다.

2 이산화탄소 소화설비의 설치대상

물분무 등 소화설비를 설치해야 하는 특정소방대상물(위험물 저장 및 처리 시설 중 가스시설 및 지하구는 제외한다)은 다음에 해당하는 것으로 한다.

(1) 항공기 및 자동차 관련 시설 중 항공기 격납고

(2) 차고, 주차용 건축물 또는 철골조립식 주차시설. 이 경우 연면적 800m^2 이상인 것만 해당한다.

(3) 건축물의 내부에 설치된 차고・주차장으로서, 차고 또는 주차의 용도로 사용되는 면적이 200m^2 이상인 경우 해당 부분(50세대 미만 연립주택 및 다세대주택은 제외한다)

(4) 기계장치에 의한 주차시설을 이용하여 20대 이상의 차량을 주차할 수 있는 시설

(5) 특정소방대상물에 설치된 전기실・발전실・변전실(가연성 절연유를 사용하지 않는 변압기・전류차단기 등의 전기기기와 가연성 피복을 사용하지 않은 전선 및 케이블만을 설치한 전기실・발전실 및 변전실은 제외한다)・축전지실・통신기기실 또는 전산실, 그 밖에 이와 비슷한 것으로서 바닥면적이 300m^2 이상인 것(하나의 방화구획 내에 둘 이상의 실(室)이 설치되어 있는 경우에는 이를 하나의 실로 보아 바닥면적을 산정한다). 다만, 내화구조로 된 공정제어실 내에 설치된 주조정실로서 양압시설(외부 오염공기 침투를 차단하고 내부의 나쁜 공기가 자연스럽게 외부로 흐를 수 있도록 한 시설을 말한다)이 설치되고 전기기기에 220V 이하인 저전압이 사용되며 종업원이 24시간 상주하는 곳은 제외한다.

(6) 소화수를 수집・처리하는 설비가 설치되어 있지 않은 중・저준위 방사성 폐기물의 저장시설. 이 시설에는 이산화탄소소화설비, 할론소화설비 또는 할로겐화합물 및 불활성 기체 소화설비를 설치해야 한다.

(7) 지하가 중 예상교통량, 경사도 등 터널의 특성을 고려하여 행정안전부령으로 정하는 터널. 이 시설에는 물분무소화설비를 설치해야 한다.

(8) 문화재 중 「문화재보호법」 제2조 제3항 제1호 또는 제2호에 따른 지정문화재로서 소방청장이 문화재청장과 협의하여 정하는 것

3 소화약제 방출방식

(1) 전역방출방식

불연성의 벽 등으로 밀폐되어 있는 경우 구역 전역에 가스를 방출하는 방식으로서, 고정식 이산화탄소공급장치에 배관 및 분사헤드를 고정설치하여 밀폐방호공간 내에 이산화탄소를 방출하는 설비를 말한다.

(2) 국소방출방식

개구부가 큰 곳 또는 가스방출 시 인명피해의 우려가 있는 경우 방호대상물이 있는 부분만 가스를 방출하는 방식으로서, 고정식 이산화탄소 공급장치에 배관 및 분사헤드를 설치하여 직접 화점에 이산화탄소를 방출하는 설비로 화재발생부분에만 집중적으로 소화약제를 방출하도록 하는 설비를 말한다.

(3) 호스릴방식

분사헤드가 배관에 고정되어 있지 않고 소화약제 저장용기에 호스를 연결하여 사람이 직접 화점에 소화약제를 방출하는 이동식 소화설비를 말한다.

4 이산화탄소 소화설비 기동장치 설치기준

(1) 수동식 기동장치

이산화탄소 소화설비의 **수동식 기동장치**는 다음의 기준에 따라 설치해야 한다. 이 경우 **수동식 기동장치의 부근에는 소화약제의 방출을 지연시킬 수 있는 방출지연스위치**(자동복귀형 스위치로서 수동식 기동장치의 타이머를 순간 정지시키는 기능의 스위치를 말한다)를 설치해야 한다.

① 전역방출방식은 방호구역마다, 국소방출방식은 방호대상물마다 설치할 것

② 해당 방호구역의 출입구 부근 등 조작을 하는 자가 쉽게 피난할 수 있는 장소에 설치할 것

③ 기동장치의 조작부는 바닥으로부터 0.8m 이상 1.5m 이하의 위치에 설치하고, 보호판 등에 따른 보호장치를 설치할 것

④ 기동장치 인근의 보기 쉬운 곳에 '이산화탄소 소화설비 수동식 기동장치'라는 표지를 할 것

⑤ 전기를 사용하는 기동장치에는 전원표시등을 설치할 것

⑥ 기동장치의 방출용 스위치는 음향경보장치와 연동하여 조작될 수 있는 것으로 할 것

(2) 자동식 기동장치

이산화탄소 소화설비의 **자동식 기동장치**는 자동화재탐지설비의 **감지기의 작동과 연동**하는 것으로서 다음의 기준에 따라 설치해야 한다.

① 자동식 기동장치에는 수동으로도 기동할 수 있는 구조로 할 것
② 전기식 기동장치로서 **7병 이상의 저장용기를 동시에 개방**하는 설비는 **2병 이상의 저장용기에 전자개방밸브**를 부착할 것
③ 가스압력식 기동장치는 다음의 기준에 따를 것
 ㉠ 기동용 가스용기 및 해당용기에 사용하는 밸브는 25MPa 이상의 압력에 견딜 수 있는 것으로 할 것
 ㉡ 기동용 가스용기에는 내압시험압력의 0.8배부터 내압시험압력 이하에서 작동하는 안전장치를 설치할 것
 ㉢ 기동용 가스용기의 체적은 5L 이상으로 하고, 해당용기에 저장하는 질소 등의 비활성 기체는 6.0MPa 이상(21℃ 기준)의 압력으로 충전할 것
 ㉣ 질소 등의 비활성 기체 기동용 가스용기에는 충전 여부를 확인할 수 있는 압력게이지를 설치할 것
④ 기계식 기동장치는 저장용기를 쉽게 개방할 수 있는 구조로 할 것
⑤ 이산화탄소 소화설비가 설치된 부분의 출입구 등의 보기 쉬운 곳에 소화약제의 방출을 표시하는 표시등을 설치해야 한다.

5 자동식 기동장치의 화재감지기 설치기준

이산화탄소 소화설비의 자동식 기동장치는 다음의 기준에 따른 화재감지기를 설치해야 한다.

(1) 각 방호구역 내의 화재감지기의 감지에 따라 작동되도록 할 것

(2) 화재감지기의 회로는 교차회로방식으로 설치할 것. 다만, 화재감지기를 **「자동화재탐지설비 및 시각경보장치의 화재안전기술기준(NFTC 203)」** 2.4.1 단서의 각 감지기로 설치하는 경우에는 그렇지 않다.

(3) 교차회로 내의 각 화재감지기회로별로 설치된 화재감지기 1개가 담당하는 바닥면적은 **「자동화재탐지설비 및 시각경보장치의 화재안전기술기준(NFTC 203)」** 2.4.3.5, 2.4.3.8부터 2.4.3.10까지의 규정에 따른 바닥면적으로 할 것

참고

- NFTC 2.4.3.5 차동식 스포트형·보상식 스포트형 및 정온식 스포트형 감지기 설치기준
- NFTC 2.4.3.8 열전대식 차동식 분포형 감지기 설치기준
- NFTC 2.4.3.10 연기감지기 설치기준

6 음향경보장치 설치기준

(1) 이산화탄소 소화설비의 음향경보장치는 다음의 기준에 따라 설치해야 한다.

① 수동식 기동장치를 설치한 것은 그 기동장치의 조작과정에서, 자동식 기동장치를 설치한 것은 화재감지기와 연동하여 자동으로 경보를 발하는 것으로 할 것

② 소화약제의 방출개시 후 1분 이상 경보를 계속할 수 있는 것으로 할 것

③ 방호구역 또는 방호대상물이 있는 구획 안에 있는 자에게 유효하게 경보할 수 있는 것으로 할 것

(2) 방송에 따른 경보장치를 설치할 경우에는 다음의 기준에 따라야 한다.

① 증폭기 재생장치는 화재 시 연소의 우려가 없고, 유지관리가 쉬운 장소에 설치할 것

② 방호구역 또는 방호대상물이 있는 구획의 각 부분으로부터 하나의 확성기까지의 수평거리는 25m 이하가 되도록 할 것

③ 제어반의 복구스위치를 조작하여도 경보를 계속 발할 수 있는 것으로 할 것

7 자동폐쇄장치

전역방출방식의 이산화탄소 소화설비를 설치한 특정소방대상물 또는 그 부분에 대하여는 다음의 기준에 따라 자동폐쇄장치를 설치해야 한다.

① 환기장치 등을 설치한 것은 소화약제가 방출되기 전에 해당 환기장치 등이 정지될 수 있도록 할 것

② 개구부가 있거나 천장으로부터 1m 이상의 아래부분 또는 바닥으로부터 해당 층의 높이의 3분의 2 이내의 부분에 통기구가 있어 소화약제의 유출에 따라 소화효과를 감소시킬 우려가 있는 것은 소화약제가 방출되기 전에 해당 개구부 및 통기구를 폐쇄할 수 있도록 할 것

③ 자동폐쇄장치는 방호구역 또는 방호대상물이 있는 구획의 밖에서 복구할 수 있는 구조로 하고, 그 위치를 표시하는 표지를 할 것

8 비상전원

이산화탄소 소화설비(호스릴 이산화탄소 소화설비를 제외한다)에는 **자가발전설비, 축전지설비(제어반에 내장하는 경우를 포함한다. 이하 같다) 또는 전기저장장치**(외부 전기에너지를 저장해 두었다가 필요한 때 전기를 공급하는 장치. 이하 같다)에 따른 비상전원을 다음의 기준에 따라 설치해야 한다. 다만, 2 이상의 변전소(**「전기사업법」 제67조 및 「전기설비기술기준」 제3조 제1항 제2호**에 따른 변전소를 말한다. 이하 같다)에서 전력을 동시에 공급받을 수 있거나 하나의 변전소로부터 전력의 공급이 중단되는 때에는 자동으로 다른 변전소로부터 전력을 공급받을 수 있도록 상용전원을 설치한 경우에는 비상전원을 설치하지 않을 수 있다.

(1) 점검에 편리하고 화재 및 침수 등의 재해로 인한 피해를 받을 우려가 없는 곳에 설치할 것

(2) 이산화탄소 소화설비를 유효하게 20분 이상 작동할 수 있어야 할 것

(3) 상용전원으로부터 전력의 공급이 중단된 때에는 자동으로 비상전원으로부터 전력을 공급받을 수 있도록 할 것

(4) 비상전원의 설치장소는 다른 장소와 방화구획할 것. 이 경우 그 장소에는 비상전원의 공급에 필요한 기구나 설비 외의 것(열병합발전설비에 필요한 기구나 설비는 제외한다)을 두어서는 안 된다.

(5) 비상전원을 실내에 설치하는 때에는 그 실내에 비상조명등을 설치할 것

9 이산화탄소 소화설비 제어반

이산화탄소 소화설비의 제어반 및 화재표시반은 다음의 기준에 따라 설치해야 한다. 다만, 자동화재탐지설비의 수신기제어반이 화재표시반의 기능을 가지고 있는 것은 화재표시반을 설치하지 않을 수 있다.

(1) 제어반은 수동기동장치 또는 화재감지기에서의 신호를 수신하여 **음향경보장치의 작동, 소화약제의 방출 또는 지연 등 기타의 제어기능을 가진 것**으로 하고, 제어반에는 **전원표시등을 설치**할 것

(2) 화재표시반은 제어반에서의 신호를 수신하여 작동하는 기능을 가진 것으로 하되, 다음의 기준에 따라 설치할 것
   ① 각 방호구역마다 음향경보장치의 조작 및 감지기의 작동을 명시하는 표시등과 이와 연동하여 작동하는 벨·버저 등의 경보기를 설치할 것. 이 경우 음향경보장치의 조작 및 감지기의 작동을 명시하는 표시등을 겸용할 수 있다.
   ② 수동식 기동장치는 그 방출용 스위치의 작동을 명시하는 표시등을 설치할 것
   ③ 소화약제의 방출을 명시하는 표시등을 설치할 것
   ④ 자동식 기동장치는 자동·수동의 절환을 명시하는 표시등을 설치할 것

(3) 제어반 및 화재표시반은 화재 및 침수 등의 재해로 인한 피해를 받을 우려가 없고 점검에 편리한 장소에 설치할 것

(4) 제어반 및 화재표시반에는 해당 회로도 및 취급설명서를 비치할 것

(5) 수동잠금밸브의 개폐 여부를 확인할 수 있는 표시등을 설치할 것

05 할로겐화합물 및 불활성 기체 소화설비

할론 1301(CF_3Br)가스는 인체에 무해하며 대상물에 대한 부식성이 없고 전기적으로 절연이 되기 때문에 화재의 충격, 손상, 청결화가 요구되는 곳에 많이 쓰이고 있다. 이 가스는 공기보다 밀도가 커서 방호대상물의 깊숙한 곳까지 침투하여 소화할 수 있다. 할론소화설비의 약제방출방식 및 기동장치, 제어반, 화재감지기 그리고 음향경보장치 및 비상전원 등에 대한 기준은 'NFSC 107'에 자세히 설명되어 있으므로 생략하기로 한다.

1 용어의 정의

할로겐소화설비에서 사용하는 용어의 정의는 다음과 같다.

(1) '할로겐화합물 및 불활성 기체 소화약제'란 할로겐화합물(할론 1301, 할론 2402, 할론 1211 제외) 및 불활성 기체로서 전기적으로 비전도성이며 휘발성이 있거나 증발 후 잔여물을 남기지 않는 소화약제를 말한다.

(2) '할로겐화합물 소화약제'란 불소, 염소, 브롬 또는 요오드 중 하나 이상의 원소를 포함하고 있는 유기화합물을 기본성분으로 하는 소화약제를 말한다.

(3) '불활성 기체 소화약제'란 헬륨, 네온, 아르곤 또는 질소가스 중 하나 이상의 원소를 기본성분으로 하는 소화약제를 말한다.

(4) '충전밀도'란 소화약제의 중량과 소화약제 저장용기의 내부용적과의 비(중량/용적)를 말한다.

(5) '방화문'이란 **「건축법 시행령」 제64조**의 규정에 따른 60분+ 방화문, 60분 방화문 또는 30분 방화문을 말한다.

(6) '교차회로방식'이란 하나의 방호구역 내에 2 이상의 화재감지기회로를 설치하고 인접한 2 이상의 화재감지기가 화재를 감지하는 때에 소화설비가 작동하는 방식을 말한다.

(7) '방호구역'이란 소화설비의 소화범위 내에 포함된 영역을 말한다.

(8) '별도 독립방식'이란 소화약제 저장용기와 배관을 방호구역별로 독립적으로 설치하는 방식을 말한다.

(9) '선택밸브'란 2 이상의 방호구역 또는 방호대상물이 있어 소화수 또는 소화약제를 해당하는 방호구역 또는 방호대상물에 선택적으로 방출되도록 제어하는 밸브를 말한다.

(10) '설계농도'란 방호대상물 또는 방호구역의 소화약제저장량을 산출하기 위한 농도로서 소화농도에 안전율을 고려하여 설정한 농도를 말한다.

(11) '소화농도'란 규정된 실험조건의 화재를 소화하는 데 필요한 소화약제의 농도(형식승인대상의 소화약제는 형식승인된 소화농도)를 말한다.

(12) '집합관'이란 개별 소화약제(가압용 가스 포함) 저장용기의 방출관이 연결되어 있는 관을 말한다.

(13) '최대 허용설계농도'란 사람이 상주하는 곳에 적용하는 소화약제의 설계농도로서, 인체의 안전에 영향을 미치지 않는 농도를 말한다.

2 할로겐화합물 소화설비 설치대상

물분무 등 소화설비를 설치해야 하는 특정소방대상물(위험물 저장 및 처리 시설 중 가스시설 및 지하구는 제외한다)은 다음에 해당하는 것으로 한다.

(1) 항공기 및 자동차 관련 시설 중 항공기격납고

(2) 차고, 주차용 건축물 또는 철골조립식 주차시설. 이 경우 연면적 800m^2 이상인 것만 해당한다.

(3) 건축물의 내부에 설치된 차고・주차장으로서 차고 또는 주차의 용도로 사용되는 면적이 200m^2 이상인 경우 해당 부분(50세대 미만 연립주택 및 다세대주택은 제외한다)

(4) 기계장치에 의한 주차시설을 이용하여 20대 이상의 차량을 주차할 수 있는 시설

(5) 특정소방대상물에 설치된 전기실・발전실・변전실(가연성 절연유를 사용하지 않는 변압기・전류차단기 등의 전기기기와 가연성 피복을 사용하지 않은 전선 및 케이블만을 설치한 전기실・발전실 및 변전실은 제외한다)・축전지실・통신기기실 또는 전산실, 그 밖에 이와 비슷한 것으로서 바닥면적이 300m^2 이상인 것(하나의 방화구획 내에 둘 이상의 실(室)이 설치되어 있는 경우에는 이를 하나의 실로 보아 바닥면적을 산정한다). 다만, 내화구조로 된 공정제어실 내에 설치된 주조정실로서 양압시설(외부 오염공기 침투를 차단하고 내부의 나쁜 공기가 자연스럽게 외부로 흐를 수 있도록 한 시설을 말한다)이 설치되고 전기기기에 220V 이하인 저전압이 사용되며 종업원이 24시간 상주하는 곳은 제외한다.

(6) 소화수를 수집・처리하는 설비가 설치되어 있지 않은 중・저준위 방사성 폐기물의 저장시설. 이 시설에는 이산화탄소 소화설비, 할론소화설비 또는 할로겐화합물 및 불활성 기체 소화설비를 설치해야 한다.

(7) 지하가 중 예상교통량, 경사도 등 터널의 특성을 고려하여 행정안전부령으로 정하는 터널. 이 시설에는 물분무소화설비를 설치해야 한다.

(8) 문화재 중 「문화재보호법」 제2조 제3항 제1호 또는 제2호에 따른 지정문화재로서 소방청장이 문화재청장과 협의하여 정하는 것

3 할로겐화합물 설치제외

할로겐화합물 및 불활성 기체 소화설비는 다음의 장소에는 설치할 수 없다.

① 사람이 상주하는 곳으로써 2.4.2의 최대 허용설계농도를 초과하는 장소

② **「위험물안전관리법 시행령」 [별표 1]**의 제3류 위험물 및 제5류 위험물을 저장・보관・사용하는 장소. 다만, 소화성능이 인정되는 위험물은 제외한다.

4 할로겐화합물 소화설비 기동장치 설치기준

(1) 할로겐화합물 소화설비 수동식 기동장치

할로겐화합물 및 불활성 기체 소화설비의 수동식 기동장치는 다음의 기준에 따라 설치해야 한다. 이 경우 수동식 기동장치의 부근에는 소화약제의 방출을 지연시킬 수 있는 **방출지연스위치**(자동복귀형 스위치로서 수동식 기동장치의 타이머를 순간 정지시키는 기능의 스위치를 말한다)를 설치해야 한다.

① 방호구역마다 설치할 것

② 해당 방호구역의 출입구 부근 등 조작을 하는 자가 쉽게 피난할 수 있는 장소에 설치할 것

③ 기동장치의 조작부는 바닥으로부터 0.8m 이상 1.5m 이하의 위치에 설치하고, 보호판 등에 따른 보호장치를 설치할 것

④ 기동장치 인근의 보기 쉬운 곳에 '할로겐화합물 및 불활성 기체 소화설비 수동식 기동장치'라는 표지를 할 것

⑤ 전기를 사용하는 기동장치에는 전원표시등을 설치할 것

⑥ 기동장치의 방출용 스위치는 음향경보장치와 연동하여 조작될 수 있는 것으로 할 것

⑦ 50N 이하의 힘을 가하여 기동할 수 있는 구조로 할 것

(2) 할로겐화합물 소화설비 자동식 기동장치

할로겐화합물 및 불활성 기체 소화설비의 자동식 기동장치는 자동화재탐지설비의 감지기의 작동과 연동하는 것으로서 다음의 기준에 따라 설치해야 한다.

① 자동식 기동장치에는 수동으로도 기동할 수 있는 구조로 할 것

② 전기식 기동장치로서 7병 이상의 저장용기를 동시에 개방하는 설비는 2병 이상의 저장용기에 전자개방밸브를 부착할 것

③ 가스압력식 기동장치는 다음의 기준에 따를 것
  ㉠ 기동용 가스용기 및 해당 용기에 사용하는 밸브는 25MPa 이상의 압력에 견딜 수 있는 것으로 할 것
  ㉡ 기동용 가스용기에는 내압시험압력의 0.8배부터 내압시험압력 이하에서 작동하는 안전장치를 설치할 것
  ㉢ 기동용 가스용기의 체적은 5L 이상으로 하고, 해당 용기에 저장하는 질소 등의 비활성기체는 6.0MPa 이상(21℃ 기준)의 압력으로 충전할 것
  ㉣ 질소 등의 비활성기체 기동용 가스용기에는 충전 여부를 확인할 수 있는 압력게이지를 설치할 것
④ 기계식 기동장치는 저장용기를 쉽게 개방할 수 있는 구조로 할 것
⑤ 할로겐화합물 및 불활성 기체 소화설비가 설치된 부분의 출입구 등의 보기 쉬운 곳에 소화약제의 방출을 표시하는 표시등을 설치해야 한다.

5 할로겐화합물 소화설비 제어반

할로겐화합물 및 불활성 기체 소화설비의 제어반 및 화재표시반은 다음의 기준에 따라 설치해야 한다. 다만, 자동화재탐지설비의 수신기제어반이 화재표시반의 기능을 가지고 있는 것은 화재표시반을 설치하지 않을 수 있다.

(1) 제어반은 수동기동장치 또는 감지기에서의 신호를 수신하여 음향경보장치의 작동, 소화약제의 방출 또는 지연 등 기타의 제어기능을 가진 것으로 하고, 제어반에는 전원표시등을 설치할 것

(2) 화재표시반은 제어반에서의 신호를 수신하여 작동하는 기능을 가진 것으로 하되, 다음의 기준에 따라 설치할 것
  ① 각 방호구역마다 음향경보장치의 조작 및 감지기의 작동을 명시하는 표시등과 이와 연동하여 작동하는 벨·버저 등의 경보기를 설치할 것. 이 경우 음향경보장치의 조작 및 감지기의 작동을 명시하는 표시등을 겸용할 수 있다.
  ② 수동식 기동장치는 그 방출용 스위치의 작동을 명시하는 표시등을 설치할 것
  ③ 소화약제의 방출을 명시하는 표시등을 설치할 것
  ④ 자동식 기동장치는 자동·수동의 절환을 명시하는 표시등을 설치할 것

(3) 제어반 및 화재표시반은 화재 및 침수 등의 재해로 인한 피해를 받을 우려가 없고 점검에 편리한 장소에 설치할 것

(4) 제어반 및 화재표시반에는 해당 회로도 및 취급설명서를 비치할 것

6 고정식 할로겐화합물 설비계통도

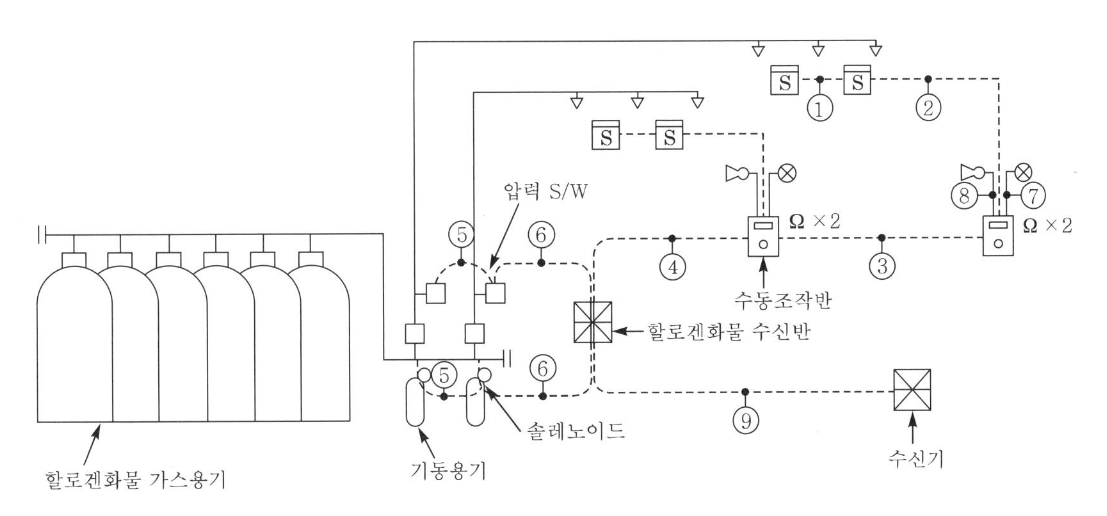

❙ 그림 4.5.1 ❙ **할로겐화합물 소화설비계통도**

기호	구분	배선수	배선의 용도
①	감지기↔감지기	4	지구, 공통 각 2가닥
②	감지기↔수동조작함	8	지구, 공통 각 4가닥
③	수동조작함↔수동조작함	8	전원 +, −, 감지기 A・B, 기동 S/W, 사이렌, 방출표시등, 방출지연 S/W
④	2zone일 경우	13	전원 +, −, 방출지연 S/W, (감지기 A・B, 기동 S/W, 사이렌, 방출표시등)×2
⑤	압력 S/W↔압력 S/W 솔레노이드↔솔레노이드	2	PS 기동, 공통 SV 기동, 공통
⑥	압력 S/W, 솔레노이드↔ 할로겐화합물 수신반	3	PS 기동 2, 공통 SV 기동 2, 공통
⑦	방출표시등↔수동조작반	2	방출표시등, 공통
⑧	사이렌↔수동조작반	2	사이렌, 공통
⑨	할로겐화합물 수신반↔수신기	9	전원표시등, 화재표시, 공통, (감지기 A・B, 방출표시등)×2

7 할로겐화합물 소화설비 패키지시스템

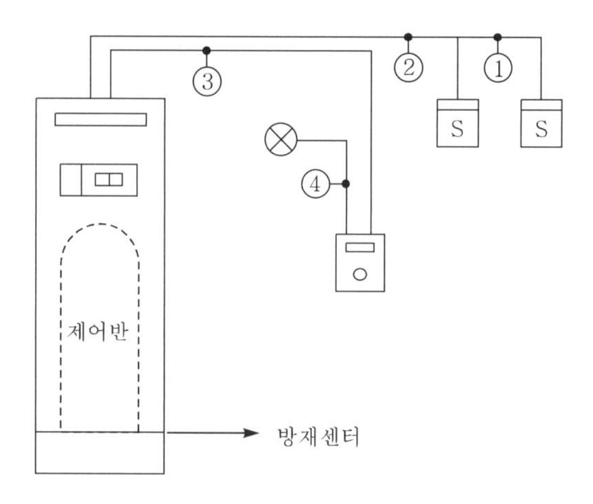

┃그림 4.5.2┃ **패키지시스템 계통도**

기호	구분	배선수	배선의 용도
①	감지기 ↔ 감지기	4	지구 2, 공통 2
②	감지기 ↔ 패키지	8	지구 4, 공통 4
③	패키지 ↔ 수동조작함	5	전원 +, −, 기동 S/W, 방출지연 S/W, 방출표시등
④	수동조작함 ↔ 방출등	2	방출표시등, 공통

CHAPTER 04

예상문제

01 다음은 옥내소화전설비에 대한 그림이다. 주어진 조건을 숙지한 다음 각 물음에 답하시오.

[조건]
- 각 표시등의 공통선은 별도로 1선을 사용한다.
- MCC의 전원감시기능은 있는 것으로 본다.
- 펌프의 기동방식은 ON·OFF 스위치에 의한 수동기동방식이다.

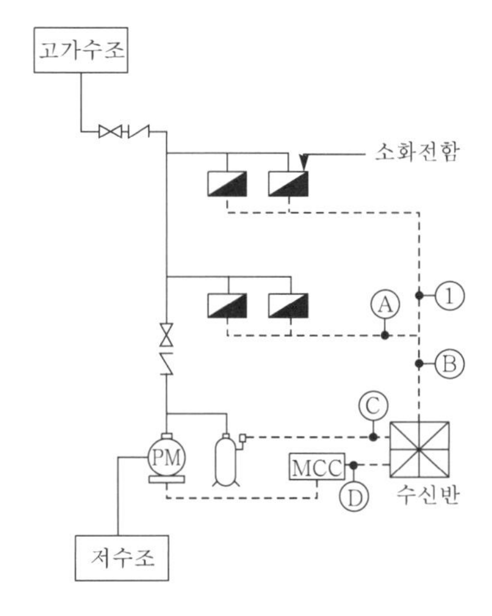

(가) Ⓐ~Ⓓ의 전선가닥수는?

(나) ①의 각 전선에 대한 전선용도는?

(다) 수압개폐장치를 부설하는 자동기동방식에 의해 펌프를 기동할 경우 ①의 각 전선에 대한 전선용도는?

정답 (가) Ⓐ 7가닥 Ⓑ 7가닥
Ⓒ 2가닥 Ⓓ 7가닥

(나) 공통, ON·OFF 스위치 공통, 기동표시등, 공통, 정지표시등

(다) 공통, 기동표시등

02 소화전 가압송수장치를 기동하는 데 필요한 전기적인 기기장치류를 소화전함의 상부에 취부하려고 한다. 반드시 취부하여야 할 것을 3가지 쓰시오.

정답 ① ON · OFF 스위치
② 기동표시등
③ 정지표시등

03 전기실에 설치된 패키지시스템(package system)에 대한 할론소화설비의 전기적인 계통도를 참고하여 ①~③까지의 배선수와 각 배선의 용도를 답안지 표에 작성하시오.

기호	구분	배선수	배선의 용도
①	감지기 - 감지기		
②	감지기 - Package		
③	Package - 수동조작함		
④	수동조작함 - 방출표시등	2	방출표시등(2가닥)

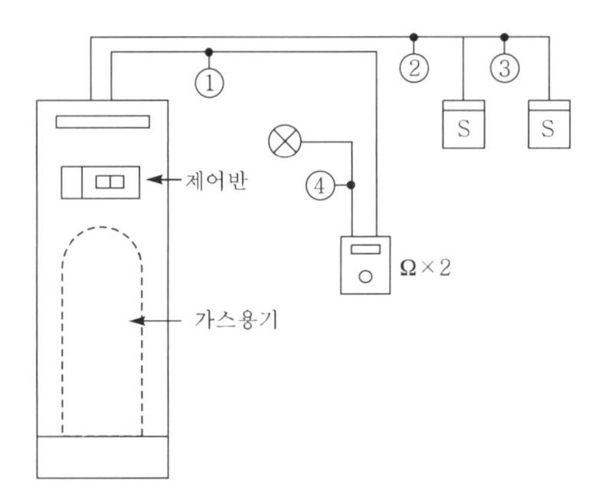

정답

기호	구분	배선수	배선의 용도
①	감지기 - 감지기	4	지구회로 2, 공통 2
②	감지기 - Package	8	(지구회로 2, 공통 2)×2
③	Package - 수동조작함	7	전원 ⊕ · ⊖, 감지기회로 A · B, 기동스위치, 방출표시등, 비상스위치
④	수동조작함 - 방출표시등	2	방출표시등(2가닥)

04 다음은 준비작동식 스프링클러설비의 계통이다. ①~⑦까지의 전선가닥수와 용도를 답안지 표에 작성하시오. (단, 감지기회로의 공통선은 별도 배선한다)

기호	가닥수	배선의 용도
①		
②		
③		
④	6	솔레노이드밸브 2, 압력스위치 2, 템퍼스위치 2
⑤		
⑥		
⑦		

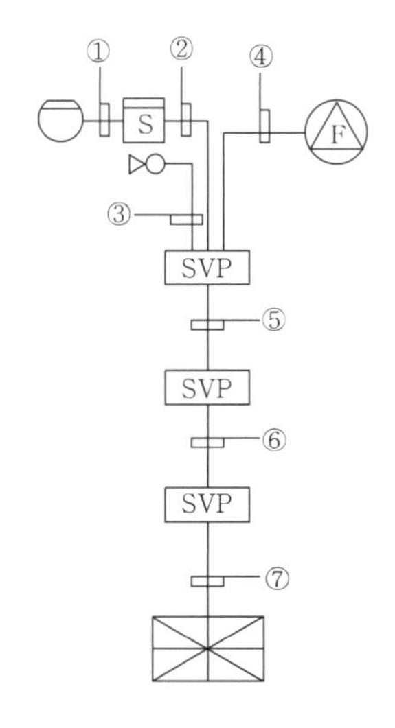

정답

기호	가닥수	배선의 용도
①	4	지구회로 2, 공통 2
②	8	(지구회로 2, 공통 2)×2
③	2	사이렌 2
④	6	솔레노이드밸브 2, 압력스위치 2, 템퍼스위치 2
⑤	9	전원 ⊕·⊖, 감지기 공통, 감지기 A·B, 솔레노이드밸브, 압력스위치, 템퍼스위치, 사이렌
⑥	15	전원 ⊕·⊖, 감지기 공통, (감지기 A·B, 솔레노이드밸브, 압력스위치, 템퍼스위치, 사이렌)×2
⑦	21	전원 ⊕·⊖, 감지기 공통, (감지기 A·B, 솔레노이드밸브, 압력스위치, 템퍼스위치, 사이렌)×3

05 **그림은 준비작동식 스프링클러설비의 전기적 계통도이다. ①~⑤까지에 대한 답안지 표의 배선수와 배선의 용도를 작성하시오.** (단, 배선수는 운전조작상 필요한 최소 전선수를 쓰도록 하시오)

기호	구분	배선수	배선의 용도
①	감지기－감지기		
②	감지기－SVP		
③	SVP－SVP		
④	2zone일 경우		
⑤	사이렌－SVP		
⑥	Preaction valve－SVP	6	밸브기동 2, 밸브개방확인 2, 밸브주의 2

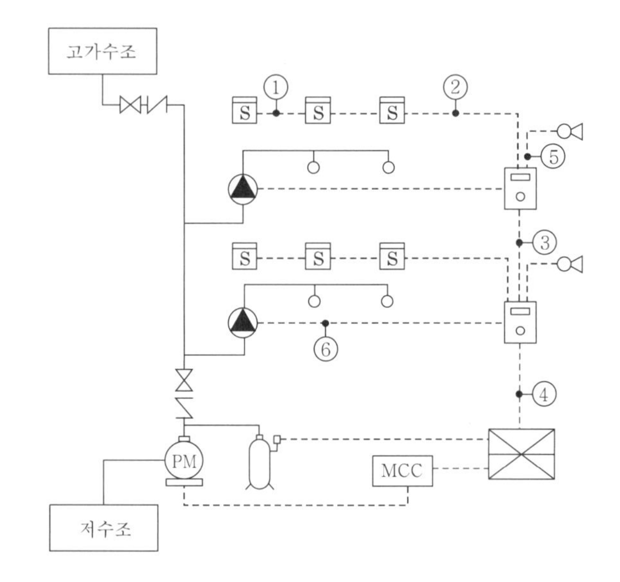

정답

기호	구분	배선수	배선의 용도
①	감지기－감지기	4	지구회로 2, 공통 2
②	감지기－SVP	8	(지구회로 2, 공통)×2
③	SVP－SVP	8	전원 ⊕・⊖, 감지기 A・B, 밸브기동, 밸브개방확인, 밸브주의, 사이렌
④	2zone일 경우	14	전원 ⊕・⊖, (감지기 A・B, 밸브기동, 밸브개방확인, 밸브주의, 사이렌)×2
⑤	사이렌－SVP	2	사이렌 2
⑥	Preaction valve－SVP	6	밸브기동 2, 밸브개방확인 2, 밸브주의 2

06 다음은 할론소화설비의 고정식 시스템에 대한 것이다. 주어진 조건을 이용하여 물음에 답하시오.

[조건]
1. 전선의 가닥수는 최소한으로 한다.
2. 복구스위치 및 도어스위치는 없는 것으로 한다.

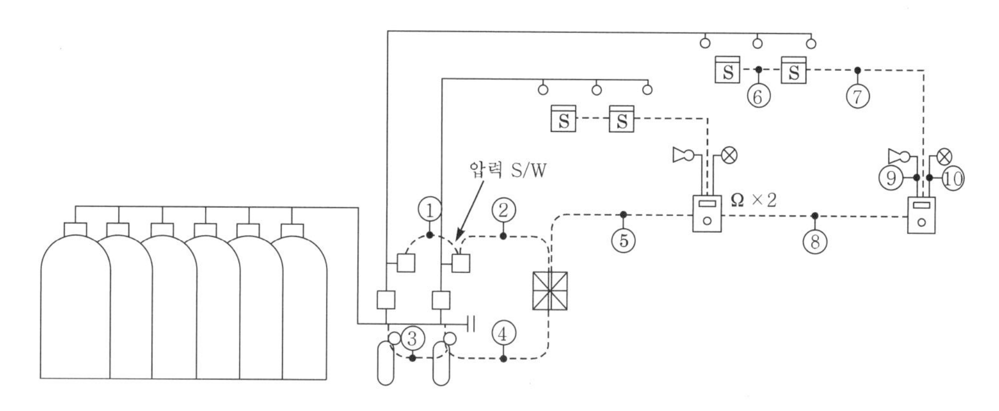

(가) ① ~ ⑩의 전선가닥수는?

(나) ⑧에 사용된 각 전선들의 용도는?

(다) 사이렌의 설치목적을 설명하시오.

(라) 감지기의 배선방식을 설명하시오.

(마) 감지기에 의해서 할론설비가 작동할 때 그 동작순서를 설명하시오.

정답 (가) ① 2가닥 ② 3가닥 ③ 2가닥 ④ 3가닥 ⑤ 13가닥
⑥ 4가닥 ⑦ 8가닥 ⑧ 8가닥 ⑨ 2가닥 ⑩ 2가닥

(나) 전원 ⊕ · ⊖, 감지기 A · B, 사이렌, 기동스위치, 방출표시등, 비상정지 S/W

(다) 화재발생 시 경보를 울려 실내에 있는 인명을 대피

(라) 교차회로방식 : 감지기의 오동작으로 인한 사고(가스방출)를 방지하기 위해 2개 이상의 감지기회로 가동 시에 동작하였을 때 작동되도록 하는 방식

(마) ① 감지기회로의 동작(2개 회로 이상) 또는 수동조작함의 스위치동작
② 수신반에 표시등 점등
③ 사이렌 경보
④ 기동용기 솔레노이드 작동
⑤ 소화약제 방출
⑥ 압력스위치
⑦ 방출표시등 점등

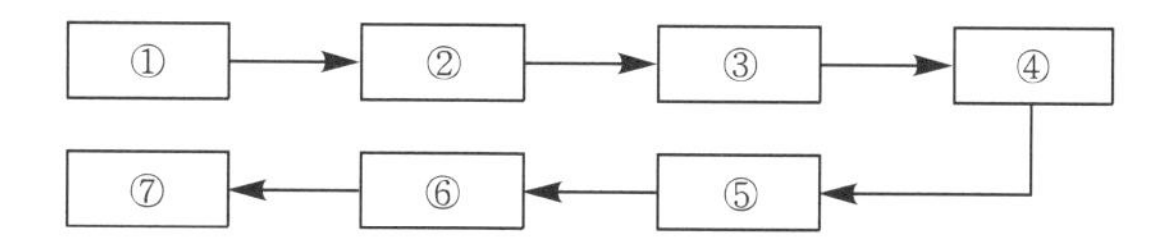

Memo

CHAPTER

05

비상전원설비 및 시퀀스제어

05 비상전원설비 및 시퀀스제어

01 비상전원설비

1 비상용 예비전원

빌딩·공장 등 모든 분야에서 전기설비는 중요한 기능을 발휘하고 있다. 그러나 전력회사로부터 공급받고 있는 상용전원에 정전사고가 발생하면 생활에 불편뿐만 아니라 안전에도 큰 위협을 미치고 있다. 상용전원의 신뢰도는 설비개선을 통해서 향상되고 있지만 태풍이나 풍수해 등 천재에 의한 정전사고와 기기교체 등 보수작업으로 인한 정전 등을 생각한다면 완전한 무정전공급이란 도저히 불가능하다.

따라서, 상용전원이 정전된 경우에 자위상 최소한의 전력을 확보하기 위해서 소방법·건축법을 통하여 비상용 예비전원설비 확보를 규정하고 있다.

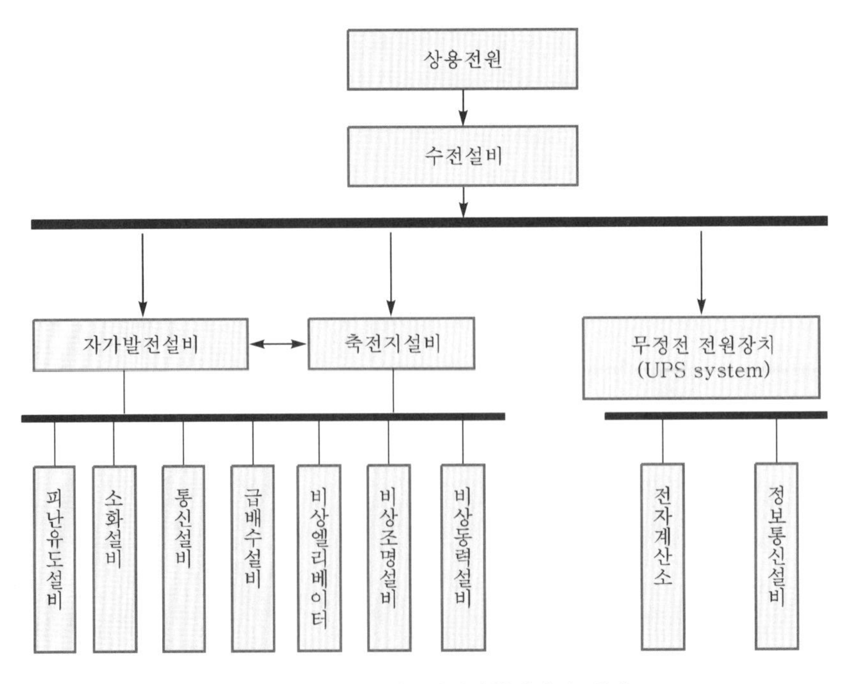

▌그림 5.1.1▌ 비상용 예비전원설비의 개념도

법규에 의한 예비전원설비로서 자가용 발전설비 · 축전지설비 · 무정전 전원장치 · 비상전원 전용 수전설비 등이 인정되고 있다.

(1) 자가발전설비

자가발전설비는 상용전원이 차단된 경우에만 사용하는 것으로, 내연기관 또는 가스터빈(이하 원동기라 한다)에 의하여 발전기를 구동하여 부하에 전력을 공급하는 장치로 원동기 · 발전기 · 제어장치 및 부속장치로 구성된다.

(2) 축전지설비

수 · 변전 설비의 조작용 전원, 비상용 조명장치, 방송통신장치의 예비전원으로 사용되는 것으로, 상용전원 정전 시 즉시 전원을 공급할 수 있어 병원이나 소방법의 비상용 전원설비로 사용된다.

(3) 무정전 전원설비

일반적으로 UPS(Uninterruptible Power System)라 부르며 정류기 · 인버터 · 축전지 · 절환스위치로 구성된다.

(4) 비상전원수전설비

① 개요

㉠ **연면적 1,000m² 이하 제한적 건축물에 시설하는 설비로서, 특고압 · 고압 및 저압으로 수전**할 수 있으며 소방법 설치규정에 따라 설치해야 한다.

㉡ 비상용 예비전원은 보안상 또는 영업상 필요로 하는데, 보안상 필요한 경우는 자위상 또는 법규상(소방법 · 건축법 · 행정자치부 고시) 규제 때문에 아래 표와 같이 설치되어야 한다.

㉢ **비상용 예비전원으로 축전지와 자가발전장치를 사용**하는데 축전지는 장시간의 전력공급과 전력용량의 한계 등으로 발전설비와 조합하여 시설된다.

㉣ 발전설비는 초기 투자비는 크지만 연료공급에 의하여 장시간 전력공급이 가능하다. 따라서, 축전지는 단시간의 공급전원으로 발전설비는 장기간 공급전원으로 사용되며, 그 외 법규상 무정전 전원장치와 비상전원수전설비 등이 예비전원설비로 인정되고 있다.

▌표 5.1.1▌ **예비전원을 필요로 하는 부하**

구분 \ 용도	예비전원 필요부하
법규상 필요전원	소방법 · 건축법에 의한 설비 자동화재탐지설비, 경보설비, 비상조명, 소화설비, 제연설비, 방화셔터, 비상용 승강기
자율적 필요전원	승강기용(대피 · 구조), 조명용(운전조작), 공조 · 환기용, 위생용(급 · 배수 펌프), 제어용(중앙감시반), 보안 · 방재용(항공장애등 자가발전 보조기기)
영업용 대상전원	필요한 영업장소 은행, 온라인 영업업체, 대중음식점, 체육시설, 양어장

② 비상전원 확보기준

㉠ 화재 등의 사고로 일반전원이 차단되어도 소방공급전원은 차단되지 않도록 시설되어야 한다.

㉡ 상용전원 차단 시 자동으로 절환되는 비상용 전원(비상전원 · 예비전원)이 확보되어야 한다.

㉢ 소방시설에 공급되는 전원의 배선은 화재로 인한 화염에 견딜 수 있는 내화배선 또는 내열배선으로 하여야 한다.

㉣ 비상전원 설치장소는 방화구획으로 하여야 하며 비상전원공급에 필요한 설비 이외를 배치하여서는 안 된다. 다만, 열병합발전설비에 있어서는 필요한 설비에 대하여는 그러하지 않는다.

㉤ 비상전원을 실내에 설치할 때에는 그 실내에 비상조명등을 설치하여야 한다.

2 비상전원의 분류

(1) 개요

▌표 5.1.2 ▌ 법령상 인정되는 비상전원설비

법령 / 예비전원	소방법상 분류	건축법상 분류
자가발전설비	30분 이상 연속운전	비상사태 후 10초 이내 전원확보하고 30분 이상 연속공급용량일 것
축전지설비	정전 후 충전하지 않고서 1시간 이상 감시상태 지속 후 30분 이상 방전할 수 있을 것	자동충전장치 및 시한충전장치를 가진 것으로 충전하지 않고 계속적으로 30분 이상 방전할 수 있을 것
축전지설비와 자가발전설비 공용	자가발전기는 정전 후 40초 이내 정격전압을 확보하고 30분 이상 계속 운전할 수 있을 것	정전 후 순간적으로 10분간은 축전지가 담당하고 40초 이내에 발전기 전압을 확립하여 30분 이상 연속운전이 가능할 것
비상전원 전용 수전설비	연면적 1,000m^2 미만	인정하지 않음

[비고] 1. 비상용 엘리베이터인 경우 120분, 병원설비는 10시간의 자가발전시설용량을 요구한다(건축법 예외규정).
2. 병원 전기설비안전규정이 제일 엄격하게 적용되고 있다.

예비전원은 사용자의 분류에 따라 상용 예비전원과 비상용 예비전원으로 나누며 소방법, 건축법에 따라 분류방법이 약간씩 다르다.

① 상용 예비전원

② 비상용 예비전원

┌ 예비전원(건축법) : 자가발전설비, 축전지설비, UPS
│　　　　　　　　　자가발전설비+축전지설비 조합(병원설비)
└ 비상전원(소방법) : 자가발전설비, 축전지설비 또는 전기저장장치
　　│　　　　　　　비상전원수전설비
　　├ 일반비상전원 : 상용전원 정지 시 40초 이내 전력공급(자가발전설비)
　　├ 특별비상전원 : 상용전원 정지 시 10초 이내 전력공급(자가발전설비)
　　└ 순간 특별비상전원 : 상용전원 정지 시 순간적으로 전력공급(자가발전설비 +축전지설비)

(2) 설비별 비상전원

소방법 · 건축법으로 규정된 비상전원의 종류 및 설비용량은 아래 표와 같다.

‖ 표 5.1.3 ‖ 설비별 비상전원의 종류

관계법	소방설비의 종류	비상전원의 종류			전원용량
		축전지	자가발전	전용수전설비	
소방법	옥내 · 외 소화전, 스프링클러, 물분부, 포소화설비	○	○	○	20분
	이산화탄소, 할로겐, 분말소화설비	○	○		20분
	자동화재탐지설비	○			10분 경보
	비상경보 및 방송설비	○			10분
	가스누설 화재경보설비	○			10분
	유도등	○			20분/60분
	배연설비(특별피난계단, 비상승강장 로비)	○	○	○	20분
	비상콘센트		○	○	20분
	무선통신보조설비	○			30분
	비상조명등(피난계단, 비상승강장 로비)	○	○		20분
건축법	비상용 엘리베이터		○		120분
	방화문	○	○		30분

① 유도등인 경우 지하상가 및 11층 이상은 60분 이상 유지하여야 한다.
② 비상전원전용 수전설비는 특정소방대상물(여관 · 호텔 · 백화점 · 병원 · 영화관)에서 연면적 1,000m^2 이상인 장소에서는 사용할 수 없다.
③ 가스누설화재경보기에서 자가발전사용은 지하층을 제외한 7층 이상이고, 연면적 2,000m^2 이상이어야 한다.
④ 비상용 승강기의 예비전원은 정전 시에 60초 이내에 정격용량을 발생하는 자동전환방식으로 하되 수동기능이 가능하도록 하고 2시간이 작동되어야 한다.

3 자가용 발전설비

자가용 발전설비는 전기사업법에 따른 비상용 예비전원발전장치로서 적용하므로 산업통상자원부령으로 정하는 기술기준에 적합하도록 유지 · 관리되어야 한다. 이 설비는 부하에 대한 적응성, 전원용량의 크기, 전원의 독립성 측면에서 가장 적절한 예비전원설비이다.

사용 여건에 따라 저압에서는 5~750kW의 디젤엔진이 사용되며, 고압인 1,000kW 이상에서는 디젤과 가솔린엔진이 사용된다. 자가발전설비를 건물 지하층에 시설하는 경우 라디에이터의 냉각시스템 선정 및 급 · 배기 시설의 구성에 대한 세심한 고려가 필요하다. 또한, 부하절체스위치(ATS 또는 ALTS)의 적절한 선정을 위한 기술적인 검토가 필요하다. [그림 5.1.2]는 디젤발전기의 구성도를 나타낸다.

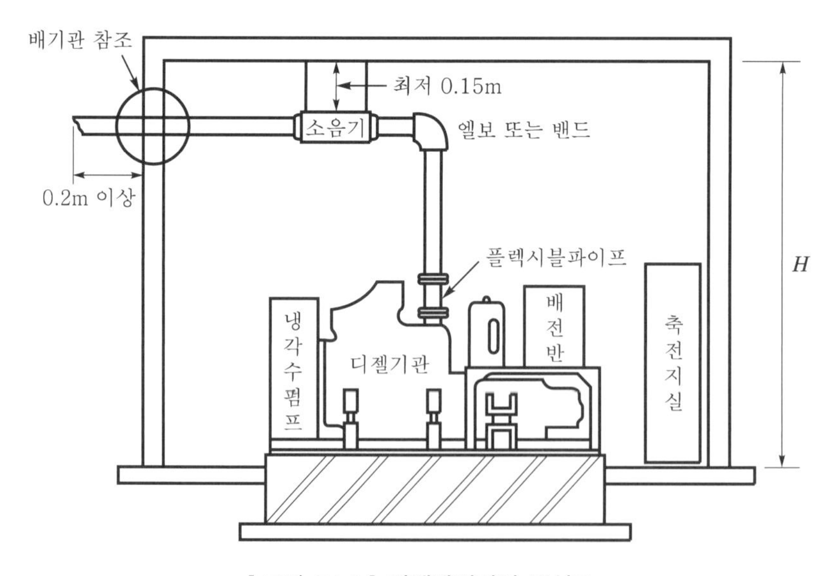

▌그림 5.1.2 ▌ 디젤발전기의 구성도

자가발전설비는 사용목적에 따라 법령으로 정해진 소방용과 사용상 필요한 보안용 부하에 공급된다. 대부분 사용되는 디젤발전기는 연료를 직접 내부에서 연소시켜 그 압력을 출력측에 전달하여 동력을 얻는 장치이다.

(1) 디젤발전기의 출력

발전기출력은 부하의 종류와 용량을 산정하고 장래에 예상되는 부하를 고려하여 여유를 두고 결정한다. 일반적인 부하인 경우에는 발전기에 걸리는 총부하용량에 수용률 또는 부하율을 곱한 값 이상으로 한다.

$$\text{발전기용량[kVA]} > \text{총부하용량} \times \text{수용률}$$

수용률은 전등·동력 중 최대 설비에서 **최초 적용부하 1대는 100%를 적용하고 기타 부하는 80%를 적용한다**.

기동용량이 큰 부하가 있는 경우 상시전원에서 공급 시에는 기동전류가 커도 전원용량이 크기 때문에 문제가 없었지만 자가발전기인 경우에는 전동기의 기동전류가 발전기에 걸리게 되므로 발전기의 단자전압이 순간적으로 저하하여 접촉자가 개방되거나 엔진이 정지하는 등 사고를 유발하기도 한다. 이러한 것을 고려하여 발전기의 용량은 다음과 같이 구할 수 있다.

$$\text{발전기용량[kVA]} > \left(\frac{1}{\Delta V} - 1\right) \times X_L \times P\text{[kVA]}$$

여기서, P[kVA] : 기동용량

ΔV : 부하투입 시 허용전압강하(0.2~0.25)

X_L : 발전기 과도리액턴스(0.25~0.3)

(2) 발전기기동 및 차단기용량

2대 이상의 전동기를 동시에 기동하는 경우 2대 이상의 기동전력을 합한 값과 1대의 기동용량을 비교하여 큰 값을 적용한다. 기동용량은 다음 식에 의해 구할 수 있다.

① 기동용량 $= \sqrt{3} \times$ 정격전압 $\times$ 기동전류 $\times 10^{-3}$[kVA]

발전기의 차단기용량은 다음과 같다.

② $P_s > \dfrac{P_n}{X_L} \times 1.25$(여유율)

③ 발전기실의 넓이는 다음 식으로 구할 수 있다.

$S > 1.7\sqrt{P}\,[\mathrm{m}^2]$ (추천값$= 3\sqrt{P}\,[\mathrm{m}^2]$)

4 축전지설비

축전지설비는 소방설비의 비상전원에 있어서 중요한 설비로 인정되고 있다. 예비전원으로 축전지설비는 상용전원이 정전되었을 경우 자가발전설비가 기동하여 정격전압을 확보할 때까지 중간전원으로 사용되며 소방설비 중 경보설비에서는 축전지설비만 인정하므로 방재전원으로 매우 중요하다.

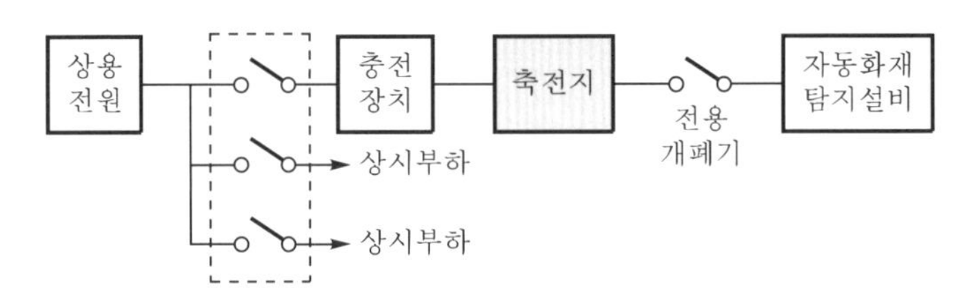

▌그림 5.1.3▐ **축전지설비의 구성**

축전지와 충전장치를 복합시킨 부동충전방식은 사용전원이 정전된 경우 무정전으로 다른 장치들과 조합하면 융통성 있게 사용할 수 있다. 비상전원으로서의 축전지설비는 중앙감시설비의 전원이나 수·변전 설비의 각종 차단기의 조작전원, 감시용 표시등전원으로 이용되고 있다. 또한, 주전원이 정전되었을 때 자가발전설비가 기동되어 정격전압이 확보될 때까지 보조전원으로서, 혹은 처리 중인 작업의 응급조치에 필요한 최소한의 전원으로 사용된다. 축전지용량에 대해서는 건축법이나 소방법의 각 부하설비마다 사용할 시간이 정해져 있다. 축전지설비는 축전지·충전장치·보안장치·제어장치·역변환장치로 구성되어 있다.

(1) 축전지의 종류

전기를 발생하는 장치 중 화학에너지를 전기에너지로 변환해서 외부회로에 전류를 공급하는 장치를 전지라 하며, 1차 전지와 2차 전지로 나눈다.

① 1차 전지 : 한번 방전이 되면 충전을 하여도 구성물질의 재생이 불가능한 전지를 말하며 양극·음극·감극제·전해액으로 구성된다.

② 2차 전지

㉠ 전기에너지를 화학에너지로 변환해시 저징하고 필요 시 진기에니지를 뽑아 쓸 수 있는 장치이다. 즉, 1차 전지와는 다르게 2차 전지는 충전과 방전이 가능한 장치이다.

㉡ 이것은 장기간 전지교환 없이 사용할 수 있기 때문에 용량이 큰 축전지는 방재설비, 자동차 등에 용량이 작은 Ni-Cd이나 소형 알칼리축전지는 라디오·카세트·핸드폰 등 소형 전자제품에 이용된다.

㉢ 대표적인 2차 축전지는 연축전지와 알칼리축전지가 있으며 다음 표와 같은 특징이 있다.

▌표 5.1.4▌ 축전지의 특성

종별		연축전지		알칼리축전지	
형식별		클래식 (CS형)	페이스트식 (HS형)	포켓식 (AL, AM, AMH, AH형)	소결식 (AH, AHH형)
작용 물질	양극 음극 전해액	PBO_2(이산화납) Pb(납) H_2SO_4(황산)		NiOH(수산화니켈) Cd(카드뮴) KOH(수산화칼륨)	
기대수명		10~15년	5~7년	15~20년	
반응식		$PbO_2+2H_2SO_4+Pb \underset{충전}{\overset{방전}{\rightleftarrows}} PbSO_4+2H_2O+PbSO_4$		$2NiOOH+2H_2O+Cd \underset{충전}{\overset{방전}{\rightleftarrows}} 2Ni(OH)_2+Cd(OH)_2$	
충전시간		길다.		짧다.	
기전력		2.05~2.08V		1.32V	
공칭전압		2.0V		1.2V	
공칭용량		10시간율[Ah]		5시간율[Ah]	
특징		• 축전지의 셀수가 적다. • Ah당 단가가 낮다. • 기계적 강도가 약하다.		• 기계적 강도가 강하다. • 과방전, 과전류에 대해 강하다.	

(2) 축전지용량 산출

축전지는 직류전원이므로 디젤발전기에 비하여 부하종류가 한정되어 있으며 사용부하설비는 정전기간 중 연속적으로 사용되는 정상부하(비상등 • 표시등) 이외에 차단기의 릴레이 조작전원 같은 변동부하가 있다. 축전지용량은 다음과 같은 순서로 산출한다.

① 부하용량에 필요한 방전전류를 구한다.

$$방전전류[A]=\frac{부하용량[VA]}{정격전압[V]}$$

② 방전시간[t]을 결정한다. 소방법 • 건축법에 의한 전원공급인 경우 약 30분으로 정하고, 교류발전기와 동시 기동되는 경우는 약 10분으로 한다.

③ 방전전류 • 방전시간 특성곡선을 작성한다. 비상조명, 릴레이 조작전원, 표시램프 등의 방전전류 및 방전시간 특성곡선을 작성한다. 여기서, 유의사항은 방전의 마지막 시간에 큰 방전전류가 사용됨을 가정해 두는 것이 좋다. 왜냐하면 방전 말기의 최저 조건 시에 대전류가 필요한 경우에도 작동할 수 있어야 하기 때문이다.

④ 축전지의 종류를 결정하는 경우 가격면에서는 연축전지의 급방전형(HS형)이 적정하고 성능 • 보수면에서 선정할 경우 알칼리축전지의 포켓식 표준형(AM형)이 적정하며, 순간 대전류가 많을 때에는 알칼리축전지의 포켓식 급방전형(AMH형)이 적당하다.

⑤ 축전지 표준셀수로는 연축전지의 경우 54셀(cell), 알칼리축전지는 86셀로 한다.

㉠ 연축전지 : 54셀×2.0V=108V

㉡ 알칼리축전지 : 86셀×1.2V=103V

| 표 5.1.5 | 연축전지의 용량환산시간 *K* (상단은 900~2,000Ah, 하단은 900Ah 이하)

형식	온도[℃]	10분			30분		
		1.6V	1.7V	1.8V	1.6V	1.7V	1.8V
CS	25	0.9 0.8	1.15 1.06	1.6 1.42	1.41 1.34	1.6 1.55	2.0 1.88
	5	1.15 1.1	1.35 1.25	2.0 1.8	1.75 1.75	1.85 1.8	2.45 2.35
	−5	1.35 1.25	1.6 1.5	2.65 2.25	2.05 2.05	2.2 2.2	3.1 3.0
HS	25	0.58	0.7	0.93	1.03	1.14	1.38
	5	0.62	0.74	1.05	1.11	1.22	1.54
	−5	0.68	0.82	1.15	1.2	1.35	1.68

⑥ 방전시간 K는 전지의 최저 온도 및 허용할 수 있는 최저 전압에 의하여 결정되는 용량환산시간으로 위 표는 연축전지의 경우 용량환산시간을 나타낸다.

⑦ 축전지는 온도가 낮음에 따라 방전특성이 낮아지며, 온도가 상승하면 특성이 양호해지지만 45℃ 이상이 되면 다시 저하한다. 축전지의 최저 온도는 시내에서는 5℃, 옥외큐비클은 최저 5~10℃, 추운 지방에서는 −5℃로 하는 것이 좋다.

⑧ 허용 최저 전압[V]

$$V=\frac{V_a+V_b}{n}\,[\mathrm{V/cell}]$$

여기서, V_a : 부하 허용 최저 전압

V_b : 축전지와 부하 간의 전압 간의 전압강하

n : 총셀수

⑨ 축전지용량 산출

㉠ $C=\frac{1}{L}[K_1I_1+K_2(I_2-I_1)+K_3(I_3-I_2)\ \cdots\cdots\ K_n(I_n-I_{n-1})]\,[\mathrm{Ah}]$

㉡ $C=\frac{1}{L}K\cdot I$

여기서, L : 보수율(0.8)

I : 방전전류

K : 방전용량환산시간

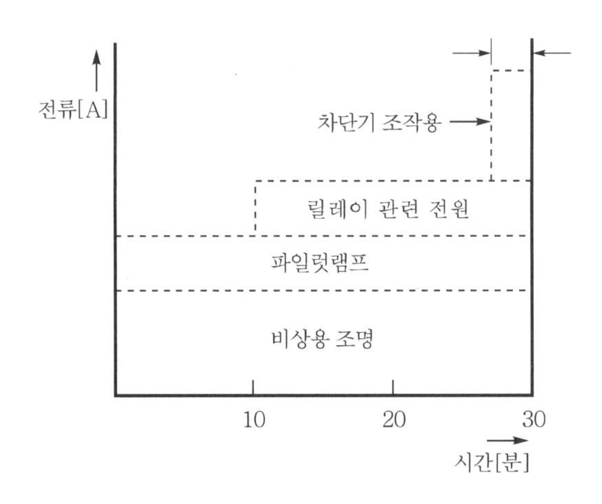

▌그림 5.1.4 ▌ **축전지 부하특성곡선**

(3) 축전지의 충전방식

방전한 축전지에 방전전류와 반대방향으로 외부에서 전류를 보내면 축전지 내에 화학변화를 일으켜 용량이 회복되어 다시 방전 전과 같은 상태로 된다. 이와 같이 외부에서 전기적 에너지를 주어 이것을 화학적 에너지로서 축전지에 축전하는 것을 충전이라 한다. 충전은 초기충전과 일상충전으로 나눌 수 있다.

① **초기충전** : 초기충전이란 축전지에 아직 전해액을 넣지 않은 미충전상태의 축전지에 전해액을 주입하여 처음으로 행하는 충전을 말한다.

② **일상충전** : 사용과정에서 충전하는 것으로, 다음과 같은 방식이 있다.

㉠ **보통충전** : 필요할 때마다 표준시간율로 충전하는 방식이다.

㉡ **급속충전** : 비교적 단시간에 이루어지며 보통 충전전류의 2~3배의 전류로 충전하는 방식이다.

㉢ **부동충전** : 축전지의 자기방전을 보충함과 동시에 상용부하에 대한 전력공급은 충전기가 부담하도록 하되 부담하기 어려운 일시적인 대전류부하는 축전지로 하여금 부담케 하는 방식이다. 일반적으로 **거치용 축전지설비에서 가장 많이 채용**하는 방식으로 다음과 같은 장점이 있다.

- 축전지가 항상 완전충전상태에 있으므로 방전전압을 일정하게 유지할 수 있다.
- 정류기의 용량이 작아도 된다.
- 축전지수명에 좋은 영향을 준다.

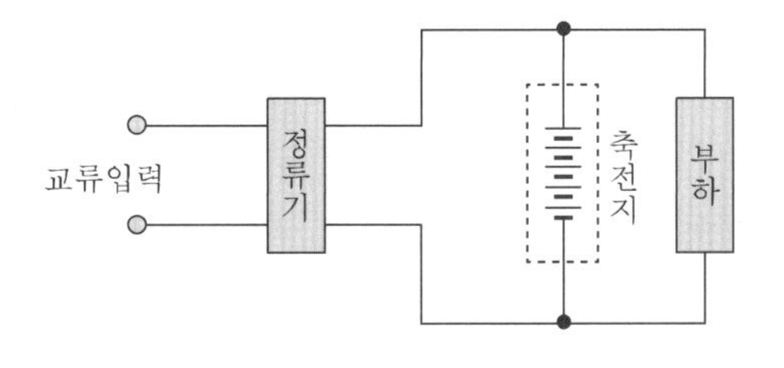

▌그림 5.1.5 ▌ **부동충전방식**

㉣ **균등충전** : 장기간에 걸친 충·방전으로 인하여 각 축전지 간에는 전압이 불균일하게 된다. 그러므로 각 전지 간의 전압을 균등하게 하기 위해 3주에 1회 정도 정전압(연축전지 : 2.4~2.5V/cell, 알칼리축전지 : 1.45~1.5V/cell)으로 10~12시간 충전하는 방식이다.

㉤ **세류충전** : 자기방전량만을 충전하는 방식이다.

㉥ **전자동충전** : 정전압충전의 초기에 대전류가 흐르는 결점을 보완하여 일정한 전류 이상은 흐르지 않도록 자동전류제한장치를 달아 충전하는 방식으로, 보수·관리를 쉽게 하기 위해서 적용하는 방식이다.

㉦ 교호충전 : 축전지·정류기를 그대로 하여 충·방전을 시행하는 방식이다.

02 배선 및 간선 설비

1 전선

(1) 개요

① 전선에 사용되는 도체재료는 동과 알루미늄이 주로 사용된다. 동선은 연동선과 경동선이 있으며 연동선은 경동선보다 도전율은 좋지만 기계적인 강도가 떨어져 옥외전선으로 사용되지는 않는다. 알루미늄전선은 동선에 비해 중량이 가볍고 가격이 저렴하여 송·배전계 통전선에 대부분 사용된다.

② 전선구조에 따라 분류하면 단선과 연선이 있는데 단선은 장력이 부족하고 굵기가 커지면 시공이 어려워 3.2mm까지만 사용하고 그 이상에서는 연선을 사용한다. 옥내배선에서는 대부분 연선을 사용한다. 전선선정 시 전류용량뿐만 아니라 기계적 강도, 경제성 등을 고려하여 다음과 같은 조건이 구비되어야 한다.

㉠ 전선 선정조건
- 도전율이 클 것
- 기계적 강도가 클 것
- 가격이 낮을 것
- 가선작업이 용이할 것
- 내구성이 있을 것
- 신장률이 클 것
- 비중이 낮을 것

㉡ 전선굵기 선정 3가지 조건
- 전선의 기계적 강도
- 전선의 허용전류
- 전압강하

(2) 연선구성

① 연선구성에 대하여 단선의 지름이 모두 같을 경우 다음 관계식이 성립된다.

㉠ 연선을 구성하는 단선의 총수

$$N = 3n(n+1)+1\text{개}$$

여기서, n : 소선층수

㉡ 연선의 바깥지름

$$D = (2n+1)d[\text{mm}]$$

여기서, d : 소선의 지름

② 전선은 절연피복 유무에 따라 절연전선과 나전선이 있다.

㉠ 절연전선은 도체 위에 비닐 · 고무 · 석면 등으로 절연피복을 하였거나 절연피복을 전기 · 기계적으로 보호하기 위하여 폴리에틸렌 등으로 외피를 씌운 전선도 있다.

㉡ 나전선은 도체에 절연피복을 아니한 도체로 절연피복물이 부식되기 쉬운 장소나 일반인의 접근이 어려운 장소에 사용되며 배선공사로는 애자사용 노출공사를 사용한다.

(3) 전선공사

① 전선의 종류

㉠ 절연에 따른 구분

- 전선은 절연피복에 따라 절연전선, 코드, 케이블 및 나전선 등으로 구분한다.
- 전선의 재질은 동(연동 및 경동), 알루미늄 합금, 동합금 등이 사용되고 있다.
- 전선의 절연체나 피복재료는 천연고무, 합성고무, 합성수지 등이 사용되고 있으며, 최근에는 주로 합성수지가 사용되고 있다. 이러한 전선은 그 종류가 대단히 많을 뿐 아니라 종류에 따라 특성 차이가 있으므로, 설계나 사용과정에서는 사용목적에 적합한 것을 잘 선정하여야 한다.

㉡ 저압절연전선 : 450V/750V 이하 비닐절연전선(적용표준 : KS C IEC 60227-3)

▌표 5.2.1 ▌450V/750V 이하 비닐절연전선의 종류 및 기호

종류	기호	비고
450V/750V 일반용 단심 비닐절연전선	60227 KS IEC 01	70℃, 1.5~400mm^2
450V/750V 일반용 유연성 단심 비닐절연전선	60227 KS IEC 02	70℃, 1.5~240mm^2
300V/500V 기기 배선용 단심 비닐절연전선	60227 KS IEC 05	70℃, 0.5~1mm^2
300V/500V 기기 배선용 유연성 단심 비닐절연전선	60227 KS IEC 06	70℃, 0.5~1mm^2
300V/500V 기기 배선용 단심 비닐절연전선	60227 KS IEC 07	90℃, 0.5~2.5mm^2
300V/500V 기기 배선용 유연성 단심 비닐절연전선	60227 KS IEC 08	90℃, 0.5~2.5mm^2

② 절연전선의 종류 5가지

㉠ 인입용 비닐절연전선

㉡ 옥외용 비닐절연전선

㉢ 450/750V 이하 고무절연전선

㉣ 450/750V 저독성 난연 폴리올레핀절연전선

㉤ 450/750V 저독성 난연 가교폴리올레핀절연전선

③ 저압 케이블

KS C IEC 60502-1 정격전압 1kV 및 3kV 케이블의 종류 및 기호는 다음 표와 같다.

▌표 5.2.2▌ 정격전압 1kV 및 3kV 케이블의 종류 및 기호

종류	기호
0.6/1kV 비닐절연 비닐시스 케이블	0.6/1kV VV
0.6/1kV 비닐절연 비닐시스 제어 케이블	0.6/1kV CVV
0.6/1kV 비닐절연 비닐캡타이어 케이블	0.6/1kV VCT
0.6/1kV 가교 폴리에틸렌절연 비닐시스 전력케이블	0.6/1kV CV
0.6/1kV 가교 폴리에틸렌절연 폴리에틸렌시스 전력케이블	0.6/1kV CE
0.6/1kV 가교 폴리에틸렌절연 저독성 난연 폴리올레핀시스 전력케이블	0.6/1kV HFCO
0.6/1kV 가교 폴리에틸렌절연 저독성 난연 폴리올레핀시스 제어케이블	0.6/1kV HFCCO
0.6/1kV 가교 폴리에틸렌절연 비닐시스 제어케이블	0.6/1kV CCV
0.6/1kV 가교 폴리에틸렌절연 폴리에틸렌시스 제어케이블	0.6/1kV CCE
0.6/1kV EP 고무절연 비닐시스 케이블	0.6/1kV PV
0.6/1kV EP 고무절연 클로로프렌시스 케이블	0.6/1kV PN
0.6/1kV EP 고무절연 클로로프렌 캡타이어 케이블	0.6/1kV PNCT

④ 일반전선과 공사 시 내화처리방법은 다음과 같다.

㉠ 금속관공사 : 풀박스를 타일반회로와 공용 시 철판으로 격벽 또는 유리테이프, 석면테이프 등으로 감는다.

㉡ 금속덕트공사 : 덕트 내면에 불연재료를 첨부하고, 배선은 유리테이프 또는 석면테이프로 삼는다.

㉢ 전선관

- 표면에 내열처리(모르타르 · 암면)하고 그 위에 알루미늄박을 감은 후 철선으로 감는다.
- [그림 5.2.1]은 배선공사에 사용되는 옥외용 · 내열 · 내화 · 제어용 전선의 형상을 나타낸다.

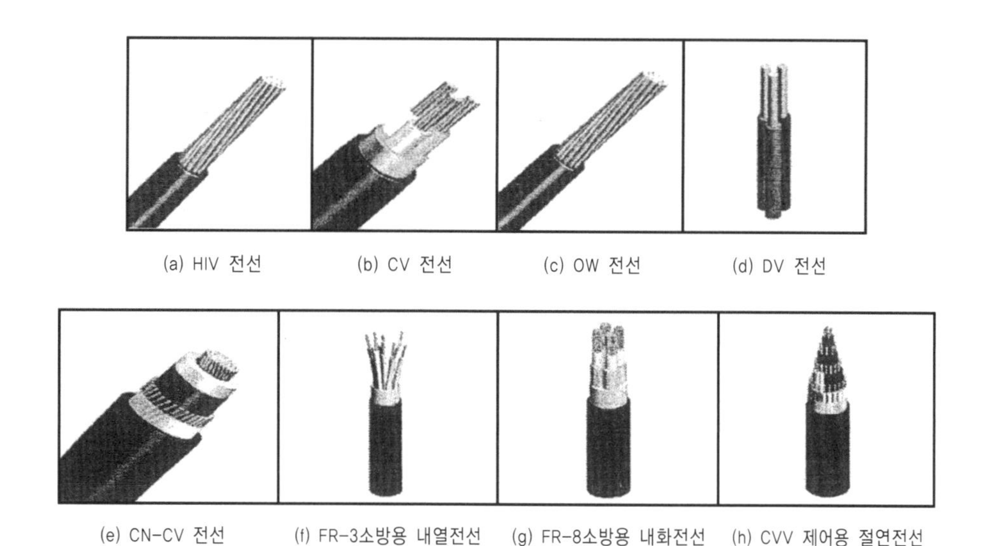

▌그림 5.2.1▌ **전선의 종류**

㉣ 배선의 기호는 일단 배선공사 시 도면에 나타난 배선표시의 예이다.

- 전선의 허용전류에 의하여 접속부분의 온도상승값이 접속부분 이외의 온도상승값을 넘지 않도록 한다.
- 전선접속기류를 사용하여 접속하고 전선 상호 간을 직접 접속하는 경우에는 접속부를 납땜한다.
- 전선의 강도를 20% 이상 감소시키지 않는다. 단, 점퍼선은 제외한다.
- 접속부분을 절연전선의 절연물과 동등 이상의 절연효력이 있는 것으로 충분히 피복한다.
- 구리와 알루미늄 등 다른 종류의 금속 상호 간을 접속할 때는 접속부에 전기적 부식이 생기지 않도록 한다.
- 코드 상호 간, 캡타이어 상호 간의 접속은 코드 커넥터, 접속함, 기타 기구를 사용한다.

㉤ [그림 5.2.2]은 일반배선공사 시 도면에 나타난 배선표시의 예이다.

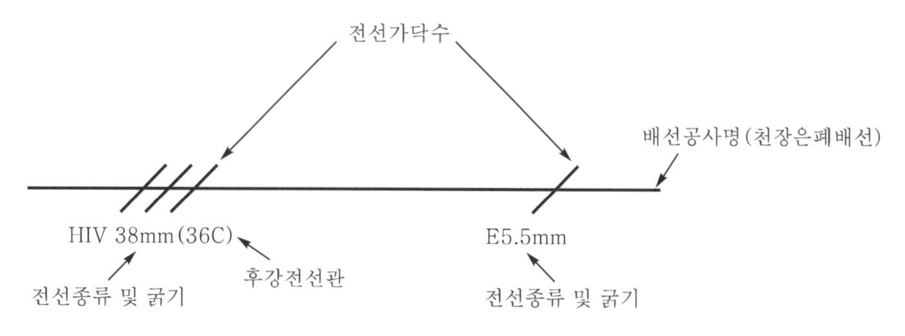

▌그림 5.2.2▌ **배선기호 구성**

Ⅰ표 5.2.3Ⅰ 배선 그림기호

명칭	그림기호	적요
천장은폐배선	―――――――	천장은폐배선 중 천장 안쪽 배선을 구별하는 경우 천장 안쪽 배선에 ―·―·― 을 이용해도 된다.
바닥은폐배선	- - - - - - - -	-
노출배선	― ― ― ―	노출배선 중 바닥면 노출배선을 구별하는 경우에는 바닥면 노출배선에 ―··―·· 이용해도 된다.
지중매설배선	―·―·―·-	-

2 배관공사

전선을 보호하는 배관공사는 부설장소의 조건, 전선의 종류에 따라 금속전선관・합성수지관・금속덕트・케이블랙 등이 있다. 비닐전선 등은 피복을 보호하기 위해 금속전선관・합성수지관・금속덕트 등을 사용하고 케이블인 경우에는 금속덕트나 케이블트레이를 사용한다.

전선관에는 금속관, 합성수지관, 가요전선관 등이 있으며, 이들 중 금속관이 가장 흔하게 사용된다.

(1) 전선배관공사

① 금속관공사

㉠ 금속관을 콘크리트 내 시설 시 두께 1.2mm 이상으로 하여야 하며, 금속관 내 전선의 단면적은 40% 이내가 되도록 한다.

㉡ **금속관의 종류는 후강전선관과 박강전선관이 있으며 후강전선관은 내경에 가까운 짝수를 mm로, 박강전선관은 외경에 가까운 홀수를 mm로 나타내며, 금속관 1본 표준길이는 3.66m이다. 구배반지름은 관안지름의 6배 이상**이 되도록 하여야 한다.

㉢ 금속관공사는 기계적 강도가 강하여 단락사고 및 접지사고 등에 의한 화재발생위험이 작고 단락되어도 불꽃이 외부에 전달되지 않아 전기사고의 위험성이 작은 장점이 있다.

▌표 5.2.4▐ 후강전선관 굵기의 선정

전선의 굵기		전선본수									
단선[mm]	연선[mm²]	1	2	3	4	5	6	7	8	9	10
		전선관의 최소 굵기[mm]									
1.6		16	16	16	16	22	22	22	28	28	28
2.0		16	16	16	22	22	22	28	28	28	28
2.6	5.5	16	16	22	22	22	28	28	28	36	36
3.2	8	16	22	22	28	28	36	36	36	36	36
	14	16	22	28	28	36	36	36	42	42	42
	22	16	28	28	36	36	42	54	54	54	54
	(30)	16	36	36	36	42	54	54	54	70	70
	38	22	36	36	42	54	54	54	70	70	70
	50	22	36	42	54	54	70	70	70	70	82
	60	22	42	54	54	70	70	70	82	82	82
	80	28	42	54	54	70	70	82	82	82	82
	100	28	54	54	70	70	82	82	92	92	104
	125	36	54	70	70	82	82	92	104	104	
	150	36	70	70	82	92	92	104	104		
	200	36	70	82	82	92	104				
	250	42	82	82	92	104					
	325	54	82	92	104						
	400	54	92	92							
	500	54	104	104							

▌표 5.2.5▐ 박강전선관 굵기의 선정

전선의 굵기		전선본수									
단선[mm]	연선[mm²]	1	2	3	4	5	6	7	8	9	10
		전선관의 최소 굵기[mm]									
1.6		19	19	19	19	25	25	25	31	31	31
2.0		19	19	19	19	25	25	31	31	31	31
2.6	5.5	19	19	19	25	25	31	31	31	39	39
3.2	8	19	19	25	25	31	31	39	39	39	51
	14	19	25	31	31	39	39	51	51	51	51
	22	19	31	31	39	51	51	51	51	63	63
	38	25	39	31	51	51	63	63	63	75	75
	60	25	51	51	63	63	75	75	75		
	100	31	63	63	75	75					
	150	39	63	63							
	200	51	75	75							

㉣ 금속관공사의 자재 명칭 및 용도는 다음과 같다.

- 부싱 : 전선의 절연피복보호를 위하여 금속관 끝부분에 연결하는 자재
- 유니언커플링 : 금속관 상호접속용으로 관이 고정되어 있을 때 금속관 상호를 취부하는 자재
- 노멀밴드 : 배관의 직각 굴곡부분에 사용하는 자재
- 유니버셜 엘보 : 노출배관공사에서 관을 직각으로 굽히는 곳에 사용하는 자재
- 로크너트 : 금속관과 박스를 고정시킬 때 사용하는 재료로 1개소에 2개를 사용

(a) 8각 박스 (b) 4각 박스 (c) 8각 아우트렛 (d) 8각 연결형 아우트렛 (e) 풀박스

(f) 노멀밴드 (g) 커넥터 (h) 부싱 Ⅰ (i) 부싱 Ⅱ (j) 절연부싱

(k) 새들 (l) 커플링 (m) 파이프클램프

그림 5.2.3 **전선관공사에 사용하는 자재의 종류**

② 합성수지관공사

㉠ **합성수지관은 대부분 경질비닐전선관을 사용한다.** 이 공사법은 **금속관공사에 비해 중량이 가볍고 절연성이 있어 접지공사가 필요하지 않으며 내식성**이 있으므로 부식성 가스가 체류하는 화학공장 등에 적합하며 저렴하다는 장점이 있는 반면 **열에 약하며 기계적 충격 및 중량물에 의한 압력 등에 약한 단점**을 갖는다.

㉡ **합성수지관 크기는 내경에 가까운 mm를 나타내며 1본의 표준길이는 4m이다.**

㉢ 합성수지관 상호접속은 커플링 또는 슬리브를 사용하며 슬리브 사용 시 **접속부의 길이는 관 외경의 1.2배 이상**이 되도록 한다(접착제인 경우 0.8 이상).

㉣ **관의 지지점 간의 거리는 1.5m 이하**로 하고 그 지지점은 관의 양단·관과 박스와 접속점·관 상호접속점이 가까운 곳에 시설하여야 한다.

③ 가요전선관

㉠ 가요전선관은 굴곡이 자유롭고 길이가 길어 부속품의 종류가 적게 들어 용이하게 시공할 수 있다. **굴곡이 많은 부분, 전동기와 전원박스 간의 연결선로에 사용**된다.

㉡ **1종 가요전선관은 플렉시블관이라고 하며** 이것은 아연도금한 연강대를 사용한 것으로 건조하고 전개된 장소 또는 건조하고 점검할 수 있는 은폐장소에 한하여 시설되며 400V 초과 시에는 전동기 접속부분에 한하여 사용할 수 있다.

㉢ **2종 가요전선관은 플리커튜브라고 불리며** 이것은 아연도금한 강대, 강대 및 파이버를 3종으로 겹친 것으로 **1종보다 기계적 강도 및 내수성이 강하므로 시설장소 및 사용전압에 제한을 받지 않고 굴곡부분이 많은 장소의 콘크리트 내의 매입배선으로 사용**된다.

㉣ **1종 금속제 가요전선관은 두께 0.8mm 이상으로 직경 1.6mm 이상의 나연동선을 전장에 걸쳐 삽입 또는 첨가**하여 그 나연동선과 1종 금속제 가요전선관 양단에서 전기적으로 완전하게 접속하여야 한다.

④ **전류감소계수** : 한 개의 관 속에 넣을 수 있는 전선의 가닥수는 10본 이하로 하는 것이 원칙이지만 조작회로 등 장기간에 걸쳐 계속 통전하지 않는 것은 10본 이상이어도 무방하다. 그러나 하나의 전선관 속에 여러 본이 구성되는 경우 전선의 허용전류는 다음 표와 같이 감소된다.

▌표 5.2.6 ▌ **전류감소계수**

동일관 내의 전선수(본)	전류감소계수[%]
3	0.7
4	0.63
5～6	0.56
7～15	0.49

⑤ 배선용 피트공사

㉠ 배선용 피트는 전기실·기계실 등 복잡한 배선이 필요한 경우 사용된다.

㉡ 배선용 피트의 폭과 깊이는 전선 및 케이블의 굵기와 가닥수에 의해 결정되며 피트깊이는 대략 30cm 정도이다.

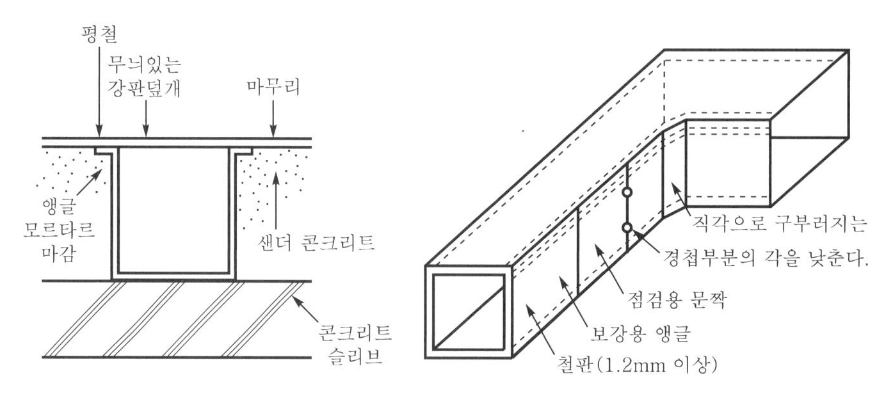

❙그림 5.2.4❙ **배선용 피트공사**

❙그림 5.2.5❙ **금속덕트공사**

⑥ 금속덕트공사

㉠ 금속덕트는 전기실에서 각 배전반 사이 또는 전기실에서 외부로 배선을 인출할 경우 전선을 수납하기 위해 사용되는 덕트이며 옥내의 건조한 부분으로 노출된 장소나 점검 가능한 은폐장소에 시설한다.

㉡ 금속덕트의 폭은 5cm를 넘고 두께는 1.2mm 이상이 되는 철판으로 되어 있으며 덕트 내부는 전선에 손상을 입히는 돌출부분이 없도록 제작하여야 한다.

㉢ 금속덕트 내부에는 절연전선 및 케이블 모두 설치 가능하며 설치단면적은 절연피복을 포함하여 덕트 단면적의 20% 이내를 유지하여야 한다. 또한, 덕트 내에서 전선이 포개지지 않도록 주의하고 덕트 내부에서 전선의 접속이 있어서는 안 되며, 접속이 필요한 경우에는 풀박스(pull box)를 사용하거나 점검로를 설치하여 접속하여야 한다.

㉣ 금속덕트 내의 전선을 외부로 인출하는 부분은 금속관공사 또는 가요전선관공사를 하여야 한다.

⑦ 버스덕트공사

㉠ 버스덕트(bus duct)는 도체와 덕트부분의 재료에 따라 여러 종류가 있으며, 그 중 알루미늄도체(Al-Fe) 버스덕트가 주로 사용되고 있다. 이는 알루미늄도체가 가볍고 접속기술발달로 알루미늄과 동과의 접속이 용이하기 때문이다.

㉡ 버스덕트는 대용량의 간선에 적합하며 용량은 200~5,000A 등이 있다.

㉢ 버스덕트 종류에는 피더 버스덕트・플러그인 버스덕트・트롤리 버스덕트의 3종류가 있다.

㉣ 케이블트레이(cable tray)는 금속제로 된 사다리식 전로로 이것은 천장・벽면 등에 앵커볼트를 사용하여 고정시킨다. 케이블트레이는 케이블만 부설할 수 있으며 금속덕트와는 달리 외부에 노출되어 외력에 대한 보호는 불가능한 반면 케이블 증설・보수작업이 용이한 장점이 있다.

⑧ 케이블랙

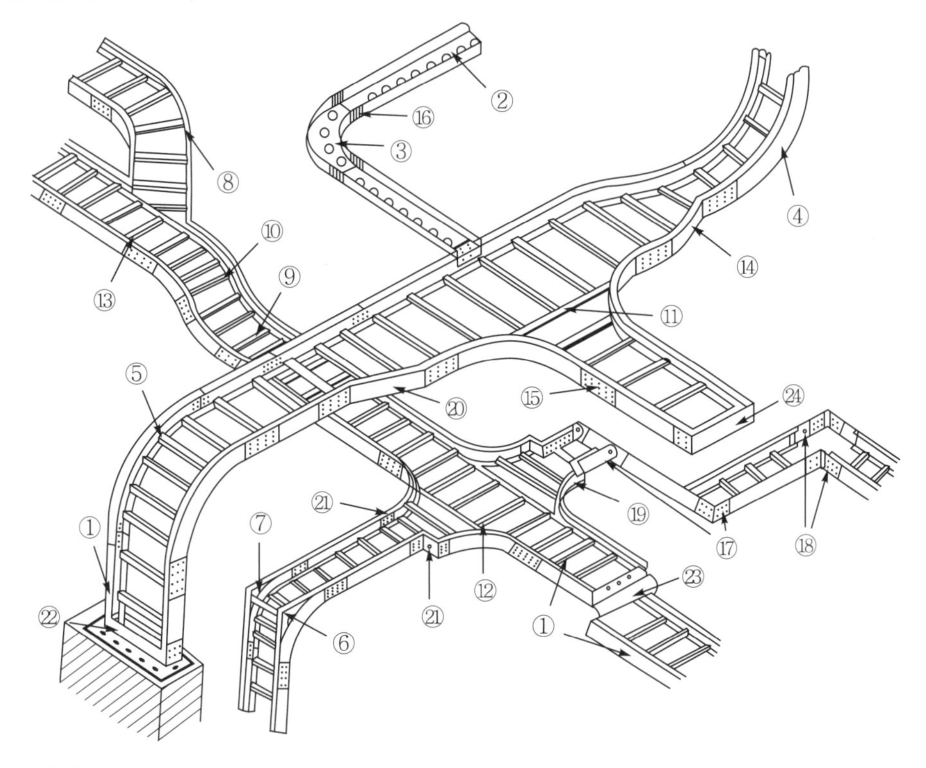

[범례]

① 케이블트레이(직선)
② 케이블채널(직선)
③ 채널수평고정
④ 인사이드 수직 엘보 인사이드 90°
⑤ 아웃사이드 90° 수직 엘보
⑥ 수직케이블 서포트 엘보 90°
⑦ 서포트 훅 또는 행잉케이블
⑧ 45° 수평 엘보
⑨ 45° 인사이드 수직 엘보
⑩ 45° 아웃사이드 수직 엘보
⑪ 수평티
⑫ 수평 크로스
⑬ 리듀서 45° 수평 웨이 브랜치
⑭ 리듀서
⑮ 조인트 커넥터
⑯ 채널 커넥터
⑰ 조정 라이저 커넥터
⑱ 조정 수평 커넥터
⑲ 직선 리듀싱 커넥터
⑳ 라이트 핸드 오프셋 리듀서
㉑ 오프셋 리듀싱 커넥터
㉒ 드롭아웃 박스 커넥터
㉓ 엔드 드롭아웃
㉔ 블라인드 앤드 플레이드

▌그림 5.2.6 ▌ **케이블랙**

⑨ 풀박스

㉠ 전선관・금속덕트 등에 간선시공 시 **전선의 접속장소, 직각으로 구부러지는 부분, 또는 직선길이가 30m를 초과하는 장소에는 강판제 풀박스(pull box)를 사용**한다.

㉡ 풀박스의 크기는 사용전선의 굵기, 전선관의 굵기에 따라 달라진다.

참고 **소방용 전선의 구비조건**

- 전원공급인입선은 특정소방대상물에 화재가 발생할 경우에도 화재로 인한 손상을 받지 않도록 설치하여야 한다.
- 인입구배선은 옥내소화전설비의 화재안전기준(NFTC 102)의 규정에 따른 내화배선으로 하여야 한다.

(2) 내화・내열 배선공사

① 내열배선

┃표 5.2.7┃ 내열배선

사용전선의 종류	공사방법
• 450/750V 저독성 난연 가교 폴리올레핀절연전선 • 0.6/1kV 가교 폴리에틸렌절연 저독성 난연 폴리올레핀시스 전력케이블 • 6/10kV 가교 폴리에틸렌절연 저독성 난연 폴리올레핀시스 전력용 케이블 • 가교 폴리에틸렌절연 비닐시스 트레이용 난연 전력케이블 • 0.6/1kV EP 고무절연 클로로프렌시스 케이블 • 300/500V 내열성 실리콘 고무절연전선(180℃) • 내열성 에틸렌-비닐 아세테이트 고무절연 케이블 • 버스덕트(Bus Duct) • 기타 「전기용품 및 생활용품 안전관리법」 및 「전기설비기술기준」에 따라 동등 이상의 내열성능이 있다고 주무부장관이 인정하는 것	금속관・금속제 가요전선관・금속덕트 또는 케이블(불연성 덕트에 설치하는 경우에 한한다) 공사방법에 따라야 한다. 다만, 다음의 기준에 적합하게 설치하는 경우에는 그렇지 않다. • 배선을 내화성능을 갖는 배선전용실 또는 배선용 샤프트・피트・덕트 등에 설치하는 경우 • 배선전용실 또는 배선용 샤프트・피트・덕트 등에 다른 설비의 배선이 있는 경우에는 이로부터 15cm 이상 떨어지게 하거나 소화설비의 배선과 이웃하는 다른 설비의 배선 사이에 배선지름(배선의 지름이 다른 경우에는 가장 큰 것을 기준으로 한다)의 1.5배 이상의 높이의 불연성 격벽을 설치하는 경우
내화전선	케이블공사의 방법에 따라 설치해야 한다.

② 내화배선

▌표 5.2.8 ▌ **내화배선**

사용전선의 종류	공사방법
• 450/750V 저독성 난연 가교 폴리올레핀절연전선 • 0.6/1kV 가교 폴리에틸렌절연 저독성 난연 폴리올레핀시스 전력케이블 • 6/10kV 가교 폴리에틸렌절연 저독성 난연 폴리올레핀시스 전력용 케이블 • 가교 폴리에틸렌절연 비닐시스 트레이용 난연 전력 케이블 • 0.6/1kV EP 고무절연 클로로프렌시스 케이블 • 300/500V 내열성 실리콘 고무절연전선(180℃) • 내열성 에틸렌-비닐 아세테이트 고무절연 케이블 • 버스덕트(Bus Duct) • 기타 「전기용품 및 생활용품 안전관리법」 및 「전기설비기술기준」에 따라 동등 이상의 내화성능이 있다고 주무부장관이 인정하는 것	금속관·2종 금속제 가요전선관 또는 합성수지관에 수납하여 내화구조로 된 벽 또는 바닥 등에 벽 또는 바닥의 표면으로부터 25mm 이상의 깊이로 매설해야 한다. 다만, 다음의 기준에 적합하게 설치하는 경우에는 그렇지 않다. • 배선을 내화성능을 갖는 배선전용실 또는 배선용 샤프트·피트·덕트 등에 설치하는 경우 • 배선전용실 또는 배선용 샤프트·피트·덕트 등에 다른 설비의 배선이 있는 경우에는 이로부터 15cm 이상 떨어지게 하거나 소화설비의 배선과 이웃하는 다른 설비의 배선 사이에 배선지름(배선의 지름이 다른 경우에는 가장 큰 것을 기준으로 한다)의 1.5배 이상의 높이의 불연성 격벽을 설치하는 경우
내화전선	케이블공사의 방법에 따라 설치해야 한다.

[비고] 내화전선의 내화성능은 KS C IEC 60331-1과 2(온도 830℃/가열시간 120분) 표준 이상을 충족하고 난연성능 확보를 위해 KS C IEC 60332-3-24 성능 이상을 충족할 것

③ 내화배선과 내열배선의 차이 : 내열배선의 공사방법이 내화배선과 다른 점은 내열배선의 경우에는 매설공사를 하지 않고 금속관·금속제 가요전선관·금속덕트 등의 공사를 할 수 있다는 것이다.

▌표 5.2.9 ▌ **내화·내열 배선공사의 차이**

공사구분	내화배선	내열배선
규정	금속관, 2종 금속제 가요전선관 또는 합성수지관에 수납하여 내화구조로 된 벽 또는 바닥 등에 벽 또는 바닥으로부터 25mm 이상의 깊이로 매설하여야 한다.	금속관, 금속제 가요전선관, 금속덕트 또는 케이블(불연성 덕트에 설치하는 경우에 한한다) 공사방법에 의한다.
차이	매설해야 한다.	매설하지 않아도 된다.

(3) 배전전압의 구성

배전전압의 종류는 다음 표와 같이 저압·고압 및 특고압으로 구분한다.

▌표 5.2.10 ▌ **전압의 종류**

종류	직류	교류
저압	1,500V 이하	1,000V 이하
고압	1,.500V 초과 7,000V 이하	1,000V 초과 7,000V 이하
특고압	7,000V 초과	

① 설비불평형률

㉠ 설비불평형률이라 함은 중성선과 각 전압측 전선 간에 접속되어 있는 부하설비용량의 차와 총부하설비용량의 평균값의 비이며, 다음 식으로 구할 수 있다.

$$\text{설비불평형률} = \frac{\text{각 전선 간 부하설비용량의 차}}{\text{총부하설비용량} \times \frac{1}{2}} \times 100\ [\%]$$

㉡ 단상 3선식에서 중성선과 각 전압측 전선 간의 부하는 평형이 되게 하는 것이 원칙이지만 부득이한 경우 설비불평형률을 40%까지 허용할 수 있다.

㉢ 3상 3선식, 3상 4선식에서 불평형 부하는 단상 접속부하로 계산하여 설비불평형률을 30% 이하로 하는 것을 원칙으로 한다.

㉣ 설비불평형률은 각 선 간에 접속되는 단상 부하 총설비용량의 최댓값과 최솟값 차이를 총부하설비용량의 평균값의 비를 뜻하며 다음 식으로 구할 수 있다.

$$\text{설비불평형률} = \frac{\text{각 전선 간 최대와 최소의 차}}{\text{총부하설비용량} \times \frac{1}{3}} \times 100\ [\%]$$

② 전압강하

㉠ 전선에 전류가 흐르면 전선의 임피던스에 의하여 전압강하가 발생하여 전원전압보다 부하측 전압이 낮아지기 때문에 수전단에는 저전압이 발생하게 되어 부하기기는 효율이 나빠지게 된다. 따라서, 수전단에 허용전압강하 이내로 공급될 수 있도록 선로가 구성되어야 한다.

㉡ 전압강하는 송전단 전압과 수전단 전압 간의 차이이며 다음 식으로 구할 수 있다.

$$\Delta V = V_s - V_r$$

여기서, V_s : 송전단 전압

V_r : 수전단 전압

㉢ 전선 1가닥에서 발생하는 전압강하는 역률이 1인 선로저항만을 고려한 경우 다음 식으로 구할 수 있다.

$$\Delta V = V_s - V_r = 2(R \times I) = 2\left(\rho \frac{L}{A}\right) I = 2\left(\frac{1}{58} \times \frac{100}{97} \times \frac{L}{A}\right) I \fallingdotseq \frac{35.6LI}{1{,}000A}$$

여기서, A : 도체단면적[mm²]

L : 선로의 길이[m]

㉣ **표준연동의 고유저항**은 $\frac{1}{58}$ Ω·m이고, 표준연동 도전율 100%에 대한 **비교백분율 C 값은 동은 97%, 알루미늄은 67%로 한다**$\left(\rho = \frac{1}{58} \cdot \frac{100}{C}\right)$.

③ 전압강하율 : 송전단 전압과 전압강하의 비를 백분율로 표시하는 것을 전압강하율이라고 부르며, 다음 식으로 표시한다.

$$전압강하율 = \frac{V_s - V_r}{V_s} \times 100[\%]$$

여기서, V_s : 송전단 전압

V_r : 수전단 전압

(4) 전기절연

전기배선이 대지로부터 충분히 절연되지 않으면 누설전류로 인하여 화재사고·감전사고 등이 일어날 위험이 있을 뿐 아니라 전력손실이 증가한다. 따라서, 전기를 안전하게 사용하고 누설전류를 억제하기 위해서는 대지로부터 충분히 절연시켜야 한다. 전기설비의 절연에 대한 신뢰성 판정에는 절연저항시험과 절연내력시험이 있다.

① 절연저항

㉠ 저압 전선로의 전선 상호 간, 전선로와 대지 간의 유지해야 하는 절연저항은 다음 표 이상 값을 유지하여야 한다.

▌표 5.2.11 ▌ **저압 전로의 절연성능**

전로의 사용전압[V]	DC 시험전압[V]	절연저항[MΩ]
SELV 및 PELV	250	0.5
FELV, 500V 이하	500	1.0
500V 초과	1,000	1.0

[주] 특별저압(Extra Low Voltage : 2차 전압이 AC 50V, DC 120V 이하)으로 SELV(비접지회로 구성) 및 PELV(접지회로 구성)은 1차와 2차가 전기적으로 절연된 회로, FELV는 1차와 2차가 전기적으로 절연되지 않은 회로

㉡ 앞의 표에서 규정된 절연저항값은 최솟값을 규정한 것이며 신설공사 초기 시 절연저항은 1MΩ 이상을 유지해야 한다.

② 절연내력

㉠ 사용전압이 높아짐에 따라 절연저항이 낮아지고 그 효력이 충분히 발휘하지 못하므로 절연내력시험을 통하여 절연의 신뢰도를 규정하고 있다.

㉡ 절연내력은 전선로와 대지 간에 계속해서 10분간 인가했을 때 견딜 수 있어야 하며 전압종류별 시험전압은 다음 표에 나타낸다.

| 표 5.2.12 | 고압 및 특고압 전로 절연내력

전로의 종류	시험전압
1. 최대사용전압 7kV 이하인 전로	최대사용전압의 1.5배의 전압
2. 최대사용전압 7kV 초과 25kV 이하인 중성점 접지식 전로(중성선을 가지는 것으로서 그 중성선을 다중접지 하는 것에 한한다)	최대사용전압의 0.92배의 전압
3. 최대사용전압 7kV 초과 60kV 이하인 전로(2란의 것을 제외한다)	최대사용전압의 1.25배의 전압(10,500V 미만으로 되는 경우는 10,500V)
4. 최대사용전압 60kV 초과 중성점 비접지식전로(전위변성기를 사용하여 접지하는 것을 포함한다)	최대사용전압의 1.25배의 전압
5. 최대사용전압 60kV 초과 중성점 접지식전로(전위변성기를 사용하여 접지하는 것 및 6란과 7란의 것을 제외한다)	최대사용전압의 1.1배의 전압(75kV 미만으로 되는 경우에는 75kV)
6. 최대사용전압이 60kV 초과 중성점 직접접지식전로(7란의 것을 제외한다)	최대사용전압의 0.72배의 전압
7. 최대사용전압이 170kV 초과 중성점 직접접지식전로로서 그 중성점이 직접 접지되어 있는 발전소 또는 변전소 혹은 이에 준하는 장소에 시설하는 것	최대사용전압의 0.64배의 전압
8. 최대사용전압이 60kV를 초과하는 정류기에 접속되고 있는 전로	교류측 및 직류 고전압측에 접속되고 있는 전로는 교류측의 최대 사용전압의 1.1배의 직류전압
	직류측 중성선 또는 귀선이 되는 전로는 아래에 규정하는 계산식에 의하여 구한 값 $E = V \times \frac{1}{\sqrt{2}} \times 0.5 \times 1.2$ • E : 교류시험전압 • V : 중성선 또는 귀선이 되는 전로에 나타나는 교류성 이상전압의 파고값

㉢ 인가전압은 전선로는 선로와 대지 사이, 변압기는 권선 사이, 권선과 외함 사이, 기구 등에는 충전부와 대지 사이에 연속 10분간 인가하여 이상이 없어야 한다.

3 간선구성

(1) 간선의 개요

① 건축물 내에서 사용하고 있는 전력은 전력회사의 송·배전 선로를 통하여 수전하는 전력, 자가용 발전기에 의한 전력, 축전지에서의 직류전력 등이 있으나 전력회사로부터 수전하는 전력이 대부분이다. 전등·콘센트·전동기 설비에 공급 시 일정구역마다 큰 용량의 전선으로 배선하고 이것을 다시 분배하여 각각의 부하설비에 배전하는 데 큰 용량을 가진 배선을 간선이라 한다.

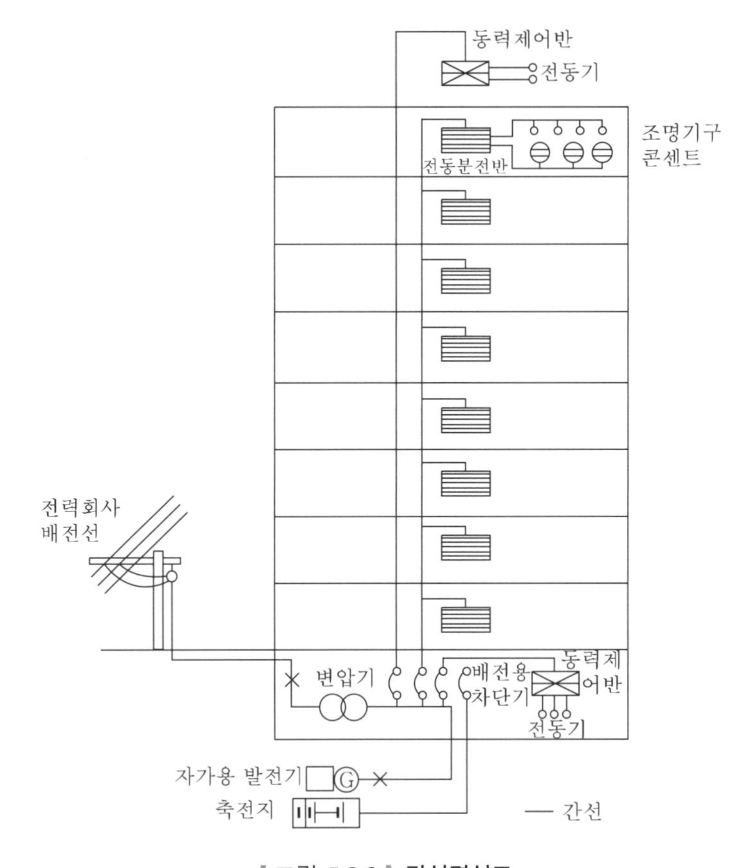

▌그림 5.2.8▌ **간선결선도**

② [그림 5.2.8]에서 1개의 간선에는 많은 분기회로가 포함되어 있으므로 간선의 허용전류가 분기선의 허용전류보다 훨씬 크다. 따라서, 간선에서의 고장은 분기회로의 고장보다 그 피해는 상당히 넓은 범위로 파급된다. 그러므로 간선설계는 높은 공급신뢰도를 갖도록 유의하여야 한다.

③ 간선설계 시 유의사항

㉠ 전선의 허용전류

㉡ 전선의 허용전압강하
㉢ 전선의 기계적 강도

(2) 간선의 종류

간선을 분류하는 방법은 사용목적 · 배전방식 · 사용전압에 따라 구분하여 사용할 수 있다.

① 사용목적에 따른 분류

㉠ 동력간선

- 일반부하동력 : 급 · 배수 펌프, 공조설비, 급 · 배기 팬, 열원기기
- 비상부하동력 : 소화전펌프, 비상용 엘리베이터

㉡ 전등간선

- 일반전등부하 : 전등, 콘센트, 사무용 기기
- 비상전등부하 : 비상용 전등, 유도등

㉢ 특수용 간선 : 전산기기용, 의료기기, 기타 특수기기용 간선

② 배전방식에 따른 분류

㉠ 고압 · 특고압 간선 : 버스덕트

㉡ 저압 간선

- 케이블(금속덕트, 케이블트레이)
- 비닐전선(합성수지관, 금속관, 금속덕트)
- 버스덕트
- 나도체(동관, 알루미늄관, 동대)

③ 사용전압에 따른 분류 : 부하설비의 사용전압에 따라 단상 3선식은 기존의 110V 배전방식을 승압하여 110V와 220V급을 같이 사용하도록 한 것이다. 3상 4선식은 전등 · 동력 공용의 간선으로 사용되는 것이며, 직류 100V는 비상조명등용 간선으로 사용된다.
고압간선은 주변전실을 접속하는 1차측 간선이나 대용량의 고압기기에 전력을 공급하는 간선이다. 특고압간선은 초고층 빌딩 등의 대규모 건물에서 하나의 구내에 2 이상의 특고압 변전실을 설치하는 경우에 그 변전실 간을 접속하는 간선이다.

㉠ 저압간선

- 단상 2선식 : 110V, 220V
- 단상 3선식 : 110/220V
- 3상 3선식 : 200V
- 3상 4선식 : 120/280V, 220/380V, 254/400V
- 직류 : 100V

㉡ 고압간선 : 3상 4선식 – 3.3kV, 6.6kV

㉢ 특고압간선 : 3상 4선식 – 22.9kV 다중접지방식

(3) 간선의 용량

간선의 용량결정은 간선을 통해 공급되는 전력부하의 합계용량을 기준으로 한다. 그러나 일반적으로 모든 전력을 동시에 사용하는 경우는 거의 없기 때문에 총설비용량을 간선용량으로 고려하면 너무 과다하게 되어 비경제적으로 운용될 수 있다. 그러므로 총설비용량에 대한 최대 사용하는 전력의 비를 수용률(demand factor)이라 하며 다음과 같이 구할 수 있다.

$$\text{수용률} = \frac{\text{최대수용전력}}{\text{설비용량}}$$

수용률은 사용부하・건물규모・용도 등에 따라 다르며 다음 표와 같은 값을 참고하여 계산할 수 있다.

▎표 5.2.13 ▎ 간선의 수용률

건축물의 종류	수용률[%]
주택・여관・호텔・병원	50
학교・사무실・은행	70

(4) 간선의 배선방식

분전반이 2개소 이상 있는 곳에서는 배선방식에 따라 간선을 분류하면 [그림 5.2.9]에서와 같이 (a)・(b) 나뭇가지형, (c)・(d) 나뭇가지형과 평행형 병용, (e) 평행형으로 된다.

① 평행식은 용량이 큰 부하나 분산되어 있는 부하에 대하여 단독회선으로 배선하는 것이다. 배전반으로부터 각 분전반마다 단독으로 배선되므로 전압강하가 평균화되고 사고의 경우 파급되는 범위가 좁아지지만 배선의 혼잡과 설비비가 많아진다. 그러므로 대규모 건물에 적당하다.

② 나뭇가지형은 1개의 간선이 각각의 분전반을 거치며 부하가 감소됨에 따라 간선의 굵기도 감소되므로 굵기가 변경되는 접속점에는 보안장치가 필요하다. 이 방식은 소규모 건물에 적당하다. 평행형과 나뭇가지형 병용식에는 집중되어 있는 부하의 중심부근에 분전반을 설치하고 분전반에서 각 부하에 배선하는 것이다. 일반적으로 병용형이 많이 사용된다.

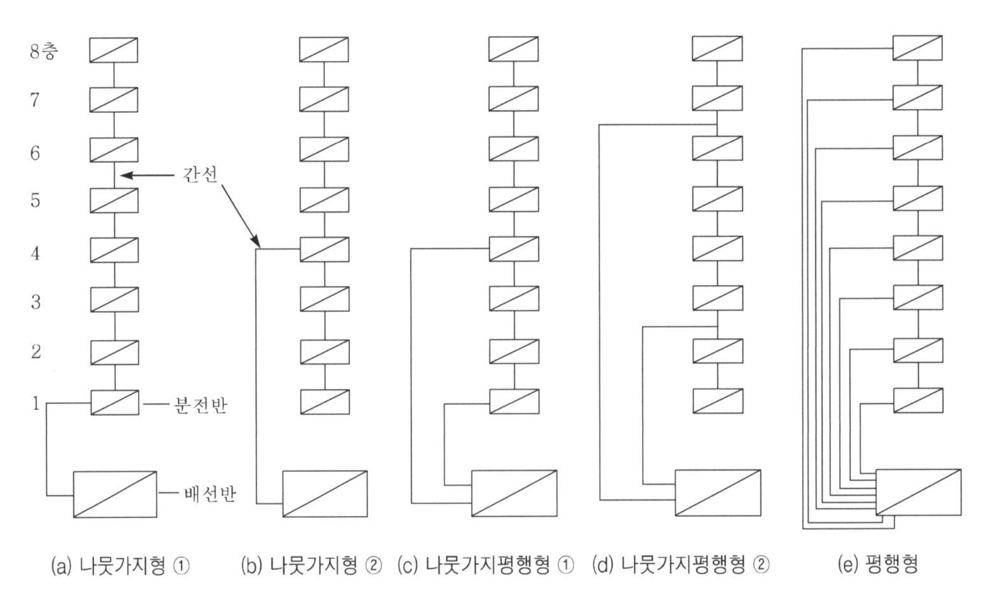

▌그림 5.2.9▐ **간선의 배선방식**

4 방재배선

소방설비의 전원회로의 배선은 내화배선으로, 그 밖의 배선 또는 내열배선으로 하여야 하며, 배선 종류별로 구분하면 다음과 같다.

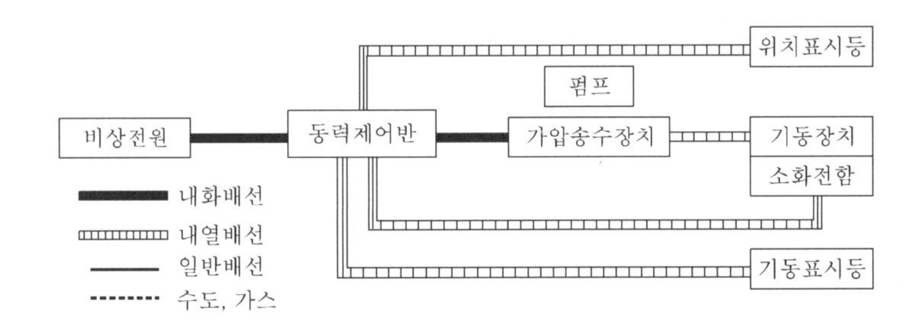

▌그림 5.2.10▐ **옥내소화전설비**

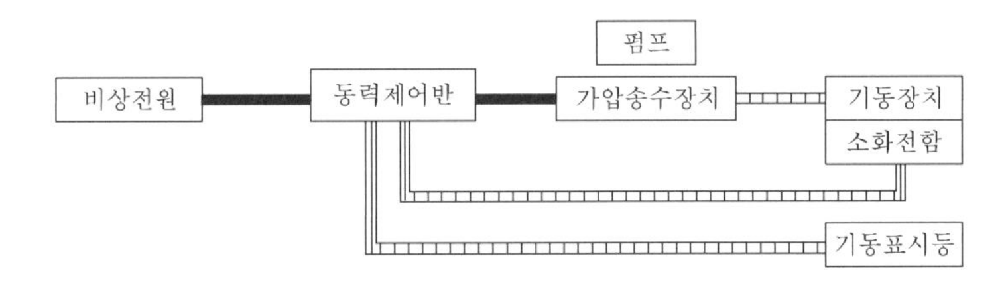

▌그림 5.2.11▐ **옥외소화전설비**

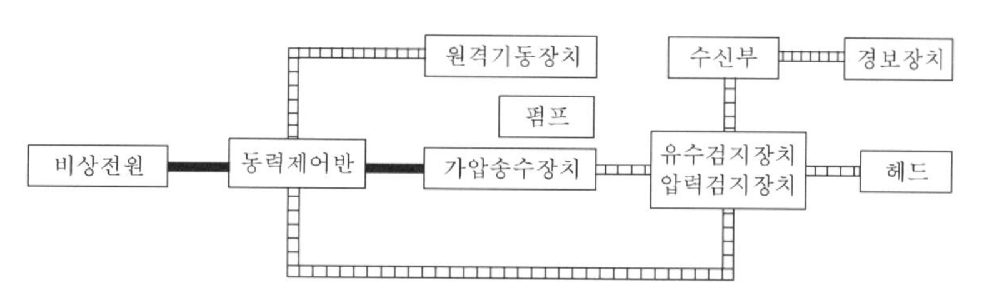

| 그림 5.2.12 | **스프링클러, 물분무, 포소화설비**

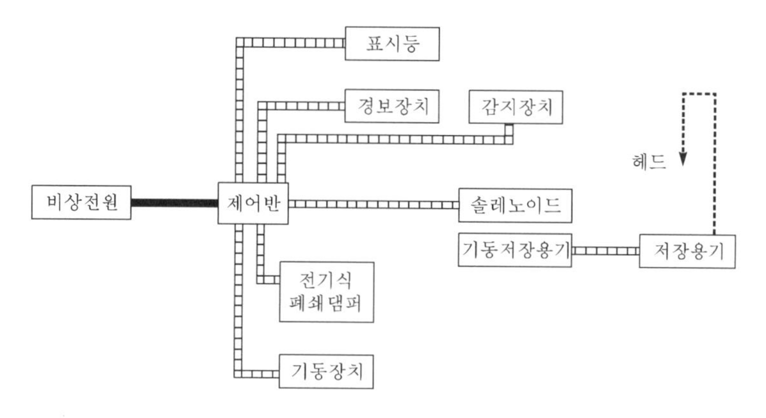

| 그림 5.2.13 | **이산화탄소, 할론, 분말소화설비**

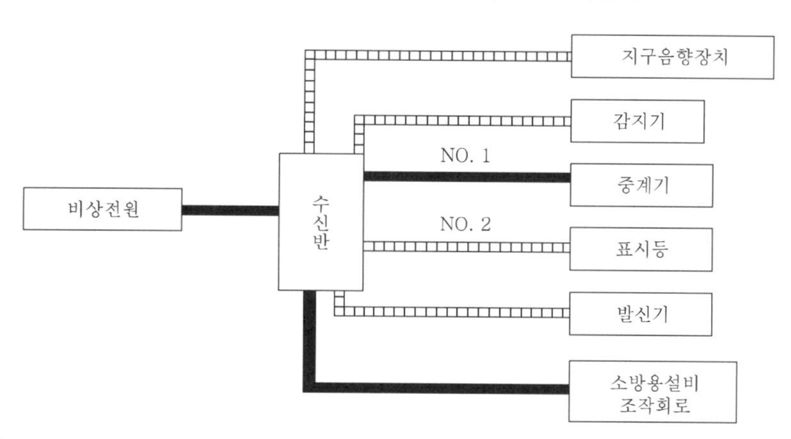

여기서, NO. 1 : 중계기의 비상전원

NO. 2 : 발신기를 다른 소방용 설비 등의 기동장치와 겸용할 경우 발신기 상부 표시등의 회로는 비상전원에 연결된 내열전선으로 함

| 그림 5.2.14 | **자동화재탐지설비**

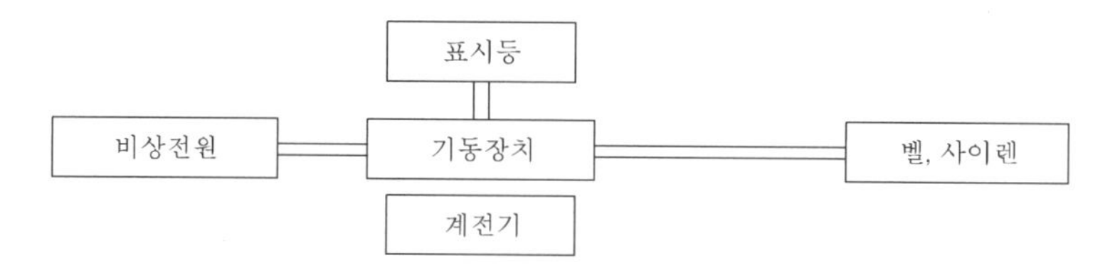

| 그림 5.2.15 | **비상벨, 자동식 사이렌**

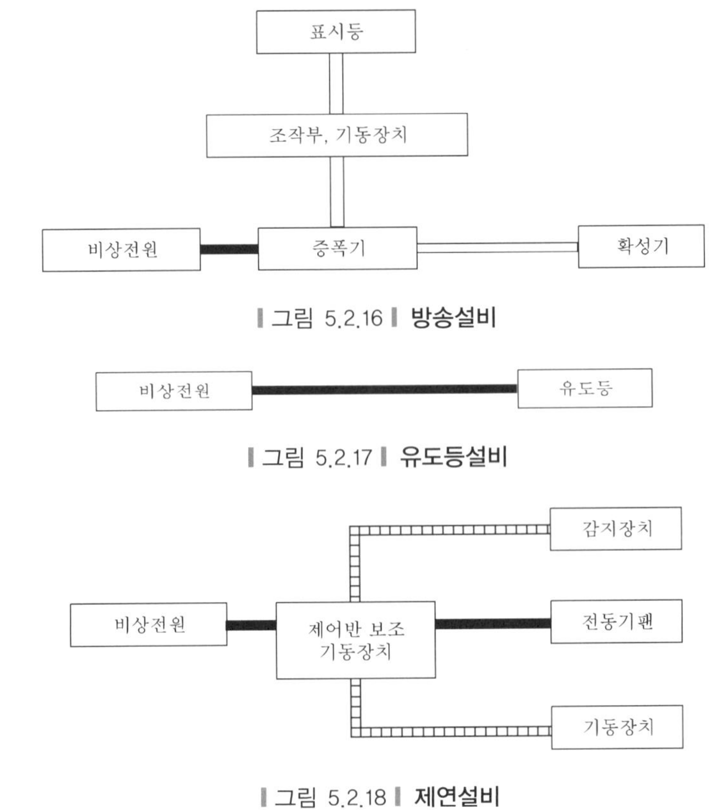

❙ 그림 5.2.16 ❙ **방송설비**

❙ 그림 5.2.17 ❙ **유도등설비**

❙ 그림 5.2.18 ❙ **제연설비**

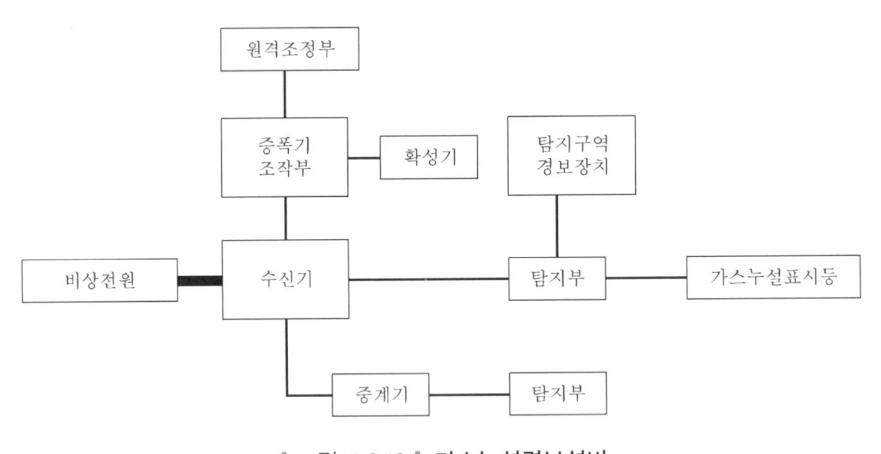

❙ 그림 5.2.19 ❙ **가스누설경보설비**

5 용어의 정의

① '전기사업자'라 함은 「전기사업법」 제2조 제2호의 규정에 따른 자를 말한다.

② '인입선'이라 함은 「전기설비기술기준」 제2조 제8호의 규정에 따른 것을 말한다.

③ '인입구 배선'이라 함은 인입선 연결점으로부터 특정소방대상물 내에 시설하는 인입개폐기에 이르는 배선을 말한다.

④ '인입개폐기'라 함은 「전기설비기술기준」 제190조의 규정에 따른 것을 말한다.
⑤ '과전류차단기'라 함은 「전기설비기술기준」 제43조 및 제95조 제4호의 규정에 따른 것을 말한다.
⑥ '소방회로'라 함은 소방부하에 전원을 공급하는 전기회로를 말한다.
⑦ '일반회로'라 함은 소방회로 이외의 전기회로를 말한다.
⑧ '수전설비'라 함은 전력수급용 계기용 변성기, 주차단장치 및 그 부속기기를 말한다.
⑨ '변전설비'라 함은 전력용 변압기 및 그 부속장치를 말한다.
⑩ '전용 큐비클식'이라 함은 소방회로용의 것으로 수전설비・변전설비, 그 밖의 기기 및 배선을 금속제 외함에 수납한 것을 말한다.
⑪ '공용 큐비클식'이라 함은 소방회로 및 일반회로 겸용의 것으로서, 수전설비・변전설비, 그 밖의 기기 및 배선을 금속제 외함에 수납한 것을 말한다.
⑫ '전용 배전반'이라 함은 소방회로 전용의 것으로서, 개폐기, 과전류차단기, 계기, 그 밖의 배선용 기기 및 배선을 금속제 외함에 수납한 것을 말한다.
⑬ '공용 배전반'이라 함은 소방회로 및 일반회로 겸용의 것으로서, 개폐기, 과전류차단기, 계기, 그 밖의 배선용 기기 및 배선을 금속제 외함에 수납한 것을 말한다.
⑭ '전용 분전반'이라 함은 소방회로 전용의 것으로서, 분기개폐기, 분기 과전류차단기, 그 밖의 배선용 기기 및 배선을 금속제 외함에 수납한 것을 말한다.
⑮ '공용 분전반'이라 함은 소방회로 및 일반회로 겸용의 것으로서, 분기개폐기, 분기 과전류차단기, 그 밖의 배선용 기기 및 배선을 금속제 외함에 수납한 것을 말한다.

03 동력설비

1 전동기의 종류

엘리베이터, 급・배수 펌프, 냉동기, 환풍기, 공기정화기 등 기계를 움직이는 원동력은 전동기이다. 이러한 전동기의 전력을 공급하는 배선과 감시・제어하는 설비를 동력설비라 한다.

동력원으로 사용되는 전동기는 유도전동기・동기전동기・직류전동기가 있으며 그 특징은 다음 표와 같다.

❙ 표 5.3.1 ❙ 전동기의 종류

전동기의 종류		전동기의 특징
교류 전동기	유도 전동기	가격이 싸고, 구조가 간단하며, 보수・점검이 용이하지만 회전자계를 만드는 여자전류가 전원측으로부터 유입되어 역률이 나쁘다. 대부분의 전동기에 사용된다.
	동기 전동기	역률은 좋지만, 구조가 복잡하여 보수・점검이 불편하며, 가격이 비싸다. 전력계통에서 역률조정과 같은 특수한 경우에만 사용된다.
직류전동기		직류전원이 필요하고 주기적인 정류자를 보수해야 하며 가격도 비싼 편이다.

(1) 유도전동기

유도전동기는 전원확보가 용이하며 보수・점검이 거의 필요없고 가격이 저렴하여 대부분 동력설비에 사용된다. 동력설비에 사용되는 유도전동기는 용도에 따라 아래와 같이 단상 유도전동기와 3상 유도전동기가 있다.

① 단상 유도전동기 : 분상기동형・콘덴서형・반발형・세이딩형 전동기

② 3상 유도전동기 :
- 농형 전동기
  - 보통 농형 전동기
  - 특수 농형 전동기
- 권선형 전동기

(2) 전동기의 속도

주파수 f[Hz], 극수를 P극이라 할 때 고정자의 회전자장의 속도, 즉 회전자계의 속도(동기속도)는 다음과 같다.

$$N_s = \frac{120f}{P} \text{ [rpm]}$$

동기속도에서 회전자가 얼마나 벗어나 있는가를 슬립(s : slip)으로 표시하면 다음과 같다.

$$s = \frac{N_s - N}{N_s} \times 100$$

여기서, N_s : 회전자계속도(동기속도)

N : 회전자속도

2 전동기용량의 선정

(1) 펌프용 전동기

$$P = \frac{9.8QHK}{\eta} \text{ [kW]}$$

여기서, Q : 양수량[m^3/sec]

H : 양수길이[m]

K : 계수(1.1~1.2)

η : 펌프효율

(2) 송풍기용 전동기

$$P = \frac{9.8QHK \cdot W}{\eta} \text{ [kW]}$$

여기서, Q : 풍량[m^3/sec]
H : 풍압[mmHg]
W : 기체밀도[kg/m^3]
K : 계수(1.1～1.5)
η : 송풍기효율

(3) 권상기용 전동기

$$P = \frac{WV}{6.1\eta}$$

여기서, W : 권상하중[ton]
V : 권상속도[m/min]
η : 권상기효율

(4) 엘리베이터용 전동기

$$P = \frac{LVK}{4,500\eta} \times 0.746\,[\text{kW}]$$

여기서, L : 적재하중[kg]
V : 운행속도[m/min]
K : 평행추 계수(승용 : 0.6, 화물용 : 0.5)
η : 권상기효율(기어 유 : 0.4～0.55, 기어 무 : 0.8～0.85)

3 전동기 역률개선

입력이 P[kW]이고 역률이 $\cos\theta_1$인 전동기에 콘덴서 Q[kVar]를 병렬로 연결하여 역률을 $\cos\theta_2$로 개선하고자 할 때 필요한 콘덴서용량은 다음과 같이 계산한다. 이때, 콘덴서의 용량성 리액턴스 X_C는 부하의 유도성 리액턴스 X_L과 같게 해야 한다. 즉, $X_L[\Omega] = X_C[\Omega]$가 되도록 해야 한다.

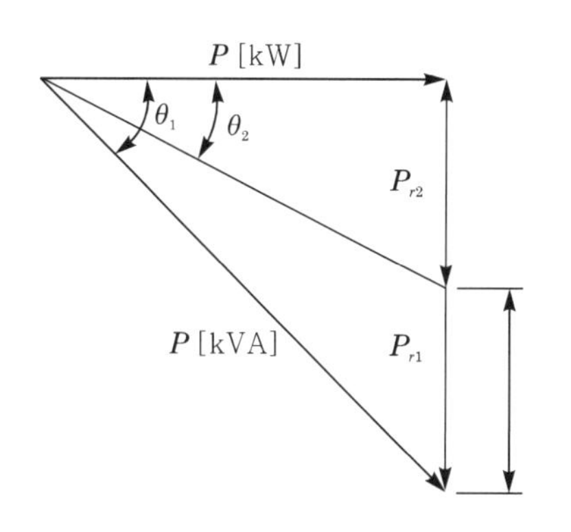

여기서,
P_{r1} : 개선 전 무효전력용량
P_{r2} : 개선 후 무효전력용량
θ[kVar] : 역률개선 콘덴서용량

▌그림 5.3.1▌ **역률개선 콘덴서용량**

$$Q = P[\text{kW}](\tan\theta_1 - \tan\theta_2) = P[\text{kW}]\left(\frac{\sin\theta_1}{\cos\theta_1} - \frac{\sin\theta_2}{\cos\theta_2}\right)$$
$$= P\left(\frac{\sqrt{1-(\cos\theta_1)^2}}{\cos\theta_1} - \sqrt{\frac{1-(\cos\theta_2)^2}{\cos\theta_2}}\right)$$

여기서, $\cos\theta_1$: 개선 전 역률
$\sin\theta_1$: 개선 후 역률

04 시퀀스제어

1 시퀀스제어의 개념

시퀀스제어(sequence control)란 미리 정해진 순서에 따라 제어의 각 단계가 순차적으로 진행해나가는 것을 의미하며 응용분야는 엘리베이터, 자동판매기, 전기세탁기, 교통신호 제어 등이 있다. 여기에 사용되는 부품으로 마이크로스위치, 푸시버튼스위치, 센서스위치, 압력・온도・액면 스위치 등 각종 스위치가 조합되며, 구성요소는 전자릴레이를 통하여 제어된다.

최근에는 반도체기술의 개발로 반도체소자를 이용한 무접점회로가 눈부시게 발전되고 있다. 기본제어계의 일반적인 개념은 [그림 5.4.1]과 같다.

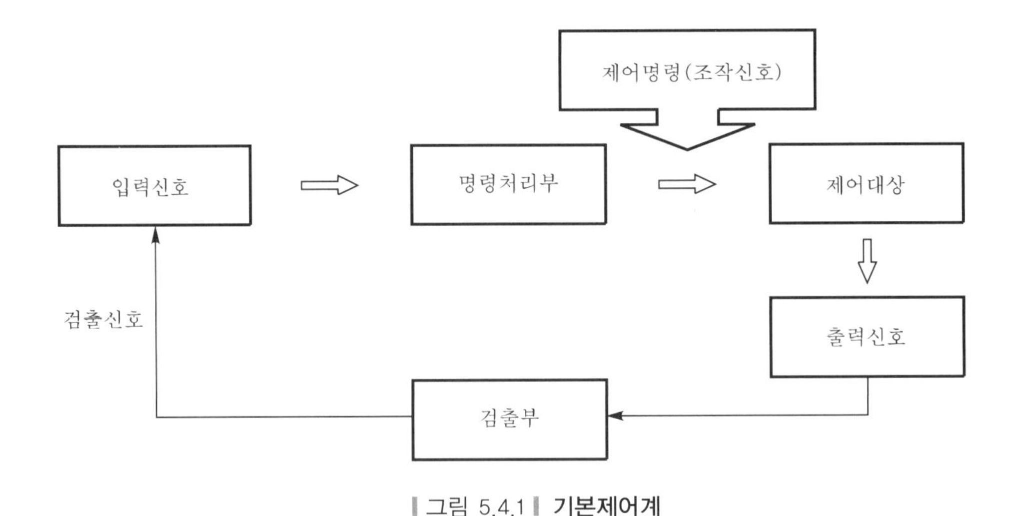

▌그림 5.4.1▐ 기본제어계

입력신호와 검출신호를 비교하여 제어대상에 신호를 전달하는 명령처리부는 조합회로 및 순서회로로 구성된다. 이 명령처리부의 출력인 제어명령은 제어대상에 보내지며 이 제어대상은 조작신호를 받을 때마다 그 상태가 변화하며 이 변화는 검출부를 거쳐 계속하여 명령처리부에 전달된다.

이 동작은 제어대상의 상태가 일정한 조건에 도달하여 유지될 때까지 계속된다. 즉, 제어란 어떠한 목적대상물에 바라는 목적과 일치하도록 하기 위해 그 대상에 필요한 조작을 가하는 것을 말한다.

(1) 접점 심벌 및 기호

번호	명칭	심벌	
		a접점	b접점
①	접점(일반) 혹은 수동접점		
②	수동조작 자동복귀접점	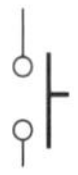	
③	기계적 접점	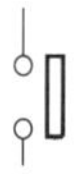	
④	계전기접점 혹은 보조스위치접점		
⑤	한시동작접점		
⑥	한시복귀접점		
⑦	수동복귀접점		
⑧	전자접촉기 접점	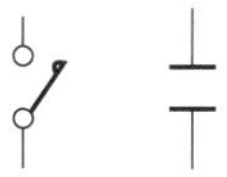	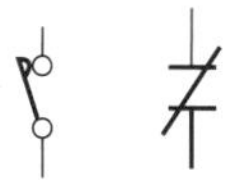

(2) 불대수의 정리

임의의 회로에서 일련의 기능을 수행하기 위한 가장 최적의 방법을 결정하기 위하여 이를 수식적으로 표현하는 방법을 불대수(Boolean algebra)라 한다.

① 불대수의 정리

(정리 1) $X+0=X$

$X \cdot 0=0$

(정리 2) $X+1=1$

$X \cdot 1=X$

(정리 3) $X+X=X$

$X \cdot X=X$

(정리 4) $\overline{X} + X = 1$

$X \cdot X = 0$

(정리 5) 교환법칙 $X + Y = Y + X$

$X \cdot Y = Y \cdot X$

(정리 6) 결합법칙 $X + (Y + Z) = (X + Y) + Z$

$X(YZ) = (XY)Z$

(정리 7) 분배법칙 $X(Y + Z) = XY + XZ$

$(X + Y)(Z + W) = XZ + XW + YZ + YW$

(정리 8) 흡수법칙 $X + XY = X$

$X + \overline{X}Y = X + Y$

② 드모르간(De-morgan)의 정리

$\overline{(X + Y)} = \overline{X} \cdot \overline{Y}$

$\overline{(X \cdot Y)} = \overline{X} + \overline{Y}$

(3) 논리회로

① NOT : $X = \overline{A}$

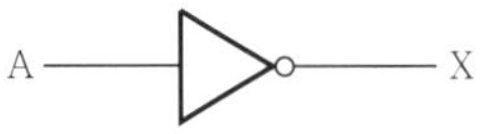

NOT

A	$\overline{A}$
0	1
1	0

② AND : $X = A \cdot B$

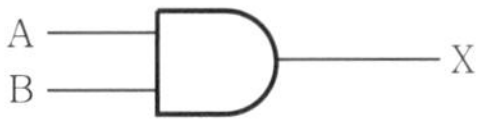

③ NAND : $X = \overline{A \cdot B}$

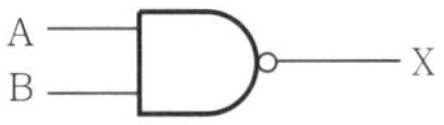

A	B	AND $A \cdot B$	NAND $\overline{A \cdot B}$
0	0	0	1
0	1	0	1
1	0	0	1
1	1	1	0

④ OR : $X = A + B$

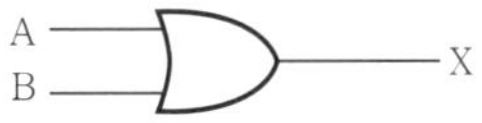

⑤ NOR : $X = \overline{A + B}$

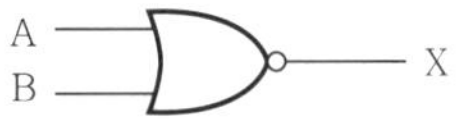

A	B	OR $A+B$	NOR $\overline{A+B}$
0	0	0	1
0	1	1	0
1	0	1	0
1	1	1	0

⑥ XOR : $X = A \oplus B$

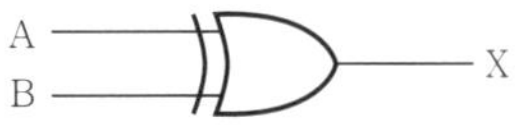

⑦ XNOR : $X = \overline{A \oplus B}$

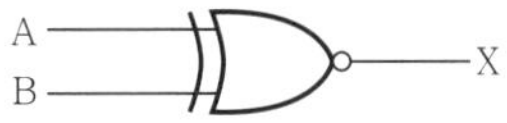

A	B	XOR $A \oplus B$	XNOR $\overline{A \oplus B}$
0	0	0	1
0	1	1	0
1	0	1	0
1	1	0	1

(4) 논리회로 유접점회로 및 무접점회로(기호)

명칭	유접점회로(기호)	무접점회로(기호)
AND 회로	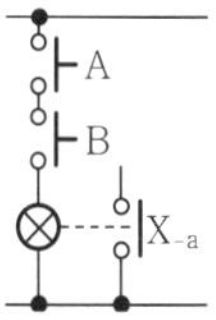 A B X_{-a}	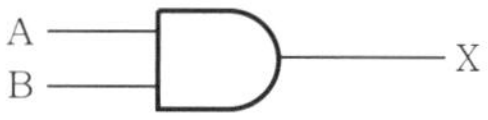 A B X
OR 회로	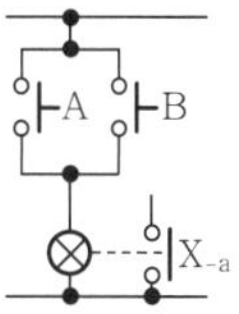 A B X_{-a}	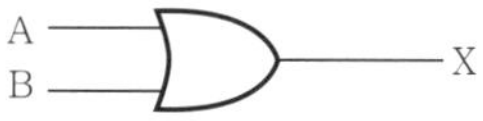 A B X
NOT 회로	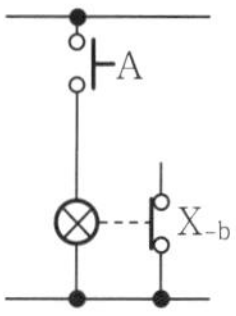 A X_{-b}	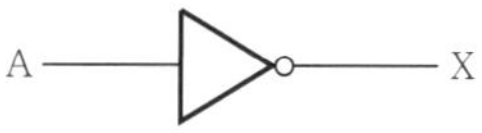 A X
NAND 회로	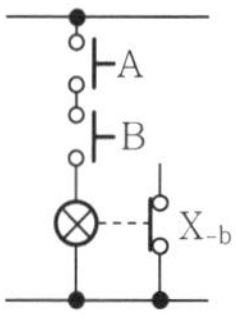 A B X_{-b}	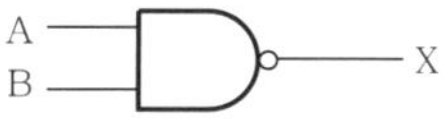 A B X
NOR 회로	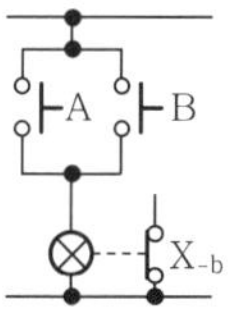 A B X_{-b}	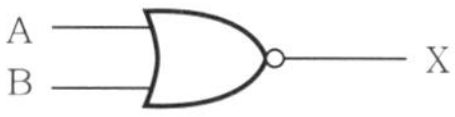 A B X
EXCLUSIVE OR 회로	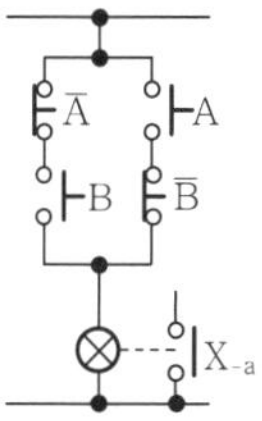 $\overline{A}$ A B $\overline{B}$ X_{-a}	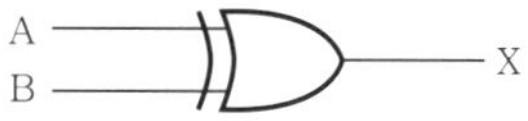 A B X
EXCLUSIVE NOR 회로	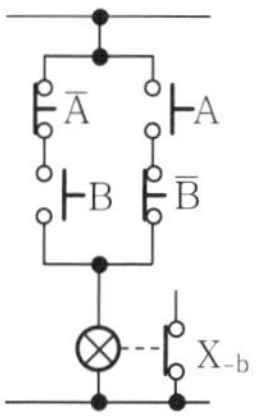 $\overline{A}$ A B $\overline{B}$ X_{-b}	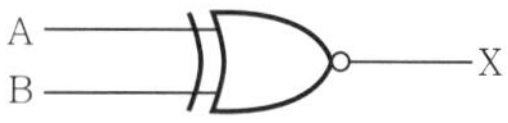 A B X

2 시퀀스제어기 동작

(1) 전자릴레이의 동작원리

① 개요

㉠ 전자릴레이란 코일에 전류를 흐릴 때 발생하는 자력의 힘으로 전기접점을 스위칭하는 장치를 말한다.

㉡ [그림 5.4.2]에서 코일에 전류가 흐르면 가동철편이 흡입되어 a접점은 폐회로가 구성되고, 전원이 소거되면 a접점은 개방되고 b접점은 폐로된다.

㉢ 릴레이회로의 특징은 다음과 같다.

- 작은 전류에 의해 릴레이코일을 동작시켜 대전류가 흐르는 액추에이터(전동기 · 전등 등)를 동작시킬 수 있다.
- 직류(5V 또는 24V)에 의해 교류(AC : 110V 또는 220V) 신호제어가 가능하다.
- 1개의 신호로 몇 개의 액추에이터를 제어할 수 있다.

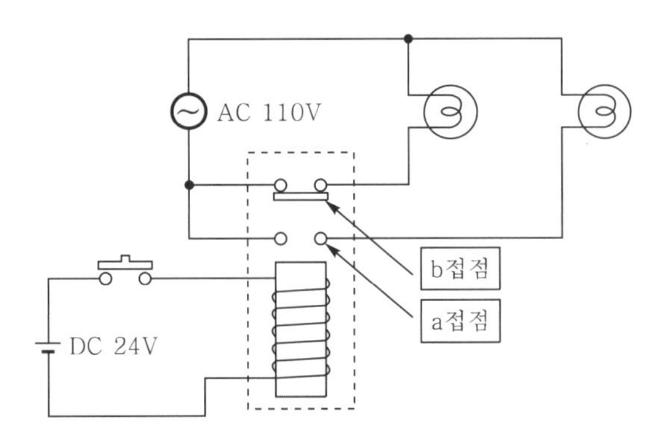

▌그림 5.4.2▐ 전자릴레이 동작원리

② 전자릴레이 동작(a접점)

㉠ [그림 5.4.3]은 전자릴레이의 a접점 심벌과 구조를 나타내고 있다. 전자코일에 전류가 흐르지 않을 때의 상태에서 '열려 있는 접점'으로 동작한다.

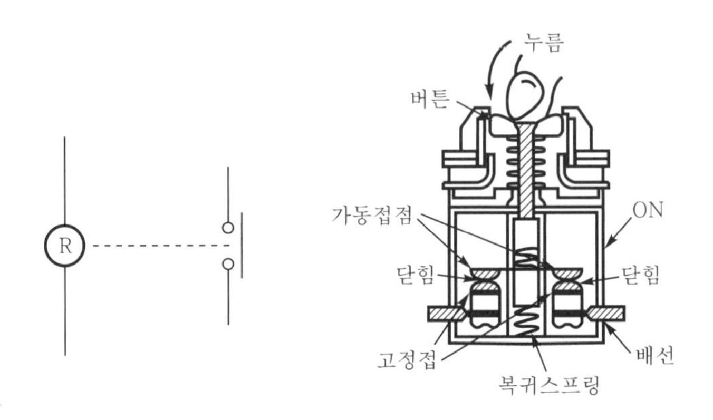

▌그림 5.4.3▐ a접점 전자릴레이의 구조

㉡ 전자릴레이 a접점의 동작
- 나이프스위치를 투입한다.
- 전자릴레이의 전자코일 Ⓡ에 전류가 흐른다.
- 전자코일 Ⓡ에 전류가 흐르면 전자석이 되어 가동철편을 흡입해서 가동접점쪽으로 힘을 받아 회로가 닫힌다.
- 전자릴레이가 동작하면 램프회로의 a접점이 닫히므로 폐회로가 되어 램프 Ⓛ은 점등한다.

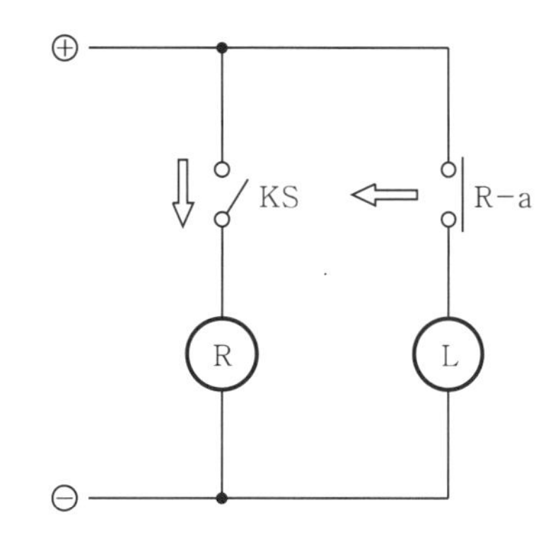

‖ 그림 5.4.4 ‖ **전자릴레이 a접점 동작회로**

③ 전자릴레이 동작(b접점)

㉠ [그림 5.4.5]는 전자릴레이 b접점 심벌과 전자코일에 전류를 흘리지 않을 때의 상태에서 닫혀 있는 접점을 표시한다.

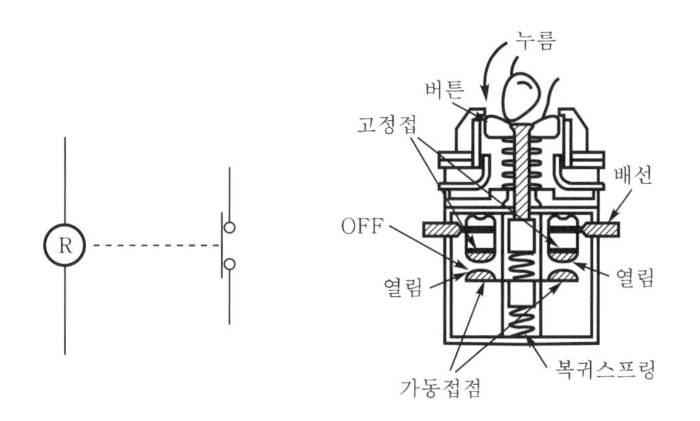

‖ 그림 5.4.5 ‖ **b접점 전자릴레이의 구조**

㉡ 전자릴레이 b접점 유지
- 나이프스위치 KS는 열려 있는 상태이다.
- 전자릴레이 전자코일 Ⓡ에는 전류가 흐르지 않는다.
- 전자코일 Ⓡ에 전류가 흐르지 않으므로 b접점(복귀상태)은 닫혀 있다.
- b접점이 닫혀 있으므로 램프 Ⓛ은 점등된다.

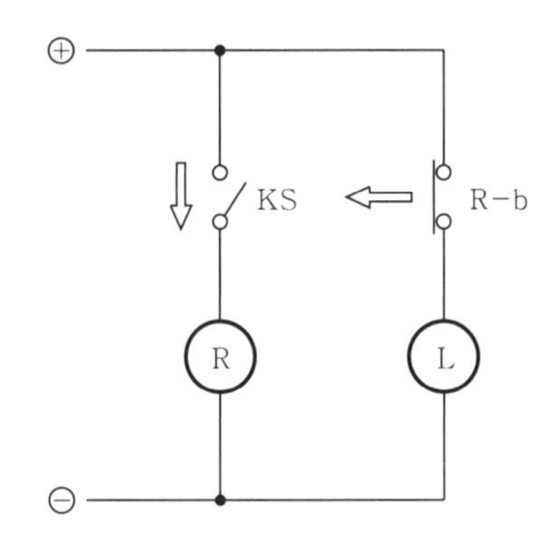

▌그림 5.4.6▌ **전자릴레이 b접점 동작회로**

㉢ 전자릴레이 b접점 동작
- 나이프스위치 KS를 투입한다.
- 전자릴레이 전자코일 Ⓡ에 전류가 흐른다.
- 전자코일 Ⓡ에 전류가 흐르면 코일은 전자석으로 되어 가동철판을 흡입해서 가동접점은 아래쪽으로 힘을 받아 열린다.
- 전자릴레이가 동작하면 램프회로가 열리므로 흐르지 않아 램프 Ⓛ은 소등된다.

(2) 시퀀스도면 작성요령

시퀀스도의 작성은 다음과 같은 순서로 한다.

① 시퀀스도는 위에서 아래로, 또는 좌에서 우로 작성한다.
② 동작순서는 상에서 하로, 좌에서 우로 동작한다.
③ 제어기기는 정지상태이고 모든 전원이 오픈된 상태로 표시한다.

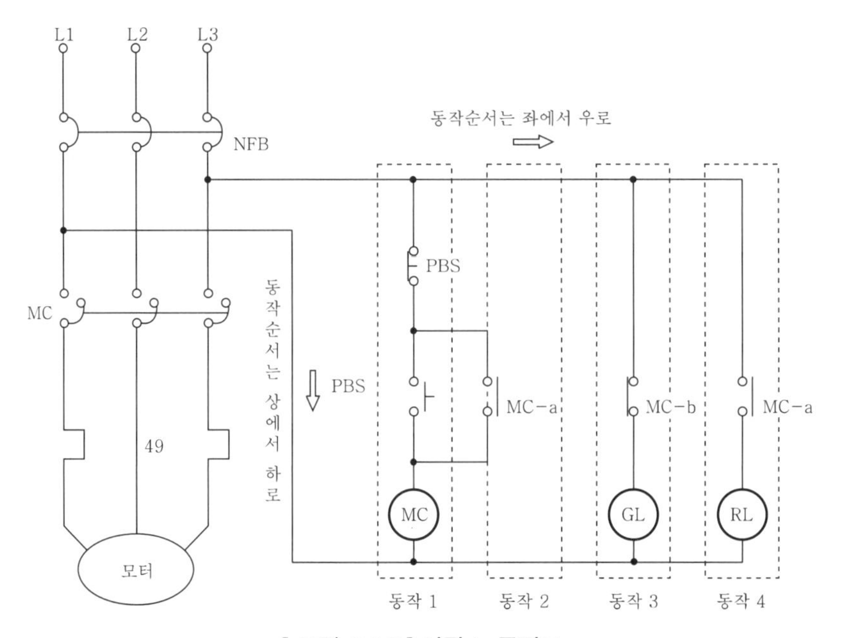

▌그림 5.4.7▌ **시퀀스 동작도**

(3) AND 회로

전자릴레이 A의 a접점 A-a와 B의 접점 B-a를 2개 직렬로 접속하여 전자릴레이 X의 전자코일 ⊗의 회로에 연결한다.

① 스위치 PB1을 넣고 전자릴레이 A를 동작시키면 접점 A-a가 닫힌다.

② 스위치 PB2를 넣고 전자릴레이 B를 동작시키면 접점 B-a가 닫힌다.

③ 접점 B-a가 닫힘과 동시에 전자릴레이 X의 동작조건이 생겨 전류가 흐르기 때문에 전자릴레이 X는 동작한다.

④ 스위치 PB1을 열어 전자릴레이 A를 복귀하면 접점 A-a가 열린다.

⑤ 접점 A-a가 열림과 동시에 전자릴레이 X에는 전류가 흐르지 않게 되어 복귀한다.

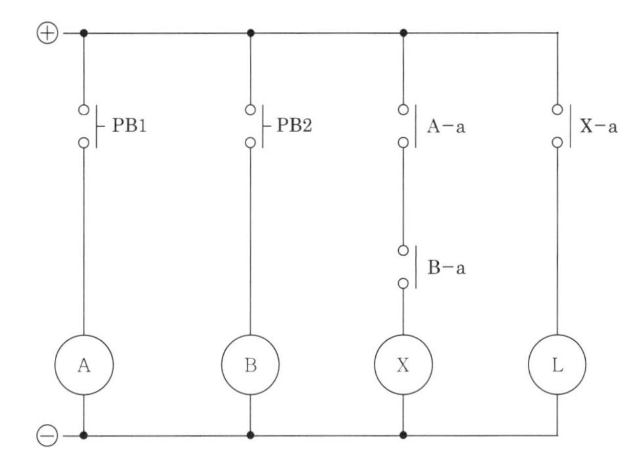

‖ 그림 5.4.8 ‖ AND 회로

(4) OR 회로

① 스위치 PB1 혹은 PB2를 넣고 전자릴레이 A 또는 B를 동작하면 접점 A-a 혹은 B-a가 닫힌 전자코일 X에 전류가 흐름으로써 전자릴레이 X는 동작한다.

② 스위치 PB1과 PB2를 끊고 전자릴레이 A, B를 복귀하면 접점 A-a와 접점 B-a가 개로하여 전자코일 X에 전류가 흐르지 않는다.

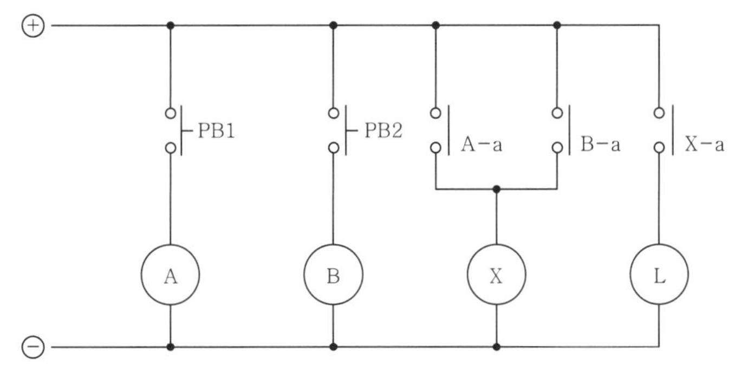

‖ 그림 5.4.9 ‖ OR 회로

(5) 자기유지회로

자기유지회로는 전자릴레이에 가해진 입력신호를 자기자신의 동작접점에 의해 바이패스하여 계속적으로 동작신호를 유지하는 것을 말한다. 또한, 자기유지회로는 펄스모양의 짧은 신호를 연속적인 신호로 변환하는 기억기능을 갖는 장점을 가진다.

시동용 스위치와 정지용 스위치를 직렬로 연결하고 전자릴레이 X의 전자코일 ⊗에 연결한다. 시동용 PB2 접점과 병렬로 전자릴레이 X의 a접점(X-a)을 연결하면 이 X-a가 자기유지 접점이 된다. 시동용 PB2와 정지용 PB1으로 전자릴레이 X에 동작명령과 복귀명령을 할 수 있다.

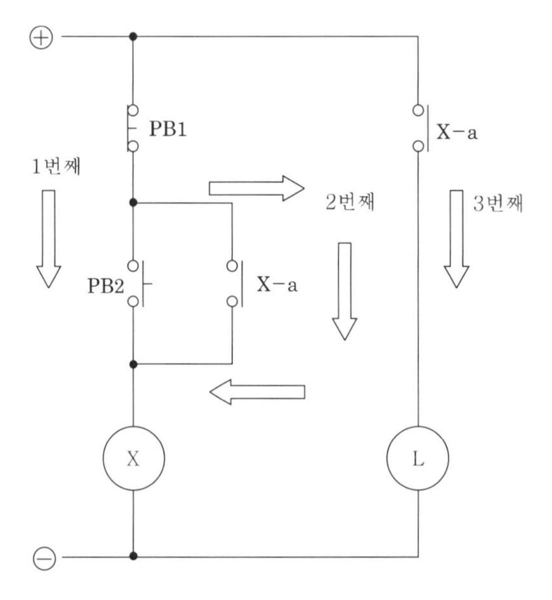

▌그림 5.4.10▐ **자기유지회로**

① 동작 시

㉠ 시동용 PB2를 누른다.

㉡ PB2를 누르면 전자코일 ⊗에 전류가 흐른다.
전원 ⊕ → PB1 → PB2 → 전자코일 ⊗ → 전원 ⊖

㉢ 전자릴레이 X가 동작한다.

㉣ 전자릴레이 X가 동작하면 PB2에 병렬로 접속되어 있는 전자코일 a접점 X-a가 닫힌다.

㉤ PB2(시동용) 버튼은 OFF 된다(자동복귀).

㉥ PB2가 복귀하더라도 전자코일 ⊗에 자기 자신의 a접점 X-a를 지나서 전류가 흐르기 때문에 전자릴레이 X는 동작을 계속하게 된다.
전원 ⊕ → PB1 → X-a → 전자코일 ⊗ → 전원 ⊖

② 정지 시

㉠ 정지용 PB1을 누른다.

㉡ 정지용 PB1을 누르면 전자코일 ⊗에 전류가 흐르지 않게 된다.

㉢ 전자릴레이 X가 복귀한다.

㉣ 전자릴레이 X가 복귀하면 PB2에 병렬로 접속된 a접점 X-a가 열린다.

㉤ PB1이 다시 복귀하여 닫히더라도 접점 X-a가 열려 있으므로 전자코일 ⊗에는 전류가 흐르지 않고 전자릴레이 X는 복귀한 채로 있다.

㉥ X-a는 열려 있다(OFF 상태 유지).

(6) 인터록회로

① 개요

㉠ 인터록(interlock)회로는 복수의 동작을 서로 연관시키는 것으로서 어떤 조건이 구비될 때까지 동작을 저지하는 것을 말한다.

㉡ 이 회로는 주로 기기의 보호와 조작자의 안전을 목적으로 하고 있다. 전자접촉기 전자코일 MC1의 코일과 직렬로 전자접촉기 MC2의 b접점을 접속한다. 또한, 전자접촉기 전자코일 MC2의 코일과 직렬로 전자접촉기 MC1의 b접점을 접속한다.

㉢ 이 회로는 한쪽의 전자접촉기가 동작하고 있을 때 다른 쪽 전자접촉기는 상대방의 b접점에 의해 개방되어 있어 동작하는 일이 없다.

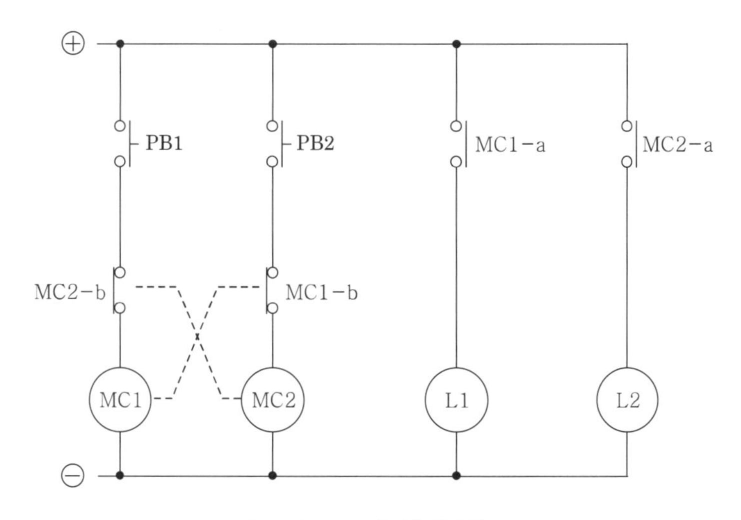

▎그림 5.4.11 ▎ 인터록회로

② 인터록회로 동작법

㉠ 전자접촉기 MC1 동작

- 전자접촉기 MC1 회로의 PB1을 누른다.
- 전자코일 MC1에 전류가 흘러 전자코일이 동작한다.
- MC1이 동작하면 b접점 MC1-b가 열린다.
- PB2를 눌러도 MC1-b가 개로되어 MC2에는 전류가 흐르지 않는다.

㉡ 전자접촉기 MC2 동작

- 전자접촉기 MC2 회로의 PB2를 누른다.
- 전자코일 MC2에 전류가 흘러 전자코일이 동작한다.
- MC2가 동작하면 b접점 MC2-b가 열린다.
- PB1을 눌러도 MC2-b가 개로되어 MC1에 전류가 흐르지 않는다.

(7) 표시등회로

표시등회로는 전자접촉기나 개폐기류의 개로·폐로 상태, 기기의 운전·정지의 동작상태를 표시하는 데 사용된다.

2등식은 개폐기의 운전·정지를 표시할 수 있다. 전자코일 MC에 전류가 흐를 때 적색램프(a접점)는 점등하고, 녹색램프(b접점)는 소등된다. 전자코일 MC에 전류가 흐르지 않으면 램프의 동작은 반대로 된다.

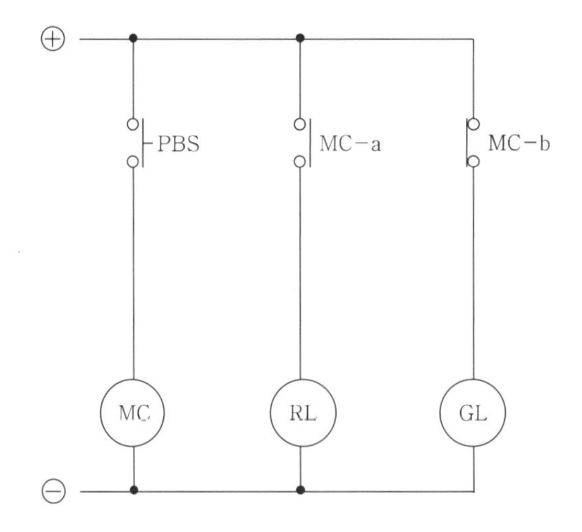

‖ 그림 5.4.12 ‖ 표시등회로

(8) Y－ △ 기동회로

농형 유도전동기의 기동 시에는 Y－ △ 기동법에 의해 기동된다. 왜냐하면 전전압 기동 시의 기동전류는 정격전류의 4~6배가 되어 배전선과 다른 기기에 나쁜 영향을 주게 되므로 전압을 낮추어 기동한다. 전동기를 Y결선하여 기동하고 수초 후에 △결선으로 전환하여 운전하면 Y결선에 의해 단상의 권선에 가해지는 전압은 선간전압의 $\frac{1}{\sqrt{3}}$ 이 되어 기동전류를 제한할 수 있다. 물론 △결선으로 전환 시 전전압이 각 상에 가해진다.

[그림 5.4.13]은 전자접촉기 3개를 사용한 Y－△ 운전회로동작을 설명한다.

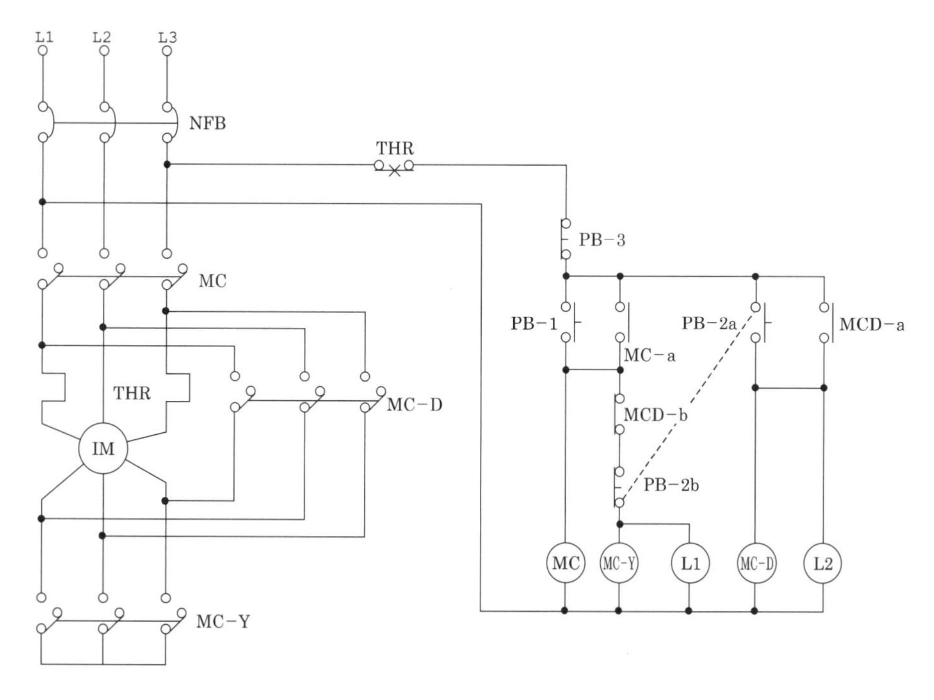

‖ 그림 5.4.13 ‖ Y－△ **운전회로**

① NFB를 투입하고 기동 푸시버튼스위치(PB－1)를 누르면 MC코일과 MC－Y코일이 여자되어 전동기가 Y운전하게 되고 보조접점 MC-a가 붙어 표시등 L1이 점등된다.

② 운전 푸시버튼스위치(PB－2)를 누르면 MC－Y코일은 여자가 해제되고 MC－D코일은 여자되어 △운전하게 되고, 보조접점 MCD-a가 붙어 표시등 L2가 점등되고 보조접점 MCD-b가 떨어진다.

③ 정지 푸시버튼스위치(PB－3)를 누르면, 전원이 차단되어 전동기는 정지하고 모든 접점은 원상태로 복귀된다.

05 자동화재탐지설비의 설비공사 도면 및 시퀀스제어 도면 해석

1 자동화재탐지설비 평면도 I (부싱 및 로크너트 개수)

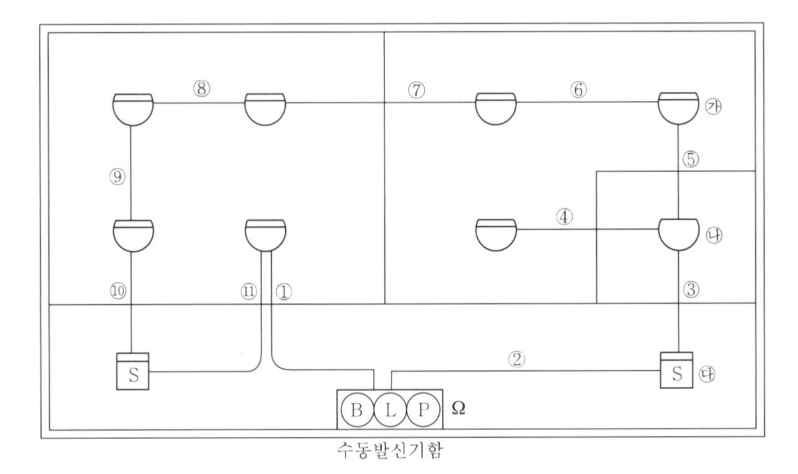

16mm 후강스틸전선관 사용, 콘크리트 매입시공

‖ 그림 5.5.1 ‖ **수자동화재탐지설비 평면도 I**

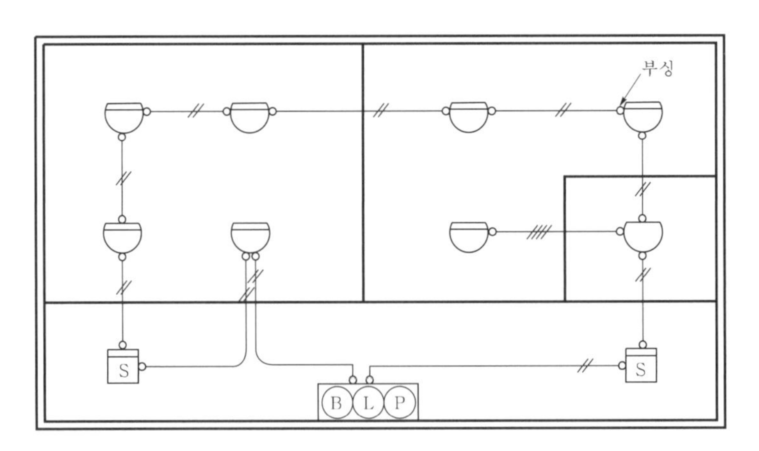

- 부싱 설치장소 : 22개소
- 로크너트 : 부싱개수×2=22×2=44개
  (로크너트는 부싱을 양쪽에서 단단히 조여주는 역할을 하므로 부싱 1개에 로크너트 2개가 필요하다)

2 자동화재탐지설비 평면도 Ⅱ(소요자재 및 인건비 산출)

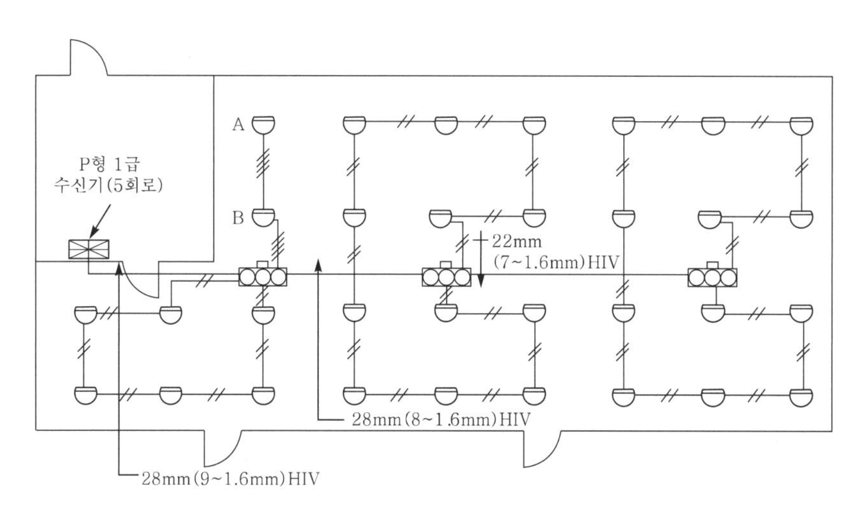

▌그림 5.5.2▐ 자동화재탐지설비 평면도 Ⅱ

공종	단위	내선전공 공량	공종	단위	내선전공 공량
수동발신기 P-1	개	0.3	후강전선관(28mm)	M	0.14
경종	개	0.15	후강전선관(36mm)	M	0.2
표시등	개	0.20	전선 $5.5mm^2$ 이하	M	0.01
P-1 수신기(기본공수)	대	6	전선 $14mm^2$ 이하	M	0.02
P-1 수신기 회선당 할증	회선	0.3	전선 $38mm^2$ 이하	M	0.031
부수신기(기본공수)	대	3.0	8각 콘크리트박스	개	0.12
유도등	개	0.2	4각 콘크리트박스	개	0.12
후강전선관(16mm)	M	0.08	수동발신기함	개	0.66
후강전선관(22mm)	M	0.11	차동식 스포트형 감지기	개	0.13

해석

공종	수량	단위	공량계
수동발신기 P-1	3	개	3×0.3=0.9
경종	3	개	3×0.15=0.45
표시등	3	개	3×0.2=0.6
P-1 수신기	1	CH	6+(3×0.3)=6.9
후강전선관(16mm)	130	M	130×0.08=10.4
후강전선관(22mm)	25	M	25×0.11=2.75
후강전선관(28mm)	50	M	50×0.14=7
IV전선(1.2mm)	310	M	310×0.01=3.1
HIV전선(1.6mm)	500	M	500×0.01=5
8각 콘크리트박스	30	개	30×0.12=3.6
4각 콘크리트박스	6	개	6×0.12=0.72
수동발신기함	3	개	3×0.66=1.98
차동식 스포트형 감지기	32	개	32×0.13=4.16

3 자동화재탐지설비 평면도 Ⅲ

지하 1층, 지상 5층, 층고 3m, 이중천장은 천장 0.5m, 후강전선관, 천장슬래브 및 벽체매입, 발신기, 표시등, 경종은 소화전 상단에 설치, 3방출 이상 4각 박스를 사용한다.

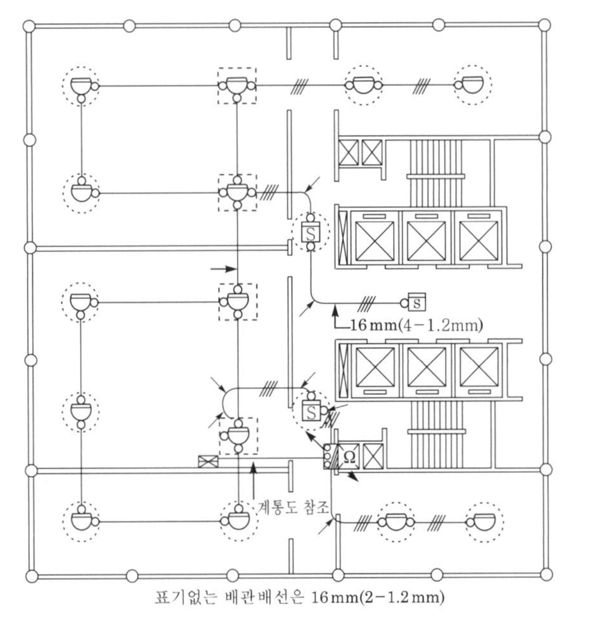

여기서,
: 4각 박스
: 8각 박스
: 노멀밴드
: 부싱(16mm)
: 부싱(22mm)
지하층, 1층, 4층, 5층에 설치
부싱

〈평면도(축척 : 1/100)〉

| 그림 5.5.3 | 자동화재탐지설비 평면도 Ⅲ

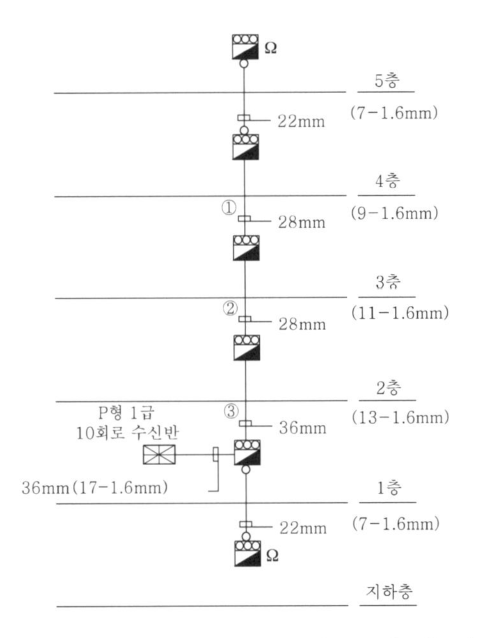

① 4각 박스 : 4개×6층=24개

② 8각 박스 : 12개×6층=78개

③ 부싱(16mm) : 38개×6층=228개

④ 크너트(16mm) : 38개×2×6=456개

⑤ 부싱(22mm) : 1개×4층=4개
(지하층, 1층, 4층, 5층)

⑥ 로크너트(22mm) : 4개×2=8개

| 그림 5.5.4 | 자동화재탐지설비 계통도

4 유도전동기 기동(정지회로 Ⅰ)

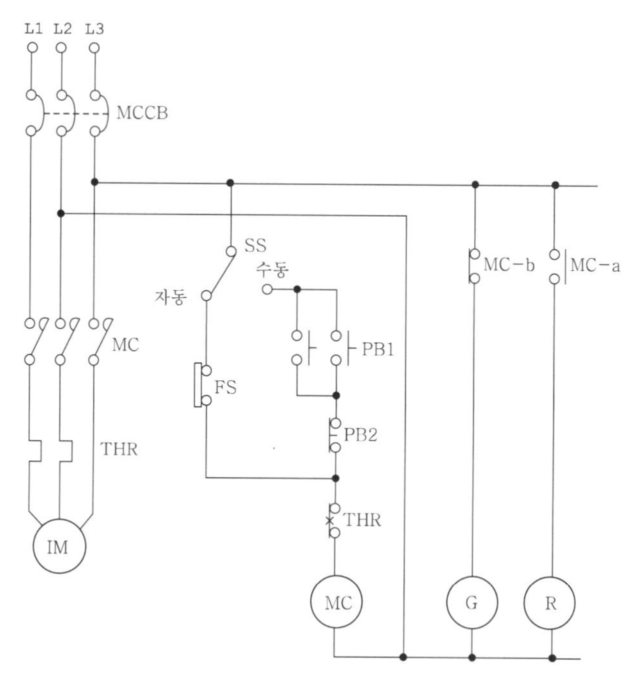

▌그림 5.5.5 ▌ 유도전동기 기종(정지회로 예 Ⅰ)

5 유도전동기 기동(정지회로 Ⅱ)

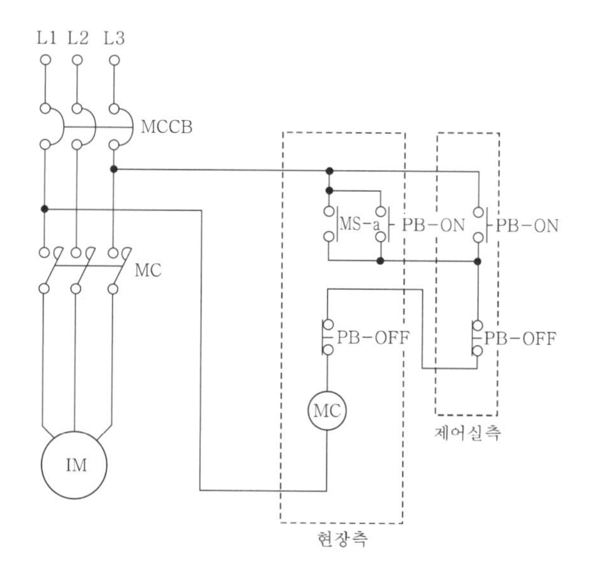

▌그림 5.5.6 ▌ 유도전동기 기종(정지회로 예 Ⅱ)

6 유도전동기 정역운전

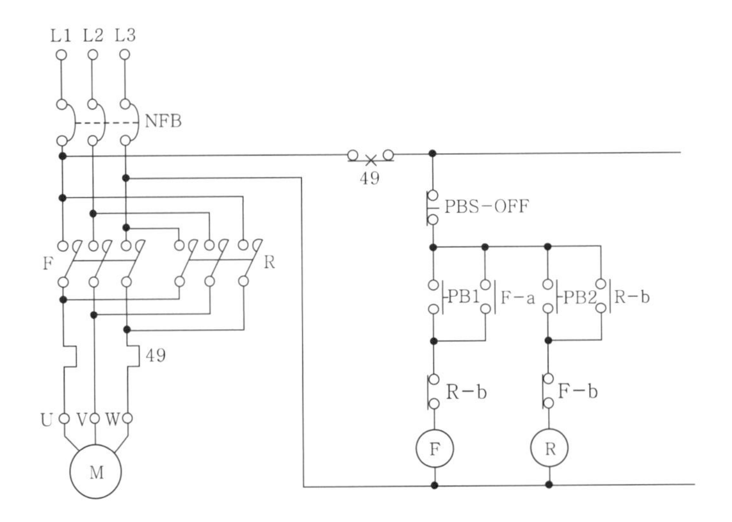

❙ 그림 5.5.7 ❙ 유도전동기 정역운전회로

7 양수펌프 제어회로 I

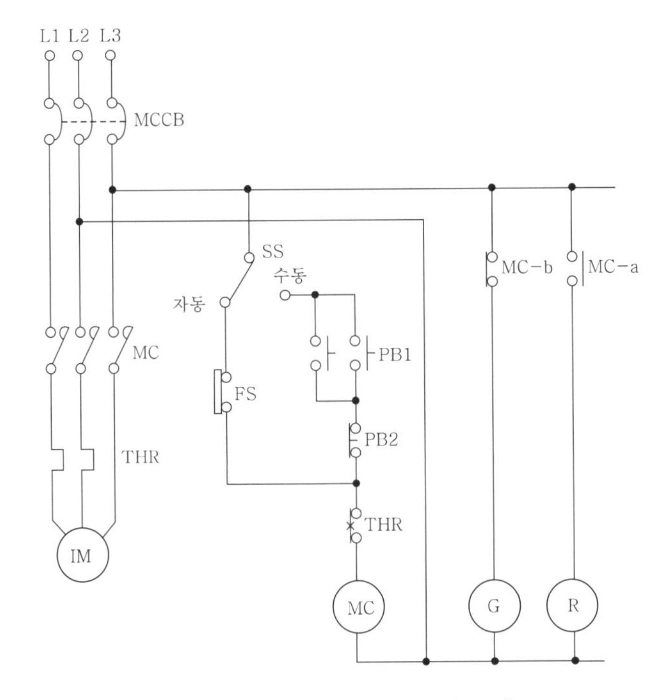

❙ 그림 5.5.8 ❙ 양수펌프 제어회로 예 I

8 양수펌프 제어회로 Ⅱ

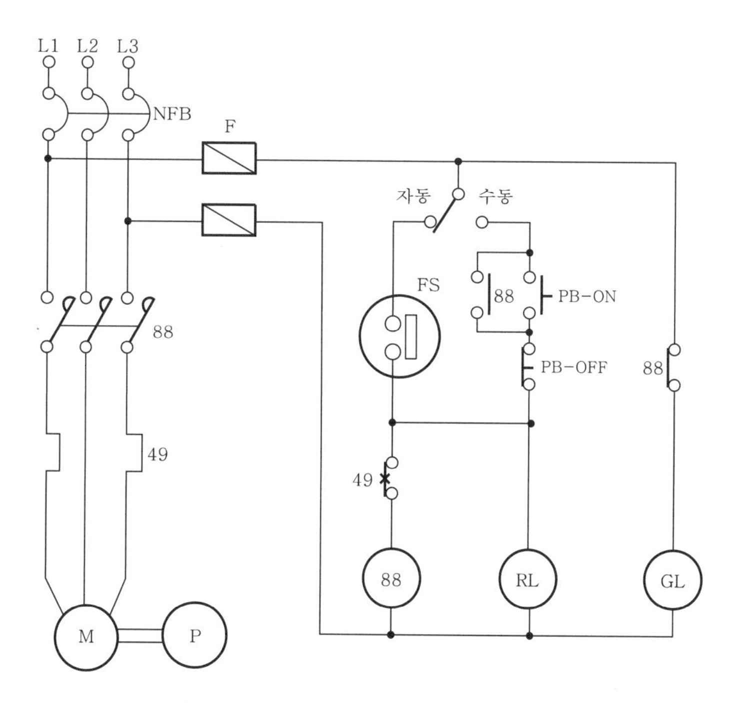

| 그림 5.5.9 | 양수펌프 제어회로 예 Ⅱ

9 유도전동기 Y-△ 기동회로 Ⅰ

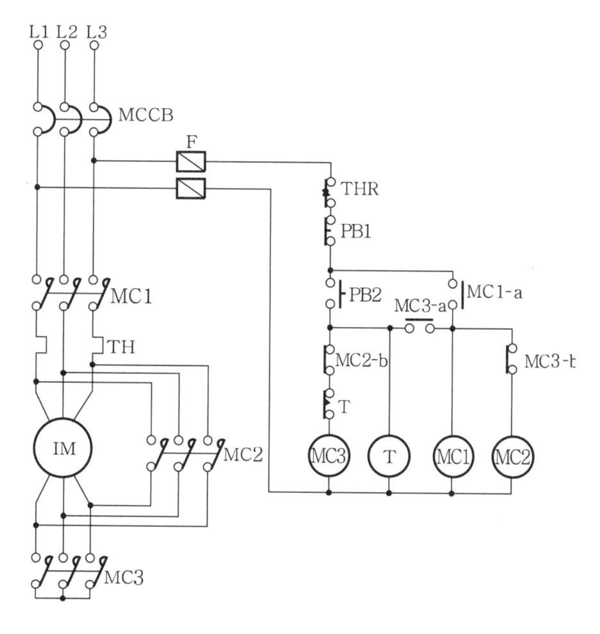

| 그림 5.5.10 | 유도전동기 Y-△ 기동회로 예 Ⅰ

10 유도전동기 Y-△ 기동회로 Ⅱ

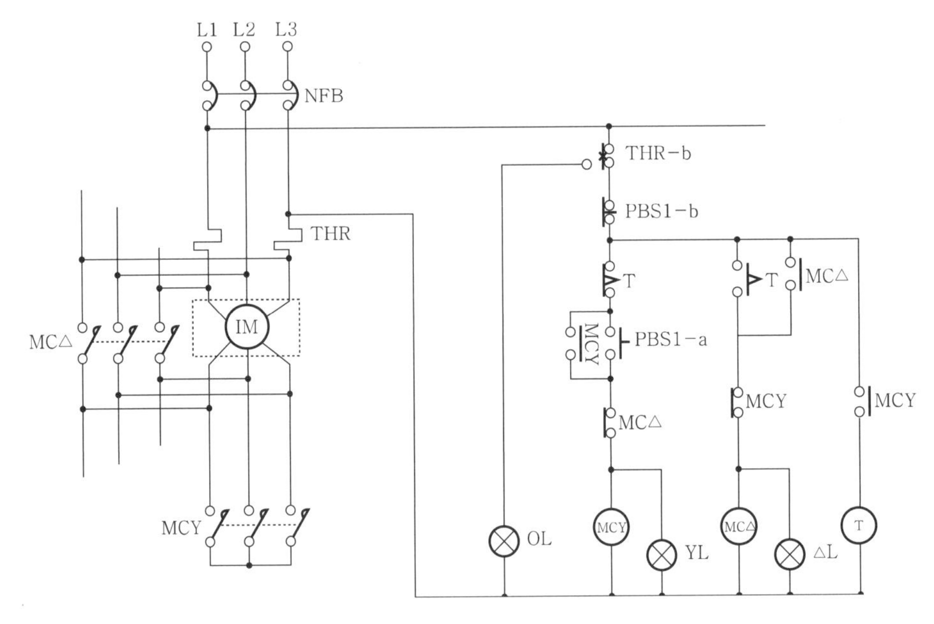

▌그림 5.5.11▐ 유도전동기 Y-△ 기동회로 예 Ⅱ

11 시퀀스 유접점회로(타임차트 해석 Ⅰ)

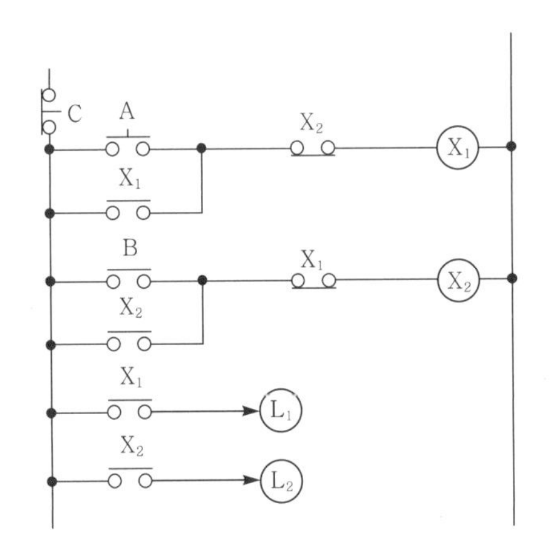

▌그림 5.5.12▐ 유접점 시퀀스회로 예 Ⅰ

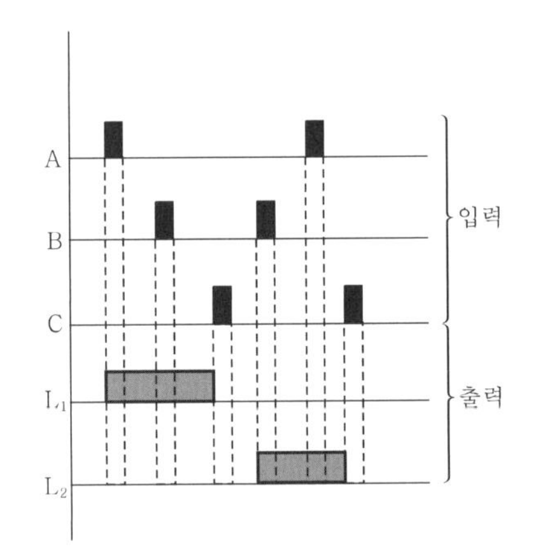

▌그림 5.5.13▐ 타임차트 예 Ⅰ

12 시퀀스제어(타임차트 해석 Ⅱ)

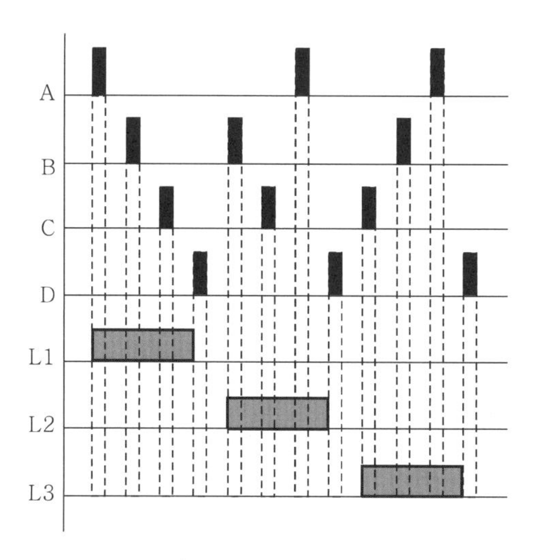

▌그림 5.5.14 ▌ 타임차트 예 Ⅱ

(1) 유접점회로

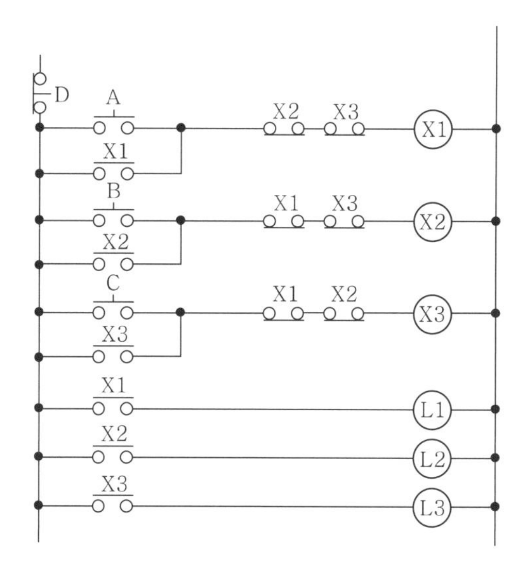

▌그림 5.5.15 ▌ 유접점 시퀀스회로 예 Ⅱ

(2) 무접점회로

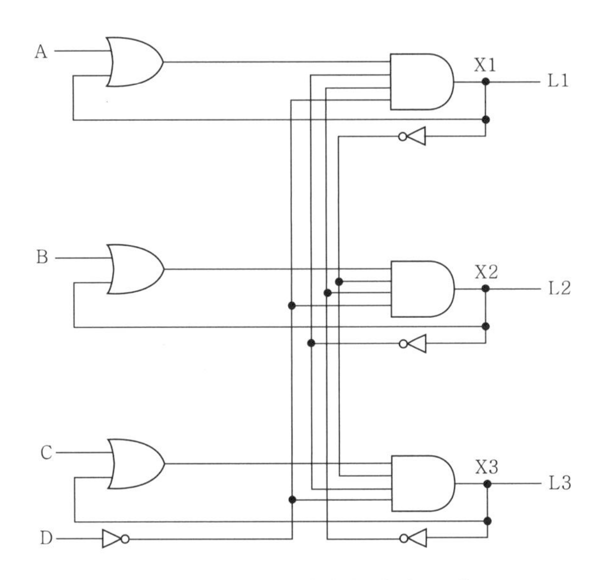

▌그림 5.5.16▐ 무접점 논리회로 예 Ⅱ

[그림 5.5.16]에 대한 불대수식은 다음과 같다.

$L1 = X1 = \overline{D}(A + X1)\overline{X2}\,\overline{X3}$

$L2 = X2 = \overline{D}(B + X2)\overline{X1}\,\overline{X3}$

$L3 = X3 = \overline{D}(C + X3)\overline{X1}\,\overline{X2}$

예상문제

01 유도전동기에 사용할 비상발전기를 설치하려고 한다. 이 설비에 사용된 발전기의 조건을 보고 물음에 답하시오. 기동용량은 700kVA이고, 기동 시 허용전압강하는 20%, 과도리액턴스는 25%이다. 발전기 차단용량은 얼마인가?

정답 $P > \left(\frac{1}{\Delta V} - 1\right) \times X_L \times P$ 에서 $\left(\frac{1}{0.1} - 1\right) \times 0.25 \times 700 = 700\,\text{kVA}$

발전기용 차단기용량은 다음과 같이 구할 수 있다.

$P_s > \frac{P}{X_L} \times 1.25$(여유율)이므로 $P_s > \frac{700}{0.25} \times 1.25 = 3{,}500\,\text{kVA}$

02 그림과 같은 부하특성일 때 소결식 알칼리축전지 용량저하율 $L = 0.8$, 최저 축전지온도 5℃, 허용 최저 전압 1.06V/cell일 때 축전지용량은 얼마인가? [단, 용량환산시간 $K_1 = 1.45$(30분), $K_2 = 0.69$(20분), $K_3 = 0.25$(10분)]

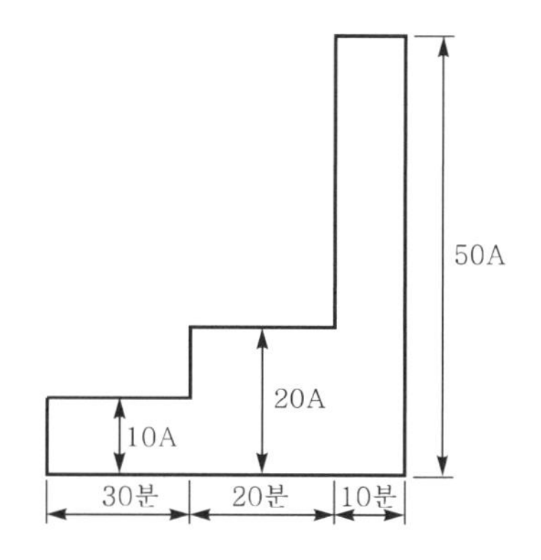

정답 축전지의 용량(C)

$$C = \frac{1}{L}[K_1 I_1 + K_2(I_2 - I_1) + K_3(I_3 - I_2)]$$

여기서, L : 보수율(용량저하율)

K : 용량환산시간[hr]

I : 방전전류[A]($I_1 = 10\text{A}$, $I_2 = 20\text{A}$, $I_3 = 50\text{A}$)

$$\therefore C = \frac{1}{0.8}[1.45 \times 10 + 0.69 \times (20 - 10) + 0.25 \times (50 - 20)]$$

$$= 36.125\,\text{Ah} = 36.13\,\text{Ah}$$

03 **비상용 조명부하, 표시등 총 7,800W 부하가 있다. 방전시간 30분, 축전지 HS형 54셀, 허용 최저 전압 90V, 최저 축전지온도 5℃일 때의 축전지용량을 구하시오.** (단, 정격전압은 100V이고, 보수율은 0.8이며, $K=1.22$이다)

정답 셀당 최저 전압은 90V / 54=1.7V/cell이고, 방전전류는 $I=\frac{7,800}{100}=78\text{A}$ 이다.

$K=1.22$ 이므로

$$C=\frac{1}{L}KI$$

$$=\frac{1}{0.8}(1.22\times 78)=118.95\text{Ah}$$

04 **정격용량 60Ah인 연축전지를 상시부하 6kW, 표준전압 100V인 소방설비에 부동충전방식으로 시설하고자 한다. 충전기 2차 전류(충전전류)는 몇 A인가?** (단, 연축전지 방전율은 10시간율로 한다)

정답 2차 충전전류 = 충전전류+상시부하전류

$$=\frac{\text{축전지의 정격용량(정격용량)}}{\text{축전지의 방전시간율(공칭용량)}}+\frac{\text{상시부하}}{\text{표준전압}}$$

$$=\frac{60}{10}+\frac{6,000}{100}=66\text{A}$$

여기서, 연축전지의 공칭용량(방전시간율) : 10Ah

알칼리축전지의 공칭용량(방전시간율) : 5Ah

05 **Ⓐ에 흐르는 전류는 몇 A인가?** (단, 수신기전원은 DC 24V이다)

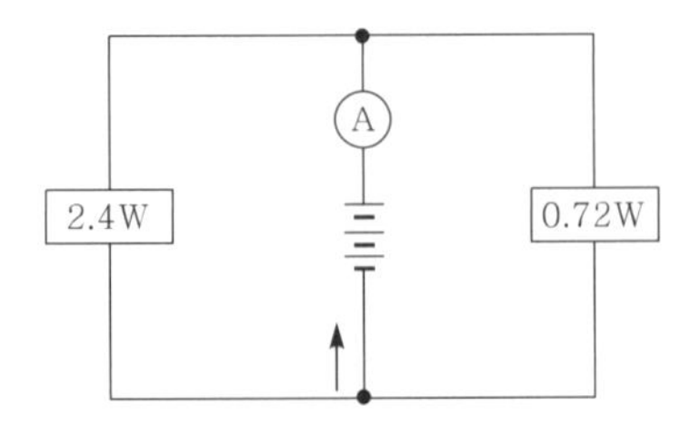

정답 $P=V\cdot I$

$$I_1=\frac{2.4}{24}=0.1$$

$$I_2=\frac{0.72}{24}=0.03$$

$$\therefore\ I=I_1+I_2=0.1+0.03=0.13$$

06 축전지의 자기방전을 보충하는 동시에 상용부하에 대한 전력공급은 충전기가 부담하되, 충전기가 부담하기 어려운 일시적인 대전류부하는 축전지가 부담하게 하는 충전방식을 무엇이라 하는가?

정답 부동충전방식

07 축전지설비에 대한 다음 각 물음에 답하시오.

(가) 축전지에 수명이 있고, 또한 그 말기에 있어서도 부하를 만족하는 용량을 결정하기 위한 계수로서 보통 0.8로 하는 것을 무엇이라 하는가?

(나) 축전지와 부하를 충전기에 병렬로 접속하여 사용하는 충전방식은?

(다) 축전지의 과방전 및 방치상태, 가벼운 설페이션현상 등이 생겼을 때 기능회복을 위하여 실시하는 충전방식은?

정답 (가) 보수율
(나) 부동충전방식
(다) 회복충전방식

08 합성수지관과 금속관의 1본의 길이는 각각 몇 m인가?

정답 합성수지관 4m, 금속관 3.66m

09 금속관 관단의 관구에 리밍을 하고 부싱을 끼우고 전선을 놓는다. 그 이유를 간단히 설명하시오.

정답 전선수 회복손상방지

10 다음 배선용 심벌의 명칭을 쓰시오.

(가) ――――――　　(나) ―·―·―　　(다) - - - - - - - - - - -

정답 (가) 천장은폐
(나) 바닥은폐
(다) 노출배선

11 전선의 굵기선정 시 반드시 고려하여야 할 사항 3가지를 쓰시오.

정답 기계적 강도, 허용전류, 전압강하

12 가요전선관공사에서 다음에 사용되는 재료의 명칭은 무엇인가?

(가) 가요전선관과 박스의 연결
(나) 가요전선관과 금속전선관의 연결
(다) 가요전선관과 가요전선관의 연결

정답 (가) 스트레이트 박스 커넥터
(나) 콤비네이션 커플링
(다) 스프리트 커플링

13 합성수지관과 금속관 1본의 길이는 각각 얼마인가?

정답

배관	합성수지관	금속관
배관 1본의 길이	4m	3.66m

14 소방설비의 배선을 금속관배선공사로 시공할 때 다음 (   ) 안에 알맞은 것은?

(가) 금속관 상호 간의 접속은 (①)으로 접속할 것. 이 경우 조임 등은 확실하게 할 것
(나) 금속관과 박스, 기타 이와 유사한 것과 접속하는 경우로서, 틀어 끼우는 방법에 의하지 아니할 때는 (②) 2개를 사용하여 박스 또는 캐비닛 접속부분의 양측을 조일 것. 다만, 부싱 등으로 견고하게 부착할 경우에는 (②)를 생략할 수 있다.
(다) 금속관을 조영재에 따라서 시설하는 경우는 (③) 또는 (④) 등으로 견고하게 지지하고, 그 간격은 (⑤)m 이하로 하는 것이 바람직하다.
(라) 관의 굴곡개소가 많은 경우 또는 관의 길이가 30m를 초과하는 경우에는 (⑥)를 설치하는 것이 바람직하다.
(마) (⑦)티, 크로스 등은 조영재에 은폐시켜서는 아니 된다. 다만, 그 부분을 점검할 수 있는 경우에는 그러하지 아니한다.

정답 (가) ① 커플링
(나) ② 로크너트
(다) ③ 새들 ④ 행거 ⑤ 2
(라) ⑥ 풀박스
(마) ⑦ 유니버셜 엘보

15 금속관공사의 배관방법에 대한 설명이다. ( ) 안에 알맞은 것은?

(가) 금속관을 구부릴 때 금속관의 단면이 심하게 변형되지 아니하도록 구부려야 하며, 굴곡 바깥지름은 안지름의 (①)배 이상이 되어야 한다.

(나) 아우트렛 박스 사이 또는 전선인입구를 가지는 기구 내의 금속관에는 (②)개소가 초과하는 직각 또는 직각에 가까운 굴곡개소를 만들어서는 안 된다.

(다) 관과 박스, 기타 이와 유사한 것과 접속하는 경우로서 틀에 끼우는 방법에 의하지 아니할 때는 (③) (④)개를 사용하여 박스 또는 캐비닛 접속부분의 양측을 죌 것

(라) 관과 관의 연결은 (⑤)를 사용하고, 관의 끝부분은 (⑥)를 사용하여 모난부분을 매끄럽게 다듬는다.

정답 (가) ① 6
(나) ② 3
(다) ③ 로크너트 ④ 2
(라) ⑤ 커플링 ⑥ 리머

16 유량 $10m^3$/sec, 양정 50m인 소화전 펌프전동기의 용량은 몇 kW인가? (단, 펌프효율 0.85, 여유계수 $K=1.1$이다) 또한, 전동기역률이 0.8인 경우 전력공급을 위한 변압기용량[kVA]은 얼마인가?

정답 ① $P=\frac{9.8QHK}{\eta}=\frac{9.8\times10\times50\times1.1}{0.85\times60[\text{초}]}\fallingdotseq106\text{kW}$

② 변압기용량 $=\frac{P}{\cos\theta}=\frac{106}{0.8}\fallingdotseq132\text{kVA}$

17 주파수 60Hz, 극수 6극인 교류발전기의 회전수는 얼마인가?

정답 동기속도 $N_s=\frac{120f}{P}=\frac{120\times60}{6}=1,200\text{rpm}$

18 수량이 매분 $15m^3$ 이고, 총양정이 20m인 펌프용 전동기에 대하여 다음 각 물음에 답하시오.

(가) 펌프의 효율이 65%이고, 여유계수가 1.15라고 하면 전동기의 용량은 몇 kW인가?

(나) 이 전동기의 전부하역률이 60%이다. 역률 90%로 개선하려면 전력용 콘덴서는 몇 kVA가 필요한가?

(다) 이 전동기의 주파수가 60Hz, 극수가 4극일 때 동기속도는 몇 rpm인가?

정답 (가) 전동기용량

$$P = \frac{9.8QHK}{\eta}$$

여기서, P : 전동기용량[kW]
Q : 양수량[m^3/sec]
H : 전양정[m]
K : 여유계수
η : 효율[%]

$$\therefore\ P = \frac{9.8QHK}{\eta} = \frac{9.8 \times 15/60 \times 20 \times 1.15}{0.64} = 86.69\text{kW}$$

(나) 전력용 콘덴서의 용량(Q_c)

$$Q_c = P\left(\frac{\sin\theta_1}{\cos\theta_1} - \frac{\sin\theta_2}{\cos\theta_2}\right)$$

$$= P\left(\frac{\sqrt{1-(\cos\theta_1)^2}}{\cos\theta_1} - \sqrt{\frac{1-(\cos\theta_2)^2}{\cos\theta_2}}\right)$$

$$= 86.69 \times \left(\frac{\sqrt{1-0.6^2}}{0.6} - \frac{\sqrt{1-0.9^2}}{0.9}\right)$$

$$= 73.60\text{kVA}$$

(다) 동기속도 $N_s = \frac{120f}{P} = \frac{120 \times 60}{4} = 1,800\text{rpm}$

$\cos^{-1} 0.6 \fallingdotseq 53.1$, $\cos^{-1} 0.9 \fallingdotseq 25.8$
$\tan 53.1 \fallingdotseq 1.33$, $\tan 25.8 \fallingdotseq 0.48$

19 3상 유도전동기에 직결된 펌프가 있다. 펌프출력은 100HP, 효율 74.6%, 전동기의 효율과 역률은 94%와 90%라고 하면 전동기의 입력전력[kVA]은?

정답 $P = \frac{\text{HP} \times 0.746}{\eta}$

$$= \frac{100 \times 0.746}{0.746} = 100\text{kW}$$

전동기의 피상전력 $P_1 = \frac{P}{\eta_m \cos\theta}$

$$= \frac{100}{0.94 \times 0.9} = 118.2\text{kVA}$$

20 **그림은 과전류, 이상정지 등을 통보함과 동시에 표시하는 경보회로이다. 이 회로는 정지를 허용하지 않는 전동기의 과부하 경보장치에 사용되는 회로에 이용된다. 도면을 보고 다음 각 물음에 답하시오.**

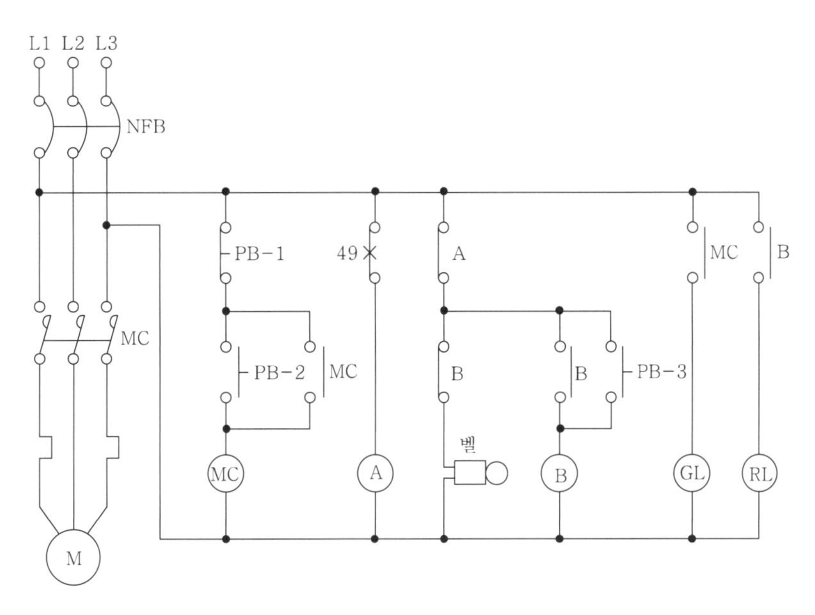

(가) '49'는 무엇을 의미하는가?

(나) PB−1, PB−2, PB−3의 용도를 구분하여 설명하시오.

(다) MC, A, B는 무엇인가?

정답 (가) 열동계전기

(나) ① PB−1 : 전동기 정지용

② PB−2 : 전동기 기동용

③ PB−3 : 전동기의 과부하로 열동계전기가 동작하여 벨이 울릴 때 벨정지용

용어	설명
열동계전기	전동기의 과부하 보호용(자동제어 기기번호 49)
PB−1, PB−2, PB−3	푸시버튼스위치(push button switch)의 약자(수동조작 자동복귀 접점)
전자개폐 시	전자력에 의해 접점을 개폐하는 기능을 가진 장치(큰 부하전류를 개폐)
계전기(relay)	전자력에 의하여 접점을 개폐하는 기능을 가진 장치

(다) MC : 전자접촉기 코일

A : 과부하경보용 계전기코일

B : 벨정지용 코일

21 논리식 $Z = A \cdot B + \overline{A} \cdot C + B \cdot C + \overline{B} \cdot C$를 최소화하여 유접점회로와 무접점회로를 그리시오.

정답 위의 정리를 이용하여 논리식을 간소화하면

$$\begin{aligned} Z &= A \cdot B + \overline{A} \cdot C + B \cdot C + \overline{B} \cdot C \\ &= A \cdot B + \overline{A} \cdot C + C(B + \overline{B}) \\ &= A \cdot B + \overline{A} \cdot C + C \\ &= A \cdot B + C(\overline{A} + 1) \\ &= A \cdot B + C \end{aligned}$$

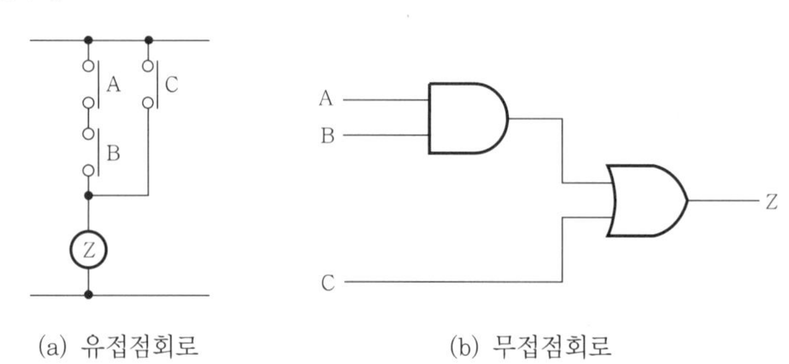

(a) 유접점회로　　(b) 무접점회로

소방전기시설론

2023. 3. 15. 초 판 1쇄 발행
2024. 1. 3. 1차 개정증보 1판 1쇄 발행

지은이 | 김현우, 강윤진, 이영삼, 이정필, 유정현, 오소영
펴낸이 | 이종춘
펴낸곳 | BM (주)도서출판 성안당
주소 | 04032 서울시 마포구 양화로 127 첨단빌딩 3층(출판기획 R&D 센터)
10881 경기도 파주시 문발로 112 파주 출판 문화도시(제작 및 물류)
전화 | 02) 3142-0036
031) 950-6300
팩스 | 031) 955-0510
등록 | 1973. 2. 1. 제406-2005-000046호
출판사 홈페이지 | www.cyber.co.kr
ISBN | 978-89-315-8638-1 (13530)
정가 | **29,000원**

이 책을 만든 사람들
기획 | 최옥현
진행 | 박경희
교정·교열 | 최주연
전산편집 | 송은정
표지 디자인 | 임흥순
홍보 | 김계향, 유미나, 정단비, 김주승
국제부 | 이선민, 조혜란
마케팅 | 구본철, 차정욱, 오영일, 나진호, 강호묵
마케팅 지원 | 장상범
제작 | 김유석